Faszinierende Physik

Benjamin Bahr · Jörg Resag · Kristin Riebe

Faszinierende Physik

Ein bebilderter Streifzug vom Universum
bis in die Welt der Elementarteilchen

3. Auflage

 Springer

Dr. Benjamin Bahr
benjamin.bahr@desy.de

Dr. Jörg Resag
Leverkusen
www.joerg-resag.de

Dr. Kristin Riebe
Nuthetal
www.kristin-riebe.de

ISBN 978-3-662-58412-5   ISBN 978-3-662-58413-2 (eBook)
https://doi.org/10.1007/978-3-662-58413-2

Die Deutsche Nationalbibliothek verzeichnet diese Publikation in der Deutschen Nationalbibliografie; detaillierte bibliografische Daten sind im Internet über http://dnb.d-nb.de abrufbar.

Planung/Lektorat: Lisa Edelhäuser
Redaktion: Bernhard Gerl
Projektmanagement: Bianca Alton
Grafiken: Autoren
Satz: Autorensatz, auf der Grundlage der Vorlage von Glaeser/Polthier
Einbandabbildung: Collage aus folgenden Bildern:
Katze: Sienna Morris, www.fleetingstates.com
Gravitationswellen (links oben): T. Dietrich, S. Ossokine, H. Pfeiffer, A. Buonanno (Max Planck Institute for Gravitational Physics), BAM collaboration
Wurmloch-Raumzeit (Mitte rechts): Benjamin Bahr
Flüssigkristall (unten): Oleg D. Lavrentovich, Kent State University
Einbandgestaltung: deblik, Berlin

Springer ist ein Imprint der eingetragenen Gesellschaft Springer-Verlag GmbH, DE und ist ein Teil von Springer Nature
Die Anschrift der Gesellschaft ist: Heidelberger Platz 3, 14197 Berlin, Germany

Einleitung

Das vorliegende Buch „Faszinierende Physik" ist ein Streifzug quer durch die moderne Physik und zugleich eine bebilderte Reise durch die gelösten und ungelösten Rätsel unseres Universums. Sie können das Buch auf einer beliebigen Doppelseite aufschlagen und finden dort ein bestimmtes Thema in sich abgeschlossen dargestellt und mit vielen Bildern illustriert. Nach Belieben können Sie in dem Buch blättern, bis Sie auf etwas stoßen, das Sie besonders interessiert und über das Sie vielleicht schon immer Näheres erfahren wollten.

Sollten Sie dabei auf noch unbekannte Begriffe treffen, so finden Sie in vielen Fällen im unteren Seitenbereich nützliche Hinweise auf andere Buchabschnitte, in denen diese Begriffe näher erklärt werden, sowie weiterführende Literatur und Internet-Links zu dem jeweiligen Thema. Sie können die einzelnen Themengebiete aber auch nacheinander lesen – sie sind logisch so angeordnet, dass grundlegende Begriffe möglichst früh erklärt werden.

Als Vera Spillner von Springer Spektrum mit der Idee für das vorliegende Buch auf uns, das Autorenteam, zukam, waren wir begeistert. Eine ähnliche Idee war im Bereich der Mathematik bereits umgesetzt worden (Bilder der Mathematik von Georg Glaeser und Konrad Polthier, Spektrum Akademischer Verlag 2010), und es war eindrucksvoll

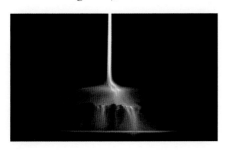

zu sehen, wie ansprechend sich mathematische Themen grafisch und inhaltlich darstellen lassen. So etwas wollten wir auch für die Physik erreichen!

Beim Zusammenstellen der Themen für das Buch wurde uns wieder einmal bewusst, welch weites Feld sich die moderne Physik seit dem Beginn der Neuzeit erobern konnte. Ende des neunzehnten Jahrhunderts hatte man die Inhalte der heute als „klassische Physik" bekannten Themen zusammen. Manchem schien sogar die Physik insgesamt ein weitgehend abgeschlossenes Fachgebiet zu sein. So erhielt der junge Max Planck im Jahr 1874 vom Münchner Physikprofessor Philipp von Jolly die Auskunft, dass in der Physik schon fast alles erforscht sei und nur noch einige unbedeutende Lücken zu schließen seien. Hätte er Recht gehabt, hätte dieses Buch deutlich weniger spannende Themengebiete präsentieren können. Doch selten hatte man sich unter Physikern mehr geirrt als damals, und glücklicherweise ließ sich auch Max Planck dadurch nicht von einem Physikstudium abschrecken.

Das zwanzigste Jahrhundert brachte eine Fülle physikalischer Entdeckungen, von denen man im neunzehnten Jahrhundert kaum zu träumen gewagt hatte.

Die atomare Struktur der Materie wurde experimentell nachgewiesen, und schrittweise wurde der Aufbau der Atome entschlüsselt. Albert Einstein revolutionierte mit seiner Speziellen und Allgemeinen Relativitätstheorie in den Jahren 1905 und 1916 unser Verständnis von Raum und Zeit und vereinte so die Mechanik mit der Elektrodynamik und der Gravitation (siehe das Kapitel „Relativitätstheorie").

Die wohl folgenschwerste Umwälzung erfuhr unser Weltbild aber durch die Quantenmechanik, die um das Jahr 1925 von Physikern wie Erwin Schrödinger, Werner Heisenberg und vielen anderen entwickelt wurde. Nur mit ihrer Hilfe ließ sich der innere Aufbau der Atome verstehen. Doch dieser Erfolg hatte seinen Preis: Teilchen besaßen nun keine wohldefinierte Teilchenbahn mehr, sondern ihre Bewegung im Raum musste durch Wahrscheinlichkeitswellen beschrieben werden. Der Zufall spielte plötzlich in der Physik eine grundlegende Rolle, und alle Versuche, ihn zu eliminieren, schlugen bis zum heutigen Tag fehl. Wie zum Trotz soll Albert Einstein ungläubig „Gott würfelt nicht" gesagt haben. Bis heute herrscht unter den Physikern keine Einigkeit über die korrekte Interpretation der Quantenmechanik und die Frage, was sie für unser Verständnis von einer objektiven Realität zu bedeuten hat. Zugleich hat die Quantenmechanik bisher jeden noch so ausgeklügelten experimentellen Test mit Bravour bestanden, sodass für die Praxis der pragmatische Leitspruch „shut up and calculate" (sei still und rechne) völlig ausreichend ist. Mehr dazu im Kapitel „Atome und Quantenmechanik".

In der zweiten Hälfte des zwanzigsten Jahrhunderts drang man dann mit immer mächtigeren Teilchenbeschleunigern zunehmend tiefer in die Struktur der Materie vor. Waren aus den Untersuchungen des Atoms zunächst nur drei subatomare Teilchen bekannt (Proton, Neutron und Elektron), so entdeckte man im Lauf der Zeit einen ganzen Zoo instabiler Teilchen. Man konnte sie beispielsweise bei der Kollision zweier hochenergetischer Protonen aus deren mitgebrachter Bewegungsenergie erzeugen, woraufhin sie nur Sekundenbruchteile später wieder zerfielen. Warum gab es all diese Teilchen und welche Kräfte ließen sie so schnell wieder zerfallen? Um das Jahr 1967 herum gelang es Physikern wie Steven Weinberg, Abdus Salam, Sheldon Lee Glashow, Peter Higgs und vielen anderen, diese Fragen im Rahmen des sogenannten Standardmodells umfassend zu beantworten, das uns im Kapitel „Welt der Elementarteilchen" begegnen wird.

Doch auch das Standardmodell kann nicht alle offenen Fragen beantworten, die sich uns heute in der Physik stellen. Warum haben die Teilchenmassen genau die Werte, die wir im Experiment vorfinden? Wie lassen sich Gravitation und Quantenmechanik, die sich heute noch weitgehend unversöhnlich gegenüberstehen, miteinander vereinen? Woraus besteht die dunkle Materie, die unser Universum durchdringt, und noch mysteriöser: Woraus besteht die sogenannte dunkle Energie, die das Universum immer schneller auseinanderzutreiben scheint? Ist unser Universum womöglich nur ein kleiner Teil eines viel größeren Multiversums? Hier befinden wir uns an der vordersten Front der Forschung, und wir werden uns die entsprechenden Ideen wie Supersymmetrie, Stringtheorie oder Loop-Quantengravitation im Kapitel „Grenzen des Wissens" genauer ansehen.

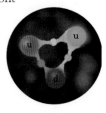

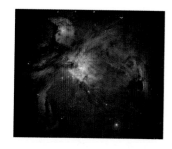

Neben den bisher genannten Themengebieten gibt es viele weitere Teilgebiete der Physik, die nicht so eng mit der Ergründung der Naturgesetze als solchen verbunden sind, sondern die eher einen bestimmten Bereich der Natur zum Gegenstand haben. Wir haben vier dieser Bereiche in unser Buch aufgenommen: die Festkörperphysik, welche die physikalischen Eigenschaften von Kristallen und anderen festen Körpern untersucht, die Geophysik, die sich mit dem Aufbau unserer Erde und den darin ablaufenden physikalischen Vorgängen (beispielsweise der Plattentektonik) beschäftigt, Astronomie und Astrophysik, die sich mit dem Leben und Sterben von Planeten, Sternen und ganzen Galaxien befassen und die mit ihren wunderschönen Bildern natürlich nicht fehlen durften, sowie die Kosmologie, die unser gesamtes Universum und seine Entwicklung im Blick hat und die gerade in den letzten Jahren eine Fülle neuer Erkenntnisse über unsere Welt hervorgebracht hat. Sicher ist damit die Liste interessanter physikalischer Themengebiete noch lange nicht komplett, aber wir hoffen, dass bei den 134 Themen in diesem Buch für jeden Leser etwas Interessantes dabei ist und dass dieses Buch viele Freunde finden wird.

Die Grafiken in diesem Buch stammen aus unterschiedlichen Quellen. Viele wurden von uns, dem Autorenteam und dabei insbesondere von Kristin Riebe, selbst erstellt. Viele andere wurden von verschiedenen Künstlern, Fotografen sowie Forschern und ihren Instituten zur Verfügung gestellt (siehe den Bildnachweis am Ende des Buches sowie die Angaben im Fußbereich der einzelnen Buchabschnitte) — ihnen allen gilt unser Dank.

Ganz besonders möchten wir uns bei Vera Spillner von Springer Spektrum bedanken, die das Autorenteam zusammengeführt hat und uns jederzeit während der Erstellung des Buchmanuskripts mit neuen Anregungen und konstruktiver Kritik zur Seite stand — ohne sie hätte es dieses Buch so nicht gegeben. Unser Dank gilt auch Bianca Alton, die das Buch verlagsseitig von Beginn an bis zum Druck betreut hat. Nicht zuletzt möchten wir uns bei unseren Freunden und Familien für ihre Geduld und ihr Verständnis während der zeitintensiven Erstellungsphase dieses Buches bedanken.

Benjamin Bahr
Jörg Resag
Kristin Riebe

Mai 2013

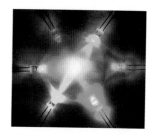

Vorwort zur dritten Auflage

Seit dem Erscheinen der zweiten Auflage von „Faszinierende Physik" sind nun bereits dreieinhalb Jahre vergangen, genug Zeit also, um in der neuen, dritten Auflage nicht nur kleinere Fehler zu korrigieren, sondern auch die Themenauswahl zu erweitern. Bei den neu hinzugekommenen Artikeln haben wir dabei nicht nur solche mit aktuellem Bezug gewählt, wie zum Beispiel das der drohenden Erderwärmung oder der Gletscherbewegungen. Wir haben auch solche hinzugefügt, die wir schon immer spannend fanden, die es aber einfach nicht in die bisherigen Auflagen geschafft haben. So befassen wir uns in der vorliegenden Ausgabe zum Beispiel mit der Frage, mit welchen Manövern ein Raumschiff im Sonnensystem von Planet zu Planet reist, was es mit der Zeit selbst auf sich hat, wie die Natur rechts und links unterscheidet und wie man mit dem Prinzip der kleinsten Wirkung die Naturgesetze formulieren kann.

Auch die jüngsten Ereignisse in der Physik haben die Neuauflage beeinflusst: Im September 2015 wurden die seit Langem postulierten Gravitationswellen endlich nachgewiesen, wofür 2017 der Nobelpreis für Physik vergeben wurde. Durch das neue Gebiet der Gravitationswellenastronomie lernen wir seither in einem rasanten Tempo immer mehr über unser Universum. Um dem Rechnung zu tragen, haben wir nicht nur einen neuen Artikel zu diesem Thema geschrieben, sondern auch die bisherigen, die sich damit beschäftigt haben, auf den neuesten Stand gebracht.

Sogar in den Grundlagen der Physik hat sich einiges getan: So hat man sich darauf geeinigt, die fundamentalen physikalischen Maßeinheiten des „Système International d'unités" (auch SI-Einheiten genannt) anhand von Naturkonstanten neu zu eichen. Grund genug, im

neuen Artikel zu Maßeinheiten einmal genauer darauf einzugehen, wie Physiker eigentlich physikalische Größen festlegen.

Wir hoffen, Sie werden bei der Lektüre genau so viel Spaß haben, wie wir es beim Schreiben hatten. Unser Dank an dieser Stelle gilt Frau Lisa Edelhäuser, die die Entstehung dieser Auflage begleitet und betreut hat, sowie den vielen Lesern, die uns aufmerksam immer wieder auf kleinere Fehler in den bisherigen Texten hingewiesen haben.

Benjamin Bahr
Jörg Resag
Kristin Riebe

August 2018

Über die Autoren

Benjamin Bahr ist promovierter Physiker und forscht im Bereich der Schleifen-Quantengravitation. In seiner Freizeit liebt er es, Physik so zu erklären, dass alle sie verstehen — und tritt damit auch schon mal im Theater auf.

bbahr26@gmail.com

Jörg Resag hat in theoretischer Teilchenphysik promoviert und ist als erfolgreicher Sachbuchautor bekannt für seine leicht verständlichen und anschaulichen Erklärungen wissenschaftlicher Sachverhalte in Büchern und im Internet.

www.joerg-resag.de

Kristin Riebe ist promovierte Astrophysikerin und erfolgreiche Grafikerin, die dem Buch seine besondere Struktur verliehen hat und es um klare und faszinierende Bilder und Grafiken ergänzte.

www.kristin-riebe.de

Inhalt

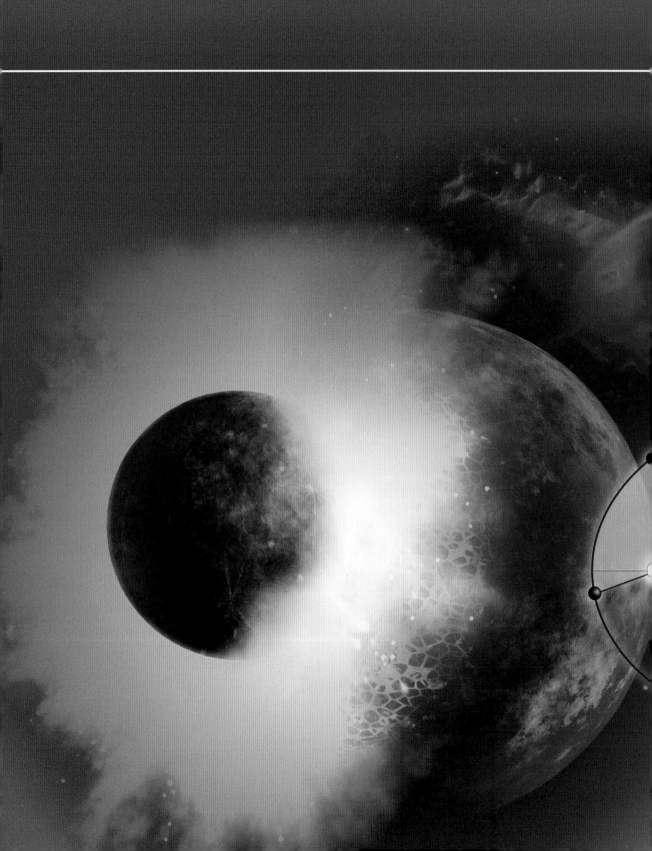

1 Astronomie und Astrophysik

Wie sind Sonne, Mond und Sterne entstanden? Was sind planetarische Nebel und wie groß sind Monstersterne? Diese Fragen können Physiker heute – nach Jahrhunderten der Erforschung des Sternenhimmels und der Naturgesetze – recht genau beantworten.

Der Sternenhimmel hat zu allen Zeiten eine große Faszination auf Menschen ausgeübt, und oft wurde er mythisch interpretiert – oder ganz praktisch als Navigationshilfe oder zur Bestimmung der Jahreszeiten genutzt. Mit der Erfindung des Fernrohrs vor rund 400 Jahren verstanden Forscher jedoch zunehmend besser, was sich hinter den Beobachtungen am Himmel verbarg: Sterne, wie unsere Sonne, erwiesen sich dabei als glühende Gaskugeln; Planeten hingegen als Himmelskörper, die – wie unsere Erde – ihre Sonne auf elliptischen Bahnen umrunden. Mit der Zeit entdeckte der Mensch, dass auch Sterne nicht ewig leuchten: Sie werden in Gas- und Staubwolken geboren, leben zwischen einigen Millionen und vielen Milliarden Jahre lang und beschließen ihr Leben mit einem Aufflackern oder in einer Supernova-Explosion.

Mithilfe der Gleichungen der Physik begann der Mensch seine astronomische Umgebung zu begreifen – und heute blicken wir mithilfe großer Teleskope zunehmend weiter ins All hinaus, suchen nach extrasolaren Planeten, erforschen den Lebenszyklus naher und ferner Sterne und können sogar die Zukunft unserer Milchstraße und des Universums vorhersagen. Einige der spannendsten Fragen und Erkenntnisse aus der Astronomie und Astrophysik haben wir in diesem Abschnitt für Sie zusammengefasst.

© Springer-Verlag GmbH Deutschland, ein Teil von Springer Nature 2019
B. Bahr et al., *Faszinierende Physik*, https://doi.org/10.1007/978-3-662-58413-2_1

Die Sonne und ihr Magnetfeld
Sonnenflecken und Flares

Unsere Sonne ist eine riesige Gaskugel aus rund 73,5 % Wasserstoff, 25 % Helium und 1,5 % sonstiger Elemente, in derem innersten Zentrum bei rund fünfzehn Millionen Kelvin das nukleare Feuer der Kernfusion brennt. Es dauert dabei tatsächlich mehrere Millionen Jahre, bis die im Inneren erzeugte Energie schließlich die rund hundert Erdradien weite Strecke bis zur Oberfläche der Sonne, der Photosphäre, zurückgelegt hat und von dort bei nur noch rund 5800 Kelvin in den Weltraum abgestrahlt wird.

Über der Photosphäre der Sonne liegt noch die Chromosphäre, deren rötliches Licht man manchmal bei einer totalen Sonnenfinsternis sehen kann, sowie weiter außen die sehr heiße, aber zugleich nur wenig dichte Korona, die sich ein bis zwei Sonnenradien in den Weltraum erstrecken kann und die bei einer Sonnenfinsternis als heller Strahlenkranz erscheint.

Das Wasserstoff-Helium-Gasgemisch, aus dem die Sonne besteht, liegt in der Sonne in ionisierter Form als Plasma ($\downarrow$) vor, sodass es elektrisch leitend ist. Ähnlich wie im flüssigen äußeren Erdkern entsteht daher auch in der Sonne durch den sogenannten *Dynamoeffekt* ein Magnetfeld, das analog zum Erdmagnetfeld ($\downarrow$) meist annähernd eine Dipolstruktur ähnlich wie bei einem Stabmagneten aufweist. Während sich das Erdmagnetfeld in unregelmäßigen Abständen im Mittel ungefähr alle 250 000 Jahre umpolt, geschieht dies bei der Sonne wesentlich schneller: ungefähr alle elf Jahre, so beispielsweise im Jahr 2000.

Während der Umpolungsphase werden Magnetfeldlinien ($\downarrow$) ineinander verdrillt und Magnetflussschläuche ragen bogenförmig über die Photosphäre hinaus, sodass es zu starker Sonnenaktivität kommt – man spricht vom *Solaren Maximum*. Da die Magnetschläuche eng

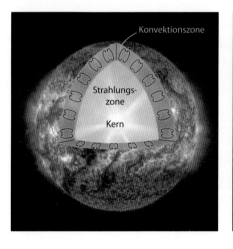

Konvektionszone

Strahlungszone

Kern

links:
Das Innere der
Sonne

Foto der Sonnenkorona während der Sonnenfinsternis am 11. August 1999

Plasma → S. 206
Der Erdkern als Quelle des Erdmagnetfelds → S. 290
Vektorfelder und Feldlinien → S. 56

mit dem elektrisch leitenden Plasma verkoppelt sind, behindern sie an den Ein- und Austrittsstellen das Aufsteigen heißen Sonnenplasmas, sodass diese Stellen auf rund 4000 Kelvin abkühlen können und im Vergleich zur heißeren Umgebung im sichtbaren Licht als dunkle Sonnenflecken erscheinen. Außerdem kann Plasma in die bogenförmigen Magnetschläuche aufsteigen und bei deren Zerreißen in den Weltraum hinausgeschleudert werden – man spricht dann von *Sonneneruptionen* oder *Flares*.

Die Struktur der Magnetfelder in der Chromosphäre und Korona kann man gut auf den Bildern erkennen, die die Sonne im extrem ultravioletten Spektralbereich ihres Lichts zeigen, das von sehr heißem Plasma ausgesendet wird. Das Bild unten rechts stammt von der SOHO-Sonnenforschungssonde und zeigt die extrem ultraviolette Strahlung der Sonne an dem Tag, an dem dieser Artikel entstand (unter http://sohowww.nascom.nasa.gov/data/realtime/ kann man sich im Internet jederzeit die jeweils aktuellen SOHO-Bilder der Sonne ansehen).

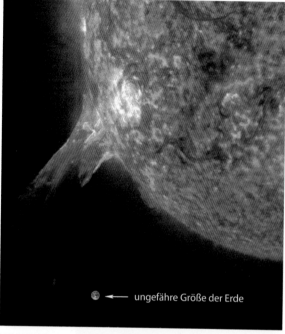

← ungefähre Größe der Erde

UV-Aufnahme einer Sonneneruption im Juli 2002

rechts:
Die Sonne im extrem ultravioletten Spektralbereich

links:
UV-Aufnahme des Sonnenflecks AR 9169 im September 2000 nahe am Sonnenhorizont

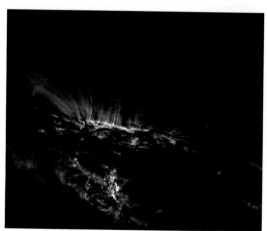

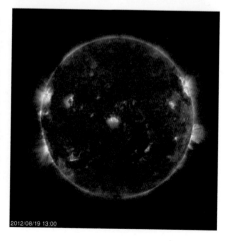

2012/08/19 13:00

Erdmagnetfeld und Polarlichter → S. 292
SOHO (Solar & Heliospheric Observatory) *SOHO Home* http://sohowww.nascom.nasa.gov/

Die Entstehung des Sonnensystems
Akkretionsscheiben und Protoplaneten

Aus einer sich zusammenziehenden Gas- und Staubwolke wird ein Planetensystem.

Die Frage, wie die Planeten und Monde unseres Sonnensystems genau entstanden sind, ist nicht bis ins letzte Detail geklärt. Allerdings stimmen die verfügbaren Modelle zum Geburtsvorgang des Sonnensystems in vielen wichtigen Punkten überein, und zeichnen ein etwa zusammenhängendes Bild.

Demnach begann sich vor etwa 4,6 Milliarden Jahren eine Wolke aus Wasserstoff und Helium sowie interstellarem Staub aufgrund der Gravitation zu verdichten, möglicherweise verursacht durch Störungen, die nach einer nahen Supernovaexplosion (↓) in Form von Dichtewellen durch das interstellare Medium wanderten. Dabei zerfiel die Gas- und Staubwolke in viele kleinere Wolkenklumpen, die sich weiter zusammenzogen und zu Brutstätten vieler neuer Sterne werden sollten.

Dieses Zusammenziehen geschah aber nicht in alle Richtungen gleichmäßig: Da der Teil der Wolke, aus der unser Sonnensystem entstand, mit einer gewissen Geschwindigkeit um ihre eigene Achse rotierte, war die Kontraktion parallel zur Rotationsachse stärker als in der Ebene senkrecht dazu, denn in dieser Ebene wirkte die Fliehkraft (Scheinkräfte ↓) der gegenseitigen Anziehung entgegen. So verdichtete sich die Wolke in Form eines rotierenden Pfannkuchens, auch *Akkretionsscheibe* genannt.

Im Zentrum war die Scheibe am dichtesten und zog sich dort unter dem Einfluss des eigenen Gewichtes immer weiter zusammen bis Dichte und Temperatur so groß wurden, dass der Wasserstoff zu Helium verschmelzen konnte – der Kernfusionsprozess zündete, und unsere Sonne entstand. Der Strahlungsdruck der bei der Fusion frei werdenden Strahlung wirkte dabei dem weiteren Kollaps der Sonne entgegen und stabilisierte sie. Außerdem pustete sie das Gas, das sich noch nicht verdichtet hatte, aus dem Inneren der Akkretionsscheibe hinaus.

Kollaps-Supernovae → S. 36
Thermonukleare Supernovae → S. 34
Scheinkräfte → S. 116

Das übrige das Zentrum umkreisende Gas und der interstellare Staub hatten sich an einigen Stellen jedoch bereits so verdichtet, dass sie in der Akkretionsscheibe verblieben. Eine moderne Theorie der Sonnensystementstehung besagt, dass diese protoplanetare Materie durch gravitative Instabilitäten in Form von Spiralarmen die Sonne umkreiste, ähnlich wie die galaktischen Spiralarme das Zentrum der Milchstraße.

In diesen Spiralarmen verdichtete sich die Materie nun einerseits genauso wie im Zentrum der Scheibe: Dort, wo die Materie bereits ein wenig dichter war als anderswo, sorgte die Schwerkraft dafür, dass sich dieser Bereich schneller verdichtete. Andererseits begannen die Staubteilchen sich durch Verklumpung aneinander anzulagern und trugen so ebenfalls zur Bildung der einzelnen Planeten bei. Die Masse der entstehenden Himmelskörper war allerdings nicht groß genug, um einen Fusionsprozess zu starten.

Bei diesem Prozess spielte der Abstand zur Sonne eine entscheidende Rolle: Die Planeten, die in der Nähe der Sonne entstanden, bestanden fast ausschließlich aus Staubteilchen, weil das interstellare Gas durch den

Künstlerische Darstellung eines Planetensystems

Sonnenwind (siehe Artikel zum Rand des Sonnensystems ↓) bereits aus ihrer Umgebung gefegt worden war. Deswegen sind heute Merkur, Venus, Erde und Mars vergleichsweise kleine feste Gesteinsplaneten, während die äußeren Planeten wie Jupiter und Saturn zusätzlich noch einen Großteil des Wasserstoff- und Heliumgases einfangen konnten und zu Gasriesen wurden.

Der Teil der Materie, der nicht von den Planeten eingefangen wurde, verdichtete sich zu kleineren Objekten, wie zum Beispiel den Asteroiden im Asteroidengürtel, einem Band aus kleinen interplanetaren Objekten zwischen Mars und Jupiter. Einigen Theorien zufolge war es gerade die Nähe des Jupiters mit seinem gravitativen Einfluss, der verhinderte, dass sich diese Objekte zu einem Planeten verdichteten.

Trotz dieses relativ umfassenden Bildes gibt es noch immer viele ungeklärte Fragen zum genauen Entstehungsmechanismus des Sonnensystems, die auch gerade durch die Entdeckung immer neuer Exoplaneten (↓) in anderen Sternsystemen aufgeworfen werden.

In den ca. 7000 Lichtjahre entfernten „Bergen der Entstehung" des W5 Nebels entstehen ständig neue Sterne und Planetensysteme.

Der Rand des Sonnensystems → S. 16
Extrasolare Planeten → S. 18
A. Unsöld, B. Baschek *Der neue Kosmos: Einführung in die Astronomie und Astrophysik* Springer Verlag, 7. Auflage 2002

Die Entstehung des Mondes
Wie der Einschlag des Planeten Theias den Mond erschuf

In unserem Sonnensystem besitzt nur die Erde einen vergleichsweise großen Mond, wenn man ihn in Relation zu seinem Planeten setzt: Der Monddurchmesser liegt bei rund 0,27 Erddurchmessern. Merkur und Venus haben dagegen gar keine Monde, der Mars besitzt zwei kleine Monde (Phobos und Deimos), die eigentlich nur 10 bis 30 km große unregelmäßig geformte Felsbrocken sind, und Jupiter sowie die anderen Gasriesen sind deutlich größer als alle ihre Monde. Nur der Zwergplanet Pluto besitzt mit Charon noch einen ebenfalls vergleichsweise großen Mond.

Anders als die Erde scheint der Mond dabei nur einen relativ kleinen eisenhaltigen Kern zu besitzen, denn seine mittlere Dichte ist mit 3,34 g/cm³ deutlich geringer als die Dichte der Erde, die bei 5,51 g/cm³ liegt, sodass er trotz seiner Größe

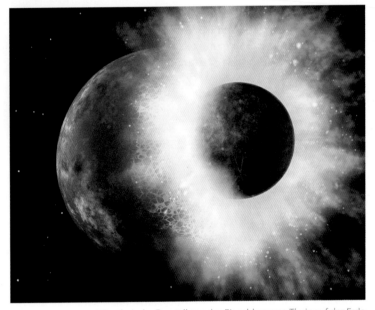

Künstlerische Darstellung des Einschlags von Theia auf der Erde

Größenvergleich zwischen Erde und Mond

nur rund 1/81 der Erdmasse aufweist. Zugleich besitzt das Gestein der Mondoberfläche aber dennoch eine sehr ähnliche Zusammensetzung wie die Gesteine der Erdkruste.

Die Ursache für beide Auffälligkeiten muss in der Entstehungsgeschichte des Mondes liegen. Am wahrscheinlichsten scheint heute das folgende Kollisionsszenario zu sein: Als sich vor rund 4,6 Milliarden Jahren das Sonnensystem und seine Planeten aus einer Gas- und Staubwolke formten (↓), bildete sich in

Die Entstehung des Sonnensystems → S. 4
J. Baez *The Earth – For Physicists* http://math.ucr.edu/home/baez/earth.html
YouTube *How the Moon was born* http://www.youtube.com/watch?v = dPJG5oVjvME oder …/watch?v = gVrJidulTJc

derselben Umlaufbahn neben der Erde an einem der sogenannten *Lagrangepunkte* L4 oder L5 ein weiterer Kleinplanet, der meist *Theia* genannt wird – in der antiken griechischen Mythologie war die Titanin Theia übrigens die Mutter der Mondgöttin Selene. In den Lagrangepunkten L4 und L5 addieren sich Gravitations- und Fliehkräfte gerade so, dass ein nicht zu schweres Objekt dort in konstantem Abstand zur Erde die Sonne umrunden kann; ein Planet, der dem unseren immer ein wenig voraus oder hinterher lief.

Als Theia jedoch ungefähr zehn bis fünfzehn Prozent der Erdmasse erreicht hatte und damit ungefähr die Größe des Mars aufwies, wurde ihre Position im Lagrangepunkt instabil, und sie begann, langsam auf die Erde zuzudriften. Einige zehn Millionen Jahre nach der Entstehung des Sonnensystems kollidierte sie schließlich seitlich streifend mit der frühen Erde, die zu dieser Zeit etwa 90 Prozent ihrer heutigen Masse aufwies. Bei diesem Streifschuss wurden Teile Theias sowie große Materiemengen aus der Erdkruste und dem Erdman-

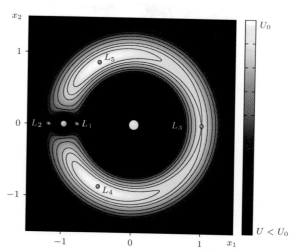

Die Lagrangepunkte im Erde-Sonne-System. Die Sonne befindet sich in der Mitte, die blaue Kugel entspricht der Erde.

tel in den Weltraum geschleudert, wo sich aus ihnen innerhalb nur einiger hundert Jahre in einem Abstand von nur drei bis fünf Erdradien der Mond bildete. Der Großteil Theias, insbesondere der schwere Eisenkern, vereinigte sich dagegen mit der Erde.

Im Lauf der Zeit übertrugen die Gezeitenkräfte (↓) immer mehr Rotationsenergie von der Erde auf den Mond, sodass sich seine Entfernung zu uns seit seiner Entstehung ungefähr verzehnfacht hat. Sie wächst auch heute noch um knapp vier Zentimeter pro Jahr an. Zugleich nahm die Rotationsgeschwindigkeit der Erde ab – in der Frühzeit der Erde waren die Tage also deutlich kürzer als heute.

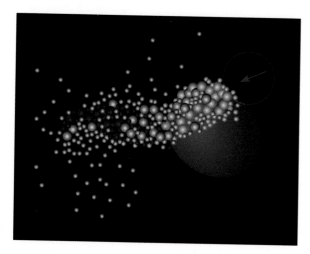

Position der herausgeschlagenen Materie rund fünfzig Minuten nach dem Beginn der Kollision der Erde mit Theia (angedeutet durch den roten Kreis) in Anlehnung an eine Computersimulation von Robin M. Canup

Die Gezeiten → S. 96

R. M. Canup *Simulations of a late lunar forming impact* Icarus, 168, 2004, S. 433-456, http://www.boulder.swri.edu/~ robin/c03finalrev.pdf

Vulkane im Sonnensystem
Gezeitenkräfte, Pizza-Mond und Kryovulkane

Vulkan der Insel White Island, Neuseeland

Sucht man in unserem Sonnensystem nach Vulkanen, so denkt man zuerst an unsere Erde. In ihrem Inneren ist wegen ihrer glühend-heißen Entstehungsgeschichte sowie radioaktiver Zerfälle genügend Wärmeenergie vorhanden, um jedes Jahr viele von ihnen ausbrechen zu lassen. Die größten dieser Vulkane – die sogenannten *Supervulkane* – können bei ihrem Ausbruch sogar gefährliche Klimakatastrophen hervorrufen. So wurde das größte globale Massenaussterben am Ende des Erdzeitalters Perm vor rund 250 Millionen Jahren (also noch vor dem Auftauchen der Dinosaurier) vermutlich durch massive Vulkanausbrüche im heutigen Sibirien ausgelöst.

Auch auf anderen Himmelskörpern gibt es Vulkane. Besonders eindrucksvoll ist der Marsvulkan Olympus Mons, der mit 26 km Höhe zugleich der größte Berg im Sonnensystem ist. Ob Olympus Mons noch aktiv ist, weiß man nicht – gut möglich, dass der Mars in seinem Inneren bereits zu kalt für weitere Ausbrüche ist.

Jede Menge aktive Vulkane gibt es an einem anderen Ort im Sonnensystem: dem Jupitermond Io. Die Gezeitenkräfte, die der nahe Gasriese auf Io ausübt, sind tausendfach stärker als die Gezeitenkräfte, die der Mond auf unserer Erde verursacht und damit Ebbe und Flut hervorruft (↓). Ios enge, leicht elliptische Umlaufbahn lässt seinen Abstand zu Jupiter leicht schwanken, sodass die veränderlichen Gezeitenkräfte den kleinen Mond mal stärker und dann wieder schwächer in die Länge ziehen. Das Innere von Io wird so ständig durchgeknetet und aufgeheizt, was zu einem extrem ausgeprägten Vulkanismus führt.

Der Marsvulkan Olympus Mons

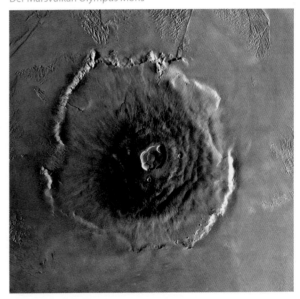

Die Gezeiten → S. 96

Die ausgestoßene Lava enthält neben flüssigen Gesteinen auch gelben Schwefel und seine Verbindungen. Sie überziehen den Mond mit einem bunten Flickenteppich, was ihm den Spitznamen „Pizza-Mond" eingebracht hat.

Eine ganz andere Art des Vulkanismus wurde auf dem Saturnmond Enceladus entdeckt. Die Vulkane dieses Eismondes speien keine glühende Lava, sondern stoßen eine Mischung aus aufgeschmolzenen Substanzen seines Eispanzers wie Wasser, Kohlendioxid, Methan und Ammoniak aus. Vermutlich liefern auch hier variierende Gezeitenkräfte die Energie für diese Ausbrüche. Im Jahr 2005 konnte die Cassini-Sonde die Aktivität dieser *Kryovulkane* direkt fotografieren und so im Bild nachweisen. Das ausgestoßene Material entkommt zum Teil in den Weltraum und bildet dort den sogenannten E-Ring des Saturns.

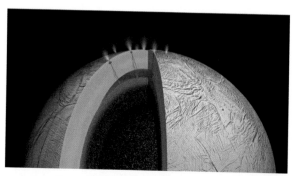

Kryovulkane auf Enceladus (künstlerische Darstellung)

Ahuna Mons auf dem Zwergplaneten Ceres

Vulkanausbruch auf Io

Indirekte Nachweise für Kryovulkane findet man auf vielen vereisten Himmelskörpern. Auf dem größten Saturnmond Titan wurden vulkanartige Eisformationen entdeckt, ebenso auf dem Zwergplaneten Pluto. Sogar auf dem Zwergplaneten Ceres, der im Asteroidengürtel seine Bahnen zieht, wurde ein etwa 20 km breiter und gut 4 km hoher Berg entdeckt, bei dem es sich wahrscheinlich um einen Kryovulkan handelt. Damit wäre dieser Ahuna Mons genannte Berg der sonnennächste bekannte Kryovulkan.

Julia Calderone *Io Erupts* NASA, https://svs.gsfc.nasa.gov/11455, 2014
Dirk Eidemüller *Gezeitenkräfte erzeugen Eisfontänen auf Enceladus* Welt der Physik, www.weltderphysik.de, 2013
Rainer Kayser *Kryovulkanismus auf Ceres* Welt der Physik, www.weltderphysik.de, 2016

Die Kepler'schen Gesetze

Wie sich die Planeten bewegen

Johannes Kepler (1571 – 1630)

Im Jahr 1609 veröffentlichte der damalige kaiserliche Hofmathematiker Johannes Kepler in seinem Werk *Astronomia Nova (Neue Astronomie)* die Gesetze, welche die Bahnen der Planeten um die Sonne beschreiben (siehe Kasten rechts).

Erst nach jahrelangen mühsamen Berechnungen auf Basis detaillierter Beobachtungsdaten seines Vorgängers Tycho Brahe (1546 – 1601) und nach manchem Irrweg war es Kepler gelungen, diese beiden Gesetze zu ermitteln. Im Lauf der nächsten zehn Jahre entdeckte er durch eingehende Analyse der Bahndaten ein drittes Gesetz und veröffentlichte es im Jahr 1619 in seinem Werk *Harmonices mundi libri V* (auch als *Weltharmonik* bekannt).

Die Kepler'schen Gesetze

1. Die Planeten bewegen sich auf elliptischen Bahnen, in deren einem Brennpunkt die Sonne steht.

2. Die Verbindungslinie von der Sonne zum Planeten überstreicht in gleichen Zeiten gleich große Flächen.

3. Die Quadrate der Umlaufzeiten T der Planeten verhalten sich wie die dritten Potenzen (Kuben) der großen Bahnhalbachsen d, d. h. der Term T^2/d^3 ist für alle Planeten gleich groß.

So benötigt beispielsweise der Jupiter 11,863 Erdenjahre für einen Umlauf, und die große Halbachse seiner Bahn ist entsprechend $11{,}863^{2/3} = 5{,}2$-mal so groß wie die der Erde.

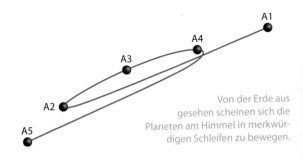

Von der Erde aus gesehen scheinen sich die Planeten am Himmel in merkwürdigen Schleifen zu bewegen.

R. P. Feynman, R. B. Leighton, M. Sands *Feynman-Vorlesungen über Physik, Band 1* Oldenbourg Wissenschaftsverlag 1997
T. de Padova *Das Weltgeheimnis: Kepler, Galilei und die Vermessung des Himmels* Piper 2009

Als einer der Ersten versuchte Kepler, die von ihm gefundene Planetenbewegung auf physikalische Gesetze zurückzuführen. Ohne das Konzept der Trägheit (↓) und ohne das Gravitationsgesetz (↓) war er jedoch nicht in der Lage, die physikalisch korrekte Lösung zu finden. So vermutete er, dass die Rotation der Sonne wie bei einem Schaufelrad über eine magnetische Kraftströmung (*anima motrix*, übersetzt *Seele des Bewegers*) die Planeten mitreißt und in Bewegung hält, wobei dieser Einfluss der Sonne mit wachsendem Abstand immer schwächer wird. Erst im Jahr 1686, also 56 Jahre nach Keplers Tod, gelang es dem englischen Physiker Isaac Newton, die richtige physikalische Erklärung zu formulieren.

Das erste Kepler'sche Gesetz ist nach Newton eine Folge der umgekehrt quadratischen Abhängigkeit der Gravitationskraft von der Entfernung zur Sonne, wobei erst die konkrete Lösung der Newton'schen Bewegungsgleichung die Ellipsenform der Planetenbahn enthüllt.

Das zweite Kepler'sche Gesetz ergibt sich direkt aus der Drehimpulserhaltung. Man kann es anschaulich herleiten, indem man die ellipsenförmige Bahnbewegung in viele winzig kleine gerade Teilstücke zerlegt, die gleichen Zeitintervallen entsprechen. An den Ecken lenkt die Gravitation dabei den Planeten punktuell in Richtung Sonne ab – in der Grafik wirkt diese Ablenkung im Punkt B also senkrecht nach unten. Nach dem Trägheitsgesetz bleibt die Geschwindigkeitskomponente senkrecht zur Ablenkungsrichtung unverändert, sodass die Höhe h der beiden blauen Dreiecke ZAB und ZBC über der gemeinsamen Grundseite a identisch ist und beide Dreiecke denselben Flächeninhalt $a \cdot h/2$ besitzen.

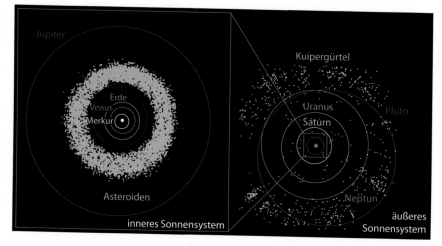

Das dritte Kepler'sche Gesetz ergibt sich schließlich aus der Balance zwischen Fliehkraft und Gravitation, nach der ein Planet sich beispielsweise bei $2^2 = 4$-facher Vergrößerung der Bahn nur noch halb so schnell bewegt und deshalb für den viermal längeren Weg die $2^3 = 8$-fache Zeit benötigt.

Das innere und äußere Sonnensystem: Die Planeten bewegen sich auf elliptischen Bahnen.

Newtons Gesetze der Mechanik → S. 82
Newtons Gravitationsgesetz → S. 92

Satelliten mit geosynchronen Orbits
Kunstvolle Schleifen am Himmel

   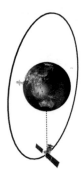 

Satelliten werden für die unterschiedlichsten Zwecke benutzt: zum Telefonieren, um Bilder für Google Maps aufzunehmen oder um das Wetter vorherzusagen. Die Satelliten umkreisen dabei ständig die Erde, und überfliegen so zu unterschiedlichen Zeitpunkten unterschiedliche Punkte auf der Erdoberfläche.

Es gibt jedoch eine bestimmte Sorte von besonders stabilen und langlebigen Umlaufbahnen (↓), die deswegen gerne für Kommunikations- und Wettersatelliten benutzt werden: Dies sind Satelliten auf sogenannten *geosynchronen Orbits*. Sie umfliegen die Erde pro Tag genau einmal, d. h. heißt, sie befinden sich nach einem Sternentag (ca. 23 Stunden, 56 Minuten und 4 Sekunden) wieder genau über demselben geografischen Punkt der Erde.

Ein Spezialfall hiervon ist der *geostationäre Orbit*: Der Satellit bewegt sich dabei auf einer Kreisbahn in der Äquatorebene um die Erde. Weil sich die Erde genau mit dem Satelliten mitdreht, befindet der sich im-

Die Bahnkurve, die ein geosynchroner Satellit über den Himmel zieht, erscheint Beobachtern auf der Erde wie eine geschwungene Acht.

mer über demselben Punkt auf dem Äquator. Für einen Beobachter auf der Erde steht der geostationäre Satellit also scheinbar bewegungslos am Himmel, obwohl er tatsächlich mit über 11 000 km/h um die Erde rast.

Im Allgemeinen kann eine geosynchrone Bahn aber auch elliptisch sein, und/oder in einer Ebene stattfinden, die relativ zur Äquatorebene geneigt ist (↓). Um sich zu veranschaulichen, wie eine solche Satellitenbahn einem Beobachter am Erdboden erscheint, kann man sich zuerst zwei extreme Fälle vorstellen:

Ein Satellit, der sich auf einer Ellipse in der Äquatorebene um die Erde bewegt, steht immer noch zu jedem Zeitpunkt seiner Bahn über dem Äquator, allerdings nicht immer über demselben Punkt. Wenn sich der Satellit weiter von der Erde weg befindet, fliegt er langsamer, und ein Punkt auf dem Äquator überholt ihn

Umlaufbahnen: Raketenmanöver → S. 14
Die Kepler'schen Gesetze → S. 10
Wikipedia *Liste der geostationären Satelliten*

so – für einen erdfesten Beobachter driftet der Satellit also nach Westen ab. Genauso bewegt er sich scheinbar nach Osten, wenn er sich näher an der Erde befindet, z. B. wenn er durch das Perigäum seiner Bahn geht. Ein solcher geosynchroner Satellit erweckt für einen erdfesten Beobachter also den Eindruck, entlang des Äquators hin- und herzuwackeln (und dabei manchmal näher, und manchmal weiter entfernt zu sein).

Der zweite anschauliche Fall ist ein Satellit auf einer Polarbahn, d. h. auf einem Kreis um die Erde, der allerdings in einer Ebene senkrecht zur Äquatorebene liegt. Steht ein solcher Satellit mittags über einem Punkt am Äquator und bewegt sich von da direkt zum Nordpol, sieht ein an diesem Punkt stehender Beobachter, weil er sich selbst auf der Erde nach Osten wegdreht, den Satellit nach Nordwesten verschwinden. Wenn beim Beobachter die Sonne untergeht, erreicht der Satellit genau den (geografischen) Nordpol. Um Mitternacht steht er noch einmal direkt über dem Beobachter, der ihn von Nordosten ankommen und nach Südwesten verschwinden sieht. Nach weiteren (knapp) zwölf Stunden erreicht der Satellit – scheinbar von Südosten her kommend – wieder seinen Ausgangspunkt. Die vom Boden aus zu sehende Bahn gleicht also einer Schleife, die der Satellit über den Himmel zieht.

Der allgemeinste Fall einer geosynchronen Bahn ist eine geneigte Ellipse, und sie erscheint dem Beobachter am Boden als sogenannte *Analemma*-Figur. Diese ist ebenfalls wie eine Acht geformt, hat aber je nach Abplattung der Satellitenbahn zwei unterschiedlich große Schlaufen. Welche Bahn man genau für einen geostationären Satelliten aussucht, hängt also stark davon ab, über welchen Gebieten der Erde er hauptsächlich stehen soll.

Clarke-Orbits

Die erste veröffentlichte Idee für einen geostationären Satelliten stammte vom Science-Fiction-Author Arthur C. Clarke. Er schlug 1945 vor, mit drei ständig die Welt umkreisenden geostationären Satelliten eine drahtlose, weltweite Kommunikation zu etablieren. Belächelte man seine Idee anfangs noch, wurde 19 Jahre später, am 19. August 1964, der erste geostationäre Satellit, SYNCOM 3, in die Umlaufbahn gebracht, und übertrug von dort die Olympischen Spiele 1964 aus Japan in die USA. Geostationäre Umlaufbahnen tragen daher auch den Namen *Clarke-Orbits*.

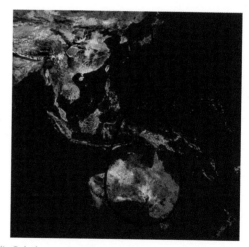

Ist die Bahnkurve ein wenig geneigt, verzerrt sich die scheinbare Bahnkurve, die dann auch Analemma genannt wird.

A.C. Clarke *The 1945 Proposal by Arthur C. Clarke for Geostationary Satellite Communications*
http://lakdiva.org/clarke/1945ww/; englisch

Raketenmanöver
Der Tanz durch das Sonnensystem

Alles im Sonnensystem (↓) dreht sich umeinander. Die Planeten kreisen um die Sonne, Monde kreisen um Planeten, und auch künstliche Satelliten wie die des GPS (↓) umrunden unsere Erde. Selbst die Sonne steht nicht still am Firmament, sondern umrundet das Zentrum der Milchstraße (↓) einmal alle ungefähr 225 Millionen Jahre. Das sich gegenseitige Umkreisen der Planeten, Monde und Kometen wird durch zwei wesentliche physikalische Gesetze bestimmt: die Erhaltungssätze der Energie und des Drehimpulses (↓). Es ist das Wechselspiel dieser beiden Gesetze, das sämtliche Bewegungen der Himmelskörper umeinander bestimmt. Selbst die Flugbahnen von Raketen, Raumschiffen und Sonden folgen streng diesen Gesetzmäßigkeiten.

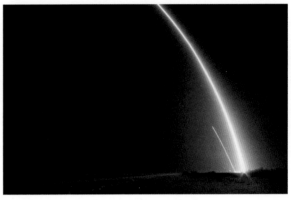

Start der Zuma-Mission der privaten Raumfahrtfirma SpaceX. Die im November 2017 gestartete Rakete sollte einen US-Militärsatelliten in die Erdumlaufbahn bringen.

Für die Navigation durch das Sonnensystem gibt es mehrere Manöver, die ein Raumschiff ans Ziel bringen können. Zum einen gibt es den sogenannten *Hohmann*-Transfer, der benutzt wird, um ein Raumschiff auf einer kreisförmigen Umlaufbahn, z. B. um einen

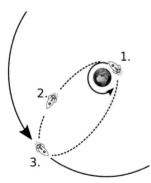

Der Hohmann-Transfer versetzt eine Rakete von einem niedrigen in einen höheren Orbit. Dazu muss die Rakete bei der Periapsis (1) kurz Schub geben, um die Kreisbahn in eine elliptische Bahn (2) zu verformen. Auf der Apoapsis (3) muss ein weiteres Mal Schub gegeben werden, um die Ellipse in eine Kreisbahn zu ändern.

Planeten, auf eine höhere Umlaufbahn zu transferieren. Dazu gibt das Raumschiff zuerst einen Schubstoß in Flugrichtung ab. Der sorgt dafür, dass es schneller wird, und nach dem Drehimpulserhaltungssatz bedeutet das, dass es sich nun auf einem elliptischen Orbit befinden muss – und zwar an seinem tiefsten Punkt, die sogenannte Periapsis (↓). Das Raumschiff fliegt dann (ohne weitere Schubwirkung) die elliptische Flugbahn entlang, wird dabei immer langsamer, bis es den höchsten Punkt – die Apoapsis – erreicht hat. Um nicht wieder zurück in Richtung des Planeten zu stürzen, zündet die Rakete auf der Apoapsis ein weiteres Mal die Schubraketen, wieder in Flugrichtung, solange bis aus der elliptischen Flugbahn wieder ein Kreis geworden ist – dieses Mal allerdings viel weiter vom Planeten entfernt.

Die Entstehung des Sonnensystems → S. 4
GPS → S. 148
Galaxientypen → S. 48
Erhaltungssätze: Newtons Gesetze der Mechanik → S. 82, Das Prinzip der kleinsten Wirkung → S. 84
Die Kepler'schen Gesetze → S. 10

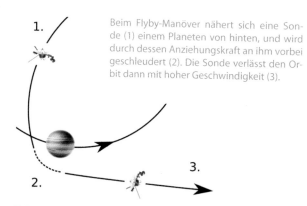

Beim Flyby-Manöver nähert sich eine Sonde (1) einem Planeten von hinten, und wird durch dessen Anziehungskraft an ihm vorbei geschleudert (2). Die Sonde verlässt den Orbit dann mit hoher Geschwindigkeit (3).

Dieser Hohmann-Transfer kann auch umgekehrt benutzt werden, um von einer hohen auf eine niedrigere Umlaufbahn zu wechseln: Dafür muss ein Raumschiff entgegen der eigenen Flugrichtung Schub ausüben, also abbremsen. Mit so verringertem Drehimpuls fällt es gleichsam in Richtung des Planeten. Dabei wird es wiederum schneller, und wenn es an der Periapsis angekommen ist, muss es ein weiteres Mal abbremsen, um nicht wieder in die hohe Umlaufbahn fortzufliegen, sondern auf einer nahen Kreisbahn zu bleiben.

Ein weiteres, oft benutztes Manöver ist das sogenannte *Swingby*- oder auch *Flyby-Manöver*. Hierfür braucht es exaktes Timing: um zwischen zwei Hohmann-Transfers Raketentreibstoff zu sparen, passt man den ersten Transfer genauso ab, dass das Raumschiff auf seiner Apoapsis knapp hinter einem Planeten ankommt. Durch die Anziehungskraft dieses Planeten wird die Rakete an ihm vorbei geschleudert, um so weiter hinaus ins All zu fliegen und sich auf den nächsten Transfer zu begeben. Durch die Schwerkraft wird also Bewegungsenergie vom Planeten auf die Rakete übertragen. Weil Planeten sehr viel schwerer sind, stört das deren Flugbahn kaum, aber für die Rakete, deren Treib-

stoff sparsam eingesetzt werden muss, ist jeder Schub äußerst hilfreich! Die Sonde Voyager 2 (↓) hat dieses Manöver mehrmals eingesetzt: Einer äußerst günstigen Stellung der äußeren Planeten verdankte es die Sonde, dass sie nacheinander Flyby-Manöver am Jupiter, Saturn, Uranus und Neptun durchführen konnte.

In Science-Fiction-Filmen wird es oft so dargestellt, dass man in Raumschiffen einfach von einem Punkt zum anderen fliegen kann, indem man das Schiff in die gewünschte Richtung ausrichtet und Schub gibt. Doch das funktioniert leider überhaupt nicht! Es braucht genaue Kenntnisse der Planetenstellungen und -geschwindigkeiten und zeitlich genau abgestimmte Manöver, um von einem Ort zum anderen zu kommen. Interessanterweise wird das in neueren Filmen immer häufiger korrekt dargestellt: In der Science-Fiction-Serie *The Expanse* zum Beispiel oder auch in *Der Marsianer* spielt die korrekte Navigation im Sonnensystem eine wichtige Rolle.

Ein Tesla Roadster, der als Nutzlast von einer Flacon-Heavy-Rakete der Firm SpaceX in die Erdumlaufbahn gebracht wurde. Die erste Phase des Hohmann-Transfers zum Mars wurde abgeschlossen. Leider hat die Rakete nun keinen Treibstoff mehr, sodass der zweite Schub auf der Apoapsis nicht durchgeführt werden wird. Die aktuelle Position des Autos kann man auf http://www.whereisroadster.com/ nachsehen.

Voyager-Sonde: Der Rand des Sonnensystems → S. 16

Physikalisch korrekte Simulation von Raketenmanövern und Himmelsmechanik kann man z. B. in den Computerspielen Kerbal Space Program und Universe Sandbox wunderbar selbst ausprobieren: https://kerbalspaceprogram.com/, http://universesandbox.com/

Der Rand des Sonnensystems
Wo genau zieht man die Grenze?

Wie groß ist das Sonnensystem? Wo hört es auf? Und wo beginnt das „Draußen", der interstellare Raum? Diese Fragen sind gar nicht einfach zu beantworten, denn die Antwort hängt davon ab, was man genau als *Rand des Sonnensystems* bezeichnet. Um sich die unterschiedlichen Möglichkeiten genauer vor Augen führen zu können, ist es sehr hilfreich, in sogenannten *astronomischen Einheiten* (engl. astronomical unit oder AU) zu rechnen. Eine AU ist die mittlere Entfernung zwischen Erde und Sonne und beträgt knapp 150 Millionen Kilometer.

Oft liest man, dass das Sonnensystem aus der Sonne und ihren Planten besteht – hört es also einfach hinter dem äußersten Planeten auf? Obwohl das eine mögliche Wahl wäre, den Rand des Sonnensystems zu definieren, ist sie nicht besonders zweckmäßig. Nicht nur, weil die Definition davon abhängt, was genau ein „Planet" ist, und sich mit der Zeit ändern kann, wie man am Beispiel von Pluto gut sieht, sondern auch, weil es jen-

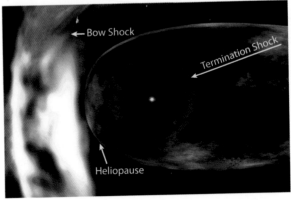

Unser Sonnensystem durchpflügt das interstellare Medium.

seits des äußersten Planeten Neptun – ca. 30 AU von der Sonne entfernt – Unmengen von Zwergplaneten, Gesteinskörpern und Staubbrocken unterschiedlicher Größe gibt, die höchstwahrscheinlich Überbleibsel der Entstehung der Sonne und ihrer Planeten sind. Diese *Kuipergürtel* genannte Schicht erstreckt sich jenseits des Neptuns etwa bis zu einer Entfernung von 50 AU.

Der Einfluss der Sonne reicht jedoch viel weiter: Durch das nukleare Feuer in ihrem Inneren angeheizt, schleudert sie unablässig einen Strom von geladenen Teilchen – den *Sonnenwind* – ins All hinaus, vor dem wir auf der Erde glücklicherweise durch unser Erdmagnetfeld geschützt werden. Wie ein ständiger, von der Sonne weg gerichteter Fön, hält der Sonnenwind das interstellare Gas, das größtenteils aus Wasserstoff und Helium besteht und den Raum zwischen den Sternen durchzieht, davon ab in unser Sonnensystem einzudringen.

Bow Shock um einen jungen Stern im Orionnebel

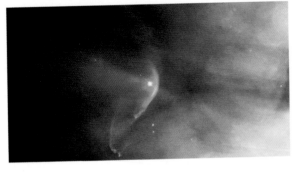

Spektrum Dossier *Bis zum Rand des Sonnensystems ... und darüber hinaus* Spektrum der Wissenschaft 2011
Wikipedia *Aufbau der Heliosphäre*

Die Stärke des Sonnenwindes nimmt zwar mit zunehmender Entfernung von der Sonne ab, er reicht aber immer noch bis weit jenseits des Kuipergürtels. Dort, wo der Sonnenwind und das interstellare Gas aufeinandertreffen, durchmischen sie sich und formen eine Hülle um das Sonnensystem, den sogenannten *Heliosheath* (übersetzt in etwa: Sonnenumhüllung). Dieser ist – je nach momentaner Stärke des Sonnenwindes – höchstwahrscheinlich 20 AU bis zu 60 AU dick. Der innere, der Sonne zugewandte Rand des Heliosheaths wird *Termination Shock* genannt und befindet sich ca. 80 AU bis 90 AU von der Sonne entfernt.

Die beiden Sonden Voyager 1 und Voyager 2 haben 2004 bzw. 2007 den Termination Shock durchquert und befinden sich zur Zeit des Buchdruckes im Heliosheath. Das weiß man, weil sie zum Zeitpunkt der Durchquerung des Termination Shock einen rapiden Temperaturanstieg der sie umgebenden Materie auf fast 200 000 Kelvin gemessen haben – eine Folge des Aufeinanderprallens von Sonnenwind und interstellarem Gas. Zum Glück ist das heiße Gas dort extrem dünn, sodass es die Sonde nicht sonderlich aufheizt.

Voyager 1 befindet sich zurzeit in einer Entfernung von ca. 120 AU von der Sonne und nähert sich damit der äußeren Grenze des Heliosheaths, der *Heliopause*, und wird diese bis 2014 überschreiten. Damit wird sie den Einflussbereich des Sonnenwindes, *Heliosphäre* genannt, verlassen, und nur noch von interstellarem Medium umgeben sein.

Obwohl man die Heliopause mit einer Entfernung von ca. 130 bis 150 AU durchaus als Rand des Sonnensystems bezeichnen könnte, kann man den Einfluss der Schwerkraft der Sonne noch sehr viel weiter spüren: Die sogenannte *Hill-Sphäre*, die den merklichen Einflussbereich der Schwerkraft der Sonne kennzeichnet, reicht noch bis über 200 000 AU in den Weltraum hinaus. Damit ist man allerdings schon fast beim nächsten Stern, Proxima Centauri, angelangt, der etwa 4,2 Lichtjahre (260 000 AU) von uns entfernt ist.

Die nähere Umgebung des Sonnensystems

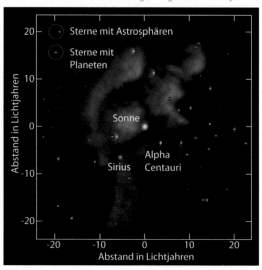

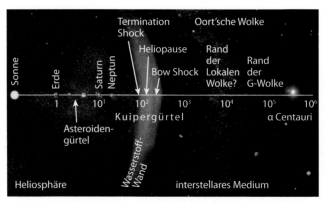

Logarithmische Skala der Entfernungen von der Sonne bis zu α Centauri

NASA *IBEX (Interstellar Boundary EXplorer)* http://ibex.swri.edu/students/What_defines_the_boundary.shtml; englisch

Extrasolare Planeten

Die Suche nach Planeten jenseits des Sonnensystems

Kepler-11 ist ein sonnenähnlicher Stern, der von sechs Planeten umkreist wird.

Es galt lange Zeit als fast aussichtslos, ferne Planeten aufzuspüren, die andere Sterne als unsere Sonne umkreisen. Denn Planeten sind sehr viel kleiner als Sterne und werden von deren Licht vollkommen überstrahlt, sodass sie in Teleskopen kaum auszumachen sind. Dennoch ist es seit den neunziger Jahren des vergangenen Jahrhunderts gelungen, mit ausgeklügelten Methoden mehrere hundert dieser *Exoplaneten* (extrasolaren Planeten) aufzuspüren, und es kommen ständig neue hinzu.

In den Anfangsjahren von etwa 1995 bis 2005 fand man die meisten Planeten mithilfe der sogenannten *Radialgeschwindigkeitsmethode*. Da Stern und Planet um ihren gemeinsamen Schwerpunkt kreisen, bewegt sich nicht nur der Planet, sondern auch der Stern. Diese Bewegung verrät sich durch eine kleine periodische Rot- und Blauverschiebung im Spektrum des Sternenlichts, wenn der Stern von uns fort oder auf uns zu „eiert". Am einfachsten lassen sich auf diese Weise große Gasplaneten nachweisen, die ihren Stern sehr eng umkreisen, wie beispielsweise der Gasriese TrES-4, der ungefähr den 1,7-fachen Durchmesser von Jupiter besitzt und

NASA Ames Research Center *Kepler Homepage* http://kepler.nasa.gov/; Homepage der Kepler-Mission

in nur etwa 3,5 Tagen seinen Heimatstern umrundet. Später ließen sich auch kleinere Planeten auf diese Weise aufspüren, wie der Gesteinsplanet Gliese 876 d, der rund sieben Erdmassen aufweist und den nur 15 Lichtjahre entfernten roten Zwergstern Gliese 876 in zwei Tagen einmal umkreist. Solche großen Gesteinsplaneten bezeichnet man auch als *Supererden*. Aufgrund der Nähe zu seinem Heimatstern dürfte Gliese 876 d allerdings heiß wie ein Backofen sein und damit für die Entstehung von Leben, wie wir es kennen, nicht infrage kommen.

Seit dem Jahr 2005 ist die sogenannte *Transitmethode* für die Suche nach Exoplaneten immer wichtiger geworden. Dabei nutzt man aus, dass ein direkt vor dem Stern vorbeiziehender Planet einen kleinen Teil des Sterns verdeckt, sodass für die Zeit des Transits etwas weniger Sternenlicht die Erde erreicht. Diesen winzigen Effekt kann man mit modernen Teleskopen wie dem im März 2009 gestarteten Kepler-Weltraumteleskop nachweisen.

Künstlerische Darstellung von Gliese 876 d

In jüngster Zeit gelingt mit dieser Methode zunehmend auch der Nachweis von Gesteinsplaneten, die ihren Stern im richtigen Abstand (d. h. in der bewohnbaren Zone) umkreisen, in der die Temperatur flüssiges Wasser auf der Planetenoberfläche erlaubt. Auf solchen Planeten könnte sich Leben entwickelt haben. Ein Beispiel ist der mit 2,4 Erddurchmessern schon relativ erdähnliche Exoplanet Kepler-22b, der den etwa 600 Lichtjahre entfernten sonnenähnlichen Stern Kepler-22 alle 290 Tage einmal umkreist. In naher Zukunft hofft man, im Licht solcher Sterne und Planeten das Vorkommen von Wasser, Sauerstoff und Methan in der Planetenatmosphäre spektroskopisch nachzuweisen, das als Hinweis für die Existenz von Leben gilt. Dies könnte beispielsweise mit dem James Webb Space Teleskop der NASA gelingen, das im Jahr 2021 in den Weltraum gestartet werden soll.

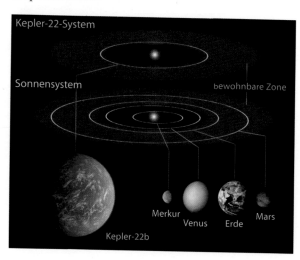

Vergleich des Kepler-22-Systems mit unserem Sonnensystem. Die bewohnbare Zone ist grün gekennzeichnet.

L. Kaltenegger *Die Suche nach der zweiten Erde* Physik Journal, Februar 2012, S. 25

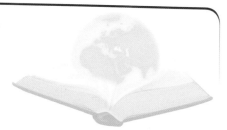

Der Sternenhimmel
Sterne, Planeten und die Milchstraße

In unseren modernen Zeiten machen künstliche Lichtquellen und die Dunstglocke der Städte es oft schwierig, den nächtlichen Sternenhimmel zu betrachten. Unsere Vorfahren hatten es da wesentlich leichter. Entsprechend groß war die Bedeutung der Sterne beispielsweise zur Navigation, zur Bestimmung der Jahreszeiten oder auch ihre mystische Interpretation, wie man sie noch heute in der Astrologie antrifft. Zur besseren Orientierung verband man markante Sterne mithilfe gedachter Linien zu Sternbildern. Eines der bekanntesten von ihnen ist das Orion-Sternbild mit seinen drei Gürtelsternen, das man bei uns in klaren Winternächten beobachten kann.

Wenn man eine länger belichtete Aufnahme des Nachthimmels anfertigt, so stellt man fest, dass die Sterne scheinbar um einen Punkt in nördlicher Richtung rotieren. Heute wissen wir, dass es die Erdrotation ist, die den Eindruck eines rotierenden Sternenhimmels vortäuscht.

Das Sternbild Orion am Himmel über dem Very Large Telescope (VLT) der ESO (European Southern Observatory) in der Atacamawüste im Norden Chiles. Da sich dieses Teleskop auf der Südhalbkugel der Erde befindet, steht das Sternbild gleichsam auf dem Kopf.

Die Sterne selber bewegen sich hingegen so langsam, dass sie scheinbar unverrückbar am Himmelszelt angeordnet sind – wir nennen sie daher *Fixsterne*. Es gibt jedoch auch einige Objekte, die ihre Position am Himmel ständig verändern – die *Planeten*, was *Wanderer* bedeutet.

Rotation des südlichen Sternenhimmels über dem 3,6-Meter-Teleskop der ESO bei La Silla in der chilenischen Atacama-Wüste

European Southern Observatory *ESO* http://www.eso.org/

Dieses Bild der Clementine Star Tracker Camera zeigt von rechts nach links den Mond, die dahinter aufgehende Sonne und die Planeten Saturn, Mars und Merkur. Man erkennt, dass die Sonne und die drei Planeten ungefähr in einer Ebene liegen – der Ekliptik.

mige Ansammlung aus mehreren hundert Milliarden Sternen sowie Gas und Staubnebeln und besitzt einen Durchmesser von etwa 100 000 Lichtjahren. Da wir Teil dieser Scheibe sind, sehen wir sie gleichsam von innen heraus als Band am Himmel.

Wenn man genau hinsieht, so stellt man noch etwas fest: nämlich dass die Sterne farbig sind (↓). Besonders gut sieht man das sogar mit bloßem Auge bei den Sternen Beteigeuze und Rigel im Orion-Sternbild. Während Beteigeuze ein rötlich leuchtender roter Überriese ist, dessen Durchmesser ungefähr das 700-fache des Sonnendurchmessers beträgt, ist Rigel ein blauer Riese, der etwa doppelt so heiß und 70-mal größer als unsere Sonne ist. Viele Sterne, die wir am Himmel sehen, sind solche heißen und sehr leuchtkräftigen Sterne, da diese viel weiter zu sehen sind als die wesentlich häufigeren, aber zugleich kleineren und deutlich leuchtschwächeren Sterne.

Sie bewegen sich in scheinbar komplizierten Schleifen innerhalb eines schmalen Streifens (der Ekliptik) am Himmel. Erst im Jahr 1609 gelang es Johannes Kepler, die wahre Natur dieser Bewegungen in mühsamen Berechnungen zu entschlüsseln: Die Planeten bewegen sich ebenso wie die Erde auf Ellipsenbahnen um die Sonne, wobei diese Bahnen alle ungefähr in derselben Ebene liegen (↓).

In dunklen klaren Nächten kann man ein milchig schimmerndes Band am Himmel sehen, das den gesamten Himmel überzieht: die *Milchstraße* (↓). Erst mit Teleskopen gelingt es, die wahre Natur dieses Bandes aufzudecken: Tatsächlich ist die Milchstraße eine scheibenför-

Das Zentrum der Milchstraße über dem 3,6-Meter-Teleskop der ESO bei La Silla (Chile)

Die Kepler'schen Gesetze → S. 10
Das Schicksal der Milchstraße → S. 50
Spektralklassen → S. 24

Die Geburt von Sternen
Wie kontrahierende Gaswolken zu Sternen werden

Sterne entstehen aus Gas- und Staubwolken, die sich unter dem Einfluss der Schwerkraft immer weiter zusammenziehen. Dabei entstehen aus einer Wolke meist viele Sterne gleichzeitig, die nach ihrer Entstehung einen Sternhaufen bilden. Die mit zehn bis zwölf Milliarden Jahren ältesten Sternhaufen findet man im kugelförmigen Außenbereich (Halo) der Milchstraße und anderer Galaxien: die sogenannten *Kugelsternhaufen*. Unsere Milchstraße enthält rund 150 dieser Kugelsternhaufen.

Die Plejaden

Der Kugelsternhaufen M80 (NGC 6093) ist etwa 28000 Lichtjahre von der Erde entfernt. Die rötlich leuchtenden Punkte sind rote Riesensterne.

Jüngere (sogenannte *offene*) Sternhaufen findet man dagegen in der Scheibe der Milchstraße, da sich nur dort noch immer genug Gas für ihre Bildung befindet. Sie sind kleiner als die Kugelsternhaufen und lösen ihren Verbund anders als diese im Lauf der Zeit auf. Der bekannteste offene Sternhaufen sind die Plejaden, die man bei uns im Winter im Sternbild Stier beobachten kann.

Die Plejaden sind nur rund 125 Millionen Jahre alt. Zum Vergleich: Unsere Sonne ist mit einem Alter von 4,6 Milliarden Jahren rund 35-mal älter, sodass sich der zu ihr gehörende offene Sternhaufen längst aufgelöst hat. Da die Plejaden nur etwa 400 Lichtjahre von uns entfernt sind, kann man mit bloßem Auge meist sieben ihrer hellsten Sterne gut erkennen, weshalb man auch vom Siebengestirn spricht. In Wahrheit umfassen die Plejaden jedoch mehr als 1000 junge Sterne.

J. Resag *Zeitpfad, die Geschichte des Universums und unseres Planeten* Springer Spektrum 2012

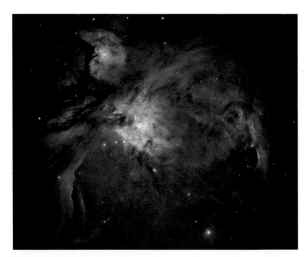

Der Orionnebel

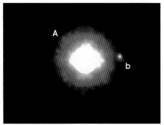

Der T-Tauri-Stern GQ Lupi

Im Zentrum dieser Gasscheiben bildet sich zunächst ein sogenannter *T-Tauri-Stern*. Dieser Stern sammelt immer mehr Masse aus seiner Gasscheibe auf, kontrahiert zunehmend und wird dabei immer heißer, sodass er für einige Millionen Jahre sogar heller als gleich heiße Hauptreihensterne leuchtet. Erst wenn in seinem Zentrum die Temperatur einige Millionen Grad überschreitet, zündet dort die Kernfusion, und ein neuer Hauptreihenstern ist geboren.

Auch heute entstehen noch neue Sterne in großen Gaswolken. Ein Beispiel für ein solches Sternentstehungsgebiet ist der Orionnebel – ein großer Komplex aus Gas und Staubwolken, der das gesamte Orionsternbild durchzieht. Den optisch sichtbaren Teil des Orionnebels zeigt das obige Bild.

Im Orionnebel kann man tatsächlich einzelne rotierende Gasscheiben nachweisen, die entstehen, wenn sich ein neues Sonnensystem bildet (↓). Man nennt sie *protoplanetare Scheiben*, da sich aus ihnen auch die Planeten formen.

Künstlerische Darstellung eines jungen Sterns mit protoplanetarer Scheibe

Protoplanetare Scheiben im Orionnebel

Die Entstehung des Sonnensystems → S. 4

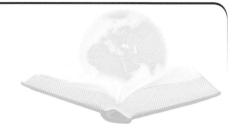

Spektralklassen
Welche Farbe haben Sterne?

Im Weltall ist Stern nicht gleich Stern. Sie unterscheiden sich nicht nur nach Größe oder Temperatur, sondern auch durch die Details der Fusionsprozesse, die in ihrem Inneren ablaufen, beziehungsweise welche Elemente man in ihnen findet.

Innerhalb eines Sterns können die Photonen, die durch Fusion entstehen, verschiedene Energien besitzen. Die statistische Verteilung dieser Photonenenergien entspricht annähernd der eines schwarzen Strahlers einer gewissen Temperatur. Es erreichen jedoch nicht alle Photonen im Inneren des Sterns auch seine Oberfläche. Der Grund hierfür sind gewisse, häufig vorkommende Elemente. Diese haben ganz charakteristische quantenmechanische Übergänge, zu denen jeweils eine ganz bestimmte Energie gehört. Die Photonen, die genau diese Energie haben, werden von den Atomen des entsprechenden Elements absorbiert, während alle Photonen mit anderen Energien einfach von ihnen abprallen.

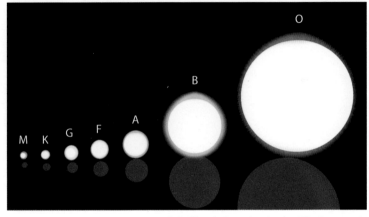

Je heißer ein Stern ist, desto größer ist er auch.

Das Licht, das von einem Stern abgestrahlt wird, verrät also etwas über seine chemische Zusammensetzung. Zerlegt man das Sternenlicht in seine spektralen Bestandteile, zum Beispiel mit einem Prisma (siehe Artikel zu Regenbogen ↓), so erhält man nicht ganz das Spektrum eines schwarzen Strahlers einer gewissen Temperatur, sondern es fehlen einige Wellenlängen. Je nachdem welche Linien genau im Spektrum fehlen, enthält der Stern also die entsprechenden Elemente im Übermaß. Anhand dieser Linien unterteilt man dabei Sterne in Kategorien, auch *Spektralklassen* genannt.

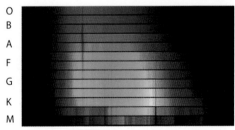

Die Klasse eines Sterns wird von seinem Spektrum bestimmt (Spektralklassen von oben nach unten: O6,5, B0, B6, A1, A5, F0, F5, G0, G5, K0, K5, M0, M5).

Regenbogen → S. 68
A. Unsöld, B. Baschek *Der neue Kosmos: Einführung in die Astronomie und Astrophysik* Springer Verlag, 7. Auflage 2002

Diese Kategorien folgen dem Schema O-B-A-F-G-K-M (eine historische Bezeichnungsweise. Merksatz: „Oh Be A Fine Girl Kiss Me") von sehr heißen, großen Sternen der Klasse O bis hin zu kleinen, kälteren Sternen der Klasse M. Obwohl die Einteilung anhand der vorhandenen oder fehlenden Spektrallinien geschieht, gibt es einen starken Zusammenhang mit der Häufigkeit gewisser Elemente und der Temperatur (und damit auch der Farbe) des entsprechenden Sterns.

Weil die Messmethoden seit der Einführung dieser Klassifikation im Jahre 1912 immer genauer wurden, hat man begonnen, die Skala weiter zu unterteilen. So gibt es zwischen B- und A-Sternen zum Beispiel Sterne der Spektralklasse B2, B3, B5, und so weiter.

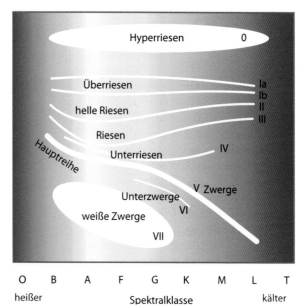

Die Spektralklasse eines Sterns hängt von der Position im Hertzsprung-Russell-Diagramm ab.

Das System der Spektralklassen wird heutzutage noch um die Information der Leuchtkraftklasse erweitert. Dies ist eine zumeist römische Ziffer von 0 (Hyperriesen), I (Riesen) über V (Hauptreihensterne) bis VII (weiße Zwerge), und gibt den Entwicklungsstand des Sterns an.

Unsere Sonne ist nach dieser Klassifizierung ein Stern der Klasse G2V, also ein kleiner, gelber Stern im Hauptast des Hertzsprung-Russell-Diagramms (↓).

Mintaka, Alnilam und Alnitak, die drei Sterne des Oriongürtels, haben die Spektralklasse B0.

Das Hertzsprung-Russell-Diagramm → S. 26
J.S. Schlimmer *Epsilon-Lyrae: Sternspektren-Galerie*
http://www.epsilon-lyrae.de/Spektroskopie/Sternspektren/SternspektrenGalerie.html

Das Hertzsprung-Russell-Diagramm
Temperatur, Leuchtkraft und Lebensweg der Sterne

Sterne können sehr unterschiedlich sein. Manche Sterne sind sehr viel heißer und heller als unsere Sonne, viele sind dagegen kühler und leuchtschwächer und manche sind sogar heller, aber zugleich kühler. Einen Überblick erhält man, indem man die Sterne als Punkte in ein sogenanntes *Hertzsprung-Russell-Diagramm* einzeichnet. Dabei trägt man heißere und damit blauer leuchtende Sterne weiter links und hellere Sterne weiter oben ein, d. h. die *x*-Koordinate steht für die Temperatur (mit steigender Temperatur nach links) und die *y*-Koordinate für die Leuchtkraft des Sterns.

Wenn man sehr viele Sterne in ein solches Diagramm einträgt, so versammeln sich die meisten von ihnen entlang einer Linie, die von kühlen leuchtschwachen zu heißen leuchtstarken Sternen reicht. Man bezeichnet diese Linie als *Hauptreihe*. Etwa achtzig Prozent seines Lebens verbringt ein Stern auf dieser Hauptreihe und gewinnt dabei seine Energie aus der Kernfusion von Wasserstoff zu Helium. Je massereicher er dabei ist, umso heißer und heller ist er und umso schneller verbraucht er seinen Wasserstoff. Während die Sonne rund zehn Milliarden Jahre lang mit ihrem Wasserstoffvorrat auskommen wird, reicht er bei sehr massereichen Sternen nur für rund zehn Millionen Jahre.

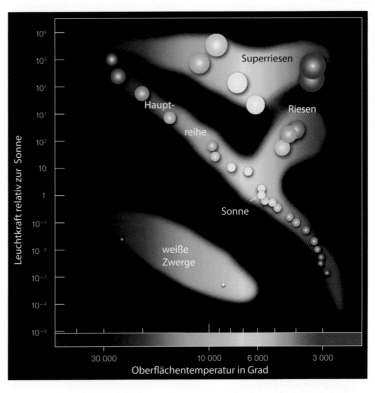

Ist der Wasserstoff im Sternzentrum in Helium umgewandelt, so wandert die Zone der Wasserstofffusion in eine Schale um das Zentrum, während dieses unter dem Einfluss der starken Gravitation kontrahiert, bis darin schließlich die Fusion von Helium zu Kohlenstoff zündet. Dabei erzeugt der Stern sehr viel mehr Energie als zuvor, sodass sich seine Hüllen enorm aufblähen und zugleich abkühlen.

Spektralklassen → S. 24

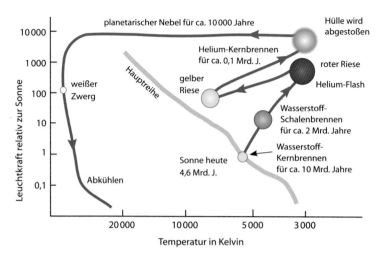

Zukünftiger Weg der Sonne im Hertzsprung-Russell-Diagramm

Ein roter Riese entsteht, der sehr viel heller ist als der Stern zuvor, aber zugleich auch außen abkühlt und damit rötlicher strahlt. Diese Sterne verlassen die Hauptreihe und wandern im Diagramm nach rechts oben zu den kälteren und helleren Sternen. Weitere Brennphasen können sich für kurze Zeiten anschließen und den Stern im Diagramm hin- und herwandern lassen, bis er schließlich an seinem Lebensende seine äußeren Hüllen absprengt oder wegbläst und sein ausgebranntes Zentrum zu einem weißen Zwerg (↓), einem Neutronenstern (↓) oder gar einem schwarzen Loch kollabiert (siehe Supernovae ↓).

Bei Sternhaufen, deren Sterne zeitgleich entstanden sind, kann man das Alter am sogenannten *Abknickpunkt* (englisch: *turn-off point*) im Diagramm erkennen – das ist der Punkt auf der Hauptreihe, an dem die Sterne ihren Wasserstoffvorrat im Zentrum fast verbraucht haben und kurz davor stehen, die Hauptreihe nach rechts oben zu verlassen. Links oberhalb dieses Punktes ist die Hauptreihe also bereits entvölkert. Je älter der Sternhaufen ist, umso weiter wandert dieser Punkt nach rechts unten.

Im April 2018 fand man in den Daten der Gaia-Mission übrigens eine „Lücke" im Hertzsprung-Russell-Diagramm: ein feiner aber gut sichtbarer Bereich, der weniger M-Klasse Sterne enthält als vorhergesagt. Diese Lücke ist momentan noch nicht verstanden, und so gibt uns das Hertzsprung-Russell-Diagramm auch heute noch immer wieder Rätsel auf.

Hertzsprung-Russell-Diagramm vom Zentrum des Kugelsternhaufens Omega Centauri

Weiße Zwerge → S. 32
Neutronensterne → S. 38
Kollaps-Supernovae → S. 36
W.-C. Jao, T. J. Henry, D. R. Gies und N. C. Hambly *A Gap in the Lower Main Sequence Revealed by Gaia Data Release 2* Astrophysical Journal Letters, Volume 861, Number 1, https://doi.org/10.3847/2041-8213/aacdf6 (englisch)

Cepheiden
Sterne mit Herzschlag

Sterne sind nicht konstant und unveränderlich: Im Laufe ihres Lebens wandern sie durch das Hertzsprung-Russell-Diagramm (↓). Ihre Größe, Temperatur und ihre Leuchtkraft verändern sich so im Lauf der Jahrmilliarden.

Es gibt jedoch auch einige Sterne, die sich innerhalb von nur wenigen Tagen radikal verändern, und zwar, indem sie rhythmisch pulsieren. Sie werden *Cepheiden* genannt, nach dem Prototypen des pulsierend veränderlichen Sterns δ *Cephei*. Über eine Periode von wenigen Tagen bis zu drei Monaten kann die Leuchtkraft bis zum vierfachen Wert ansteigen und wieder abfallen. Dabei schwillt der Stern auch ein wenig an und wieder ab, gerade wie ein schlagendes Herz.

Die Helligkeit eines Cepheiden schwankt regelmäßig innerhalb weniger Tage.

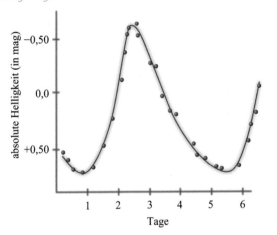

Um zu verstehen, warum Cepheiden ein so ungewöhnliches Verhalten zeigen, sollte man sie sich jedoch weniger wie ein schlagendes Herz als wie einen unter Druck stehenden Kochtopf vorstellen. Es ist der sogenannte

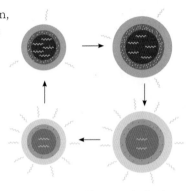

Der Pulsationszyklus eines Cepheiden

Kappa-Mechanismus, der die Cepheiden (und auch die deutlich kleineren RR-Lyrae-Sterne) zum Pulsieren bringt. Diese Sterne sind nämlich sehr leuchtkräftige Riesensterne, d. h. der ursprüngliche Wasserstoff im Inneren ist bereits vollständig in Helium umgewandelt. Ein Teil dieses Heliums bildet eine Schicht aus, in der es zwar im plasmaförmigen Aggregatzustand (↓) vorliegt, aber die Temperatur im Stern einfach nicht groß genug ist, um beide Elektronen vom Kern abzulösen. Es ist also nur einfach ionisiert, d. h. nur ein Elektron wurde vom Kern getrennt und kann sich frei bewegen. Erhöht sich die Temperatur allerdings, so wird das Helium vollständig ionisiert. Damit befinden sich dann deutlich mehr freie Elektronen im Plasma, sodass dieses sehr viel undurchlässiger für Strahlung wird. Diese Undurchsichtigkeit für Strahlung wird *Opazität* genannt und besitzt das Formelzeichen $\varkappa$ (ein griechisches Kappa), was dem Prozess seinen Namen gegeben hat.

Das Hertzsprung-Russell-Diagramm → S. 26
Plasma → S. 206

Der Cepheid V1 in der Andromedagalaxie M31

Weil also die Strahlungsdurchlässigkeit in der Helium-schicht im Stern bei höherer Temperatur sinkt, kommt es nun zum Pulsieren: Im Sterneninneren finden die Fusionsprozesse statt, durch die Strahlung freigegeben wird, die durch den Stern an die Oberfläche wandert und dort in den Weltraum abgegeben wird. Weil die Schicht aus vollständig ionisiertem Helium aber durch die hohe Opazität einen Teil der Strahlung abblockt, kann diese nicht aus dem Stern entkommen. Es baut sich im Inneren folglich ein Überdruck und eine erhöhte Temperatur auf, die den Stern expandieren lässt. Die Heliumschicht wird dabei nach außen gedrückt. Dadurch ist sie nicht mehr so nah am Kern, weswegen sie einer geringeren Schwerkraft ausgesetzt ist – sie ist damit nicht mehr so stark zusammengepresst und kühlt sich ab. Dadurch sinkt aber wiederum die Opazität der Schicht: Weil sich ein Teil der freien Elektronen mit den Heliumkernen verbindet, wird die Schicht durchlässi-ger, und der Stern kann die innere aufgestaute Strah-lung nach außen abgeben. Er leuchtet also plötzlich sehr viel heller – der Druck im Kochtopf wird so groß, dass sich der Deckel anhebt und Dampf entweichen kann.

Wenn die aufgestaute Strahlung abgegeben wurde, sinkt der Strahlungsdruck im Sterneninneren wieder – die Schwerkraft kann die Sternmaterie und damit auch die Heliumschicht wieder stärker zusammenziehen, weswegen sich das Helium wieder aufheizt. Als Folge davon wird es wieder vollständig ionisiert und die Opa-zität steigt wieder. Der Topfdeckel schließt sich, und der Kreislauf beginnt von Neuem.

Cepheiden – die sich ebenso wie die weniger leucht-kräftigen RR-Lyrae-Sterne im Hertzsprung-Russell-Diagramm im sogenannten *Instabilitätsstreifen* be-finden – sind besonders gut geeignet um Entfernungen zu bestimmen: Weil es einen strikten Zusammenhang zwischen der Pulsperiode und der absoluten Helligkeit des Sterns gibt, kann man Letztere gut abschätzen. Vergleicht man die auf der Erde gemessene Helligkeit mit diesem absoluten Wert, kann man daraus errech-nen, wie weit entfernt der Stern von der Erde ist. Diese Methode funktioniert zwar nur bei Entfernungen bis zu 20 Megaparsec (ungefähr 65 Millionen Lichtjahre) wirklich gut. Trotzdem sind die Cepheiden damit für die Vermessung der näheren Umgebung der Milch-straße sehr wertvoll und zählen zu den sogenannten *Standardkerzen* (↓).

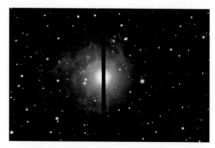

Der Nebel um den Cepheidenstern RS Pup. Der schwarze Balken in der Mitte verhindert eine Überbelichtung der Kamera.

Standardkerzen → S. 42
A. Unsöld, B. Baschek *Der neue Kosmos: Einführung in die Astronomie und Astrophysik* Springer Verlag, 7. Auflage 2002
G. Mühlbauer *Cepheiden: Meilensteine im Universum* In: Sterne und Weltraum – Astronomie in der Schule. Nr. 10, 2003;
http://www.sterne-und-weltraum.de/alias/pdf/suw-2003-10-s048-pdf/833982?file

Planetarische Nebel
Das Ende gewöhnlicher Sterne

Sterne gewinnen ihre Energie die meiste Zeit ihres Lebens durch die Kernfusion von Wasserstoff zu Helium in ihrem Zentrum. Doch was geschieht, wenn dieser Brennstoff dort schließlich verbraucht ist?

Zunächst frisst sich eine Wasserstofffusions-Schale langsam weiter nach außen und nutzt den dort noch vorhandenen Wasserstoff. Der Stern bläht sich dabei zu einem roten Riesen auf und steigert seine Leuchtkraft um mehr als das Tausendfache. Nach und nach presst die Gravitation die Sternmaterie im Zentrum jedoch unbarmherzig immer dichter zusammen, bis dort eine neue Energiequelle zündet: die Fusion von Helium

zu Kohlenstoff. Der Stern wird dadurch wieder kleiner und heißer – ein gelber Riese entsteht. Aber auch das Helium geht nach rund 100 Millionen Jahren im Sternzentrum zur Neige, worauf sich eine Heliumfusions-Schale nach außen frisst. Die äußeren Sternschichten blähen sich dabei erneut auf, und der Stern verwandelt sich zum zweiten Mal in einen roten Riesen. Zugleich zieht sich das ausgebrannte Sternzentrum bis auf Erdgröße zusammen und stabilisiert sich schließlich, sofern der Stern weniger als rund acht Sonnenmassen aufweist (andernfalls zünden weitere Fusionsprozesse und der Stern explodiert zuletzt als Supernova ↓).

Der Katzenaugennebel ist einer der schönsten und bekanntesten planetarischen Nebel (links). Er ist weiter außen von einem etwa drei Lichtjahre großen blassen Halo umgeben (rechts).

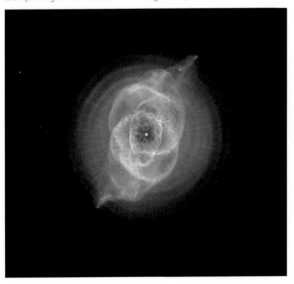 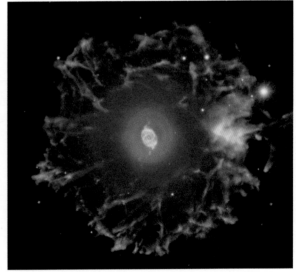

Kollaps-Supernovae → S. 36

Die nach außen wandernden Fusionsschalen lassen die aufgeblähte Sternhülle immer instabiler werden – die Fusion beginnt gleichsam zu flackern, wodurch die Sternhülle innerhalb einiger hunderttausend Jahre in mehreren Schüben in den Weltraum geblasen wird und das nackte, nur noch erdgroße und bis zu hunderttausend Grad heiße Sternzentrum freigelegt wird.

Noch gut zehntausend Jahre lang lässt das gleißende Licht des sich langsam abkühlenden Sternzentrums die weggewehten Sternhüllen als planetarischen Nebel in leuchtenden Farben erstrahlen, bis sich diese in den Tiefen des Weltalls verlieren und das immer noch mehrere zehntausend Grad heiße Sternzentrum als weißen Zwerg (↓) zurücklassen. Planetarische Nebel gehören zu den schönsten Himmelserscheinungen überhaupt, wobei der Begriff historisch bedingt ist und nichts mit Planeten zu tun hat.

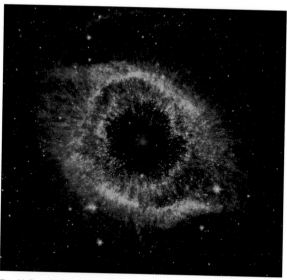

Der Helixnebel, Infrarotaufnahme des Spitzer Space Telescopes

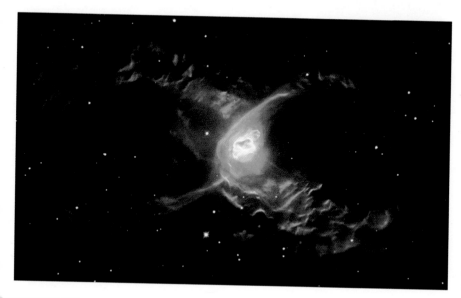

Jedes Jahr erleidet etwa ein Stern in unserer Milchstraße dieses Schicksal, sodass wir mehrere tausend von ihnen zeitgleich in den unterschiedlichsten Entwicklungsstadien in unserer Milchstraße beobachten können.

Der rote
Spinnennebel

Weiße Zwerge → S. 32

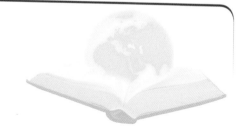

Weiße Zwerge
Ausgebrannte gewöhnliche Sterne

Wenn Sterne wie unsere Sonne am Ende ihres Lebens ihre äußeren Hüllen abgestoßen haben, bleibt ihr kompaktes Zentrum als sogenannter *weißer Zwerg* zurück (siehe Planetarische Nebel ↓). Solche Objekte sind nur etwa so groß wie die Erde und damit viel kleiner als die ursprünglichen Sterne. Die meisten von ihnen weisen zwischen 0,5 und 0,7 Sonnenmassen auf – ihre mittlere Dichte ist also sehr groß und liegt bei rund einer Tonne pro Kubikzentimeter. Ein Teelöffel Weißer-Zwerg-Materie wiegt ungefähr so viel wie ein Auto und besteht in den meisten Fällen aus Kohlenstoff und Sauerstoff, die sich als Endprodukte der Fusionsprozesse im Sternzentrum gebildet haben.

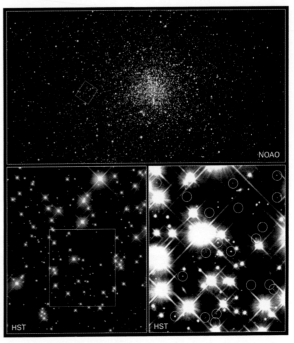

Im rund 12 Milliarden Jahre alten Kugelsternhaufen M4 wimmelt es nur so vor weißen Zwergen (markiert durch die hellblauen Kreise).

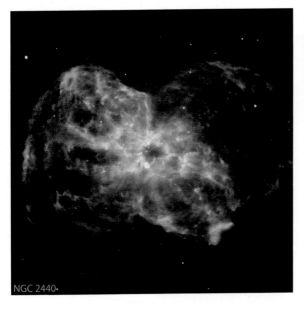

NGC 2440

←

Zu Beginn ist ein solches freigelegtes Sternzentrum viele zehntausend Kelvin heiß. Der mit rund 200 000 Kelvin heißeste bekannte weiße Zwerg befindet sich im Inneren des planetarischen Nebels NGC 2440, der die expandierende Hülle des ursprünglichen Sterns darstellt.

Planetarische Nebel → S. 30
Wikipedia *Weißer Zwerg*

Künstlerische Darstellung des Sirius-Doppelsternsystems mit Sirius A (links) und dem weißen Zwerg Sirius B (rechts)

ohne Weiteres zusammendrücken lässt. Man kann sich die Materie eines weißen Zwerges tatsächlich so ähnlich wie sehr heißes, extrem dichtes flüssiges Metall vorstellen. Man spricht auch von entarteter Materie und vom *Entartungsdruck.*

Je mehr Masse ein weißer Zwerg besitzt, umso kleiner ist er, da ihn die stärker werdende Schwerkraft zunehmend zusammendrückt. Nimmt ein weißer Zwerg beispielsweise von einem Begleitstern immer mehr Masse auf, so kann ab etwa 1,4 Sonnenmassen (der sogenannten *Chandrasekhar-Grenze*) das Pauli-Prinzip nicht mehr genug Gegendruck erzeugen, und der weiße Zwerg beginnt zu kollabieren, wodurch in den meisten Fällen explosionsartig die Fusion des in ihm enthaltenen Kohlenstoffs gestartet wird und eine thermonukleare Supernova (↓) den weißen Zwerg komplett zerreißt.

Da weiße Zwerge in ihrer extrem kompakten Materie sehr viel Wärmeenergie speichern können und zugleich nur eine kleine Oberfläche besitzen, zieht sich ihre allmähliche Abkühlung über viele Milliarden Jahre hin. Einer der bekanntesten weißen Zwerge in unserer Nachbarschaft ist Sirius B – der kleine Begleiter des hellsten Sterns am Nachthimmel (Sirius A). Sirius B ist nur rund 8,6 Lichtjahre von uns entfernt, knapp eine Sonnenmasse schwer und etwas kleiner als die Erde. Seit etwa 120 Millionen Jahren kühlt er langsam ab und ist immer noch rund 25 000 Kelvin heiß.

Die Schwerkraft auf der Oberfläche eines weißen Zwerges ist enorm: Sie ist mehrere hunderttausendmal so groß wie die Schwerkraft auf der Erdoberfläche. Damit der weiße Zwerg nicht zusammengedrückt wird, muss ein entsprechender Gegendruck existieren. Er wird vom quantenmechanischen Pauli-Prinzip (↓) erzeugt, nach dem Elektronen es vermeiden, einander zu nahe zu kommen. Genau dieses Prinzip sorgt beispielsweise auch dafür, dass sich ein Stück Metall nicht

Größenvergleich zwischen Sirius B und der Erde

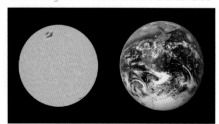

Das Pauli-Prinzip → S. 198
Thermonukleare Supernovae → S. 34

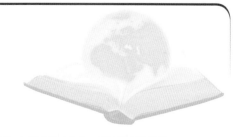

Thermonukleare Supernovae
Wenn weiße Zwerge zu nuklearen Bomben werden

Sobald ein Stern mit weniger als rund acht Sonnenmassen seinen Fusionsbrennstoff verbraucht hat, bläst er seine äußeren Hüllen als planetarischen Nebel (↓) in den Weltraum hinaus, wobei sein etwa erdgroßes Zentrum als weißer Zwerg (↓) übrig bleibt. Normalerweise geschieht mit diesem weißen Zwerg dann nichts Spektakuläres mehr – er kühlt einfach nur sehr langsam ab.

Wenn jedoch der weiße Zwerg in einem Doppelsternsystem einen nahegelegenen Nachbarstern besitzt und sich dieser an seinem Lebensende zu einem roten Riesen aufbläht, dann kann Gas aus dessen ausgedehnter Hülle auf den weißen Zwerg herabfallen. Der weiße Zwerg wird dadurch immer massereicher, bis eine kritische Massengrenze erreicht ist: die *Chandrasekhar-Grenze*, die bei rund 1,4 Sonnenmassen liegt. Oberhalb dieser Grenze besitzt der weiße Zwerg nicht mehr genug Gegendruck, um seiner eigenen Gravitation standzuhalten. Er beginnt zu kollabieren, wobei Dichte und Temperatur steil ansteigen.

Anders als die Sternzentren massereicher Sterne besteht ein weißer Zwerg jedoch nicht aus Eisen, sondern er enthält meist große Mengen Kohlenstoff, die als Fusionsbrennstoff dienen können. Daher kollabiert ein solcher weiße Zwerg nicht zu einem Neutronenstern, sondern seine anwachsende Dichte und Temperatur zünden schließlich die Fusion von Kohlenstoff zu schwereren Atomkernen. Dieser Fusionsprozess läuft explosionsartig ab und zerreißt den weißen Zwerg schließlich komplett. Er verwandelt sich dabei in eine erdgroße Atombombe. Eine thermonukleare Supernova (Typ Ia genannt) entsteht, deren Explosion ähnlich große Energiemengen freisetzt wie eine Kollaps-Supernova (↓).

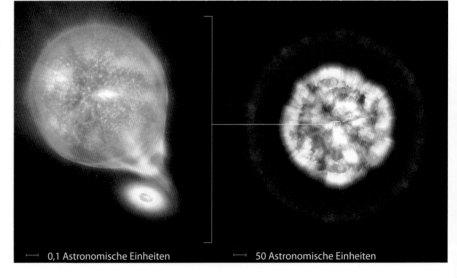

Künstlerische Darstellung der Supernova 2006X, kurz vor (links) und 20 Tage nach der Explosion (rechts)

├─┤ 0,1 Astronomische Einheiten　　　　├─┤ 50 Astronomische Einheiten

Planetarische Nebel → S. 30
Weiße Zwerge → S. 32
Kollaps-Supernovae → S. 36

Supernova SN 1994D (heller Punkt unten links)

Die Supernova leuchtet so hell wie eine ganze Galaxie, wie die Aufnahme der Supernova 1994D am Rand der Galaxie NGC 4526 zeigt.

Die Leuchtkraftentwicklung ist bei allen thermonuklearen Supernovae recht ähnlich, sodass sich daraus ihre Entfernung gut ablesen lässt – man nennt sie daher *Standardkerzen* (↓). In den 1990er-Jahren fand man mit ihrer Hilfe heraus, dass unser Universum mit der Zeit immer schneller expandiert. Für diese Entdeckung erhielten Saul Perlmutter, Brian P. Schmidt und Adam G. Riess im Jahr 2011 den Physik-Nobelpreis.

Die bekannteste thermonukleare Supernova ereignete sich vor über tausend Jahren am 1. Mai des Jahres 1006. Aufgrund der relativ geringen Entfernung von rund 7000 Lichtjahren war sie so hell, dass man nachts in ihrem Licht sogar lesen konnte. Das Bild unten links zeigt den Überrest dieser Supernova, dessen Durchmesser heute bei rund 70 Lichtjahren liegt. Eine andere bekannte thermonukleare Supernova ist SN 1572, die am 11. November 1572 erschien und von dem bekannten dänischen Astronom Tycho Brahe detailliert beobachtet wurde. Sie machte den Menschen der damaligen Zeit deutlich, dass auch Fixsterne sich verändern. Das Bild in der Mitte unten zeigt den Überrest von SN 1572 als rötliche Wolke oben links.

Thermonukleare Supernovae können sehr wahrscheinlich auch durch das Verschmelzen zweier weißer Zwerge entstehen. In diesem Fall bleibt nach der Supernova kein Partnerstern übrig, so wie bei Supernova-Überrest SNR 0509−67.5, der sich in der Großen Magellan'schen Wolke befindet.

Röntgenaufnahme
von SN 1006 (Chandra)

Tychos Supernova SN 1572
(rote Wolke oben links im Bild)

SNR 0509−67.5 in der
Großen Magellan'schen Wolke

Standardkerzen → S. 42
A. W. A. Pauldrach *Dunkle kosmische Energie* Spektrum Akademischer Verlag, Heidelberg 2010

Kollaps-Supernovae
Das Ende massereicher Sterne

Erlischt bei einem Stern mangels Brennmaterial die Kernfusion in seinem Zentrum, so zieht die dort wirkende sehr starke Gravitation dieses Sternzentrum immer dichter zusammen. Bei massereichen Sternen mit mehr als etwa acht Sonnenmassen ist die Schwerkraft im Sterninneren so stark, dass sie die Elektronen der Atomkerne in die Protonen hineindrückt, sodass diese sich dabei in Neutronen umwandeln, wobei pro Neutron ein sogenanntes Elektron-Neutrino (↓) entsteht. Das Sternzentrum verliert dadurch seinen Gegendruck, der zuvor noch von den Elektronen erzeugt wurde, und kollabiert innerhalb von Millisekunden im freien Fall zu einem nur wenige Kilometer großen Neutronenstern (↓). Dabei entsteht ein unsichtbarer Blitz aus Neutrinos, die fast die gesamte Energie des Kollapses mit sich forttragen. Eine Supernova bahnt sich an.

Der Krebsnebel, ein Supernovaüberrest

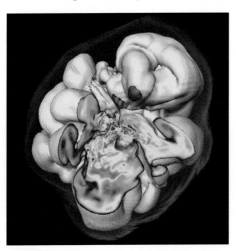

Simulation einer Supernova

Die Sternschichten außerhalb des Zentrums fallen nun als Stoßwelle auf den Neutronenstern herab. Diese Stoßwelle wird an dem kompakten Neutronenstern reflektiert und läuft dann von innen nach außen durch den Stern hindurch. Dabei wird die Sternmaterie so stark verdichtet, dass selbst viele der im Zentrum entstandenen geisterhaften Neutrinos in ihr hängenbleiben und sie zusätzlich anheizen.

Mittlerweile gelingt es, die dabei ablaufenden turbulenten Prozesse in aufwendigen Computerberechnungen mit immer besserer Genauigkeit zu simulieren. Die Simulation links zeigt das Zentrum einer Supernova etwa 0,5 Sekunden nach dem Kollaps des Kerns. Die schwach bläulich dargestellte Stoßfront hat einen Radius von etwa 190 km.

Neutrinos → S. 246
Neutronensterne → S. 38

Erst einige Stunden nach dem zentralen Kollaps wird eine Supernova von außen sichtbar, denn erst dann erreicht die energiegeladene Stoßwelle die Sternoberfläche und sprengt die äußeren Sternschichten mit mehreren Millionen Kilometern pro Stunde ab. Dabei gelangen auch große Mengen schwerer Elemente aus dem Sternzentrum in den Weltraum. In der Simulation rechts ist die Verteilung der schweren Elemente Kohlenstoff (grün), Sauerstoff (rot) und Nickel (blau) in einer Supernova gezeigt, kurz nachdem die Stoßwelle die (nicht dargestellte) Sternoberfläche durchbrochen hat, was etwa zweieinhalb Stunden nach dem Kollaps geschieht.

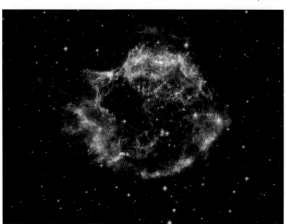

Nach ihrem Erscheinen leuchtet eine Supernova für einige Wochen so hell wie eine ganze Galaxie und verblasst dann allmählich. Im Jahr 1987 gelang es zufällig, in großen unterirdischen Neutrinodetektoren etwa 30 Neutrinos nachzuweisen, die beim Kernkollaps der etwa 150 000 Lichtjahre entfernten Supernova SN 1987A in der Großen Magellan'schen Wolke (einer kleinen Nachbargalaxie der Milchstraße) entstanden waren. Erst rund drei Stunden später konnte man die Supernova auch optisch erkennen.

Eine berühmte Supernova in unserer eigenen Galaxis wurde im Jahr 1054 beobachtet. Ihre mit 1500 km/s weiterhin expandierenden Überreste bilden heute den etwa 6300 Lichtjahre entfernten Krebsnebel, in dessen Zentrum sich der übrig gebliebene Neutronenstern befindet.

Im Durchschnitt ereignen sich in hundert Jahren etwa ein bis zwei Supernovae in unserer Milchstraße. Einer der jüngsten Supernovaüberreste in unserer Galaxis ist in rund 11 000 Lichtjahren Entfernung Cassiopeia A, deren Licht unsere Erde etwa im Jahr 1680 erreicht hätte, wenn sie nicht von großen interstellaren Staubwolken verdunkelt worden wäre. In dem folgenden Falschfarbenbild von Cassiopeia A ist infrarote Strahlung rot, sichtbares Licht gelb und Röntgenstrahlung grün und blau dargestellt. Der blaugrüne Punkt im Zentrum ist der übrig gebliebene Neutronenstern.

Cassiopeia A

Die Supernova 1987 A, aufgenommen vom Hubble Space Telescope im Jahr 2010

N. J. Hammer, H.-Th. Janka, E. Müller *Wie Supernovae in Form kommen* http://www.mpa-garching.mpg.de/mpa/institute/news_archives/news1005_janka/news1005_janka-de.html, Max-Planck-Institut für Astrophysik

Neutronensterne
Ausgebrannte massereiche Sterne

Neutronensterne sind die kollabierten Zentren ausgebrannter massereicher Sterne und damit die Überreste sogenannter Kollaps-Supernovae (↓). Ihre Masse liegt über der Chandrasekhar-Grenze von etwa 1,4 Sonnenmassen, sodass der Entartungsdruck der Elektronen nach dem Pauli-Prinzip nicht mehr ausreicht, den Kollaps des Sternzentrums nach dem Ende der Fusionsprozesse aufzuhalten. Anders als beim Kollaps weißer Zwerge (↓) zündet dabei aber keine thermonukleare Explosion, da die Materie bereits in Form des stabilsten Atomkerns vorliegt: als Eisen. Die Elektronen werden stattdessen beim Kollaps gleichsam in die Protonen hineingedrückt, die dadurch in Neutronen umgewandelt werden. Erst der Entartungsdruck dieser Neutronen genügt dann wieder, um den Neutronenstern

Die Umgebung des Pulsars im Krebsnebel. Sichtbares Licht ist rot und Röntgenlicht blau dargestellt.

bis zur sogenannten Tolman-Oppenheimer-Volkoff-Massengrenze zu stabilisieren, die bei rund 1,5 bis 3 Sonnenmassen liegt. Noch schwerere Sternzentren kollabieren zu einem schwarzen Loch.

Mit einem Durchmesser von rund 20 km sind Neutronensterne absolut winzig im Vergleich zu dem Stern, aus dem sie entstanden sind. Sie sind nur so groß wie eine Großstadt. Ungefähr so wie im Bild links würde es aussehen, wenn ein Neutronenstern über der Stadt New York schwebt, wobei weder New York noch die Erde das lange überleben würden – der Neutronenstern würde alles innerhalb von Sekundenbruchteilen verschlingen.

Kollaps-Supernovae → S. 36
Thermonukleare Supernovae → S. 34
Weiße Zwerge → S. 32

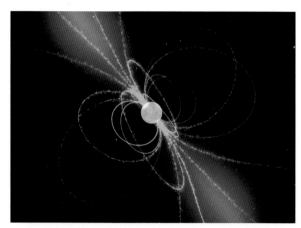

Geladene Teilchen bewegen sich entlang der Magnetfeldlinien (blau) eines Pulsars, wodurch ein Gammastrahl entsteht (lila).

Neutronensterne sind die extremsten stabilen Objekte im Universum, die wir kennen – man kann sie sich als stadtgroße Atomkerne mit der Masse mehrerer Sonnen vorstellen. Ihre Materie ist mit einer Dichte von rund hundert Millionen Tonnen pro Kubikzentimeter die dichteste bekannte stabile Materieform, und die Schwerkraft auf ihrer Oberfläche ist hundert Milliarden Mal größer als die Schwerkraft auf der Erdoberfläche.

Junge Neutronensterne besitzen unglaublich starke Magnetfelder von rund hundert Millionen Tesla. Zugleich rotieren sie meist mehrere Male pro Sekunde – der größte bisher gemessene Wert liegt bei rund 700 Umdrehungen pro Sekunde (Pulsar PSR J1748-2446ad). Wenn die Achse des Magnetfeldes gegen die Rotationsachse geneigt ist, so wird Radiostrahlung in der Richtung der Magnetachse ausgesandt, ähnlich dem Lichtstrahl eines rotierenden Leuchtturms. Die Sendeleistung kann dabei die Strahlungsleistung der Sonne um das Hunderttausendfache übertreffen.

Trifft der Radiostrahl bei jeder Rotation die Erde, so empfängt man eine sehr gleichmäßig gepulste periodische Radiostrahlung, die Forscher anfangs fälschlicherweise für außerirdische Signale hielten – man spricht heute daher auch von *Pulsaren*. Neben Radiowellen senden Pulsare auch andere elektromagnetische Wellen aus, u.a. intensive Röntgen- und Gammastrahlung. Die abgestrahlte Energie stammt aus der Rotationsenergie des Pulsars, der dadurch innerhalb einiger Millionen Jahre weitgehend abgebremst wird.

Einer der bekanntesten Pulsare liegt im Krebsnebel in rund 6000 Lichtjahren Entfernung. Das Licht der zugehörigen Kollaps-Supernova erreichte die Erde im Jahr 1054 – wir sehen den Pulsar also heute in einem Alter von rund tausend Jahren. Er rotiert etwa 30-mal in der Sekunde. Auf dem Bild links sehen wir die unmittelbare sehr dynamische Umgebung dieses Pulsars, wobei sichtbares Licht rot und Röntgenstrahlung blau dargestellt ist.

Aufnahme des Neutronensterns RX J185635-3754 im sichtbaren Licht (Pfeil). Mit rund 500 Lichtjahren Entfernung ist er der uns am nächsten liegende bekannte Neutronenstern.

Wikipedia *Neutronenstern*
HubbleSite *Space Movie Reveals Shocking Secrets of the Crab Pulsar* http://hubblesite.org/newscenter/archive/releases/2002/24/

Monstersterne und Hypernovae

Das kurze Leben und explosive Ende sehr massereicher Sterne

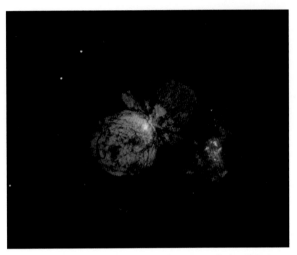

Der Monsterstern η C arinae mit dem Homunkulus-Nebel

Künstlerische Darstellung der Entstehung eines Gammablitzes

Beenden extrem schwere Sterne mit über 15 bis 20 Sonnenmassen ihr kurzes Leben, so kann das kollabierende Sternzentrum so viel Masse besitzen, dass auch der starke Gegendruck eines Neutronensterns der mörderischen Gravitation nicht standhalten kann. Man vermutet, dass das Sternzentrum dann direkt zu einem sehr schnell rotierenden schwarzen Loch kollabiert ($\downarrow$). Eine normale Kollaps-Supernova ($\downarrow$) kann in diesem Fall nicht entstehen, da die nach innen laufende Stoßwelle nicht mehr an einem Neutronenstern reflektiert werden kann.

Vermutlich entsteht bei diesem Kollaps anstelle einer Supernova eine sogenannte *Hypernova*. Die in das rotierende schwarze Loch spiralförmig hineinstürzende

Materie setzt dabei enorme Energiemengen frei, die über sich verdrillende starke Magnetfelder zur Ausbildung zweier Jets entlang der Rotationsachse führen. In diesen Jets werden Teilchen fast mit Lichtgeschwindigkeit in den Raum geschleudert, wobei für einige Minuten auch sehr energiereiche Gammastrahlung entsteht.

Zeigt dieser Jet wie der Strahl eines Leuchtturms zufällig in unsere Richtung, so können wir ihn auch bei einer viele Milliarden Lichtjahre entfernten Hypernovae noch als *Gammablitz* am Himmel messen. Jeden Tag erreichen uns etwa zwei bis drei dieser Gammablitze aus den Tiefen des Universums.

Die Raumzeit rotierender schwarzer Löcher → S. 142
Kollaps-Supernovae → S. 36

Sterne, die genügend Masse für eine Hypernova besitzen, sind selten – je schwerer, umso seltener. Ein wahrer Monsterstern ist mit gut hundert Sonnenmassen der Stern η Carinae, der sich in knapp zehntausend Lichtjahren Entfernung von uns befindet.

Je schwerer ein Stern ist, umso schneller verbraucht er seinen Fusionsbrennstoff, um der starken Gravitation genügend Druck entgegenzusetzen. η Carinae leuchtet fast fünf Millionen Mal so hell wie die Sonne und ist mit rund 40 000 Kelvin Oberflächentemperatur fast siebenmal heißer. Immer wieder kommt es zu supernovaartigen Ausbrüchen. Bei einem solchen Ausbruch in den 1840er-Jahren entstand der hantelförmige Homunkulusnebel, der in der Abbildung auf der vorhergehenden Seite zu sehen ist.

Da η Carinae seinen Fusionsbrennstoff sehr schnell verbraucht, beträgt seine Lebensdauer nur wenige Millionen Jahre. Die Ausbrüche zeigen, dass er bereits jetzt beginnt, instabil zu werden. Er könnte schon innerhalb der nächsten hunderttausend Jahre als Hypernova explodieren.

Massereiche Sterne, die zeitlich nicht mehr weit von dem Kollaps ihres Zentrums entfernt sind, erscheinen oft als sogenannte *Wolf-Rayet-Sterne*. Diese sehr heißen Sterne haben bereits das Rote-Riesen-Stadium hinter sich gelassen und sind dabei, ihre äußeren Hüllen in den Weltraum hinauszublasen und ihr massives Zentrum freizulegen. Im Bild unten sehen wir die abgestoßene Hülle des Wolf-Rayet-Sterns WR 136, die den sogenannten Sichelnebel (NGC 6888) bildet.

Der Sichelnebel NGC 6888 (Crescent Nebula)

Bild mit freundlicher Genehmigung von Daniel López, Instituto de Astrofísica de Canarias, Isaac Newton Telescope
N. Gehrels, L. Piro, P. J. T. Leonard *Die stärksten Explosionen im Universum* Spektrum der Wissenschaft, März 2003, S. 48

Standardkerzen
Leuchttürme im All

Wie weit sind Sterne von uns entfernt? Diese Frage ist gar nicht so leicht zu beantworten: Wenn wir mit dem Teleskop ein schwaches Leuchten am Himmel entdecken, handelt es sich dann um einen kleinen, nahen, nicht besonders hellen Stern? Oder vielleicht doch um ein sehr helles Objekt, das einfach nur sehr weit von uns entfernt ist und uns deshalb so leuchtschwach erscheint? Und wie können wir solche Objekte unterscheiden?

Nun gibt es zwar einige Methoden zur Entfernungsbestimmung astronomischer Objekte, die nichts mit der Leuchtkraft zu tun haben. Diese sind aber, wie zum Beispiel die Parallaxenmethode, nur innerhalb unserer Milchstraße mit zuverlässiger Genauigkeit, oder aber, wie die Rotverschiebung, erst für wirklich große Distanzen jenseits unserer eigenen Galaxiengruppe anwendbar. Für den Bereich dazwischen, also um zum Beispiel die Entfernung zu einigen der benachbarten Galaxien genau zu messen, benötigt man sogenannte *Standardkerzen*.

Standardkerzen sind Sterne oder andere astronomische Objekte, bei denen man davon ausgehen kann, dass sie eine bekannte, feste absolute Helligkeit haben. Aus der scheinbaren Helligkeit, also derjenigen, die man auf der Erde misst, kann man dann zurückrechnen, wie weit die Standardkerze entfernt ist. Je schwächer sie erscheint, desto weiter entfernt muss sie sein (wenn man weiß, dass sich zwischen der Standardkerze und der Erde nicht zufällig größere Mengen interstellaren Staubes befinden, die einen Teil der Strahlung verschlucken und damit die scheinbare Helligkeit weiter herabsetzen).

Wie findet man diese genormten Sterne? Hierfür gibt es mehrere Möglichkeiten: Zum einen kann man nach Sternen Ausschau halten, deren Helligkeit rhythmisch pulsiert. In diese Klasse fallen die Cepheiden (↓) und die RR-Lyrae-Sterne. Bei diesen Sternen besteht ein genauer Zusammenhang zwischen der Dauer eines „Pulsschlags" und ihrer absoluten Helligkeit: Je langsamer sie pulsieren, desto heller strahlen sie.

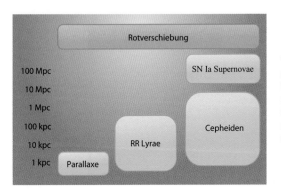

Verschiedene Methoden zur Entfernungsbestimmung sind für verschiedene Bereiche anwendbar.

Cepheiden → S. 28
A. Unsöld, B. Baschek *Der neue Kosmos: Einführung in die Astronomie und Astrophysik* Springer Verlag, 7. Auflage 2002
Astronews.com *Kosmische Entfernungsmesser* http://www.astronews.com/news/artikel/2007/02/0702-007.shtml

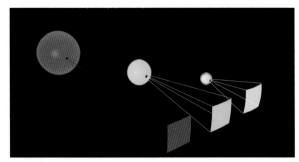

Die von uns wahrnehmbare, scheinbare Helligkeit eines Sterns wird von seiner absoluten Helligkeit und seiner Entfernung zur Erde bestimmt.

Außer den pulsierenden Sternen werden auch thermonukleare Supernovae (↓) als Standardkerzen verwendet. Da Supernovae enorme Energiemengen freisetzen, eignen sie sich auch noch für sehr weite Entfernungen von mehreren Milliarden Lichtjahren. In diesen Supernovaexplosionen geht man davon aus, dass die Menge der bei der Explosion freigesetzten Energie immer fast gleich groß ist. Der Grund hierfür liegt in der Tatsache, dass weiße Zwerge, also diejenigen Objekte, die diese Supernovaexplosionen verursachen, alle eine ähnliche Masse besitzen und sich ihre Zusammensetzung kaum unterscheidet. Damit sind sie, wenn sie dann explodieren, auch immer ungefähr gleich hell und können als Standardkerzen verwendet werden.

Damit eignen sie sich hervorragend als Standardkerzen. Sie sind leuchtstark genug, sodass man sie auch noch jenseits der Milchstraße erkennen kann. So waren es Cepheiden, mit denen man im Jahre 1923 zum ersten Mal wirklich bestätigen konnte, dass der Andromedanebel sich außerhalb der Milchstraße befinden muss – und damit eine eigene Galaxie darstellt.

Gerade letztere Methode besitzt aber noch Unsicherheiten. Um diese auszuräumen müsste man die genauen Mechanismen der Explosion noch besser verstehen, was Gegenstand intensiver, aktueller Forschung ist. Trotzdem ist es mithilfe des Einsatzes von Supernovae als Standardkerzen gelungen, nachzuweisen, dass sich das Universum gegenwärtig wohl deutlich schneller ausdehnt als bisher angenommen, was ein starker Hinweis auf die geheimnisvolle dunkle Energie (↓) ist.

Zwischen der Leuchtkraft und der Pulsdauer vieler pulsationsveränderlicher Sterne gibt es eine feste Beziehung.

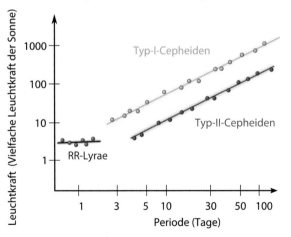

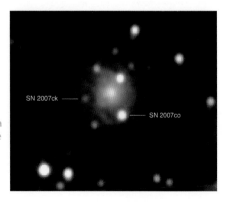

Aufnahme von zwei Supernovaexplosionen im Jahr 2007: links eine Kollaps-Supernova und rechts eine thermonukleare Supernova.

Thermonukleare Supernovae → S. 34
Beschleunigte Expansion und dunkle Energie → S. 160

Supermassive schwarze Löcher
Schwerkraftmonster in den Zentren der Galaxien

Beim Kollaps besonders massereicher Sterne entstehen stellare schwarze Löcher mit Massen im Bereich zwischen 2,5 und einigen zehn Sonnenmassen (↓). Es gibt aber wesentlich massereichere schwarze Löcher, die mehrere Millionen oder gar Milliarden Sonnenmassen aufweisen. Man nennt sie *supermassive* oder auch *supermassereiche schwarze Löcher*. Sie befinden sich in den Zentren der meisten Galaxien und können dort zur Freisetzung extremer Energiemengen führen, wenn genügend viel Materie auf Spiralbahnen in einer *Akkretionsscheibe* in sie hineinstürzt und sich dabei extrem aufheizt.

Galaxien mit besonders großer Energiefreisetzung in ihrem Zentrum nennt man *aktive Galaxien*, wobei das Zentrum selbst auch als *Quasar* bezeichnet wird. Aufgrund ihrer großen Leuchtkraft lassen sich Quasare auch in extrem großen Entfernungen noch nachweisen. Bereits knapp eine Milliarde Jahre nach dem Urknall leuchteten die ersten Quasare auf. Supermassive schwarze Löcher müssen also bereits im frühen Universum entstanden sein, als die Materiedichte noch sehr viel größer war als heute. Vermutlich spielten dabei die damals recht häufigen Kollisionen von Galaxien (↓) eine wichtige Rolle.

Künstlerische Darstellung eines supermassiven schwarzen Lochs im Zentrum einer Galaxie

Auch unsere Milchstraße besitzt ein supermassives schwarzes Loch in ihrem Zentrum: Sagittarius A* (Sgr A*), das rund vier Millionen Sonnenmassen aufweist. Allerdings hungert Sgr A* heutzutage meist – es stürzt also normalerweise nur wenig Materie in dieses schwarze Loch, sodass es im Zentrum der Milchstraße meistens relativ ruhig zugeht.

Es ist mittlerweile gelungen, die elliptischen Bahnkurven von einzelnen Sternen um Sgr A* herum zu beobachten und so nachzuweisen, welche große Masse sich dort im Brennpunkt der Bahnkurven (blaue Linien im Bild auf der folgenden Seite links oben) befinden muss. Besonders interessant ist, dass im Jahr 2013 eine größere Gaswolke auf einer elliptischen Bahn (rote Linie) Sgr A* in engem Abstand passiert, sodass wir in der Gegenwart Zeuge davon sind, wie größere Materiemengen in das zentrale schwarze Loch unserer Milchstraße stürzen – ein Vorgang, der in unserer Heimatgalaxie so noch nie beobachtet werden konnte.

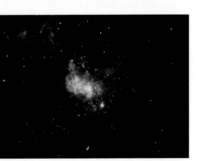

Umgebung des supermassiven schwarzen Lochs Sgr A* im Zentrum der Milchstraße, aufgenommen im Röntgenlicht

Kollaps-Supernovae → S. 36
Verschmelzende Galaxien → S. 52
A. Müller *Schwarze Löcher, Die dunklen Fallen der Raumzeit* Spektrum Akademischer Verlag 2010

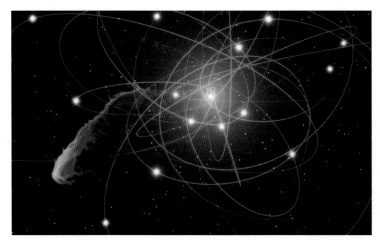

Simulierte Position der Gaswolke für das Jahr 2021, nachdem sie im Jahr 2013 das schwarze Loch im Zentrum der Milchstraße passiert hat

Die Galaxie M87 mit Jet

Besonders massereiche schwarze Löcher findet man im Zentrum elliptischer Riesengalaxien. So enthält die etwa 54 Millionen Lichtjahre entfernte Galaxie M87 ein schwarzes Loch, das mit rund 7 Milliarden Sonnenmassen über tausendmal schwerer als Sgr A* ist. Das schwarze Loch stößt einen Jet aus extrem energiereichen Teilchen aus, der mindestens 5000 Lichtjahre weit in den Weltraum hinaus reicht (siehe auch aktive Galaxien ↓).

In rund 3,5 Milliarden Lichtjahren Entfernung befindet sich im Zentrum des Quasars OJ 287 ein außergewöhnlich schweres schwarzes Loch mit achtzehn Milliarden Sonnenmassen. Dieses extrem massereiche schwarze Loch wird von einem deutlich kleineren schwarzen Loch mit hundert Millionen Sonnenmassen auf einer stark elliptischen Bahn alle zwölf Jahre umlaufen, wobei das kleinere schwarze Loch pro Umlauf zweimal relativ kurz hintereinander die Akkretionsscheibe des größeren schwarzen Lochs durchdringt, was zu hellen Strahlungsausbrüchen führt. Damit konnte man die Umlaufbahn des kleineren schwarzen Lochs recht genau bestimmen und nachweisen, dass es große Mengen an Bahnenergie in Form von Gravitationswellen (↓)

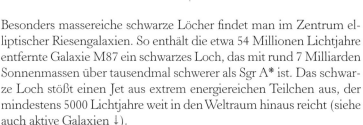

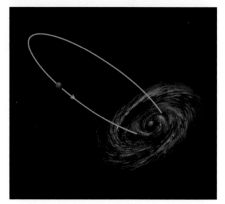

Illustration zum Quasar OJ 287

abstrahlt, und zwar genau in dem Ausmaß wie von Einsteins Allgemeiner Relativitätstheorie (↓) vorhergesagt. In nur 10 000 Jahren werden die beiden schwarzen Löcher voraussichtlich miteinander verschmelzen.

Aktive Galaxien → S. 46
Gravitationswellen → S. 174
Gravitation und Allgemeine Relativitätstheorie → S. 138
ESO Video News Release 36 *A Black Hole's Dinner is Fast Approaching (eso1151b)* http://www.eso.org/public/videos/eso1151b/

Aktive Galaxien
Intergalaktische magnetische Energieschleudern

Centaurus A, mit einer Entfernung von elf Millionen Lichtjahren die uns nächste aktive Galaxie

Man nimmt heute an, dass in den meisten Galaxien ein rotierendes, supermassives schwarzes Loch (↓) zu finden ist. Einige davon – so wie zum Beispiel Sagittarius A*, das schwarze Loch im Zentrum unserer Milchstraße – sind „ruhend". Das bedeutet, sie werden von einer Vielzahl von Sternen auf relativ stabilen Bahnen umkreist, und sie emittieren nur eine moderate Menge an Strahlung.

Im Zentrum anderer Galaxien wiederum geht es dagegen hoch her: Die dort enthaltenen supermassiven schwarzen Löcher sind extrem massereich und ziehen deshalb eine enorme Menge an Sternen und interstellarem Gas aus ihrer Umgebung an.

Die Sterne verlieren dabei durch die starken Gravitationskräfte ihren Zusammenhalt und werden auseinandergerissen. Um das schwarze Loch herum bildet sich ein unentrinnbarer Strudel aus Sternenplasma, Gas und Staub, die sogenannte *Akkretionsscheibe*. Diese versorgt das schwarze Loch unablässig mit Materie, die schlussendlich im schwarzen Loch verschwindet.

Bei einem solchen Vorgang heizt sich die Materie durch innere Reibung und frei werdende Gravitationsenergie extrem stark auf und gibt diese Hitzeenergie als extrem hochenergetische Strahlung ab. Diese Strahlung kann man in einigen Fällen noch Milliarden von Lichtjahren entfernt messen; das hat Galaxien mit einem derart turbulenten Kern den Namen *aktive Galaxien* eingebracht. Man spricht auch von *active galactic nueclei* (AGN, aktive galaktische Kerne).

Die zwölf Millionen Lichtjahre entfernte „Zigarrengalaxie" M82, mit einem extrem stark im Infraroten strahlenden aktiven Kern

Supermassive schwarze Löcher → S. 44

Ein Großteil der Energie, die von der Akkretionsscheibe abgegeben wird, wird jedoch nicht in alle Richtungen gleichmäßig abgestrahlt: Sie wird in Form von geladenen Teilchen mit Wucht aus der Galaxie herausgeschleudert, und zwar senkrecht zu ihrer Rotationsebene. Diese sogenannten *Jets* sind selbst bis zu Tausende von Lichtjahren lang, und enthalten wahrscheinlich extrem hochenergetische Elektronen, Positronen und Protonen, die durch eine Verdrillung der Magnetfelder in der Nähe des schwarzen Loches nach außen katapultiert werden.

Man teilt AGN in verschiedene Typen ein, abhängig von ihrem Strahlungsspektrum. Es scheint jedoch, dass es sich bei einigen der unterschiedlichen Typen in Wahrheit um dieselbe Sorte von Galaxien handelt. Die auf der Erde gemessene Strahlung erscheint uns nur deshalb so unterschiedlich, weil wir sie aus unterschiedlichen Blickrichtungen betrachten.

Schauen wir nämlich von der Erde aus senkrecht auf eine Galaxie mit Jet, dann liegen wir in der Flugbahn des Jets, und die Galaxie erscheint uns sehr hell und aktiv. Sehen wir die Galaxie allerdings von der Seite,

Die aktive Galaxie NGC 7742, eine Seyfertgalaxie vom Typ I

Röntgenaufnahme des Jets von Centaurus A

scheint sie uns viel schwächer strahlend. Zum Beispiel gibt es die sogenannten *Seyfertgalaxien* vom Typ I und vom Typ II, die man ursprünglich für verschiedene AGN hielt. Heutzutage geht man jedoch davon aus, dass es sich hierbei um dieselbe Sorte AGN handelt, nur dass wir auf Typ I eine Draufsicht haben und sehr viel von der Strahlung des Jets messen, während Galaxien vom Typ II fast senkrecht zu uns liegen, sodass der Staub in der Ebene der Seyfertgalaxien einen Großteil der höherfrequenten Strahlung verschluckt.

Die sogenannten *Quasare* sind die energiereichsten AGN und zählen zu den hellsten Objekten im Universum – die sie enthaltenden Galaxien verblassen im Vergleich völlig. In den leuchtstärksten bekannten Quasaren verschlingt das supermassive schwarze Loch geschätzt eine Masse, die 600 Erden in der Minute entspricht – das sind bis zu 1000 Sonnenmassen pro Jahr. Und das in einem Gebiet, das kaum größer als unser eigenes Sonnensystem ist!

B. M. Peterson *An Introduction to Active Galactic Nuclei* Cambridge University Press 1997

Galaxientypen
Die Vielfalt der Galaxien

Galaxien sind durch ihre eigene Schwerkraft gebundene Ansammlungen aus Milliarden von Sternen, angereichert mit Gas und Staub und in der Regel eingebettet in einen annähernd kugelförmigen Halo aus dunkler Materie (↓). Sie lassen sich aufgrund ihrer Struktur und Form grob in drei Klassen einteilen: elliptische Galaxien, Spiralgalaxien und unregelmäßige Galaxien. Diese Einteilung hatte auch Edwin Hubble 1926 vorgenommen, als er seine Beobachtungen in einem *Hubble-Diagramm* zusammenfasste.

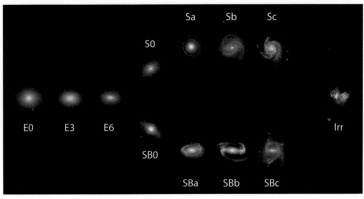

Hubble-Diagramm (auch Hubble-Sequenz oder Stimmgabel-Diagramm genannt) zur Klassifikation von Galaxien

Hier sind links die *elliptischen Galaxien* (E) angeordnet, die sich durch eine rundliche, elliptische Form und einfache Struktur auszeichnen. Je nach der Stärke ihrer Abplattung werden sie mit E0 (kreisrund) bis E7 (stark langgezogen) bezeichnet, was allerdings auch vom Beobachtungswinkel abhängen kann.

Elliptische Galaxien bestehen aus Milliarden bis Billionen Sternen und enthalten kaum Gas (oder nur sehr heißes), sodass nur wenig oder gar keine neuen Sterne entstehen können und nur noch langlebige alte, rote Sterne vorhanden sind. Diese Sterne bewegen sich auf völlig ungeordneten, zufälligen Bahnen, was der Galaxie ihre strukturlose Erscheinung verleiht. Vor allem die großen elliptischen Galaxien sind meist in den Zentren von Galaxienhaufen zu finden, wo sie durch Verschmelzungen aus anderen Galaxien entstanden sind.

Auf der rechten Seite des Hubble-Diagramms befinden sich die *Spiralgalaxien* (S, oben) und die *Balkenspiralgalaxien* (SB, unten). Sie unterscheiden sich durch einen sogenannten *Balken* in der Mitte, eine rechteckige Verdichtung, an der die Spiralarme ansetzen. Mehr als die Hälfte der Spiralgalaxien (u. a. die Milchstraße) besitzen einen solchen Balken.

Im Allgemeinen bestehen Spiralgalaxien aus einem rundlichen Zentralbereich (Bulge) und einer Scheibe, in der sich Spiralarme als *Dichtewellen* im interstellaren Gas ausbilden. Durch diese Verdichtungen kann es immer wieder zu neuer Sternentstehung kommen, was die Spiralarme bläulich aufleuchten lässt. Die Sterne in der Scheibe bewegen sich auf regelmäßigen Bahnen um das Zentrum und gelangen dabei immer wieder in die Dichtewellen hinein und auch wieder hinaus.

Dunkle Materie → S. 158
Zooniverse *Galaxy Zoo* http://www.galaxyzoo.org/; Galaxien selbst klassifizieren

Je weiter rechts eine Spiralgalaxie im Hubble-Diagramm angeordnet ist, umso mehr nimmt das Verhältnis von Bulge zu Scheibe ab und umso mehr vergrößert sich der Öffnungswinkel ihrer Spiralarme.

Am Übergangspunkt von elliptischen zu Spiralgalaxien befinden sich die S0 und SB0-Galaxien, die auch als *Linsengalaxien* bezeichnet werden. Sie besitzen zwar keine Spiralstruktur, aber einen Bulge und eine Scheibe und werden deshalb auch als gesonderte Klasse betrachtet.

Die meisten anderen Galaxien fallen einfach in die Kategorie der *irregulären Galaxien* (Irr). Bei einem Großteil handelt es sich dabei tatsächlich um Galaxien, die gerade mit anderen wechselwirken oder bereits eine Galaxienverschmelzung (↓) hinter sich haben und noch keinen neuen Gleichgewichtszustand erreicht haben. Die wesentlich kleineren *Zwerggalaxien* hingegen haben meist auch irreguläre oder elliptische Gestalt (Typ dIrr oder dE, mit „d" für „dwarf"), sind aber nicht das Verschmelzungsprodukt, sondern der Überrest einer bereits zerrissenen Galaxie. Man findet sie in unmittelbarer Nachbarschaft zu ihrer Hauptgalaxie, wie z. B. um die Milchstraße oder Andromedagalaxie.

Obwohl die Einteilung der Galaxien in der Hubble-Sequenz allein auf phänomenologischen Kriterien beruht, passt sie auch zu einigen physikalischen Eigenschaften: Von links nach rechts besitzen die Galaxien einen höheren Gas- und Staubanteil, mehr junge Sterne und höhere Sternentstehungsraten. Sie werden blauer, und die Bahnen der Sterne folgen geordneteren Bahnen.

Früher glaubte man an eine zeitliche Entwicklung von elliptischen zu Spiralgalaxien, weshalb sich die Bezeichnungen „früher" und „später Typ" als Synonym für elliptisch und spiralförmig verbreitet haben. Heute jedoch geht man eher von einer umgekehrten Entwicklung aus: Spiralgalaxien können sich durch Wechselwirkungen mit anderen Galaxien zu strukturlosen elliptischen Galaxien entwickeln. Wobei die Entwicklung von Galaxien im Einzelnen sehr viel komplexer ist und noch längst nicht alle Fragen geklärt sind.

M60 ist eine typische elliptische Galaxie vom Typ E2. Oben erkennt man die kleinere Spiralgalaxie NGC 4647. Beide Galaxien befinden sich im Virgo-Galaxienhaufen.

M74, eine Spiralgalaxie vom Typ Sc. Die jungen blauen Sterne und rote Wolken ionisierten Wasserstoffgases in den Spiralarmen deuten auf aktive Sternentstehung hin.

NGC 1313, eine Galaxie am Übergang vom spiralförmigen Typ Sd zu irregulärer Form. Sie gehört zu den „Starburst"-Galaxien, mit sehr hoher Sternentstehungsrate.

Verschmelzende Galaxien → S. 52
Spitzer-Teleskop *Poster: Hubble Sequenz mit 75 Galaxien der näheren Umgebung*
http://www.spitzer.caltech.edu/images/2095-sig07-025-Lifestyles-of-the-Galaxies-Next-Door

Das Schicksal der Milchstraße
Wenn Milchstraße und Andromedagalaxie sich treffen

So könnte der Sternenhimmel in drei bis vier Milliarden Jahren aussehen, wenn Andromedagalaxie und Milchstraße das erste Mal zusammentreffen.

Wer in klaren, dunklen Nächten (↓) das schwache weiße Band der Milchstraße betrachtet, wird kaum ahnen können, welch großartiges Schauspiel unserer Heimatgalaxie bevorsteht: eine Kollision mit der Andromedagalaxie!

Die Andromedagalaxie ist selbst wie die Milchstraße eine Spiralgalaxie mit hunderten Milliarden Sternen und noch etwa 2,5 Millionen Lichtjahre von uns entfernt. Doch sie kommt näher: Geschwindigkeitsmessungen ihrer Sterne haben ergeben, dass sich unser Nachbar mit 110 km/s auf uns zu bewegt, was etwa 400 000 km/h entspricht. Trotz dieser enormen Geschwindigkeit ist unsere Heimatgalaxie jedoch zunächst sicher: Erst in etwa drei bis vier Milliarden Jahren wird es zu einem ersten Kontakt kommen.

Ob die Andromedagalaxie die Milchstraße dann nur am Rande streift, ganz verfehlt oder direkt durch ihr Zentrum jagen wird, hängt von der genauen Bewegungsrichtung der Andromedagalaxie ab. Die radiale Geschwindigkeitskomponente entlang der Sichtlinie des Beobachters lässt sich relativ einfach über die Dopplerverschiebung in den Spektrallinien der Sterne bestimmen. Doch erst vor einigen Jahren wurden genaue Messungen der Seitwärtsbewegung der Andromedagalaxie veröffentlicht. Dazu wurden über mehrere Jahre hinweg die Positionen der Sterne mit dem Hubble-Weltraumteleskop vermessen und miteinander verglichen. Die neuen Daten lassen keinen Zweifel mehr zu: Ein Zusammenstoß ist unausweichlich, ein Frontalzusammenprall sogar sehr wahrscheinlich!

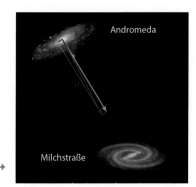

Auf Kollisionskurs: Der transversale Anteil der Geschwindigkeit (blau) ist sehr gering im Vergleich zur radialen Geschwindigkeit (orange), sodass sich die Andromedagalaxie auf direktem Kollisionskurs befindet. →

Der Sternenhimmel → S. 20
NASA *NASA's Hubble Shows Milky Way is Destined for Head-On Collision*
http://www.nasa.gov/mission_pages/hubble/science/milky-way-collide.html

An den Schockfronten der Gaswolken würden neue Sterne entstehen.

scheinlich ist, dass einzelne Sterne miteinander kollidieren. Die Sonne mit ihren Planeten würde wahrscheinlich nur eine neue Bahn am Rande der neuen Galaxie einnehmen. Allerdings wird unsere Sonne zu diesem Zeitpunkt ohnehin bereits ihren Wasserstoffvorrat aufgebraucht haben und die Erde unbewohnbar geworden sein. Falls wir dann einen neuen Heimatplanet gefunden haben sollten, so würden wir statt des vertrauten milchigen Bandes am Himmel eine große Scheibe sehen, die wie der neblige Lichtschein aus einer fremden Welt erscheint.

Computersimulationen der Kollision zeigen, dass sich die beiden Galaxien nach dem ersten Zusammenstoß noch einmal kurz trennen werden, bevor sie erneut aufeinander zufliegen und dabei weiter stark zerrissen werden. Die Gasmassen werden dabei durcheinandergewirbelt, an den Schockfronten verdichtet sich das Gas und neue Sterne entstehen. Die größten unter ihnen werden ihren Wasserstoffvorrat schnell aufgebraucht haben und bald in Supernovae explodieren, sodass es mehrere Supernovae pro Jahr am Himmel zu sehen geben wird, die die Nacht hell erleuchten lassen. Zum Vergleich: In unserer Milchstraße heute ist es nur eine Supernova-Explosion in fünfzig Jahren.

Kurz nach dem ersten Zusammenstoß: Beide Galaxien trennen sich kurz, sehen aber schon sehr mitgenommen aus.

So könnte die elliptische Galaxie am Nachthimmel aussehen, die am Ende des Verschmelzungsprozesses entstanden ist.

Einige Milliarden Jahre nach dem ersten Zusammentreffen werden Andromeda und Milchstraße zu einer einzigen Galaxie verschmolzen sein und vermutlich eine neue elliptische Galaxie (↓) bilden. Unser Sonnensystem wird von alldem wenig mitbekommen, da es bei Galaxienverschmelzungen (↓) extrem unwahr-

Galaxientypen → S. 48
Verschmelzende Galaxien → S. 52
van der Marel, R. P. et al. *The M31 Velocity Vector. III. Future Milky Way-M31-M33 Orbital Evolution, Merging, and Fate of the Sun* Astrophysical Journal, Vol. 753, 1, 2012, S. 21ff; Preprint auch unter arXiv:1205.6865

Verschmelzende Galaxien
Kollision der Giganten

Galaxienverschmelzungen waren im frühen Universum an der Tagesordnung: Das Universum war sehr dicht, die Abstände zwischen den Galaxien noch recht klein. Doch auch heute gibt es genügend Galaxien in Gruppen oder Galaxienhaufen, die eindeutig mit ihren Nachbarn in Wechselwirkung stehen.

Solche Wechselwirkungen treten auf, sobald sich zwei (oder mehr) Galaxien nahe genug kommen, sodass sie den Einfluss ihrer gegenseitigen Anziehungskraft zu spüren bekommen. Ähnlich wie bei Erde und Mond enstehen Gezeitenkräfte (↓), die von mehreren Seiten an den beteiligten Galaxien zerren und sie deformieren. Ausgedehnte Schweife oder „Gezeitenarme" können entstehen, die die wechselwirkenden Galaxien miteinander zu verbinden scheinen.

Wenn die Relativgeschwindigkeiten der Galaxien zu groß sind, so fliegen sie mit nur leichten Verformungen auseinander und treffen sich nie wieder. Sind die Galaxien jedoch zu langsam, so können sie einander nicht entrinnen. Nach dem ersten Zusammenstoß trennen sie sich zwar oft zunächst noch einmal, aber dann überwiegt die Gravitation erneut, und sie fallen wieder aufeinander zu, um sich immer enger zu umkreisen und zu zerreißen, bis sie völlig miteinander verschmolzen sind.

Die wechselwirkenden Galaxien Arp 273

Stephan's Quintett, eine Gruppe wechselwirkender Galaxien, zusammengesetzt aus einem optischen Bild und einer Röntgenaufnahme (heißes Gas, blau, Sternentstehungsgebiet in der MItte)

Die Gezeiten → S. 96
F. J. Summers *Galaxy collisions: Simulations vs Observations* http://www.youtube.com/watch?v = D-0GaBQ494E
Wikipedia *Wechselwirkende Galaxien*
C. Mihos et al. *Galaxy Crash* http://burro.astr.cwru.edu/JavaLab/GalCrashWeb/; Interaktives Java Applet

Zu Kollisionen einzelner Sterne kommt es dabei nur äußerst selten, da die Abstände zwischen den Sternen millionen- bis milliardenfach größer als ihr Durchmesser sind. Sie werden nur durch die Änderung der Massenverteilung und damit des Gravitationspotentials auf völlig neue Bahnen geschleudert.

Das Gas hingegen macht wesentlich drastischere Änderungen mit: Gaswolken treffen mit hoher Geschwindigkeit aufeinander, Schockfronten bilden sich und dort, wo sich das Gas genug verdichtet hat und kollabiert, werden in jungen Sternhaufen neue Sterne geboren (↓). Deshalb sieht man auf Aufnahmen von wechselwirkenden Galaxien sehr häufig bläuliche Gebiete mit jungen, sehr massereichen und dadurch sehr heißen und blau-weiß strahlenden Sternen.

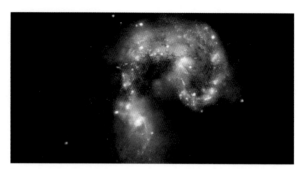

Das zentrale Gebiet der Antennengalaxie, zusammengesetzt aus einer Röntgenaufnahme (blau, heiße Gaswolken), einem optischen (gold) und einem infraroten Bild (rot, warme Staubwolken)

Gas- und Sternkomponenten können bei Galaxienkollisionen also durchaus eigene Wege gehen. Das sieht man besonders deutlich bei einigen Aufnahmen von verschmelzenden Galaxienhaufen (z.B. Bullet-Cluster), bei denen die Massenverteilung (bestimmt mithilfe des Gravitationslinseneffekts ↓) sich deutlich von der Verteilung des Gases unterscheidet. Zusätzlich zu den sichtbaren Sternen muss es dabei noch einen großen Anteil an dunkler Materie (↓) geben, der sich genauso kollisionsfrei wie die Sterne verhält.

Nach den ersten paar Zusammenstößen wird sich das System allmählich wieder beruhigen und in eine Relaxationsphase eintreten, die einige Milliarden Jahre andauern kann. In dieser Zeit wird das Gleichgewicht innerhalb der neu entstandenen Galaxie wieder hergestellt. Zumeist handelt es sich dann um eine elliptische Galaxie, deren Gas weitgehend aufgebraucht ist und in der daher nur noch wenige neue Sterne entstehen.

Verschiedene Zeitpunkte der Verschmelzung zweier Scheibengalaxien in einer Computersimulation, von links oben bis rechts unten. Dargestellt ist nur die Gaskomponente. Am Ende entsteht hier eine neue Scheibengalaxie.

Die Geburt von Sternen → S. 22
Gravitationslinsen → S. 172
Dunkle Materie → S. 158

2 Elektromagnetismus und Licht

Was haben ein Magnet, ein elektrisch aufgeladenes Katzenfell und Licht gemeinsam? Viel mehr als man zunächst meinen möchte. Denn Licht, Ladung und Magnetismus sind eng miteinander verbunden.

So gehen beispielsweise von elektrischen Strömen Magnetfelder aus – und umgekehrt entsteht in einem sich durch ein Magnetfeld bewegenden Leiter ein elektrischer Strom: Das eine bedingt das andere. Physiker wissen heute, dass elektrische und magnetische Phänomene verschiedene Aspekte einer einzigen physikalischen Kraft sind: der elektromagnetischen Wechselwirkung. Diese ist eine der vier Grundkräfte der Natur – die anderen drei Grundkräfte sind die Gravitation sowie die starke und die schwache Wechselwirkung, die wir später in diesem Buch noch kennenlernen.

Mithilfe der Theorie des Elektromagnetismus und der Optik können wir heute verstehen, wie Radiowellen durch eine Antenne aufgefangen werden, wie Blitze in einer Gewitterwolke entstehen oder warum wir in einer heißen Wüste eine Fata Morgana beobachten. Auch den Regenbogen und neuartige Materialien, die uns unsichtbar machen könnten, haben etwas mit dem Elektromagnetismus zu tun – und werden in diesem Kapitel genauer unter die Lupe genommen.

B. Bahr et al., *Faszinierende Physik*, https://doi.org/10.1007/978-3-662-58413-2_2

Vektorfelder und Feldlinien

Richtungsweisende Hilfszeichnungen

Der Begriff „Feld" wird in der Physik häufig benutzt, um anzugeben, dass eine physikalische Größe von Ort zu Ort verschiedene Werte annehmen kann. So kann man zum Beispiel vom „Temperaturfeld" sprechen, und meint damit, dass man überall die Temperatur messen kann, das Messresultat aber davon abhängt, wo genau man gemessen hat.

Eine besondere Bedeutung haben die Felder, deren entsprechende physikalische Größe nicht einfach nur eine Zahl ist, wie beispielsweise die Temperatur, sondern ein *Vektor*. Ein Vektor hat nicht nur einen Betrag, sondern auch eine Richtung, die man in einem Pfeil kombiniert. So entspricht zum Beispiel die Windgeschwindigkeit einem Vektor, der in die Richtung zeigt, in die der Wind bläst, und dessen Länge die Windstärke darstellt.

Ein *Vektorfeld* beschreibt demnach eine Vektorgröße, die von Ort zu Ort variieren kann. Die Windstärke ist hier wieder ein gutes Beispiel, aber auch das elektrische und das magnetische Feld sind Paradebeispiele für Vektorfelder in der Physik. Die Strömungsgeschwindigkeit in einer Flüssigkeit (↓) oder die Schwerkraft (↓) werden ebenfalls durch sie beschrieben.

Um Vektorfelder grafisch darzustellen, wäre es zu unübersichtlich, alle möglichen Vektoren zu zeichnen. Stattdessen benutzt man das Konzept der *Feldlinien*. Eine Feldlinie ist eine Linie, die genauso verläuft, dass sie an jedem ihrer Punkte parallel zum Vektor an diesem Punkt ist. Zeichnet man mehrere Feldlinien in gewissem Abstand nebeneinander, so bekommt man eine gute Vorstellung davon, in welche Richtungen die Vektoren des entsprechenden Feldes zeigen.

Elektrische Feldlinien beginnen in positiven und enden in negativen Ladungen.

Innerhalb einer Spule kann man ein fast homogenes Magnetfeld erzeugen.

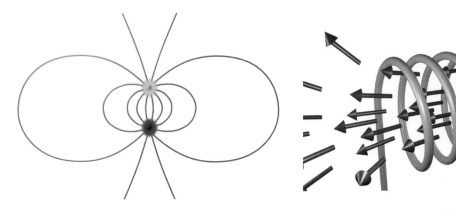

Die Physik der Strömungen → S. 100
Newtons Gravitationsgesetz → S. 92

Für viele Vektorfelder kann man mithilfe der Feldlinien aber nicht nur die Richtung, sondern auch die Länge der Vektoren ablesen. Dafür muss man mehrere Feldlinien nebeneinander zeichnen – dort, wo die Feldliniendichte größer ist, sich die einzelnen Linien also näher kommen, sind die Vektoren entsprechend länger als dort, wo sie einen größeren Abstand voneinander haben. Zwischen zwei Feldlinien könnte man natürlich noch immer weitere Feldlinien einzeichnen, wovon man aber wegen der Übersichtlichkeit meist absieht.

Die Maxwell'schen Gesetze (siehe elektromagnetische Wechselwirkung ↓), die die Statik und Dynamik des elektrischen und magnetischen Feldes beschreiben, lassen sich auch anschaulich in der Sprache der Feldlinien formulieren. So besagt zum Beispiel das Gauß'sche Gesetz für Magnetfelder, dass magnetische Feldlinien keinen Anfang und kein Ende besitzen dürfen, sondern in sich geschlossen sein müssen. Es gibt also keine Quellen für das magnetische Feld – anders als beim elektrischen Feld, dessen Feldlinien in positiven Ladungen starten und in negativen Ladungen enden dürfen.

Es gibt einfache Methoden, um Feldlinien in der Natur sichtbar zu machen. Streut man zum Beispiel feine Eisenspäne auf ein Blatt Papier, so beginnen sie sich in Richtung der magnetischen Feldlinien auszurichten, sobald sie einem hinreichend starken Magnetfeld ausgesetzt sind. Der Grund dafür ist, dass die stabförmigen Eisenteilchen entlang der Feldlinien magnetisiert werden, also selbst zu kleinen Magneten werden. Weil sich immer Nordpol an Südpol anlagert, bilden diese Späne lange Ketten, die entlang der Feldlinien verlaufen. So kann man auch gut erkennen, wo die magnetische Kraft am stärksten ist, denn dort häufen sich die Eisenspäne.

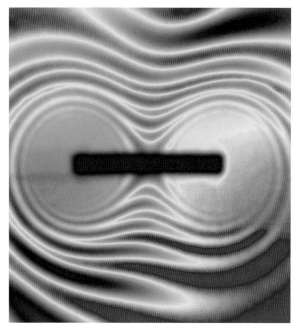

Seitenansicht eines stromdurchflossenen Ringes. Das Magnetfeld wurde mithilfe der Neutronentomographie sichtbar gemacht.

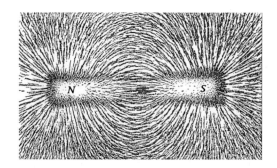

Eisenfeilspäne auf Papier, die sich entsprechend dem Feld eines darunter befindlichen Stabmagneten ausgerichtet haben, zeigen die Richtung der magnetischen Feldlinien.

Die elektromagnetische Wechselwirkung → S. 58
The TEAL/Studio Physics Project *A Visual Tour of Electromagnetism*
http://web.mit.edu/8.02t/www/802TEAL3D/visualizations/guidedtour/Tour.htm; Onlinekurs vom MIT; englisch
I. Helms, N. Kardjilov *Dreidimensionale Bildgebung- erstmalige Einblicke in Magnetfelder* Helmholtz-Zentrum Berlin
https://www.helmholtz-berlin.de/aktuell/pm/pm-archiv/2008/dreidimensionale-bildgebung_de.html

Die elektromagnetische Wechselwirkung
Maxwells Gleichungen der elektromagnetischen Felder

Wenn man die komplizierte physikalische Wechselwirkung zwischen elektrisch geladenen Objekten beschreiben will, so bietet sich dafür die Verwendung von elektrischen und magnetischen Feldern (↓) an. Nur mit diesem Feldmodell gelingt es, eine lokale Beschreibung zu erreichen, bei welcher der Wert der Felder an jedem Ort angibt, welche Kraft F auf eine Ladung q an diesem Ort wirkt: $F = q \cdot (E + v \times B)$. Dabei sind E das elektrische und B das magnetische Feld, v ist die Geschwindigkeit der Ladung und × das Vektor-Kreuzprodukt. Man bezeichnet F auch als *Lorentzkraft*.

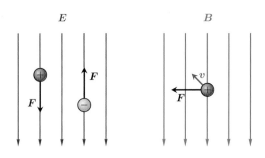

Elektrische und magnetische Felder hängen eng miteinander zusammen, sodass man sie gemeinsam unter der *elektromagnetischen Wechselwirkung* zusammenfasst. Die genauen Zusammenhänge zwischen diesen Feldern hat James Clerk Maxwell im Jahr 1864 mathematisch in seinen *Maxwellgleichungen* formuliert.

James Clerk Maxwell
(1831–1879)

Hier ist der physikalische Inhalt dieser Gleichungen in Kurzform:

Maxwellgleichungen

1. Elektrische Ladungen bilden Quellpunkte des elektrischen Feldes. (*Gauß'sches Gesetz*)

2. Magnetische Felder haben keine Quellpunkte, sondern nur Wirbel. (*Gauß'sches Gesetz für Magnetfelder*)

3. Veränderungen in Magnetfeldern erzeugen elektrische Wirbelfelder und können so in elektrischen Leitern Ströme induzieren. (*Induktionsgesetz*)

4. Elektrische Ströme, sowie Veränderungen in elektrischen Feldern, erzeugen magnetische Wirbelfelder. (*Ampère'sches Gesetz mit Verschiebungsstrom*)

Interessant ist dabei, dass nicht allein Ladungen und Ströme elektrische und magnetische Felder hervorrufen, sondern dass auch Veränderungen in einem Magnetfeld ein elektrisches Feld erzeugen (das ist die Grundlage des Dynamos), sowie umgekehrt Veränderungen in einem elektrischen Feld (der sogenannte *Verschiebungsstrom*) ein Magnetfeld hervorrufen kann. Es war eine besondere Leistung

Vektorfelder und Feldlinien → S. 56
R. P. Feynman, R. B. Leighton, M. Sands *Feynman-Vorlesungen über Physik, Band II: Elektromagnetismus und Struktur der Materie* Oldenburg 1991

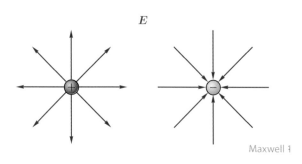

E

Maxwell 1

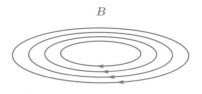

B

Maxwell 2

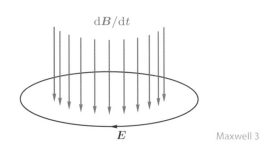

$\mathrm{d}B/\mathrm{d}t$

E

Maxwell 3

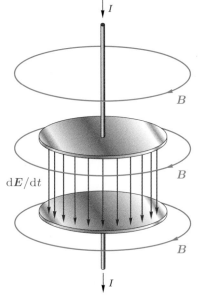

I

B

$\mathrm{d}E/\mathrm{d}t$

B

B

I

Maxwell 4

von Maxwell, die Existenz dieses Verschiebungsstroms erkannt zu haben, ohne den das System der Maxwellgleichungen nicht mit der Erhaltung der elektrischen Ladung in Einklang zu bringen ist.

Induktionsgesetz und Verschiebungsstrom führen dazu, dass sich bei schwingenden Ladungen elektrische und magnetische Felder von diesen Ladungen lösen und als elektromagnetische Wellen im leeren Raum ausbreiten können (Hertz'scher Dipol ↓). Dabei erhalten sie sich gewissermaßen gegenseitig am Leben. Auch Licht ist eine solche elektromagnetische Welle, ebenso wie Radiowellen, Mikrowellen oder Röntgenstrahlen.

Die innere Ursache für die Zusammenhänge zwischen elektrischen und magnetischen Feldern liegt in Einsteins Spezieller Relativitätstheorie (↓) begründet. Daher bewegen sich elektromagnetische Wellen gerade mit der maximal möglichen Geschwindigkeit für physikalische Wirkungen, also mit *Lichtgeschwindigkeit*.

Hertz'scher Dipol → S. 60
Lichtgeschwindigkeit und Spezielle Relativitätstheorie → S. 132

Hertz'scher Dipol
Schwingen und streuen

Eine ruhende elektrische Ladung erzeugt ein elektrisches Feld, aber kein Magnetfeld, während ein konstanter Strom (also sich bewegende Ladungen) ein Magnetfeld aber kein elektrisches Feld erzeugt. Was also geschieht nun, wenn eine elektrische Ladung hin- und herschwingt?

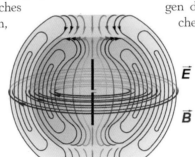

Man überlegt sich leicht, dass eine harmonisch oszillierende Ladung sowohl ein elektrisches als auch ein magnetisches Feld erzeugt. Da nach den Maxwellgleichungen ein sich zeitlich änderndes Magnetfeld wieder ein elektrisches Feld erzeugt, sowie ein sich änderndes elektrisches wieder ein Magnetfeld, wird die von der schwingenden Ladung erzeugte Störung sich wellenförmig von der schwingenden Ladung entfernen und ausbreiten. Tatsächlich breitet sich eine elektromagnetische Welle senkrecht zur Schwingungsachse aus. Die Frequenz der Welle entspricht dabei der Schwingungsfrequenz der Ladung.

Elektrische Feldlinien (blau) und magnetische Feldlinien (rot) um einen Hertz'schen Dipol

Zuerst wurde dieses Prinzip von Heinrich Hertz experimentell erforscht, weswegen eine solche schwingende Ladungsdichte *Hertz'scher Dipol* genannt wird.

Das umgekehrte Prinzip funktioniert ebenso: Trifft eine elektromagnetische Welle im richtigen Winkel auf einen Dipol, so werden die elektrischen Ladungen darin zum Schwingen in der entsprechenden Frequenz angeregt.

Nach diesem Prinzip werden *Radioantennen* konstruiert: Diese bestehen im Wesentlichen aus einem Metalldraht, durch den man einen Wechselstrom einer bestimmten Frequenz schickt. Der so schwingende Strom erzeugt eine abgestrahlte Welle derselben Frequenz. Trifft diese Welle auf eine andere Antenne, so wird in ihr wiederum ein Wechselstrom induziert, den man schließlich messen kann. Indem man entweder die Amplitude der Welle (AM) oder die Frequenz der Welle (FM) moduliert, kann man so ein Signal von einem Ort zum anderen übertragen.

Feldlinien eines strahlenden Dipols

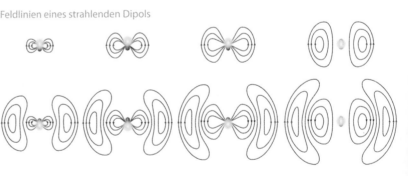

Die Moleküle in der Luft verhalten sich in vielerlei Hinsicht wie Dipole, beziehungsweise kleine Antennen: Trifft Licht (das auch eine elektromagnetische Welle ist) auf diese Moleküle, so werden sie zum Schwingen angeregt – und als Dipole strahlen sie auch wieder Licht derselben Frequenz ab, aber in alle möglichen Richtungen. Diesen Vorgang nennt man *Rayleigh-Streuung*.

Wie stark ein Dipol von einer Welle zum Schwingen angeregt wird (und wie viel vom Licht damit seitlich weggestreut wird), hängt stark von der Frequenz des Lichts ab. Aus den Maxwellgleichungen (↓) folgt, dass der Streuquerschnitt sich proportional zur vierten Potenz der Frequenz des einfallenden Lichts verhält.

Blaues Licht (Frequenz: 700 THz) wird deswegen stärker gestreut als rotes (Frequenz: 450 THz), und zwar um den Faktor $(700/450)^4 \approx 5{,}86$, also fast sechsmal so stark.

Autorücklichter sind unter anderem deswegen rot, weil rotes Licht durch z.B. Nebel am wenigsten gestreut wird

Und das erklärt die blaue Farbe des Himmels: Blaues Licht wird viel stärker an den Luftmolekülen gestreut und trifft von allen Seiten in unser Auge. Die Sonne selbst erscheint gelb, weil von ihrem weißen Licht ein Anteil blau weggestreut wurde (weiß minus blau gleich gelb). Bei Sonnenuntergang erscheint der Himmel rötlicher, weil das Licht wegen des flachen Blickwinkels einen weiten Weg durch die Atmosphäre zurücklegen musste, es wird also fast das gesamte Licht bis auf die sehr langwelligen, also roten, Anteile seitlich weggestreut.

Bei Sonnenuntergang erscheinen Sonne und Himmel rötlicher.

Die elektromagnetische Wechselwirkung → S. 58

Gewitter
Blitze, Elmsfeuer und Rote Kobolde

Gewitter entstehen, wenn in der Atmosphäre die Lufttemperatur mit zunehmender Höhe genügend stark abnimmt (negativer Temperaturgradient), sodass eine starke Konvektion mit entsprechenden Auf- und Abwinden entsteht. Ein aufsteigendes Luftpaket kühlt sich dann aufgrund des kleiner werdenden Luftdrucks zwar ab, bleibt aber wärmer als die Umgebung, sodass sich sein Aufstieg weiter fortsetzt. Sobald die Temperatur des Luftpaketes unter den sogenannten *Taupunkt* fällt, kondensiert zudem die darin enthaltene Luftfeuchtigkeit zu kleinen Tröpfchen und setzt Kondensationswärme frei, die den Aufstieg weiter vorantreibt – daher entstehen Gewitter besonders häufig dann, wenn sich in Bodennähe viel feuchtwarme Luft befindet.

Erst beim Erreichen der sogenannten *Tropopause*, die sich in Mitteleuropa in rund 10 km Höhe befindet, fällt die dortige Temperatur der Atmosphäre von rund −50 °C mit zunehmender Höhe nicht mehr weiter ab, sodass der Aufstieg des Luftpaketes zum Erliegen kommt. Bei einer Gewitterwolke bildet sich in dieser Höhe der sogenannte *Amboss* aus, der die Wolke nach oben begrenzt.

Die starken Aufwinde in einer Gewitterwolke tragen die zu Graupel- und Hagelkörnern gefrorenen Wassertröpfchen immer weiter nach oben, wobei diese ständig weiter wachsen, bis sie zu schwer werden und schließlich nach unten fallen. Im Fallen kollidieren sie mit kleineren noch aufsteigenden Eispartikeln und nehmen elektrisch negativ geladene Elektronen von diesen auf. Der obere Teil der Gewitterwolke lädt sich dadurch meist positiv auf, während sich der untere Teil negativ auflädt und durch elektrische Abstoßung der negativen Ladungen im Erdboden darunter eine positive Aufladung des Bodens bewirkt.

Diese Spannungsunterschiede entladen sich in Form von Blitzen, die sich sowohl innerhalb der Wolke als auch zwischen Wolke und Erdboden ausbilden können. Dabei entstehen zunächst kleinere Vorentladungen, die einen rund ein Zentimeter breiten ionisierten Blitzkanal schaffen, in dem sich dann der Hauptblitz mit Stromstärken von typischerweise 20 000 Ampère mehrfach entlädt.

Mehrere schwere Gewitter über Brasilien, fotografiert aus dem Space Shuttle (1984). Man erkennt die scharfe Begrenzung der Wolkentürme nach oben durch die Tropopause.

NASA *Scientists Seek Sprite Light Source* http://www.nasa.gov/vision/earth/environment/sprites.html

Die Spannungsunterschiede bei Gewitterlagen können nicht nur Blitze, sondern eine Reihe weiterer elektrischer Entladungsvorgänge hervorrufen. Bekannt ist beispielsweise das *Elmsfeuer*, eine Funkenentladung, die gelegentlich an der Spitze von Antennen- oder Schiffsmasten auftritt und die als Vorentladung einen Blitz nach sich ziehen kann.

Oberhalb von besonders großen Gewitterwolken hat man in 70 bis 90 km Höhe besonders schöne Entladungsvorgänge beobachtet, die wie rötliche Ringe (*Elfen* genannt) oder wie aufsteigende Stichflammen oder Atompilze (*Kobolde*, engl. Sprites genannt) aussehen können. Piloten kannten diese Phänomene schon lange – allerdings glaubte ihnen früher kaum jemand.

Elmsfeuer an den Mastspitzen eines Schiffes

Erste Farbaufnahme eines Roten Kobolds von 1994. Die rote Farbe entsteht durch die Fluoreszenz von Stickstoff, der durch Blitze des darunterliegenden Gewitters angeregt wurde.

Blitze über Las Cruces, New Mexico

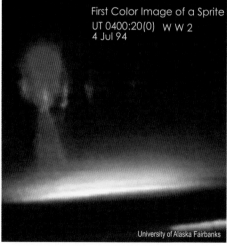

First Color Image of a Sprite
UT 0400:20(0) W W 2
4 Jul 94

University of Alaska Fairbanks

NASA Earth Pbservatory *Elusive Sprite Captured from the International Space Station*
http://earthobservatory.nasa.gov/IOTD/view.php?id = 78487

Farben
Wie bunt ist die Welt?

Elektromagnetische Wellen, deren Wellenlänge zwischen rund 400 und 800 Nanometern liegt, können wir mit unseren Augen als Licht wahrnehmen, wobei wir verschiedene Wellenlängen als unterschiedliche Farben empfinden.

Unsere Augen können jedoch das genaue Wellenspektrum einer Lichtquelle nicht ermitteln, denn verschiedene Spektren können bei uns denselben Farbeindruck hervorrufen – man nennt das *Metamerie*. Das liegt daran, dass sich jeder Farbeindruck bei uns Menschen durch die Überlagerung von nur drei Grundfarben erzeugen lässt. Wir können nicht unterscheiden, ob eine Lichtquelle rein violettes Licht bei nur einer festen Wellenlänge oder rotes sowie blaues Licht bei insgesamt zwei Wellenlängen aussendet – daher kann ein Maler violette Farbe aus den beiden Grundfarben Rot und Blau zusammenmischen. Farbe ist also keine physikalische Eigenschaft des Lichts, sondern sie entsteht erst in unserer Wahrnehmung. „Rays are not coloured" soll schon Isaac Newton gesagt haben.

Für jede der drei Grundfarben existiert ein eigener Sinneszellentyp in unserer Netzhaut: die sogenannten *Zapfen*. Zusätzlich gibt es noch die sogenannten *Stäbchen*, die für das Schwarz-Weiß-Sehen bei nur wenig Licht zuständig sind. Jeder Zapfentyp besitzt eine charakteristische Empfindlichkeitskurve, welche die Wahrscheinlichkeit dafür angibt, dass Photonen der entsprechenden Wellenlänge von diesem Zapfentyp wahrgenommen werden.

Wie man in der Abbildung unten sieht, überdecken diese Empfindlichkeitskurven große Wellenlängenbereiche und überlappen sich stark. Um einen Farbeindruck zu gewinnen, muss unser Gehirn die Anregung der drei verschiedenen Zapfentypen daher präzise miteinander vergleichen.

Additive Farbsynthese bei einem leuchtenden Bildschirm im RGB-Farbraum

↓ Relative Empfindlichkeitskurven der drei menschlichen Zapfentypen

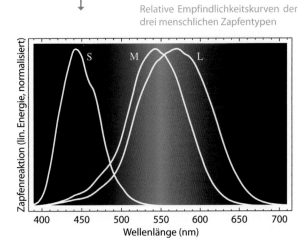

Regenbogen → S. 68

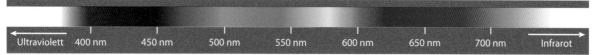

Das für den Menschen sichtbare Spektrum (Licht)

Nicht alle Tiere haben drei verschiedene Zapfentypen und sind damit sogenannte *Trichromaten*. Die meisten Vögel, Eidechsen, Schildkröten, Amphibien, Fische und viele Insekten haben noch einen vierten Zapfentyp, mit dem sie nahes UV-Licht als vierte Grundfarbe wahrnehmen können – sie sind also *Tetrachromaten*. Ihre Farbenwelt muss deutlich bunter sein als unsere. Man braucht zu ihrer Darstellung das Innere eines Tetraeders, während die von uns wahrnehmbaren Farben auf dem Boden des Tetraeders Platz finden.

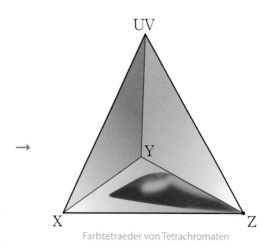

Farbtetraeder von Tetrachromaten

Die meisten Säugetiere besitzen nur zwei Zapfentypen; sie sind also *Dichromaten*. Vermutlich haben im Erdmittelalter die frühen Säugetiere sich angesichts der vorherrschenden Dinosaurier nur nachts hinauswagen können, sodass sie zwei der vier Zapfentypen ihrer Vorfahren eingebüßt haben – diese waren in der Dunkelheit oder Dämmerung nutzlos geworden. Die Vögel besitzen als Nachfahren der Dinosaurier dagegen auch heute noch alle vier Zapfentypen.

Nach dem Ende der Dinosaurier vor 65 Millionen Jahren sind einige Säugetiere zur tagaktiven Lebensweise zurückgekehrt, insbesondere die sogenannten *Altweltaffen*, bei denen vor rund 40 Millionen Jahren erneut ein dritter Zapfentyp entstanden ist. Da auch wir biologisch zu den Altweltaffen gehören, können wir ebenfalls wieder dreifarbig sehen, auch wenn unsere Welt damit wohl noch lange nicht so bunt ist wie die Welt der Dinosaurier oder der heutigen Vögel.

Trichromaten wie wir können rote und grüne Früchte problemlos unterscheiden (links), im Gegensatz zu Dichromaten (rechts).

T. H. Goldsmith *Vögel sehen die Welt bunter* Spektrum der Wissenschaft, Januar 2007, S. 96; auch im Internet zu finden

Lichtbrechung
Licht auf krummen Touren

Obwohl die *Lichtgeschwindigkeit* von rund 300 000 Kilometern pro Sekunde eine universelle Naturkonstante ist, bewegt sich Licht nur im absoluten Vakuum so schnell. Sobald es sich durch Materie bewegt, wird es für gewöhnlich verlangsamt.

Der Grund hierfür ist der folgende: Sobald Licht durch Materie hindurchgeht, geben die elektromagnetischen Wellen (↓) einen Teil ihrer Energie an die Atome ab, und regen diese zum Schwingen an. Aufgrund dieser Oszillation geben die Atome wiederum ihrerseits Strahlung derselben Frequenz ab. Diese überlagert sich mit der ursprünglichen Welle, und die resultierende Schwingung behält zwar dieselbe Frequenz f, jedoch eine kleinere Wellenlänge λ. Die Phasengeschwindigkeit im Material $v = f\lambda$ ist deswegen geringer als die ursprüngliche Lichtgeschwindigkeit. Den Faktor, um den die Lichtgeschwindigkeit im Material kleiner ist als im Vakuum, nennt man *Brechungsindex n*, der von Material zu Material verschieden sein kann.

Für die Ausbreitung von Licht gilt das sogenannte *Fermat'sche Prinzip*: Ein Lichtstrahl bewegt sich auf derjenigen Bahn von Punkt A nach Punkt B, auf der er am wenigsten Zeit benötigt. Weil sich die Geschwindigkeit des Lichtstrahls von Medium zu Medium unterscheidet, ist dies nicht immer der räumlich kürzeste Weg, also eine gerade Linie. Stattdessen werden Lichtstrahlen beim Übergang zwischen zwei Medien leicht abgelenkt – umso mehr, je unterschiedlicher die jeweiligen Brechungsindizes sind. Die Winkel θ_1 und θ_2 zwischen den Lotrechten und den Lichtstrahlen befolgen das *Snelliussche Brechungsgesetz*: $n_1 \sin(\theta_1) = n_2 \sin(\theta_2)$.

Beim Übergang von Luft (Brechungsindex $n \approx 1$) und Wasser ($n = 1{,}33$) wird ein Lichtstrahl daher immer um einen gewissen Winkel abgelenkt, weswegen es auch so schwer ist, einen Fisch in einem Fluss mit bloßen Händen zu fangen: Dort, wo unser Auge den Fisch sieht, befindet er sich nicht genau, denn das Licht vom Fisch fällt nicht auf einer geraden Linie in unser Auge.

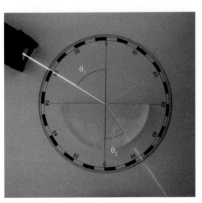

Aus dem Snellius'schen Brechungsgesetz folgt: Sind die Brechungsindizes zweier Materialien unterschiedlich, so müssen sich die Winkel der Lichtstrahlen ebenfalls unterscheiden.

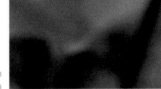

Lichtbrechung am Wassertropfen

Die elektromagnetische Wechselwirkung → S. 58
E. Leitner, U. Finckh, F. Fritsche *Lichtbrechung* http://www.leifiphysik.de/themenbereiche/lichtbrechung, Leifi Physik

Eine Meeresschildkröte (*chelonia mydas)* und ihre Totalreflexion

Obwohl sich Luft mit einen Brechungsindex von ca. $n = 1{,}00029$ in optischer Hinsicht kaum vom Vakuum unterscheidet, genügt dies, um Lichtstrahlen, die vom Weltraum aus auf die Atmosphäre treffen, leicht zur Erde hin abzulenken. Diesen Effekt nennt man *astronomische Refraktion*, und er sorgt dafür, dass z. B. die Sterne scheinbar ein wenig höher am Himmel stehen, als sie es in Wahrheit sind. Obwohl sich dieser Effekt normalerweise nur im Bereich von einem halben bis einem Grad bewegt, ist er z. B. für astronomische Messungen, die eine hohe Genauigkeit erfordern, von entscheidender Bedeutung.

Trifft Licht aus einem Medium auf eine Grenzfläche zu einem optisch dünneren Medium (also mit kleinerem Brechungsindex), so gibt es ab einem gewissen Winkel keinen Durchgang mit Richtungsablenkung mehr, sondern der Lichtstrahl wird nach dem Prinzip „Einfallswinkel gleich Ausfallswinkel" an der Grenzschicht zurückreflektiert. Man spricht in diesem Fall von *Totalreflexion*. Glasfaserkabel nutzen diesen Effekt aus, sodass das durch das Kabel transportierte Licht in den Glasfasern gefangen bleibt.

Sonnenuntergang über der Ägäis, etwa 10-fach vergrößert. Ohne astronomische Refraktion stünde die Sonne schon um 120 % ihres Durchmessers tiefer.

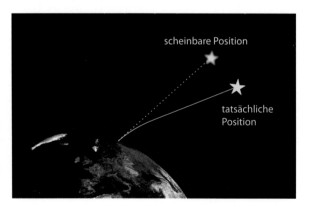

scheinbare Position

tatsächliche Position

C. Huygens *Abhandlungen über das Licht* Verlag Harri Deutsch, 4. Auflage 2011; Originalabhandlung zum Thema Lichtausbreitung aus dem 17. Jahrhundert; ins Deutsche übersetzt

P. Wagner *Erläuterungen zur Strahlenoptik* http://www.scandig.info/Strahlenoptik.html

D. Welz *Simulation der Totalreflexion* http://www.zum.de/dwu/depotan/apop101.htm

Regenbogen
Ästhetische Lichtbrechung an Wassertropfen

In vielen Materialien ist der Brechungsindex – und damit der Winkel, um den Licht abgelenkt wird – von der Wellenlänge des Lichts abhängig (↓). Dieses Phänomen wird als *Dispersion* bezeichnet und ist dafür verantwortlich, dass man zum Beispiel mithilfe eines Prismas einfallendes Sonnenlicht in seine spektralen Bestandteile zerlegen kann.

Ein eindrucksvollen Beispiel für Dispersion in der Natur ist der *Regenbogen*. Er entsteht, wenn Sonnenlicht auf Wassertropfen, z.B. in einer Regenwand oder in Wolken trifft. Beim Eintritt in einen (näherungsweise) kugelförmigen Regentropfen wird das Licht wie beim Prisma in seine Spektralfarben zerlegt, und aufgrund der Totalreflexion an der Rückwand des Tropfens reflektiert.

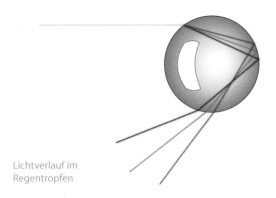

Lichtverlauf im
Regentropfen

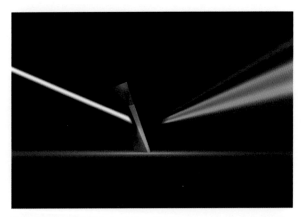

Ein Prisma spaltet einen weißen Lichtstrahl in die Farben des Regenbogens auf.

Das austretende Licht hat einen festen Winkel zum einfallenden Sonnenlicht. Er beträgt für blaues Licht 40,7°, und für rotes Licht 42,4°. Deswegen sehen wir das Sonnenspektrum in Bogenform: Es befindet sich auf dem Rand eines Kegels mit einem Öffnungswinkel von ca. 41°, wenn sich die Sonne hinter uns und die Regenwand vor uns befindet. D.h., jeder sieht seinen persönlichen Regenbogen, und zwar an einer leicht anderen Stelle.

Das Licht kann unter einem gewissen Winkel im Wassertropfen auch mehrfach gebrochen werden. So entstehen die sogenannten *Nebenregenbögen*. Der erste Nebenregenbogen entsteht durch zweimalige Reflexion im Inneren des Regentropfens. Da bei jeder Reflexion nicht immer 100% des Lichts reflektiert werden, sondern ein Teil den Regentropfen verlässt, sind die Nebenregenbögen deutlich lichtschwächer als der Hauptregenbogen.

Lichtbrechung → S. 66
M. Vollmer *Lichtspiele in der Luft. Atmosphärische Optik für Einsteiger* Spektrum Akademischer Verlag 2005
M. Minnaert *Licht und Farbe in der Natur* Birkhäuser Verlag 1992

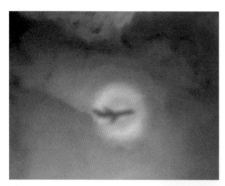

Glorie aus einem Flugzeug gesehen

Bei jeder Reflexion kehrt sich darüber hinaus die Reihenfolge der Farben um: Während beim Hauptregenbogen (und dem zweiten, vierten, sechsten usw. Nebenregenbogen) das Spektrum von innen nach außen von blau nach rot läuft, ist der erste (dritte, fünfte usw.) Nebenregenbogen innen rot und außen blau gefärbt.

Einen vollständigen, kreisförmigen Regenbogen (auch *Glorie* genannt) kann man zum Beispiel sehen, wenn man vom Flugzeug oder Heißluftballon auf eine Wolkendecke schaut und die Sonne im Rücken hat. Dann umgibt die Glorie den Schatten des Flugzeugs/Ballons auf den Wolken.

Es gibt den Regenbogen in vielfältigen Varianten: Bei Tröpfchengrößen von unter fünfzig Mikrometern überlagern sich die reflektierten Strahlen derart, dass sie das menschliche Auge als weiß wahrnimmt (den sogenannten *Nebelbogen*).

Mondbogen, aufgenommen bei den Viktoriafällen, mit einer Belichtungszeit von 30 Sekunden. Beim genauen Hinsehen erkennt man den Nebenregenbogen.

Ein Nebenregenbogen

Beim *Taubogen* findet die Lichtbrechung an Tautropfen (zum Beispiel auf einer Wiese oder an Spinnweben) statt, während der *Mondregenbogen* hingegen durch die Reflexion des Mondlichts entsteht. Weil das Mondlicht selbst bei Vollmond knapp eine halbe Million Mal schwächer als das Sonnenlicht ist, ist der Mondregenbogen meistens sehr lichtschwach und gerade bei Luftverschmutzung schlecht zu sehen. Auch er erscheint dem menschlichen Auge als weiß, da wir nachts Farben (↓) nicht gut wahrnehmen können.

Farben → S. 64
R. Descartes *Les Météores* Université du Québec á Chicoutimi; Originalabhandlung auf französisch; http://classiques.uqac.ca/classiques/Descartes/meteores/meteores.html

Anisotrope Medien
Doppelt sehen ohne Alkohol

Anisotrope Medien (vom griechischen ἀν- un-; ἴσος gleich; τρόπος Drehung, Richtung) sind solche, bei denen der Brechungsindex (↓) nicht nur von der Wellenlänge des Lichts, sondern auch von der Richtung abhängt, in die sich das Licht im Material bewegt.

Wenn Licht durch ein Medium hindurchgeht, dann regt es die Moleküle im Material zum Schwingen an, weil sich diese wie Hertz'sche Dipole verhalten (↓). Normalerweise schwingen diese in dieselbe Richtung wie auch die elektromagnetische Welle (↓) – senkrecht zur Ausbreitungsrichtung.

Es kommt allerdings vor, z. B. in Kristallen mit besonders unsymmetrischen Strukturen, dass die Schwingungsrichtung der Moleküle und die Schwingungsrichtung des Lichts (auch *Polarisation* genannt) nicht übereinstimmen.

Zweifach sehen durch Kalkspat

In einem solchen Fall teilt sich der Lichtstrahl, der ursprünglich eine Überlagerung von Wellen aller möglichen Polarisationsrichtungen senkrecht zur Ausbreitungsrichtung enthält, in einen ordentlichen und einen außerordentlichen Strahl auf.

Der ordentliche Strahl folgt dem gewöhnlichen Snellius'schen Brechungsgesetz und enthält alle diejenigen Wellen, die senkrecht zur optischen Achse polarisiert sind. Der außerordentliche Strahl hingegen folgt anderen Regeln: Seine Polarisation steht senkrecht

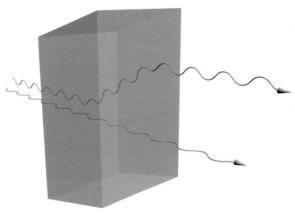

Ein Lichtstrahl wird durch Kalkspat in seine beiden Polarisationen aufgespalten.

Bild rechts oben mit freundlicher Genehmigung des FIZ CHEMIE
Lichtbrechung → S. 66
Hertz'scher Dipol → S. 60
Die elektromagnetische Wechselwirkung → S. 58

zu derjenigen des ordentlichen Strahls, und er wird auch dann abgelenkt, wenn der ursprüngliche Lichtstrahl senkrecht auf das Material trifft, was nach dem Brechungsgesetz eigentlich nicht erlaubt wäre. Beide Teilstrahlen bewegen sich mit unterschiedlichen Geschwindigkeiten durch das Medium, weswegen man ihnen einen ordentlichen und einen außerordentlichen Brechungsindex zuordnen kann.

Es gibt viele optisch anisotrope Materialien. Eines der bekanntesten Beispiele ist Kalkspat, auch Doppelspat oder Calcit genannt. Bei senkrechtem Lichteinfall auf den Calcitkristall haben ordentlicher und außerordentlicher Strahl einen Winkel von 6,2° zueinander. Betrachtet man ein Objekt durch einen hinreichend dicken Calcit, kann man es somit doppelt sehen.

Aber nicht nur Kristalle mit besonderer Molekülstruktur können optisch anisotrop sein: Auch optisch isotrope Medien, also solche, die nur einen einzigen Brechungsindex für alle Richtungen besitzen, können durch Anwendung äußerer mechanischer Spannung, zum Beispiel Scherung oder einseitige Drücke, anisotrop werden. Man spricht hierbei von Spannungsdoppelbrechung und benutzt dieses Phänomen, um mechanische Belastungen in Materialien zu messen.

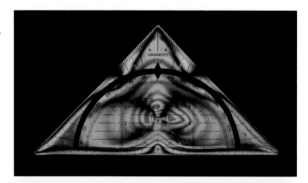

Spannungsdoppelbrechung im Geodreieck und in einer Doppel-CD-Hülle. Man erkennt deutlich, an welchen Stellen das Material unter erhöhter Spannung steht.

W. Zinth, U. Zinth *Optik* Oldenbourg Wissenschaftsverlag 2005
H. Katte *Bildgebende Messungen der Spannungsdoppelbrechung in optischen Materialien und Komponenten*
http://www.ilis.de/de/pdf/photonik_2008_05_60.pdf

Optische Linsen
Abbildungen und Abbildungsfehler

Nach dem sogenannten *Fermat'schen Prinzip* wählt ein Lichtstrahl immer genau den Weg zwischen zwei Punkten, für den er die kürzeste Zeit benötigt. (Diese Eigenschaft besitzen übrigens nicht nur Lichtwellen, sondern alle Wellen, deren Wellenlänge sehr viel kleiner als die Ausdehnung der beteiligten Objekte ist.)

Dies ist der Grund, weswegen ein Lichtstrahl die Richtung ändert, wenn er die Grenzfläche zwischen zwei Medien mit unterschiedlichen Brechungsindizes – zum Beispiel Luft und Glas – passiert (↓). Er versucht dabei, so lange wie möglich in der Luft zu laufen – in der er schneller ist – und biegt erst dann in das Glas ein, wenn es nötig wird: ähnlich wie ein Läufer am Strand, der möglichst schnell einen Ball aus dem Wasser holen möchte und dabei auch möglichst lange an Land laufen wird.

Diese stets gültige Zeitoptimierung des Lichts bezüglich des Weges erlaubt es, dass man den Verlauf von Lichtstrahlen fast nach Belieben künstlich beeinflussen kann, indem man sie durch speziell geformte Linsen

schickt. So lassen sich parallele Lichtstrahlen mithilfe von konvex geformten Linsen auf einen Punkt (den Brennpunkt) fokussieren, wohingegen man sie mit konkaven Linsen aufweiten kann.

Ein optisches Mikroskop zum Beispiel arbeitet mit zwei konvexen Linsen, die einander gegenüber stehen. Ein Lichtstrahl, der von einem Objekt ausgeht, das vor der einen Linse (dem Objektiv) steht, wird bei seinem Durchgang durch das Mikroskop derart abgelenkt, dass es beim Austritt durch die zweite Linse (dem Okular) einen steileren Winkel im Vergleich zur optischen Achse hat. Ein Auge sieht diesen Strahl also unter einem größeren Winkel, und das dahinterliegende Objekt erscheint demnach größer, als es in Wirklichkeit ist.

Für sehr dünne Linsen kann man den Weg der Lichtstrahlen nach den einfachen Gesetzen der Strahlenoptik berechnen. Leider ist es nur in stark idealisierten Fällen so, dass man das Bild eines kleinen Objektes fehlerfrei vergrößern kann. In der Realität treten bei den meisten Linsen sogenannte *Abbildungsfehler* auf.

Eine (dünne) plankonvexe Linse fokussiert Strahlen auf einen Punkt.

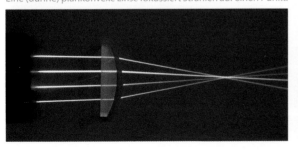

Lichtstrahlen bei der sphärischen Abberation

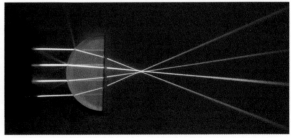

Lichtbrechung → S. 66
D. Kühlke *Optik: Grundlagen und Anwendungen* Harri Verlag GmbH 2011, 3. Auflage
R. Puchner *Abbildungsfehler* http://www.puchner.org/Fotografie/technik/physik/fehler.htm

Zum einen tritt bei den meisten Linsen die *chroma-tische Aberration* auf. Ihre Ursache ist, dass reale Materialien über eine Dispersion verfügen, d. h. ihre Brechzahl ist von der Wellenlänge des einfallenden Lichts abhängig. Daher wird bei einer Linse, genau wie bei Prismen (siehe Artikel zum Regenbogen ↓), ein weißer Lichtstrahl in seine Bestandteile zerlegt, und diese Bestandteile treffen sich im Auge des Beobachters nicht unbedingt alle im selben Punkt wieder.

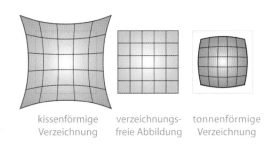

kissenförmige   verzeichnungs-   tonnenförmige
Verzeichnung   freie Abbildung   Verzeichnung

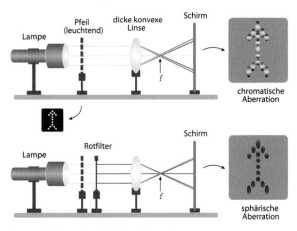

Chromatische und sphärische Aberration

Ein Linsenfehler, der hauptsächlich bei der Linse unseres Auges eine Rolle spielt, ist der *Astigmatismus*. Seine Ursache ist, dass schräg auf die Linse einfallendes Licht in der Einfallsebene stärker fokussiert wird als senkrecht dazu. Die Folge ist ein Bild, das zum Rand hin unschärfer ist als im Zentrum.

Die *sphärische Aberration* hat zur Folge, dass parallele Strahlenbündel nicht genau in einem Punkt fokussiert werden, sondern sich weiter außen liegende Strahlen vor wei-

ter hinter liegenden treffen. Seinen Namen hat dieser Abbildungsfehler, weil er bei Linsen auftritt, deren Oberflächen Teil einer Kugeloberfläche sind. Durch korrektes, nicht sphärisches Schleifen könnte man diesen Fehler zwar verhindern, aber da Linsen mit Kugeloberflächen zu schleifen deutlich einfacher und kostengünstiger ist, lebt man meist mit diesem Fehler.

Als letzter Abbildungsfehler sei an dieser Stelle die *Verzeichnung* genannt. Dieser Fehler führt zu einer Krümmung der Bildgeometrie. Bei negativer Krümmung spricht man hierbei von *kissenförmiger*, bei positiver Krümmung von *tonnenförmiger Verzeichnung*. Das Bild, das man durch den Spion an einer Haustür sieht, ist ein gutes Beispiel für eine starke tonnenförmige Verzeichnung. In Fotoapparaten tritt dieser Fehler auf, wenn die Blende zu weit vor (bzw. hinter) der Bildebene liegt. Manchmal ist eine extreme tonnenförmige Verzeichnung sogar erwünscht, zum Beispiel in einer *Fischaugenlinse*.

Brennpunkt 1

Brennpunkt 2

Eine Linse mit Astigmatismus fokussiert horizontale und vertikale Ausdehnung eines Lichtpunktes in unterschiedliche Ebenen.

Bild links von LP E-Learning, mit freundlicher Genehmigung der Georg-August-Universität Göttingen
Regenbogen → S. 68

Adaptive Optiken
Intelligente Spiegel

Um mit erdgebundenen Teleskopen detaillierte Bilder des Sternenhimmels abzubilden, setzt man eine Vielzahl von Linsen und Spiegeln ein. Obwohl man die Abbildungsfehler der Linsen (siehe Optische Linsen ↓) häufig mehr oder weniger gut kompensieren kann, gibt es eine andere Fehlerquelle, die die Auflösung der Teleskope stark beeinträchtigen kann und die nichts mit dem Gerät selbst zu tun hat: die Erdatmosphäre.

Die Luft in der Atmosphäre ist eben nicht statisch, sondern es treten ständig kleine Turbulenzen (↓) auf, in denen sich Luft unterschiedlicher Temperatur ver-

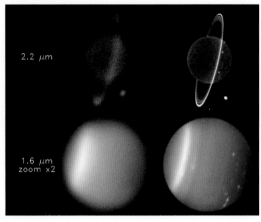

Planet Uranus mit Ringen (oben) und in doppelter Vergrößerung (unten). Deutlich erkennt man den Unterschied zwischen einer Aufnahme ohne (links) und mit adaptiver Optik (rechts).

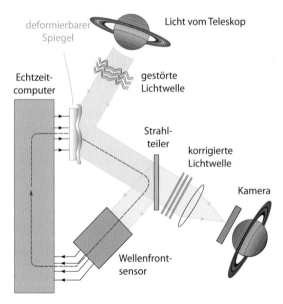

Schematische Darstellung der Funktionsweise einer adaptiven Optik

wirbelt. Weil der Brechungsindex (↓) der Luft von ihrer Temperatur abhängt, ändern sich die Brechungseigenschaften der Atmosphäre ständig – üblicherweise auf Zeitskalen von Sekundenbruchteilen. Deswegen wird ein Lichtstrahl, der die Erdatmosphäre durchquert, ständig zufällig abgelenkt und ändert auf dem Bild daher ununterbrochen ein wenig seine Position. Schon bei geringer Belichtungszeit hat sich der Lichtpunkt daher zu einem leicht verwaschenen Fleck verbreitert. Natürlich sind diese Verbreiterungen zu klein als dass man sie mit bloßem menschlichen Auge erkennen könnte – für die hochpräzisen Beobachtungsinstrumente, mit denen tief ins Weltall geschaut wird, stellt dieses Flimmern jedoch eine wesentliche Beschränkung ihrer Auflösung dar.

Bild rechts oben von Heidi Hammel, Space Science Institute, Boulder, CO/Imke de Pater University of California, Berkeley/ W. M. Keck Observatory siehe auch http://astro.berkeley.edu/ ~ imke/
Optische Linsen → S. 72
Die Physik der Strömungen → S. 100
Lichtbrechung → S. 66

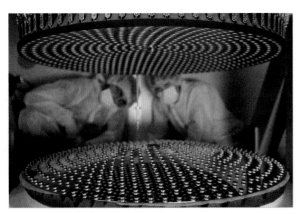

Die Rückseite eines Spiegels vom Large Binocular Telescope mit 672 Steuerelementen

Wie kann man gegen diese Verwischung des aufgenommenen Bildes vorgehen? Hierfür hat man sich ein wahrhaft geniales System einfallen lassen: Das ankommende Licht wird, bevor es in die Teleskoplinse einfällt, an einem Spiegel reflektiert. Dieser Spiegel hat allerdings keine gewöhnliche, statische Oberfläche, sondern ist leicht biegsam. Hinter den Spiegel sind unzählige winzige *Aktuatoren* geschaltet, die sich bei einer angelegten Spannung ausdehnen bzw. zusammenziehen. Obwohl sich die Aktuatoren – die für gewöhnlich im Abstand von wenigen Millimetern voneinander angebracht sind – nur um einige Mikrometer verkürzen oder verlängern, kann man damit den Spiegel sehr genau „verbeulen". Wenn die verzerrte Wellenfront des einfallenden Lichts von einem Spiegel mit dem exakt richtigen Profil reflektiert wird, kann man die Verzerrung durch die Luftturbulenzen also kompensieren. Um mit den Luftverwirbelungen mitzuhalten, wird dabei die Spiegeloberfläche im Hundertstelsekundentakt genau angepasst.

Langzeitaufnahme des European Southern Observatory's Very Large Telescope

Woher weiß aber der Spiegel, welche Form er annehmen muss, um die jetzt in diesem Sekundenbruchteil gerade herrschenden atmosphärischen Turbulenzen auszugleichen? Normalerweise sucht man sich dafür einen sogenannten *Referenzstern*, d.h. ein kleines aber helles Objekt, das sich in der Nähe der Stelle befindet, die man beobachten will. Indem man das Hin- und Herzittern des Referenzsterns zeitgenau mitverfolgt, kann man auf die atmosphärischen Turbulenzen zurückschließen und den Spiegel dementsprechend in Echtzeit anpassen.

Oft nimmt man als natürliche Referenzsterne auch Objekte, die gar keine eigentlichen Sterne sind, wie zum Beispiel einen Saturnmond, wenn man eine hochauflösende Aufnahme der Saturnoberfläche haben will. Häufig ist aber gerade kein brauchbares Objekt in der Nähe. In diesem Fall muss man sich eines künstlich erzeugen: So werden künstliche Referenzsterne erzeugt, indem man einen gebündelten Laserstrahl (↓) in die Atmosphäre schießt, der so fokussiert ist, dass er erst an einer der höher gelegenen Schichten der Atmosphäre reflektiert wird. An diesem „künstlichen Stern" kann man sich dann orientieren.

Laser → S. 230
A. Unsöld, B. Baschek *Der neue Kosmos: Einführung in die Astronomie und Astrophysik* Springer Verlag, 7. Auflage 2002
S. Hippler, A. Tokovinin *Adaptive Optik Online* Max-Planck-Institut für Astronomie in Heidelberg, http://www.mpia.de/homes/hippler/AOonline/ao_online_inhalt.html

Luftspiegelungen
Fliegende Holländer, Fata Morganas und Phantominseln

Durch die Jahrhunderte haben Reisende zu Land und zu Wasser immer wieder von rätselhaften Erscheinungen am Horizont berichtet. Auf dem Land – insbesondere in der Wüste – erweckten diese oft den Eindruck einer Wasserfläche in einiger Entfernung. Auf dem Wasser hingegen gab es viele Berichte über Sichtungen von Landmassen oder Schiffen am Horizont, die verzerrt aussahen und geisterhaft flackerten.

Gemeinsam war diesen Phänomenen, dass es sich nicht um Halluzinationen oder Wahnvorstellungen handelte: Mehrere gleichzeitige Beobachter stimmten in ihren Aussagen über die Sichtungen überein. In modernerer Zeit war es sogar möglich, die Erscheinungen zu fotografieren.

Alle diese Erscheinungen entstehen aufgrund von Lichtablenkung an verschieden warmen – und damit optisch unterschiedlich dichten – Luftschichten. Sie werden daher auch *Luftspiegelungen* genannt. Alle Luftspiegelungen beruhen auf dem Prinzip, dass warme Luft einen niedrigeren Brechungsindex (↓) besitzt als kalte.

Fata Morgana in Aswan in Ägypten: Der Himmel spiegelt sich an der heißen Luft, wodurch vermeintliche Seen entstehen.

Die bekannteste Luftspiegelung ist die *Fata Morgana*. Sie tritt auf, wenn Luftschichten am Boden sehr viel wärmer sind als die darüberliegenden. Lichtstrahlen, die im flachen Winkel vom Himmel aus auf den Boden treffen, werden in diesen Schichten reflektiert und fallen in das Auge des Beobachters. Auf diesem Weg entsteht der Eindruck einer klaren himmelsfarbenen Fläche auf dem Boden in weiter Entfernung. Diese Fläche wird oft mit einer Wasserlache verwechselt. Die Fata Morgana kann man zum Beispiel in der Wüste beobachten oder an heißen, sonnigen Tagen über einer Straße, die sich und die über ihr liegende Luft aufgrund ihrer dunklen Farbe aufheizt.

Fata Morgana auf dem Highway

Lichtbrechung → S. 66

Auf dieser Aufnahme vom Golf von Riga bei Lettland spiegelt sich das Land an den heißen Luftschichten über dem kühlen Wasser.

Der umgekehrte Effekt tritt auf, wenn die Luftschicht am Boden deutlich kälter ist als die Luft darüber. Dies tritt unter anderem auf dem offenen Meer auf und auch häufig in arktischen Gebieten, in denen Eisflächen die Luft über ihnen stetig abkühlen.

In diesen Fällen werden Strahlen, die von einem Objekt in Richtung des Himmels abgegeben werden, an oberen warmen Luftschichten reflektiert und wieder zurück in Richtung des Bodens geworfen. Auf diese Weise kann man Objekte – auf dem Kopf stehend – am Himmel abgebildet sehen, die sich eigentlich sehr viel weiter entfernt befinden. Bei entsprechenden Beobachtungswinkeln kann somit der Eindruck entstehen, dass sich ein weit entferntes Schiff durch die Luft bewegt. Es wird vermutet, dass die vielen Sichtungen des sagenumwobenen Geisterschiffes *Fliegender Holländer* auf diese Sorte Luftspiegelungen zurückzuführen sind. In der Tat sind die Be-

dingungen für solche Luftspiegelungen am Kap der guten Hoffnung – wo der Fliegende Holländer der Legende nach sein Unwesen treiben soll – besonders gut, denn dort treffen kalte auf warme Meeresströmungen, und damit auch kalte auf warme Luftmassen.

Doch nicht nur Spiegelungen von Schiffen hat man auf diese Weise gesehen. Ganze Landmassen wurden übereinstimmenden Berichten zufolge an Stellen ausgemacht, an denen man später bei einer genaueren Erforschung nichts fand. Eines der frappierendsten Beispiele für eine solche *Phantominsel* war Crocker Land, das im Jahr 1906 vom Entdecker Robert Peary für einen achten Kontinent im Nordpolarmeer gehalten wurde. Die Expedition, um die Landmasse zu erforschen, endete nicht nur ergebnislos, fast die gesamte Besatzung kam bei der Jagd nach der (wie man heute vermutet) Luftspiegelung ums Leben.

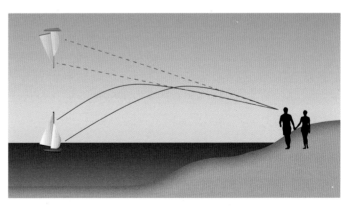

Durch Lichtablenkung an wärmeren Luftschichten scheint ein zweites Segelboot als „Geisterschiff" über dem Horizont zu schweben.

M. Vollmer *Lichtspiele in der Luft: Atmosphärische Optik für Einsteiger* Spektrum Akademischer Verlag 2005
W. Salzmann *Luftspiegelungen* http://www.physik.wissenstexte.de/halligen.htm

Tarnvorrichtungen
Metamaterialien und der Traum von der Unsichtbarkeit

Lichtstrahlen bewegen sich aufgrund des Prinzips von Fermat nicht immer auf geraden Linien. Stattdessen ändern sie ihre Richtung, wenn sich der Brechungsindex des umgebenden Mediums ändert (Lichtbrechung ↓).

Dies eröffnet die Möglichkeit, den Lauf von Lichtstrahlen gezielt zu beeinflussen. Im Jahre 2006 veröffentlichten Forscher der Duke University in North Carolina, USA, eine Studie, bei der sie eine Form einer „Tarnvorrichtung" konstruiert hatten. Diese bestand aus einem Hohlzylinder, dessen Brechungsindex von Ort zu Ort auf besondere Weise variierte. So wurden elektromagnetische Wellen (↓), die seitlich auf den Zylinder trafen, um den Hohlraum in der Mitte herum geleitet, und traten auf der gegenüberliegenden Seite wieder aus, als sei nichts gewesen. Man konnte also einen Gegenstand in den Innenraum des Zylinders legen, und die von außen einstrahlenden Wellen konnten weder von ihm reflektiert noch absorbiert werden. Man konnte diesen Gegenstand also weder sehen, noch warf er einen Schatten.

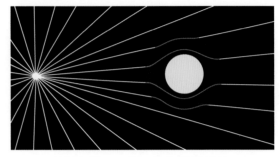

Lichtstrahlen werden um ein Objekt herumgeleitet – dieses wird so unsichtbar.

Auch wenn diese Tarnvorrichtung nur für Wellenlängen im Mikrowellenbereich funktionierte und nicht für sichtbares Licht, so stellte dieses einen gewaltigen Schritt zur Entwicklung eines echten „Unsichtbarkeitsmantels" dar, der Gegenstände des alltäglichen Lebens für uns unsichtbar machen könnte. Auch Harry Potters Tarnumhang könnte also womöglich eines Tages Realität werden.

Bei der Konstruktion dieses Zylinders stieß man schnell auf das folgende Problem: In der Natur vorkommende Materie hat für gewöhnlich einen Brechungsindex, der größer ist als 1, wobei das reine Vakuum einen Brechungsindex von genau 1 besitzt. Überschreitet ein Lichtstrahl die Grenze zwischen zwei Materialien mit

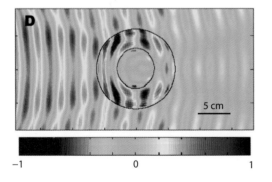

Der erste „Unsichtbarkeitsmantel" für Mikrowellen wurde im Jahre 2006 an der Duke University in North Carolina, USA, realisiert.

Bild links unten aus D. Schurig et al. *Metamaterial Electromagnetic Cloak at Microwave Frequencies* Science, 2006, Vol. 314, Nr. 5801, http://www.sciencemag.org/content/314/5801/977
Lichtbrechung → S. 66
Die elektromagnetische Wechselwirkung → S. 58

unterschiedlichen Brechungsindizes, so wird er zum Lot hin gebrochen, wenn dabei der Brechungsindex steigt, und vom Lot weggebrochen, wenn dabei der Brechungsindex sinkt. Um die Strahlen genau um den Zylinder herum zu leiten, war es daher nötig, an einigen Stellen Materialien zu verwenden, die optisch dünner sind als das Vakuum, also einen Brechungsindex von kleiner als 1 oder sogar negative Brechungsindizes besaßen. Solche Materialien kommen in der Natur jedoch nicht vor und so musste man sie künstlich erzeugen, weshalb man sie *Metamaterialien* taufte.

Metamaterialien, die einen negativen Brechungsindex für elektromagnetische Wellen besitzen, bestehen aus einer periodischen Anordnung von winzigen Strukturen. Ihre Wechselwirkung mit elektromagnetischen Wellen sorgt dafür, dass sich das Material effektiv so verhält, als hätte es einen negativen Brechungsindex. Dafür müssen die Strukturen jedoch sehr viel keiner sein als die Wellenlänge des betreffenden Lichts. Für Mikrowellenstrahlung reichen dafür Größen von wenigen Millimetern aus, während man für sichtbares Licht auf wenige Nanometer hinuntergehen müsste, was die Konstruktion deutlich erschwert.

Methoden, um negative Brechungsindizes auch für seismische oder Wasserwellen (↓) zu erzeugen, werden zurzeit ebenfalls entwickelt. Der Nutzen liegt auf der Hand: Wer zum Beispiel würde Inseln nicht gerne „unsichtbar" – oder genauer: unerreichbar – für Tsunamiwellen machen und sie so vor deren verheerenden Auswirkungen schützen?

In Materialien mit negativem Brechungsindex werden Lichtstrahlen auf ungewöhnliche Weise gebrochen (Illustration von Nariyuki Yoshihara).

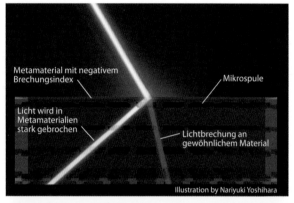

Metamaterialien bestehen aus kleinsten Bausteinen, die auf spezielle Art und Weise mit dem Licht wechselwirken.

5 μm

Gewöhnliche Wasserwellen → S. 104
Besondere Wasserwellen → S. 106
Erdbeben und seismische Wellen → S. 288

3 Mechanik und Thermodynamik

Warum fliegt ein Flugzeug? Wie reinigt sich ein Lotusblatt selbst, und warum vergeht die Zeit nur in eine Richtung? Diese und weitere Fragen lassen sich im Rahmen der klassischen und der statistischen Mechanik beantworten, um die es in diesem Kapitel gehen soll.

Ist es nicht seltsam, dass wir Menschen die mechanischen Bewegungsgesetze, nach denen sich ein hochgeworfener Stein oder die Teile einer Maschine bewegen, erst im siebzehnten Jahrhundert entdeckt haben? Warum war es so schwierig, die wahre Natur der Bewegungen zu entdecken?

Der Grund dafür liegt darin, dass wir hier auf der Erde die elementare Grundform der Bewegung nicht erleben. Denn jede Bewegung in unserer Umgebung unterliegt den verschiedensten Einflüssen, insbesondere der Schwerkraft und der Reibung. Im Weltraum hingegen erleben wir, wie Bewegung in ihrer Reinform aussieht: nämlich geradlinig-gleichförmig. Hier ändert ein Objekt weder den Betrag noch die Richtung seiner Geschwindigkeit und bewegt sich unverändert weiter, solange keine äußeren Einflüsse auf den Körper wirken. Wirkt dagegen ein äußerer Einfluss – also eine Kraft – auf den Körper, so verändert sich seine Geschwindigkeit; er wird beschleunigt.

Als Physiker wie Galileo Galilei oder Isaac Newton dieses Grundprinzip der Bewegung erkannt und ihre wichtigen physikalischen Gleichungen formuliert hatten, ließen sich auf einmal viele Naturphänomene zumindest im Prinzip berechnen: Planetenbahnen, Pendel, rotierende Kreisel, mechanische Schwingungen, Flüssigkeitsströmungen, die Gezeiten und viele mehr – einige davon werden wir hier vorstellen.

© Springer-Verlag GmbH Deutschland, ein Teil von Springer Nature 2019
B. Bahr et al., *Faszinierende Physik*, https://doi.org/10.1007/978-3-662-58413-2_3

Newtons Gesetze der Mechanik
Warum bewegt sich ein Körper?

Im Jahr 1687 formulierte Isaac Newton die folgenden Gesetze der Mechanik und stellte damit erstmals die Physik bewegter Körper auf eine solide Grundlage:

Der schräge Wurf

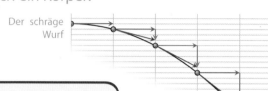

Sir Isaac Newton, gemalt von Godfrey Kneller im Jahr 1689

1. Trägheitsprinzip: Ein kräftefreier Körper verharrt im Zustand der Ruhe oder der gleichförmigen Bewegung.

2. Aktionsprinzip: Die Beschleunigung a einer Masse m erfolgt proportional und in Richtung der bewegenden Kraft: $F = m \cdot a$.

3. Wechselwirkungsprinzip: Übt ein Körper A auf einen anderen Körper B eine Kraft aus (*actio*), so wirkt eine gleich große, aber umgekehrt gerichtete Kraft von Körper B auf Körper A (*reactio*).

Die obige Grafik illustriert zugleich das erste und zweite Gesetz: Die nach rechts gerichtete Geschwindigkeitskomponente eines Körpers (blaue Pfeile) ändert sich unter dem Einfluss der nach unten wirkenden Schwerkraft nicht, während die nach unten gerichtete Geschwindigkeitskomponente (grün) gleichmäßig mit der Zeit anwächst. Das Bild auf der nächsten Seite zeigt, wie es auf einer mehrfach belichteten Aufnahme aussieht, wenn ein leuchtender Stift fallen gelassen wird und eine solche Bewegung real ausführt.

Dabei ist das Trägheitsprinzip eigentlich im Aktionsprinzip bereits enthalten, denn die Beschleunigung eines kräftefreien Körpers ist null. Dennoch hat Newton es einzeln aufgeführt, denn seine Gültigkeit widerspricht zunächst unserer Erfahrung, nach der ein sich selbst überlassener Körper immer langsamer wird und schließlich zur Ruhe kommt. Galilei hatte im Jahr 1632 in seinem „Dialog über die beiden Weltsysteme" bereits ein ähnliches Trägheitsgesetz formuliert, wobei er allerdings annahm, ein Körper bewege sich aufgrund seiner Trägheit natürlicherweise auf einer Kreisbahn um den Mittelpunkt der Erde bzw. Sonne, so wie die Planeten das näherungsweise tun.

Es ist gar nicht so einfach, sich die enorme Bedeutung der Newton'schen Gesetze klar zu machen und zu ermessen, wie schwierig es war, sie in dieser Klarheit zu erkennen und zu formulieren. Was zum Beispiel ist denn eigentlich eine *Kraft*? Richard Feynman hat dazu einmal scherzhaft folgendes hypothetisches Bewegungsgesetz formuliert: „*Ein Körper bewegt sich nur dann, wenn eine Schmaft auf ihn einwirkt.*"

R. P. Feynman, R. B. Leighton, M. Sands *Feynman-Vorlesungen über Physik, Band 1* Oldenbourg Wissenschaftsverlag 1997
T. de Padova *Das Weltgeheimnis: Kepler, Galilei und die Vermessung des Himmels* Piper 2009

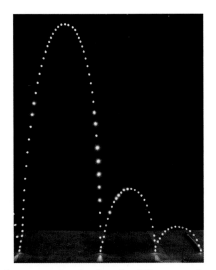

Bewegung eines leuchtenden Stiftes unter dem Einfluss der Schwerkraft: er „hüpft" auf Parabeln.

kreisen (↓). In der zweiten Hälfte des siebzehnten Jahrhunderts fand man dann heraus, dass man auf dieser Grundlage keine vernünftige Physik aufbauen kann. Das ist beim Begriff der *Kraft* anders: Hier findet man physikalische Gesetze wie beispielsweise das Gravitationsgesetz (↓), die es einem erlauben, Kräfte zwischen Körpern konkret anzugeben und so über Newtons Gesetze ihre Bewegung zu berechnen – in Übereinstimmung mit ihrer realen Bewegung. Der Begriff der *Kraft* lässt sich also mit physikalischer Bedeutung versehen, während der Begriff der *Schmaft* sich letztlich als ein physikalisch sinnloses Konstrukt erwiesen hat.

Newtons drittes Gesetz verbindet man oft mit dem Begriff des *Rückstoßes*. Dadurch gelingt es, einen Körper (beispielsweise ein Boot oder ein Space Shuttle) in eine Richtung zu beschleunigen, indem man einen anderen Körper (ein Fass bzw. Abgase) in die andere Richtung wegstößt.

Dieses Schmaft-Gesetz entspricht – bei allem Scherz – eher unserer Anschauung als Newtons Gesetze. Vor Newton nahm beispielsweise Johannes Kepler noch an, dass die Sonne eine Art Schmaft auf die Planeten ausübt und sie so wie ein Schaufelrad auf ihren Bahnen umso stärker antreibt, je näher sie um die Sonne

Startendes Space Shuttle

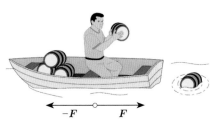

Illustration des dritten Newton'schen Gesetzes

Die Kepler'schen Gesetze → S. 10
Newtons Gravitationsgesetz → S. 92

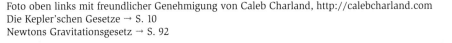

Das Prinzip der kleinsten Wirkung
... und das Noether-Theorem

Wenn man Isaac Newton gefragt hätte, warum sich ein hochgeworfener Ball auf einer parabelförmigen Flugbahn bewegt, so hätte er vermutlich gesagt (↓): „Weil sich dies aus meinem Bewegungsgesetz *Kraft gleich Masse mal Beschleunigung* so ergibt."

Doch Newton's Gesetz ist nicht die einzige Möglichkeit, eine Bewegung zu beschreiben. So fand man Hinweise darauf, dass die Natur bestrebt ist, sich in gewissem Sinne *optimal* zu verhalten. Beispielsweise entdeckte der französische Mathematiker und Jurist Pierre de Fermat um das Jahr 1650, dass ein Lichtstrahl zwischen zwei Punkten immer den Weg nimmt, den er in der kürzesten Zeit zurücklegen kann – Licht optimiert also seine Flugzeit (*Fermat'sches Prinzip* (↓)). Nur, was optimiert ein hochgeworfener Ball?

Hier ist es nicht die Flugzeit zwischen zwei Punkten, um die es geht – wir wollen vielmehr die verfügbare Flugzeit für den Ball fest vorgeben. Dennoch kann man tatsächlich wieder eine physikalische Größe finden, die durch die reale Bewegung des Balls optimiert wird. Diese Größe bezeichnet man als *Wirkung*. Sie lässt sich für jede denkbare Bewegung des Balls zwischen den beiden Punkten – egal ob diese nun real oder fiktiv ist – berechnen. Der Ball wählt nun von allen denkbaren Bewegungen physikalisch diejenige mit der kleinsten (manchmal auch der größten) Wirkung aus.

Dieses *Prinzip der kleinsten Wirkung* gehört zu den zentralen Grundpfeilern der modernen Physik und lässt sich in abgewandelter Form auf sämtliche fundamentalen Naturkräfte anwenden: Kennt man die Wirkung, so kann man daraus die Bewegungsgleichungen oder Feldgleichungen herleiten und kennt damit auch die Physik.

Auf der Basis dieses Prinzips gelang im Jahr 1915 der damals 33-jährigen deutschen Mathematikerin Emmy Noether eine fundamentale Entdeckung: Sie zeigte, dass jede sogenannte Symmetrie eines physikalischen Systems dazu führt, dass sich eine zugehörige physikalische Größe, wie beispielsweise die Energie, nicht ändert. Eine *Symmetrie* ist dabei eine Veränderung, die keinen Einfluss auf die Physik des Systems hat, beispielsweise der Umzug des Systems an einen anderen Ort. Aus diesem zunächst recht unscheinbaren *Noether-Theorem* folgen drei ganz zentrale Erhaltungssätze:

Emmy Noether (1882–1935)

Energieerhaltung
Wenn die Physik eines Systems zu allen Zeiten dieselbe ist, so bleibt die Gesamtenergie des Systems erhalten (ändert sich also zeitlich nicht).

Zeitinvarianz → *Energieerhaltung*

Newtons Gesetze der Mechanik → S. 82
Fermat'sches Prinzip: Lichtbrechung → S. 66

Das Prinzip der kleinsten Wirkung

Wenn ein Ball zur Zeit t_1 an einem Punkt A startet und zur Zeit t_2 an einem Punkt B ankommt, dann kann man zu jeder Zeit seine kinetische Energie T und seine potentielle Energie V berechnen – egal ob es sich um die reale oder um eine fiktive Bewegung handelt. Die Wirkung S der Bewegung ist dann die Differenz $T - V$ dieser beiden Energien, aufintegriert über die gesamte Flugzeit:

$$S = \int_{t_1}^{t_2} (T - V)\, dt$$

Anschaulich ist die Wirkung also im Wesentlichen der zeitliche Mittelwert der Energiedifferenz. In der Realität bewegt sich der Ball dann so, dass die Wirkung minimal (manchmal auch maximal) wird.

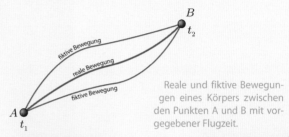

Reale und fiktive Bewegungen eines Körpers zwischen den Punkten A und B mit vorgegebener Flugzeit.

Impulserhaltung

Wenn die Physik eines Systems an jedem Standort dieselbe ist, so bleibt der Gesamtimpuls des Systems erhalten.

Verschiebungsinvarianz → *Impulserhaltung*

Drehimpulserhaltung

Wenn die Physik eines Systems unabhängig von seiner räumlichen Orientierung ist, so bleibt der Gesamtdrehimpuls des Systems erhalten.

Drehinvarianz → *Drehimpulserhaltung*

Damit hatte Emmy Noether den tieferen Grund dafür entdeckt, warum sich Größen wie Energie, Impuls und Drehimpuls nicht ändern: Es liegt daran, dass alle Orte und Richtungen im Raum sowie alle Zeitpunkte physikalisch gleichwertig sind.

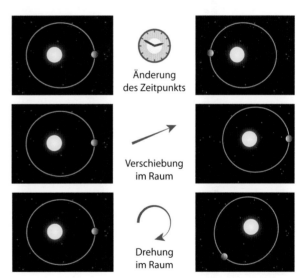

Die Bewegung eines Planeten um seinen Stern ist (unter Vernachlässigung der Sternentwicklung und äußerer Einflüsse) unabhängig vom Zeitpunkt, einer Verschiebung des Systems im Raum oder einer Drehung im Raum – es gelten Energie-, Impuls- und Drehimpulserhaltung.

R. P. Feynman, R. B. Leighton, M. Sands *Feynman-Vorlesungen über Physik, Band II* Oldenburg Wissenschaftsverlag; Kapitel 19
Thomas Naumann *Kontinuierliche Symmetrien und das Noether-Theorem* Welt der Physik, https://www.weltderphysik.de/thema/symmetrien/kontinuierliche-symmetrien-und-das-noether-theorem/

Das Foucault'sche Pendel
Der Nachweis der Erdrotation

Wenn man ein sehr langes frei beweg-liches Pendel in eine gleichmäßige Schwingung versetzt, so scheint sich die Schwingungsebene des Pendels im Lauf des Tages langsam zu drehen. Wenn es beispielsweise morgens noch in Nord-Süd-Richtung pendelte, so schwingt es abends möglicherweise in Ost-West-Richtung.

Dieses bereits im Jahr 1661 vom ita-lienischen Physiker Vincenzo Viviani durchgeführte Experiment zeigte der französische Physiker Jean Bernard Léon Foucault im Jahr 1851 einer brei-ten Öffentlichkeit und demonstrierte damit für jeden sichtbar die Existenz der Erdrotation. Man spricht daher vom *Foucault'schen Pendel*. Solche Pendel findet man heute beispielsweise im Deutschen Museum in München oder im Kölner Odysseum.

Foucault'sches Pendel in Valencia

Jean Bernard Léon Foucault

Stellt man ein Foucault'sches Pen-del am Nordpol auf, so ist die scheinbare Drehung der Pendel-ebene unmittelbar einleuch-tend: Die Pendelebene bleibt unverändert, während sich die Erde in 24 Stunden ein-mal ganz unter dem Pendel dreht. Für einen Beobachter am Nordpol entsteht so der Eindruck, die Pendelebene würde sich einmal am Tag um 360 Grad drehen (genau genommen muss man von einem *siderischen Tag* sprechen, also einer Umdrehung der Erde gegenüber dem Fix-sternhimmel).

Stellt man das Pendel dagegen am Äqua-tor auf, so beobachtet man überhaupt keine Drehung der Pendelebene.

Allgemein gilt am Breitengrad Φ, dass die scheinbare Drehgeschwindigkeit der Pendelebene gegenüber der Erdoberfläche um den Faktor $\sin\Phi$ gegenüber der Drehgeschwindigkeit am Nordpol verringert ist (am Äquator ist $\Phi = 0$, am Nordpol ist $\Phi = 90$ Grad).

Man kann sich dieses allgemeine Drehverhalten der Pendelebene anschaulich anhand der nebenstehenden Abbildung klar machen: Das Pendel befindet sich dabei zunächst am Ort P beim Breitengrad Φ und bewegt sich aufgrund der Erdrotation nach kurzer Zeit zum nahegelegenen Punkt P'. Blicken wir in den Punkten P und P' parallel zur Erdoberfläche nach Norden, so treffen sich die entsprechenden Sichtlinien im Punkt K auf der Rotationsachse der Erde und bilden dort einen sehr kleinen Winkel $d\beta$ (wie üblich kennzeichnen wir sehr kleine Größen durch ein vorangestelltes d).

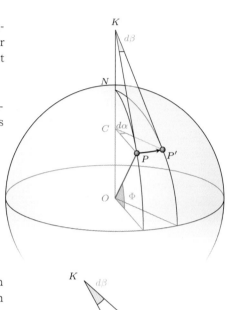

Die Punkte K, P und P' liegen in einer Ebene, die bei P und P' praktisch parallel zur Erdoberfläche ist, sodass die Pendelspitze sich in dieser Ebene bewegt. Bei der Bewegung von P nach P' verändert sich die Pendelrichtung nicht, während ihr Winkel γ zur Nordrichtung sich um den sehr kleinen Winkel $d\beta$ vergrößert, wie die Darstellung dieser Ebene (rechts) zeigt (Achtung: Dies ist kein dreidimensionales Bild!). Zugleich hat sich die Erde um den ebenfalls sehr kleinen Winkel $d\alpha$ weitergedreht.

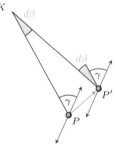

Da $d\beta$ sehr klein ist, ist im Bogenmaß dieser Winkel gleich der Entfernung $|PP'|$ zwischen P und P', dividiert durch den Abstand $|PK|$ zwischen P und K: $d\beta = |PP'|/|PK|$. Analog ist $d\alpha = |PP'|/|PC|$ und damit $d\beta = d\alpha \cdot |PC|/|PK|$. Da nun das Dreieck OPK bei P rechtwinklig ist, finden wir den Winkel Φ beim Punkt O nach einer 90-Grad-Drehung auch beim Punkt K zwischen den Strecken PK und CK, sodass $\sin\Phi = |PC|/|PK|$ ist.

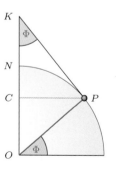

Damit ergibt sich $d\beta = d\alpha \cdot \sin\Phi$. Der Winkel $d\beta$, um den sich die Pendelebene relativ zur Nordrichtung dreht, ist also gleich dem Rotationswinkel $d\alpha$ der Erde in diesem Zeitintervall, reduziert um den Faktor $\sin\Phi$.

W. B. Somerville *The Description of Foucault's Pendulum* Quarterly Journal of the Royal Astronomical Society, 1972, Vol. 13, S. 40

Kräftefreie Kreisel
Frei rotierende Körper in der Schwerelosigkeit

Kräftefreie Kreisel sind frei rotierende Körper, auf die keine nennenswerten äußeren Drehmomente einwirken. Beispiele dafür sind antrieblos dahingleitende Satelliten oder Asteroiden.

Der einfachste Fall ist der *sphärische Kreisel* (beispielsweise eine Kugel oder ein Würfel). Bei ihm ist die momentane Drehachse w konstant und immer parallel zum konstanten Drehimpuls L.

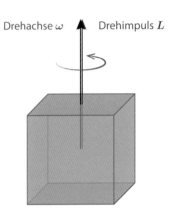

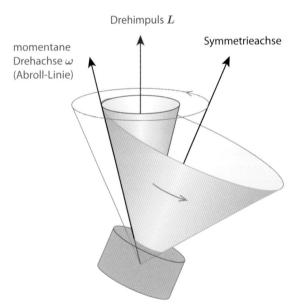

Etwas komplizierter ist der *achsensymmetrische Kreisel*, wie zum Beispiel ein Diskus oder ein Quader mit quadratischer Grundfläche, den man „schräg andreht". Die Symmetrieachse des Kreisels liegt dann immer in derselben Ebene wie Drehimpuls und momentane Drehachse, und beide bewegen sich synchron auf Kegeln um die konstante Drehimpulsachse. Diese schwankende Drehbewegung nennt man *Nutation* (von lateinisch *nutare* = nicken oder schwanken). Ein im Schwerpunkt mit dem Kreisel fest verbundener Kegel um die Symmetrieachse würde dabei auf demjenigen raumfesten Kegel abrollen, den die momentane Drehachse beschreibt. Die Berührungslinie ist dabei gerade die momentane Drehachse ω, denn bei der Abrollbewegung kommen die Materieteilchen des Kreisels genau entlang dieser Linie für einen kurzen Moment zum Stillstand.

T. Paehler *Nutation des kräftefreien Kreisels* http://www.paehler.org/tim/archiv/extern/david/htmlexamen/13Nutation.html

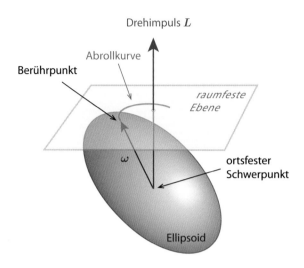

Bei einem unregelmäßigen Körper kann die Drehbewegung recht komplex werden. Sie kann durch die Bewegung eines körperfesten Ellipsoiden dargestellt werden, dessen Mittelpunkt man in festem Abstand von einer Ebene fixiert, sodass er die Ebene berührt und ohne zu gleiten auf der Ebene abrollt (Poinsot-Konstruktion). Der Berührungspunkt mit der Ebene ist dabei der Endpunkt von ω und legt so die momentane Drehachse fest.

Analysiert man diese Bewegungen, so findet man, dass Rotationsachsen dann besonders stabil sind, wenn die rotierenden Massen möglichst weit von der Rotationsachse entfernt liegen, sodass sie ein großes Trägheitsmoment erzeugen. Auf diese Weise rotieren beispielsweise die meisten Asteroiden.

Im Bild unten sieht man Aufnahmen der Galileo-Raumsonde, die die Rotation des Asteroiden 243 Ida zeigen, an dem sie im August 1993 vorbeigeflogen ist.

Einigermaßen stabil ist auch die Rotation um die Achse, bei der die rotierenden Massen möglichst weit innen liegen, das Trägheitsmoment also möglichst klein ist. Instabil sind dagegen die meisten anderen Rotationsachsen mit mittlerem Trägheitsmoment. Der Körper taumelt und überkugelt sich dann und hat eine starke Tendenz, bei kleinen Störungen die Rotationsachse so zu verändern, dass die Massen möglichst weit außen rotieren. Der Asteroid 4179 Toutatis rotiert auf diese ungewöhnliche instabile Weise. Im Internet gibt es viele Videos zu rotierenden Asteroiden, beispielsweise unter: http://www.youtube.com/watch?v=OPiKLq-CHdo.

Neun Ansichten des Asteroiden Ida, in naturgetreuer Farbdarstellung

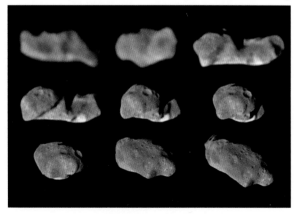

L. D. Landau, E. M. Lifschitz *Lehrbuch der Theoretischen Physik, Band 1: Mechanik* Akademie Verlag, 14. Auflage 1997
Kurdistan Planetarium *Asteroids Rotation* http://www.youtube.com/watch?v=OPiKLq-CHdo

Kreisel mit äußerem Drehmoment
Präzession und Nutation

Anders als bei einem kräftefreien Kreisel (↓) ist bei einem Kreisel, auf den ein äußeres Drehmoment wirkt, der Drehimpuls L nicht zeitlich konstant. Ein bekanntes Beispiel ist ein schräg stehender rotierender Kinderkreisel, auf den die Schwerkraft einwirkt. Ohne seine Eigenrotation würde er aufgrund der Schwerkraft umkippen. Rotiert er dagegen schnell genug, so kippt er keineswegs um, sondern seine Rotationsachse dreht sich auf einem Kegelmantel um die Senkrechte – man spricht von einer *Präzession* des Kreisels.

Man kann sich leicht überlegen, dass ein äußeres Drehmoment eine solche Präzession hervorrufen kann. Dazu betrachten wir einen achsensymmetrischen Kreisel, dessen Symmetrieachse um den Winkel θ gegen die senkrechte z-Achse gekippt ist. Er soll sehr schnell um seine Symmetrieachse rotieren und mit der relativ kleinen Winkelgeschwindigkeit $\Omega = \mathrm{d}\varphi/\mathrm{d}t$ gegen den Uhrzeigersinn um die z-Achse präzedieren.

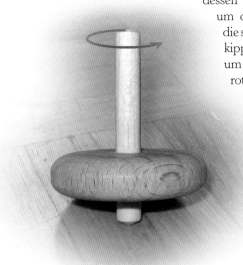

Präzession eines Kreisels

Für den Drehimpuls können wir den Beitrag durch die relativ langsame Präzession vernachlässigen, sodass er ungefähr in Richtung der Symmetrieachse des Kreisels zeigt. Da sich die Symmetrieachse in der kurzen Zeit $\mathrm{d}t$ um den kleinen Winkel $\mathrm{d}\varphi$ um die z-Achse bewegt, dreht sich der Drehimpulsvektor L derweil um den Vektor $\mathrm{d}L$ mit Betrag $\mathrm{d}L = L \cdot \sin\theta \cdot \mathrm{d}\varphi$. Wir teilen durch $\mathrm{d}t$ und erhalten $\mathrm{d}L/\mathrm{d}t = L \cdot \sin\theta \cdot \mathrm{d}\varphi/\mathrm{d}t = \Omega \cdot L \cdot \sin\theta$.

Kräftefreie Kreisel → S. 88
R. P. Feynman, R. B. Leighton, M. Sands *Feynman-Vorlesungen über Physik, Band 1: Mechanik, Strahlung, Wärme* Oldenbourg Wissenschaftsverlag 2007

Die zeitliche Drehimpulsänderung ist andererseits gleich dem äußeren Drehmoment M, sodass wir $M = \mathrm{d}L/\mathrm{d}t = \Omega \cdot L \cdot \sin\theta$ erhalten. Aus der Grafik lesen wir außerdem ab, dass der Vektor $\mathrm{d}L$ und damit auch M in Richtung des Vektorproduktes $\Omega \times L$ zeigt, sodass wir insgesamt $M = \Omega \times L$ erhalten. Das ist genau das Drehmoment, das den Kreisel aufgrund der Schwerkraft umkippen lassen möchte, aber wegen der Kreiselrotation zur Präzession des Kreisels führt.

Die gleichmäßige Präzession der Symmetrieachse ist allerdings nur eine der möglichen Bewegungsformen, die ein achsensymmetrischer Kreisel bei diesem äußeren Drehmoment ausführen kann. Je nach Anfangsbedingungen ist der Präzession noch eine kleine, schnelle Schlingerbewegung (*Nutation*) der Symmetrieachse überlagert, die allerdings meist recht schnell durch Reibung gedämpft wird, sodass nach kurzer Zeit nur noch die gleichmäßige Präzession übrig bleibt.

Hält man beispielsweise den anfangs erwähnten schräg rotierenden Kinderkreisel zunächst an seiner Spitze fest und lässt ihn dann los, so kippt er im ersten Moment wie erwartet senkrecht nach unten, um dann seitlich abzubiegen und wieder nach oben zu steigen, worauf sich diese Nutationsbewegung mehrfach wiederholt und dabei aufgrund der Reibung abklingt.

Da unsere Erde wegen ihrer Rotation leicht abgeplattet ist, wirkt auf sie im Schwerefeld der Sonne und des Mondes ein geringes mittleres Drehmoment, das ihre Achse senkrecht zur Ebene der Erdbahn kippen möchte. Dieses Drehmoment führt zu einer Präzession der Erdachse mit einer Umlaufperiode von knapp 26 000 Jahren. Der Polarstern, auf den der Nordpol der Erdachse gegenwärtig ungefähr zeigt, ist also nur vorübergehend der Ort, um den der bei uns sichtbare Sternenhimmel ($\downarrow$) während der Nacht zu kreisen scheint. Diese Stelle wandert am Himmel weiter und wird in rund 12 000 Jahren beim Stern Wega im Sternbild Leier liegen.

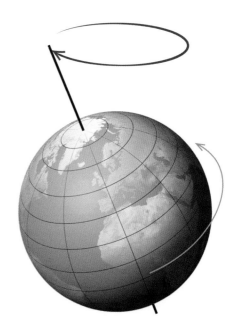

Präzession der Erdachse

Der Sternenhimmel → S. 20
L. D. Landau, E. M. Lifschitz *Lehrbuch der Theoretischen Physik, Band 1: Mechanik* Akademie Verlag, 14. Auflage 1997

Newtons Gravitationsgesetz
Von fallenden Äpfeln und kreisenden Planeten

Wie stark ziehen Erde und Sonne sich aufgrund der Gravitation gegenseitig an? Isaac Newton gelang es im Jahr 1686, dieses Rätsel zu lösen und sein allgemeines Gesetz für die Gravitationskraft zwischen zwei Körpern zu formulieren:

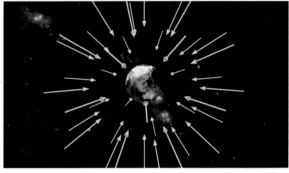

Das Gravitationsfeld einer Kugel

> Die Gravitationskraft F zwischen zwei Körpern ist proportional zum Produkt ihrer Massen m_1 und m_2 und umgekehrt proportional zum Quadrat ihres Abstandes r. Sie wirkt anziehend entlang der Verbindungslinie zwischen den beiden Körpern. Die genaue Formel lautet:
>
> $$F = G \, m_1 m_2 \, / \, r^2$$
>
> mit der Gravitationskonstanten
>
> $$G = 6{,}673 \cdot 10^{-11} \, \mathrm{N \, m^2/kg^2}$$

Die Anziehungskraft auf eine Raumstation, die in 6370 km Höhe über dem Erdboden die Erde umkreist, ist also nur ein Viertel so stark wie die Anziehungskraft auf dieselbe Raumstation, wenn sie sich auf dem Erdboden befände, denn der Erdradius beträgt rund 6370 km.

Dabei müssen die Körper normalerweise sehr viel kleiner sein als ihr Abstand voneinander; sonst muss man die Körper in kleine Teile zerlegen und Kräfte aufsummieren. Bei kugelsymmetrischen Körpern kann man diese Bedingung auch weglassen, wenn man den Abstand zwischen ihren Mittelpunkten verwendet. Die quadratische Abnahme der Kraft mit zunehmendem Abstand entspricht der anschaulichen Verdünnung der radialen Feldlinien (Pfeillinien auf dem Bild rechts oben).

R. P. Feynman, R. B. Leighton, M. Sands *Feynman-Vorlesungen über Physik, Band I: Mechanik, Strahlung, Wärme* Oldenburg Wissenschaftsverlag 1997

Die Internationale Raumstation ISS

Man erzählt sich die Anekdote, ein von einem Baum herabfallender Apfel hätte Newton auf die Idee gebracht, dass dieselbe Kraft, die einen Apfel zu Boden fallen lässt, auch für die Bewegung der Planeten um die Sonne verantwortlich ist. Ob wahr oder nicht, Newton konnte jedenfalls nachweisen, dass sich Planeten und Kometen unter dem Einfluss seines Gravitationsgesetzes tatsächlich auf Ellipsenbahnen bewegen müssen, in deren einem Brennpunkt sich die Sonne befindet. Die Form der Planetenbahnen hatte bereits knapp achtzig Jahre zuvor (im Jahr 1609) Johannes Kepler anhand von Beobachtungen herausgefunden – nur dass Kepler noch nicht wusste, warum die Planetenbahnen so aussehen.

Bei der Internationalen Raumstation ISS, die in nur 380 km Höhe über dem Erdboden kreist, beträgt die Schwerkraft sogar noch 89 % ihres Wertes am Erdboden, da der Abstand der ISS vom Erdmittelpunkt nur um den Faktor $(6370 + 380) / 6370 \approx 1{,}06$ größer als der Erdradius ist und der quadrierte Kehrwert dieses Faktors den Wert 0,89 ergibt.

Eine im Weltall um die Erde kreisende Raumstation unterliegt also dort sehr wohl der Schwerkraft der Erde – sie ist nur deshalb innerhalb der Raumstation nicht spürbar, da sich diese im freien Fall um die Erde herum befindet.

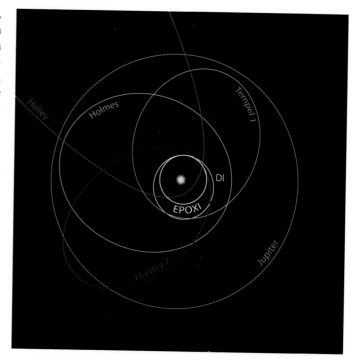

Die elliptischen Bahnen einiger Kometen, des Jupiters sowie der Deep Impact und EPOXI Mission der NASA

Gravitation und Allgemeine Relativitätstheorie → S. 138
Die Kepler'schen Gesetze → S. 10

Kosmische Geschwindigkeiten
Aufstieg und Absturz im Schwerefeld der Himmelskörper

Schießt man eine Kanonenkugel in horizontaler Richtung ab, so fällt sie auf einer annähernd parabelförmigen Flugbahn nach unten, bis sie den Erdboden trifft. Doch was geschieht, wenn man die Kanonenkugel mit immer größerer Geschwindigkeit abschießt, wobei wir den bremsenden Einfluss der Atmosphäre ignorieren wollen (der Mond wäre ein passendes Versuchsfeld dafür)? Da die Kugel immer weiter kommt, bevor sie den Boden berührt, macht sich schließlich die Erdkrümmung bemerkbar, was den Flug der Kugel weiter verlängert.

Ab der sogenannten *ersten kosmischen Geschwindigkeit* kann die fallende Kugel den unter ihr zurückweichenden Boden gar nicht mehr erreichen und fällt auf einer Kreisbahn gleichsam um die Erde herum. Auf Höhe der Erdoberfläche liegt diese Geschwindigkeit bei 7,9 km/s, während sie auf der Mondoberfläche nur rund 1,7 km/s beträgt. Ein Körper, der sich so schnell bewegt, würde also nicht mehr zu Boden fallen.

Bei noch höheren Geschwindigkeiten verformt sich die Flugbahn zu einer Ellipse, die immer weiter in den Raum hinausreicht. Ab der sogenannten *zweiten kosmischen Geschwindigkeit* (Fluchtgeschwindigkeit) folgt die Kugel auch keiner Ellipsenbahn mehr, fällt

also gar nicht mehr zur Erde zurück, sondern entkommt in den Weltraum – die Ellipse öffnet sich zu einer Parabel und bei noch höheren Geschwindigkeiten zu einer Hyperbel (↓). Von der Erdoberfläche aus müsste man die Kugel ohne Luftwiderstand dafür mit mindestens 11,2 km/s abschießen, während von der Mondoberfläche aus rund 2,3 km/s ausreichte.

Man kann sich das Gravitationsfeld der Erde als Potentialtopf vorstellen, der nach außen immer flacher wird. Bei 11,2 km/s ist ein Objekt schnell genug, dass es diesem Topf komplett entkommen kann, wobei man es nicht unbedingt horizontal abschießen muss – schräg oder senkrecht nach oben geht beispielsweise genauso.

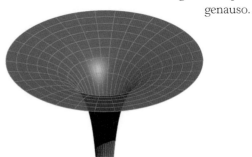

Raketenmanöver → S. 14
Wikipedia *Kosmische Geschwindigkeiten*

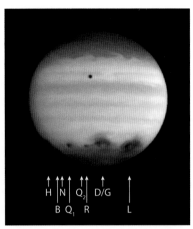

Künstlerische Darstellung des Einschlags eines Planetoiden auf der ursprümglichen Erde, als das Leben gerade entstand

UV-Bild der Shoemaker-Levy-9-Einschläge auf dem Jupiter

Umgekehrt würde ein Objekt, das sich zunächst sehr langsam der Erde nähert und schließlich immer schneller auf sie herabstürzt, ohne Luftwiderstand mit 11,2 km/s auf der Erdoberfläche aufschlagen, was enorme Energiemengen freisetzt. Vor 65 Millionen Jahren rief der Einschlag eines herabfallenden Asteroiden mit etwa 10 km Durchmesser vermutlich ein globales Massensterben hervor, dem auch die Dinosaurier zum Opfer fielen.

Im Jahr 1994 schlugen mehrere bis zu zwei Kilometer große Bruchstücke des Kometen Shoemaker-Levy 9 auf dem Planeten Jupiter ein. Da das Gravitationsfeld des Jupiters sehr viel stärker als das der Erde ist, erreichten die herabfallenden Bruchstücke eine Geschwindigkeit von über 60 km/s und setzten bei ihren Einschlägen Energien von vielen Millionen Atombomben frei. Bei einem Einschlag auf der Sonne wären sie mit über 600 km/s sogar noch zehnmal schneller und damit hundertmal energiereicher gewesen.

So könnte die Aussicht von einem der Shoemaker-Levy-9-Bruchstücke beim Sturz auf den Jupiter ausgesehen haben.

D. Davis *Bildergalerie für die NASA* http://www.donaldedavis.com/PARTS/allyours.html

Die Gezeiten
Wie der Mond Ebbe und Flut hervorbringt

Die Gezeiten kommen durch das Zusammenwirken zweier Kräfte zustande: Der Anziehungskraft zwischen Erde und Mond und der ihr entgegengesetzten Fliehkraft (↓) bei der Drehbewegung des Erde-Mond-Systems um den gemeinsamen Schwerpunkt. Wegen des großen Massenunterschieds von Erde und Mond von etwa 81 zu 1 befindet sich der Erde-Mond-Schwerpunkt noch innerhalb der Erde, rund 4700 km vom Erdmittelpunkt entfernt (der Erdradius beträgt 6370 km).

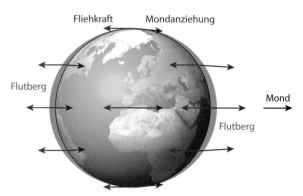

Die Fliehkraft aufgrund der Erdbewegung um den gemeinsamen Schwerpunkt ist überall gleich stark und vom Mond weg gerichtet (grüne Pfeile). Das versteht man am besten, wenn man sich die Erde ohne jegliche Eigenrotation vorstellt, da diese Eigenrotation ebenso wie die Schwerkraft der Erde keinen Beitrag zur Entstehung der Gezeiten liefert. Der Erdmittelpunkt bewegt sich dabei annähernd auf der roten Kreisbahn um den Erde-Mond-Schwerpunkt, und jeder andere Punkt der Erde bewegt sich synchron dazu auf gleich großen, aber verschobenen Kreisbahnen (orange).

Im Erdmittelpunkt heben sich Fliehkraft (grüne Pfeile) und Mondanziehung (rote Pfeile) gegenseitig auf und halten diesen so stabil auf seiner Kreisbahn um den Erde-Mond-Schwerpunkt. Auf der mondnahen Seite überwiegt dagegen etwas die Schwerkraft des Mondes, während auf der mondfernen Seite die Fliehkraft leicht überwiegt (in der Grafik übertrieben dargestellt).

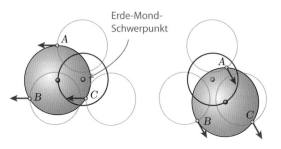

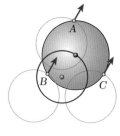

Beide Kräfte zusammen bewirken, dass die Erde entlang der Verbindungsachse zwischen Erde und Mond um einige zehn Zentimeter in die Länge gezogen wird, wobei sich zwei Flutberge in den Ozeanen ausbilden: einer auf der mondnahen und einer auf der mondfernen Seite der Erde.

Scheinkräfte → S. 116

Da die Erde pro Tag nahezu einmal unter diesen beiden Flutbergen hindurchrotiert, kommt es annähernd zweimal täglich zu dem bekannten Wechsel von Ebbe und Flut, wobei die Form der Küstenlinien einen starken Einfluss auf die Höhe dieser Flutberge (den *Tidenhub*) hat, die an manchen Küsten mehrere Meter erreichen kann.

Auch die Sonne erzeugt auf dieselbe Weise Gezeitenkräfte entlang der Verbindungslinie zwischen Erde und Sonne, die allerdings nur knapp halb so stark sind wie die durch den Mond hervorgerufenen Gezeitenkräfte und diese je nach Mondstand verstärken oder abschwächen können (Springtide und Nipptide).

Die in den Flutbergen steckende Energie stammt aus der Rotationsenergie der Erde, sodass diese Rotation langsam abgebremst wird und die Dauer eines Erdtages jedes Jahr um 16 Mikrosekunden zunimmt. Man kann an den Wachstumsringen von 500 Millionen Jahre alten Korallen nachweisen, dass zu dieser Zeit ein Jahr rund 400 Tage umfasste, was ungefähr einem 22-Stunden-Tag entspricht. Analog wurde auch die Eigenrotation des Mondes in der Vergangenheit abgebremst, sodass der Mond mittlerweile der Erde sogar immer dieselbe Seite zuwendet (gebundene Rotation).

Die nordfranzösische Felseninsel Mont Saint-Michel bei Ebbe im Jahr 2005. Bis zum Bau eines Damms im Jahr 1879 war sie bei Flut komplett vom Festland abgeschnitten. Der Tidenhub beträgt hier bis zu vierzehn Meter.

Bei der Abbremsung der Erdrotation wird Drehimpuls auf die Bahnbewegung des Mondes übertragen, dessen Abstand zur Erde dadurch jedes Jahr um rund vier Zentimeter wächst. Als der Mond vor rund 4,5 Milliarden Jahren entstand, war seine Entfernung zur Erde mit wenigen 10 000 km rund zehnmal geringer als heute (ca. 380 000 km). Ebbe und Flut müssen in der Frühzeit der Erde deutlich stärker als heute gewesen sein!

Maßstabgetreue Darstellung des Erde-Mond-Systems

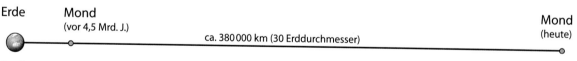

Erde   Mond
(vor 4,5 Mrd. J.)   ca. 380 000 km (30 Erddurchmesser)   Mond
(heute)

Durchmesser ca. 12 740 km
Masse ca. 597,4 · 10²² kg

Durchmesser ca. 3476 km
Masse ca. 7,35 · 10²² kg

Das archimedische Prinzip

Oder warum Schiffe im Bermuda-Dreieck untergehen können

Darstellung von Archimedes auf der Fields-Medaille (eine der höchsten Auszeichnungen für Mathematiker)

In einer Flüssigkeit erfährt jeder Körper eine bestimmte Auftriebskraft. Bereits vor über 2000 Jahren erkannte im antiken Griechenland der Gelehrte Archimedes, dass diese Auftriebskraft genau der Gewichtskraft der verdrängten Flüssigkeit entspricht – man spricht daher vom *archimedischen Prinzip*.

Diese Auftriebskraft entsteht letztlich dadurch, dass die Flüssigkeit ein Eigengewicht besitzt und daher ihr Druck mit wachsender Tiefe und zunehmend von oben drückender Wassermenge ansteigt. Summiert man alle Druckkräfte auf die Außenflächen des eingetauchten Körpers, so ergibt sich gerade das archimedische Prinzip.

Ist die Dichte eines Körpers geringer als die Dichte der Flüssigkeit, so taucht er nur so tief ein, bis das Gewicht der verdrängten Flüssigkeit seinem Eigengewicht entspricht. In dichteren Flüssigkeiten taucht ein Körper also weniger tief ein als in weniger dichten Flüssigkeiten. Daher trägt uns das salzreiche und entsprechend dichte Wasser des Toten Meeres deutlich besser als normales Süßwasser, sodass man dort auf dem Rücken treibend sogar Zeitung lesen kann.

Kritisch wird es für Schiffe beispielsweise, wenn sehr viele aufsteigende Gasblasen die mittlere Wasserdichte so stark erniedrigen, dass die Auftriebskraft nicht mehr ausreicht und das Schiff sinkt. Kurz gesagt: In Schaum kann man nicht schwimmen! Solche Gasblasen können beispielsweise durch die Zersetzung von Methanhydrat am Meeresboden entstehen. Es ist durchaus denkbar, dass dieser Mechanismus beispielsweise für so manches verschwundene Schiff im Bermuda-Dreieck verantwortlich ist.

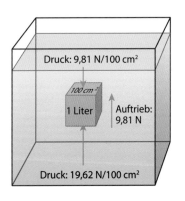

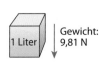

Wikipedia *Archimedisches Prinzip*

Meist liegt der Schwerpunkt eines schwimmenden Schiffs höher als der Auftriebspunkt, sodass man meinen könnte, das Schiff müsse kentern. Dennoch bleibt es normalerweise stabil aufgerichtet, denn anders als der körperfeste Schwerpunkt wandert der Auftriebspunkt im Schiffskörper, wenn sich dieses zur Seite neigt, sodass bei stabiler Ausgangslage und kleinen Neigungswinkeln ein Drehmoment entsteht, welches das Schiff wieder aufrichtet. Dabei dreht sich der Schiffsrumpf um einen körperfesten Punkt, den man *Metazentrum* nennt und der bei kleinen Neigungswinkeln immer senkrecht über dem Auftriebspunkt liegt. In der stabilen Ausgangslage liegt zusätzlich der Schwerpunkt senkrecht unter dem Metazentrum.

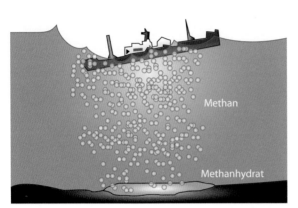

Aufsteigendes Methangas könnte für das Sinken einiger Schiffe am Bermuda-Dreieck verantwortlich sein.

Die Gewichtskraft greift bei einem Körper an seinem Schwerpunkt an. Analog greift die Auftriebskraft am Schwerpunkt des verdrängten Wassers an, den man auch *Formschwerpunkt* oder *Auftriebspunkt* nennt.

Bei großen Neigungswinkeln gilt diese Überlegung jedoch nicht mehr, denn dann verändert sich auch das Metazentrum. Das Schiff kann dann kentern und in einer anderen stabilen Lage zur Ruhe kommen.

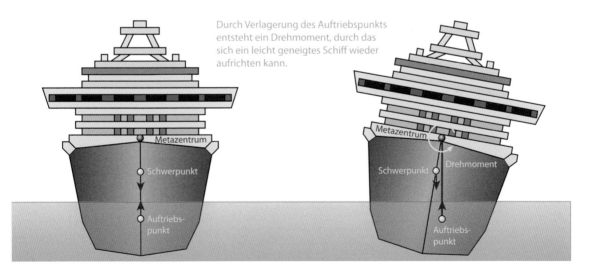

Durch Verlagerung des Auftriebspunkts entsteht ein Drehmoment, durch das sich ein leicht geneigtes Schiff wieder aufrichten kann.

Die Physik der Strömungen
Wirbel und Turbulenzen

Die Physik der Strömungen (Strömungsmechanik) befasst sich mit dem Verhalten fließender Flüssigkeiten oder Gasen. Mathematisch lässt sich dieses Verhalten durch die *Navier-Stokes-Gleichungen* beschreiben, die ein kompliziertes System nichtlinearer partieller Differentialgleichungen zweiter Ordnung darstellen. Bis heute sind diese nicht final erforscht; so ist beispielsweise nicht bekannt, ob diese Gleichungen bei einem gegebenen glatten Anfangs-Strömungsfeld für alle Zeiten ein glattes nicht singuläres Strömungs- und Druckfeld als Lösung besitzen. Das Clay Mathematics Institute zählt dieses Problem zu den sieben wichtigsten mathematischen Problemen des neuen Jahrtausends (Millennium-Prize-Problems) und hat im Jahr 2000 zu seiner Lösung einen Preis von einer Million Dollar ausgeschrieben.

Wirbelschleppe hinter einem Flugzeug, mit farbigem Rauch sichtbar gemacht

Satellitenaufnahme mit einer Wirbelstraße bei den Juan-Fernández-Inseln

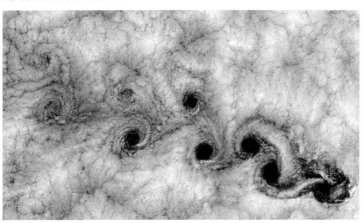

Das Problem liegt darin, dass Strömungen ein sehr komplexes Verhalten zeigen können. Bei kleinen Strömungsgeschwindigkeiten fließt ein Gas oder eine Flüssigkeit noch meist recht gleichmäßig – man spricht von laminarer Strömung. Bei größeren Geschwindigkeiten bilden sich jedoch Wirbel, die zunächst noch ein einigermaßen reguläres Verhalten zeigen können. Ein Beispiel dafür sind die *Wirbelstraßen*, die sich hinter einem Hindernis wie einem Fahnenmast, aber auch hinter einer kompletten Insel

Warum fliegt ein Flugzeug? → S. 102

Bei größeren Geschwindigkeiten neigen die Wirbel zu unkontrolliertem Verhalten – man spricht von *Turbulenz*. Wirbel entstehen und zerfallen dabei zugleich auf ganz unterschiedlichen Größenskalen und verwirbeln das Medium in kaum vorhersagbarer Weise. Hier machen sich die Nichtlinearitäten in den Navier-Stokes-Gleichungen bemerkbar, die zu starken Rückkopplungen in der Strömung führen. Turbulenz gehört daher zu den schwierigsten und am wenigsten verstandenen physikalischen Phänomenen. Mathematisch könnte Turbulenz möglicherweise nach einiger Zeit zu Singularitäten (*Blow-Ups*) im Strömungsfeld führen. Ob es solche Blow-Ups tatsächlich gibt, ist genau der Gegenstand des Millennium-Prize-Problems.

Turbulente Wolkenstrukturen im Carinanebel, aufgenommen vom Hubble-Weltraumteleskop

Blick von der Sonde Voyager 1 im Jahr 1979 auf den Jupiter mit seinen turbulenten Wolkenbändern und dem Großen Roten Fleck

ausbilden können. Auch kleine Rauchringe oder Wirbelschleppen hinter Flugzeugen sind schöne Beispiele für recht stabile Wirbel.

Wirbelstürme können ebenfalls über längere Zeit stabil sein, wenn sie über warmen Ozeanen genügend Energie zugeführt bekommen. Ein besonders stabiler Wirbelsturm ist der Große Rote Fleck auf dem Gasplaneten Jupiter, der bereits seit mindestens 300 Jahren bekannt ist. Dieser Wirbelsturm ist mit gut 20 000 km Länge und über 10 000 km Breite größer als unsere Erde.

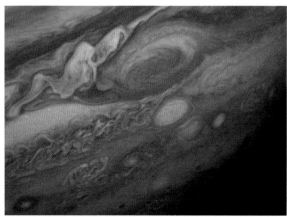

Clay Mathematics Institute *Navier-Stokes Equation* http://www.claymath.org/millennium-problems/navier%E2%80%93stokes-equation

Warum fliegt ein Flugzeug?
Bernoulli oder Newton?

Die Frage, was ein Flugzeug in der Luft hält, wird oft gestellt und auch oft beantwortet. Leider ist die populäre Antwort, die man in der Schule oder in Büchern vorgesetzt bekommt, unvollständig.

Die Luft ober- und unterhalb des Flügels kommt nicht gleichzeitig hinten am Flügel an.

Die Schrägstellung des Flügels sorgt für einen Impulsübertrag.

Diese trotzdem sehr beliebte Erklärung benutzt das *Prinzip von Bernoulli*, das besagt, dass Luft, wenn sie sich schnell bewegt, weniger dicht ist, was an sich korrekt ist. Es wird mit dem asymmetrischen Profil der Flügel argumentiert: Wenn ein Luftstrom im Flug auf den Flugzeugflügel treffe, so teile er sich in zwei Hälften, die jeweils über und unter den Flügel entlanggleiten und sich dahinter träfen. Und weil die obere Strecke länger ist als die untere, müsse sich die Luft oberhalb des Flügels schneller bewegen – was nach Bernoullis Prinzip einen Unterdruck an der Oberseite gegenüber der Unterseite erzeuge, der den Flieger nach oben „sauge".

Wird die Strömung turbulent, kann nicht mehr genug Impuls übertragen werden: Das Flugzeug gerät dann in Gefahr abzustürzen.

So anschaulich diese Erklärung ist, sie ist unvollständig: Zuerst einmal geht sie stillschweigend davon aus, dass die beiden geteilten Luftströme sich hinter dem Flügel wieder genau treffen. Das ist aber nicht der Fall – in der Tat kommt der obere Luftstrom aufgrund der etwas längeren Strecke etwas später an als der untere. Dieser Effekt wird zur Flügelspitze immer schwächer, weswegen sich Wirbel ausbilden.

Und selbst wenn die Luft sich hinter dem Flügel wieder träfe, dann wäre der Effekt durch den Druckunterschied deutlich zu klein: Für ein typisches kleines Flugzeug wie eine Cessna zum Beispiel kann man errechnen, dass sich in dem hypothetischen Fall, dass sich die Luftströme hinter dem Flügel wieder träfen, der Weg entlang der Oberseite um 50 % länger sein müsste, um bei einer normalen Flugge-

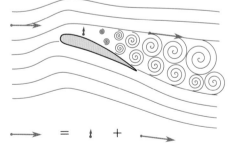

J.D. Anderson *Fundamentals of Aerodynamics (SI Edition)* Mcgraw-Hill Professional, 5. Auflage 2011
D.W. Anderson, S. Eberhardt *How Airplanes Fly: A Physical Description of Lift* http://www.aviation-history.com/theory/lift.htm

schwindigkeit den benötigten Auftrieb zu erzeugen. Bei dem Modell Cessna 172 zum Beispiel ist die Oberseite des Flügels nur ca. 2 % länger als die Unterseite. Mit dieser Differenz müsste das Flugzeug eine Geschwindigkeit von über 400 km/h haben, bevor es abheben könnte. Bernoullis Prinzip reicht also nicht aus, um zu erklären, warum ein Flugzeug fliegt.

In der Tat ist die Frage, was ein Flugzeug in der Luft hält, ein Zusammenspiel von verschiedenen Faktoren. Obwohl es erfolgreiche strömungsmechanische Modelle gibt, die zu guten Ergebnissen kommen, gibt es nicht nur eine einzige, anschauliche Erklärung. Das Prinzip von Bernoulli trägt – wenn auch in geringem Ausmaß – zum Auftrieb bei, allerdings ist ein weiterer wichtiger Faktor die *Impulserhaltung*. Dadurch, dass der Flügel nämlich leicht schräg gestellt ist, wird die an ihm vorbeiströmende Luft nach unten abgelenkt.

In der Natur benutzen Vögel den Strömungsabriss, um schnell an Höhe zu verlieren.

Weil sie also einen Impuls nach unten erfährt, muss nach dem dritten Newton'schen Gesetz (↓) – actio gleich reactio – der Flügel einen Impuls nach oben erhalten. So wie eine schräg gestellte Hand, die man aus einem fahrenden Auto hält, wird auch der Flügel nach oben gedrückt.

Damit nach der Newtonschen Erklärung das Flugzeug genug Aufwärtsimpuls übertragen bekommt, ist es von entscheidender Bedeutung, dass die oberhalb des Flügels entlanggleitende Luft immer nah am Flügel bleibt. Das tut sie, solange die Strömung laminar ist. Wird die Strömung hingegen turbulent (↓), so verwirbelt sie, anstatt die Oberseite des Flügels herunterzugleiten. Das geschieht zum Beispiel, wenn man den Anstellwinkel zu steil wählt: Bei diesem *Strömungs-* oder *Luftabriss* genannten Phänomen verringert sich der Auftrieb signifikant. Kommt es kurz vor einer Landung zum Luftabriss, zum Beispiel wenn die Nase des landenden Flugzeuges zu steil steht, so kann es leicht abstürzen.

Die Schweizer 1-36, ein Forschungsflugzeug der NASA zur Untersuchung des Strömungsabrisses

Newtons Gesetze der Mechanik → S. 82
Die Physik der Strömungen → S. 100

Gewöhnliche Wasserwellen
... und ihre besonderen physikalischen Eigenschaften

Oberflächenwellen an der Grenzfläche zwischen Wasser und Luft sind sicher die bekanntesten Wellen. Anders als beispielsweise Lichtwellen weisen sie jedoch ein komplexes physikalisches Verhalten auf, das vom Wechselspiel zwischen Oberflächenspannung, Schwerkraft, Massenträgheit und den Fließeigenschaften des Wassers bestimmt wird. Meist führen die Wassermoleküle beim Durchgang einer Welle dabei eine annähernd ellipsenförmige Bewegung aus.

Bei sehr kleinen Wellen mit Wellenlängen unterhalb eines Zentimeters (sogenannten *Kapillarwellen*) ist die Oberflächenspannung als Rückstellkraft entscheidend. Kapillarwellen breiten sich umso schneller aus, je kleiner ihre Wellenlänge ist. Man nennt das *anormale Dispersion*. Wenn man an einer Stelle Kapillarwellen auslöst, so findet man kurz darauf kreisförmige Wellen mit nach außen schrumpfender Wellenlänge, da die kürzeren Kapillarwellen den längeren gleichsam davonlaufen.

Genau umgekehrt ist es bei größeren Wellen, bei denen die Schwerkraft die entscheidende Rolle spielt – man spricht daher von *Schwerewellen*. Wirft man beispielsweise einen Stein in einen See, dessen Wasser deutlich tiefer ist als die typischen Wellenlängen, so breiten sich hier große Wellenlängen schneller als kleine Wellenlängen aus (*normale Dispersion*), sodass man weiter außen die großen Wellenlängen findet. Man erkennt dieses Verhalten gut auf dem Bild auf der nächsten Seite links oben, das von Gezeitenströmen erzeugte Schwerewellen in der Straße von Messina zwischen Sizilien und dem italienischen Festland zeigt.

Wellen mit großer Wellenlänge können auf dem offenen Ozean recht schnell werden. So liegt bei einer Wellenlänge von 100 Metern die Ausbreitungsgeschwindigkeit bereits bei 50 km/h.

Ausbreitungsrichtung →

Bewegung des Wassers bei einer durch Wind erzeugte Welle

Kapillarwellen auf dem Wasser (Roger Mc Lassus)

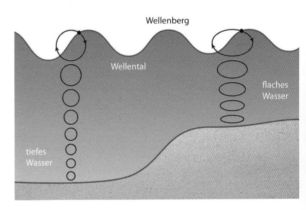

Wikipedia *Wasserwelle*

Wellen in der Straße von Messina bei Sizilien, aufgenommen vom Terra-Satelliten der NASA

Zwei sich kreuzförmig überlagernde Dünungs-Wellenfelder, fotografiert vom Leuchtturm *Phare des Baleines* an der französischen Westküste

Solche Wellen können bei Stürmen entstehen und sich noch in weiter Entfernung als langwellige *Dünung* bemerkbar machen. Die ebenfalls durch den Sturm erzeugten kürzeren Wellen können sich dagegen nicht so schnell aus dem Sturmgebiet entfernen und werden auch stärker gedämpft, also abgeschwächt.

Natürlich weisen Wasserwellen neben ihren besonderen Eigenschaften auch die typischen Welleneigenschaften auf: Sie können miteinander interferieren, sich also überlagern, sie können an Hindernissen gebeugt werden und die Laufrichtung von Wellenfronten kann sich ändern, wenn sie in einen Bereich mit anderer Laufgeschwindigkeit eindringen (*Refraktion*) – daher richten sich bei flachen Stränden die Wellenfronten meist zunehmend parallel zum Strand aus, je näher sie ihm kommen. Besonders schön kann man das Zusammenspiel von normaler Dispersion und Interferenz bei vorbeifahrenden Schiffen beobachten, wo sie zur Ausbildung eines keilförmigen Wellensystems führen.

Bugwellen

Besondere Wasserwellen → S. 106

Besondere Wasserwellen
Tsunamis, Solitonen, Monsterwellen

In besonderen Situationen können sehr ungewöhnliche Wasserwellen auftreten, die nur wenig Ähnlichkeit mit den üblichen, meist vom Wind erzeugten Wasserwellen haben.

Ein solcher Extremfall sind *Tsunamis*, die meist durch Seebeben ausgelöst werden, bei denen sich Erdplatten ruckartig anheben oder absenken, sodass große Wassermengen schlagartig in Bewegung versetzt werden. Dabei entstehen Wellen mit sehr langen Wellenlängen von 100 bis 500 km, bei denen sich die komplette Wassersäule bis zum Grund des Ozeans bewegt, sodass diese Wellen enorme Energiemengen transportieren. Bei normalen vom Wind erzeugten Wasserwellen bewegt sich dagegen nur der oberflächennahe Teil der Wassersäule.

Da die Wellenlänge von Tsunamis sehr viel größer als die Wassertiefe ist, ist ihre Ausbreitungsgeschwindigkeit unabhängig von der Wellenlänge (keine Dispersion) und wächst mit zunehmender Wassertiefe. Im tiefen Ozean erreichen Tsunamis Geschwindigkeiten von 800 km/h, sind also ähnlich schnell wie Flugzeuge. Dabei fallen sie im offenen Ozean kaum auf, denn ihre Wellenhöhe liegt dort bei weniger als einem Meter, sodass es nur zu einer langsamen Auf- und Ab-Bewegung der Wasseroberfläche kommt.

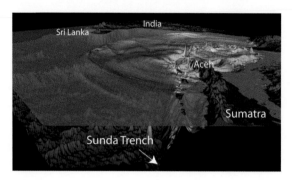

Wellenfeld des Tsunamis vor Sumatra vom 26. Dezember 2004 etwa eine Stunde nach dem Beben

In Küstennähe muss sich jedoch die gesamte Wellenenergie auf eine zunehmend kleinere Wassersäule konzentrieren, sodass schließlich Wellenhöhen von mehreren zehn Metern erreicht werden. Wir alle erinnern uns noch an die zerstörerische Wirkung des Tsunamis vom 26. Dezember 2004 im Indischen Ozean, bei dem über 230 000 Menschen ihr Leben verloren, sowie an den Tsunami vom 11. März 2011, der mit Wellenhöhen von bis zu 20 Metern die Ostküste Japans traf und neben über 10 000 Toten auch die Explosion der Kernkraftwerke von Fukushima verursachte.

Der Tsunami von 2004 trifft auf Ao Nang (Thailand)

Wikipedia *Tsunami*
Wikipedia *Monsterwelle*

Blick auf den vom Tsunami von 2011 verwüsteten Hafen von Sendai (Japan)

Eine solitonartige Morning Glory Cloud nahe Burketown im Norden Australiens

Ein anderer Typ ungewöhnlicher Wellen sind die sogenannten *Solitonen*. Diese Wellen haben oft nur einen einzigen Wellenberg – man spricht auch von einem *Wellenpaket*. Da ein solches Wellenpaket aus einer Überlagerung vieler Wellen mit unterschiedlichen Wellenlängen besteht, zerfließt es normalerweise im Lauf der Zeit, wenn diese Wellenanteile unterschiedliche Ausbreitungsgeschwindigkeiten haben und sich dadurch auseinanderbewegen. Nichtlineare Effekte können jedoch manchmal Wellen mit verschiedenen Wellenlängen ineinander umwandeln und so ein Gleichgewicht zwischen langsamen und schnellen Wellenanteilen herstellen, sodass das Wellenpaket stabil bleibt und ein Soliton entsteht. Eine solche Situation kann beispielsweise in engen Wasserkanälen entstehen, sodass eine Soliton-Wasserwelle sich über viele Kilometer stabil durch einen solchen Kanal bewegen kann. Auch in atmosphärischen Grenzschichten kann es zu soliton-artigen Luftwellen kommen (siehe Bild rechts oben).

Nichtlinearitäten bei der Überlagerung von Wellen sind vermutlich auch die Ursache für die sogenannten Monsterwellen, die man früher noch für Seemannsgarn hielt. Monsterwellen sind einzelne bis zu 25 Meter hohe Ozeanwellen. Anders als bei Tsunamis ist bei ihnen nur der obere Teil der Wassersäule in Bewegung. Wegen ihrer kurzen Wellenlänge sind diese Wellen sehr steil, sodass ihnen bereits so manches Schiff zum Opfer gefallen ist.

Monsterwelle im Golf von Biskaya nahe Frankreich um 1940

Gewöhnliche Wasserwellen → S. 104
UC Santa Barbara Geography *Morning Glory Clouds*
http://www.geog.ucsb.edu/events/department-news/621/morning-glory-clouds/

Der Lotuseffekt
Tauziehen zwischen Kohäsion und Adhäsion

Lotusblüte

(dem Zusammenhalt der Wasserteilchen untereinander) und der Adhäsion (dem Haften der Wasserteilchen am Blatt) bestimmt. Wasser versucht aufgrund der Oberflächenspannung für gewöhnlich, seine Oberfläche so klein wie möglich zu halten.

Ein intensiver Kontakt zwischen Wassertropfen und Lotusblatt würde aufgrund der starken Oberflächenstrukturierung zu einer sehr großen Wasseroberfläche führen. Das ist jedoch energetisch sehr ungünstig für den Wassertropfen. Deswegen zieht die Oberflächenspannung des Wassers den Wassertropfen fast zu einer Kugel zusammen, um so möglichst wenig Kontakt zur Pflanzenoberfläche zu haben. So sind weniger als 1 % der Wasseroberfläche im Kontakt mit dem Lotusblatt. Es wird daher auch *superhydrophob* genannt.

Schon vor 2000 Jahren war die Lotusblume als Symbol der Reinheit und Unverfälschtheit bekannt: Der alte Name *padmapatramivambhasa* aus dem Hinduistischen Epos *Bhagavad Gita* bezeichnet die Eigenschaft der Lotusblume, kaum Schmutz aufzunehmen.

Seit dem Aufkommen des Elektronenmikroskops (↓) in den 1970er-Jahren weiß man, dass die schmutzabweisende Fähigkeit der Lotusblume ihren Ursprung in Oberflächeneffekten hat. Die Blätter der Lotuspflanze sind mikrostrukturiert, d. h. die Oberfläche ist nicht glatt, sondern besitzt unzählige nanometergroße Erhebungen.

Der Kontakt zwischen einer Oberfläche (zum Beispiel dem Blatt einer Pflanze) und einem Wassertropfen wird durch das Wechselspiel zwischen der Kohäsion

Ein Wassertropfen auf einem Lotusblatt nimmt Staubteilchen auf.

Aufgenommener Staub auf einem Wassertropfen

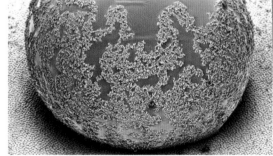

Bild in der Mitte mit freundlicher Genehmigung von ITV Denkendorf
Foto unten und auf der gegenüberliegenden Seite rechts unten mit freundlicher Genehmigung von W. Barthlott *Lotus-Effect*,
http:// www.lotus-effect.de
Elektronenmikroskopie → S. 224
Nanowelten → S. 228

Die Selbstreinigungskräfte des Lotusblattes haben nun zwei Ursachen: Zum einen haften Schmutzpartikel, ähnlich wie Wasser, nur sehr schlecht an mikrostrukturierten Oberflächen. Zum zweiten fließt Wasser am Lotusblatt nicht entlang, es rollt in Tropfen herunter. Dabei nimmt es Staub und Schmutz in sich auf und hinterlässt so eine gereinigte Oberfläche. Derselbe Effekt findet sich auch auf Schmetterlingsflügeln, die ebenfalls mikrostrukturiert sind. Deren Selbstreinigungsfähigkeiten sind extrem wichtig, da sich ein Schmetterling seine Flügel nicht selber putzen kann.

Dieser sogenannte *Lotuseffekt* findet heutzutage weite technische Anwendungen, vor allem in der Konstruktion schmutzabweisender Oberflächen. Es gibt mikrostrukturierte Beschichtungen für Glasoberflächen von Geschwindigkeitssensoren auf Autobahnen, die daher durch Autoabgase weniger verdrecken. Ebenso existieren mit Nanopartikeln versetzte Wandfarben, um Häuserwände wasserabweisend zu machen. Der Effekt wird auch benutzt um superhydrophobe Keramikbeschichtungen zu erzeugen. Mit diesen versucht man zum Beispiel in Urinalen Spülwasser zu sparen.

Der Lotuseffekt lässt sich nicht nur mit Nanopartikeln, sondern auch mit nanometerbreiten Fasern erzielen.

Computergrafik: Wassertropfen auf einer mikrostrukturierten Oberfläche

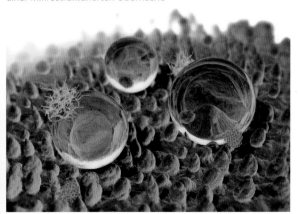

Auf einer glatten Oberfläche fließt Wasser hinab. Auf einer mikrostrukturierten Oberfläche zieht sich das Wasser zu einem Tropfen zusammen und rollt hinunter, wobei es Schmutzpartikel mitnimmt.

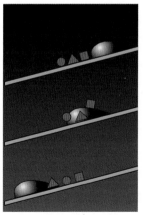
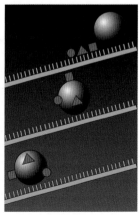

Bild unten links mit freundlicher Genehmigung von William Thielicke w.th@gmx.de
P. Forbes *Selbstreinigende Materialien* Spektrum der Wissenschaft, August 2009
Z. Cerman, A.K. Stosch, W. Barthlott *Der Lotus-Effekt* Biologie unserer Zeit, 34. Jahrgang 2004, Nr. 5, Wiley-VCH Verlag

Chaotische Bewegungen
Deterministisch, aber unvorhersehbar

In der klassischen Mechanik ist die Bewegung eines Objektes für alle Ewigkeit eindeutig festgelegt und vorhersagbar, wenn man die wirkenden Kräfte genau kennt und weiß, wo sich das Objekt zum Startzeitpunkt befindet und welche Anfangsgeschwindigkeit es dabei besitzt. Würde demnach ein allwissendes Wesen die Orte und Geschwindigkeiten aller Teilchen im Universum genau kennen, so könnte es die zukünftige Entwicklung der Welt präzise vorhersagen.

Die Quantenmechanik (↓) hat dieses deterministische Weltbild im ersten Drittel des zwanzigsten Jahrhunderts ins Wanken gebracht. Doch auch der Determinismus der klassischen Mechanik täuscht, denn bereits einfache nichtlineare klassische Systeme können ein sogenanntes *chaotisches Verhalten* zeigen, bei dem sich selbst kleinste Unterschiede in den Anfangsbedingungen exponentiell verstärken und nach kurzer Zeit zu vollkommen anderen Bewegungen führen. Da man die Anfangsbedingungen immer nur mit einer gewissen Genauigkeit kennt, wird eine langfristige Vorhersage der Bewegung damit unmöglich.

Ein bekanntes Beispiel für chaotisches Verhalten ist das Doppelpendel, bei dem man am Ende eines drehbar gelagerten Pendels ein zweites Pendel anbringt. Setzt man das Doppelpendel mit genügend Schwung in Bewegung, so erscheint die Pendelbewegung fast wie zufällig. Das folgende langzeitbelichtete Foto macht mithilfe einer LED am Pendelende diese chaotische Bewegung sichtbar:

Zwei Positionen des Doppelpendels

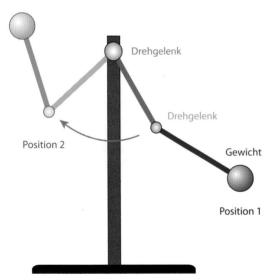

Atome und Quantenmechanik → S. 181

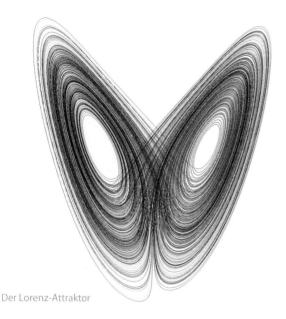

Der Lorenz-Attraktor

von Teig vorstellen kann, und faltet dann die Bahnkurven wie Teig wieder übereinander. So wandert beim sogenannten *Rössler-Attraktor* ein Punkt spiralförmig in der x-y-Ebene nach außen, bis er schließlich nach oben gehoben wird und anschließend umso weiter innen landet, je weiter außen er zuvor gewesen war.

Der Rössler-Attraktor ist eine vereinfachte Version des *Lorenz-Attraktors*, auf den man bei der mathematischen Modellierung von Luftströmungen (↓) stieß. Beim Lorenz-Attraktor kreisen die Punkte in der linken Attraktorhälfte im Uhrzeigersinn und rechts gegen den Uhrzeigersinn, wobei sich die Abstände zwischen benachbarten Punkten bei jedem Umlauf verdoppeln und bei der Abwärtsbewegung in der Mitte des Attraktors die Bahnen wie zufällig zwischen den beiden Attraktorhälften hin- und herwechseln.

Bei besonders einfachen Systemen mit nur drei dynamischen Variablen kann man sich die Ursache für das chaotische Verhalten auch grafisch veranschaulichen, indem man die Werte der drei Variablen als Koordinaten eines Punktes verwendet, dessen Bahn im dreidimensionalen Raum die zeitliche Entwicklung des Gesamtsystems darstellt. Dabei nähern sich die verschiedenen Bahnen häufig sehr schnell einer bestimmten Kurve oder Fläche im Raum an, auf der sie dann weiterlaufen. Man spricht von einem *Attraktor*.

Bei periodischen Bewegungen ist der Attraktor einfach eine geschlossene Kurve. Im chaotischen Fall ist der Attraktor dagegen weder eine Kurve noch eine Fläche, sondern ein fraktales Gebilde. Ein chaotischer Attraktor zieht auf ihm liegende benachbarte Punkte immer mehr auseinander, ähnlich wie man sich das Ausrollen

Der Lorenz-Attraktor verdeutlicht, dass es bei Luftströmungen zu chaotischem und damit unvorhersehbarem Verhalten kommen kann – eine langfristige zuverlässige Wettervorhersage wird daher wohl immer ein Wunschtraum bleiben!

Der Rössler-Attraktor

Die Physik der Strömungen → S. 100
Wikipedia *Chaosforschung*
G. Glaeser, K. Polthier *Bilder der Mathematik* Spektrum Akademischer Verlag 2010

Schwingende Saiten und Platten
Kann man Töne sehen?

Wird eine gespannte Gitarrensaite in Schwingung versetzt, so bildet sich eine stehende Welle aus, d. h., dass gewisse Bereiche der Saite stark schwingen, während andere in Ruhe bleiben (Letztere sind die sogenannten *Knotenpunkte*). Die Schwingungsfrequenz hängt dabei außer von Material und Gewicht von zwei Dingen ab: Zum einen von der Spannung der Saite, weswegen man ihren Ton verändern kann, indem man an den Stimmwirbeln dreht und sie so fester oder lockerer spannt. Zum anderen von der Länge der Saite, weswegen man unterschiedliche Töne erzeugen kann, je nachdem wo man die Saite abdrückt.

Schlägt man eine Gitarrensaite mit der Hand an, so erzeugt man hauptsächlich die Grundschwingung, d. h., es gibt keine Schwingungsknoten (außer den beiden eingespannten Endpunkten der Saite). Es gibt aber auch theoretisch unendlich viele weitere stehende

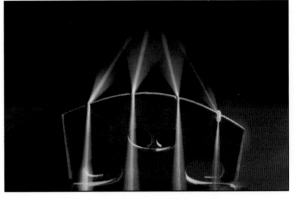

Schwingungsknoten auf Geigensaiten

Wellen, die sich auf der schwingenden Saite ausbilden könnten, je nachdem wie viele weitere Schwingungsknoten sie besitzt. Diese *Obertöne* würden auch anders klingen: Bei jeder Verdopplung der Anzahl der Schwingungsbäuche steigt der vom menschlichen Ohr wahrgenommene Ton um eine Oktave. Man kann also die genaue Form der Schwingung hören.

Bei einem zweidimensionalen schwingenden Körper, wie zum Beispiel einer eingespannten Platte, ist das allerdings schon deutlich komplizierter. Anders als eine eingespannte Saite hat eine Platte nämlich eine zweidimensionale Form, und deshalb gibt es viele komplizierte Möglichkeiten, auf die eine Platte in Schwingung versetzt werden kann. Auf einer Platte können die Stellen, an denen sie bei einer Schwingung in Ruhe ist, nicht nur punktförmig sein (wie die Schwingungsknoten bei einer schwingenden Saite), sondern auch linienförmig.

Grund- und die ersten Oberschwingungen einer eingespannten Saite

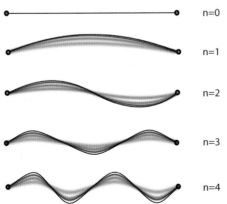

n=0

n=1

n=2

n=3

n=4

Bild rechts oben mit freundlicher Genehmigung von Dieter Biskamp
Davidson Physics *Chladni Figures and Vibrating Plates*
http://www.phy.davidson.edu/StuHome/jimn/Java/modes.html; englisch; Java-App zu Chladnischen Klangfiguren

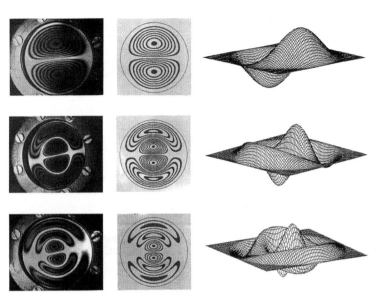

Holografische Interferogramme, berechnete Interferogramme und D-Simulationen der Eigenschwingungsformen einer runden Platte

Man kann diese *Knotenlinien* sehr schön sichtbar machen, indem man die Platte mit Sand bedeckt. Fängt sie an zu schwingen, so wird der Sand überall dort, wo die Platte sich bewegt, heruntergeschleudert. Auf den Knotenlinien bleibt der Sand jedoch liegen, weil sich dort die Platte eben nicht bewegt.

Betrachten wir das Beispiel einer kreisförmig eingespannten Platte. Eine Möglichkeit der Schwingung besteht darin, dass die Knotenlinien die Platte wie ein Kreuz in vier gleich große Teile teilen. Je zwei gegenüberliegende Viertel schwingen dann genau in die entgegengesetzte Richtung im Vergleich zu den beiden anderen Vierteln. Andererseits kann eine kreisrunde Platte auch durch einen Kreis mit halbem Radius in zwei Teile geteilt werden. Der innere Kreis und der äußere Ring schwingen dann gegenläufig.

Als erstes machte diese Knotenlinien der Physiker Ernst Florens Friedrich Chladni sichtbar, weshalb sie auch *Chladnische Klangfiguren* genannt werden. Für Platten von beliebiger gegebener Form ist es bis heute ein ungelöstes Problem, alle Knotenlinien und alle Schwingungsfrequenzen zu berechnen. Bis vor nicht allzu langer Zeit nahm man noch an, dass man wenigstens umgekehrt aus der Kenntnis aller von einer Platte erzeugten Töne ihre Form rekonstruieren könne. Marc Kac stellte hierzu 1966 die Frage: „Kann man die Form einer Trommel hören?" Im Jahre 1992 wurde diese Frage durch ein Gegenbeispiel gelöst: Es gibt unterschiedliche Flächen, die durch Schwingungen exakt dieselben Töne erzeugen. Ihre Chladnischen Figuren sind aber aufgrund ihrer unterschiedlichen Form nicht dieselben.

Bilder mit freundlicher Genehmigung von Jörg Schlimmer *Vergleich von holografisch-interferometrisch und speckle-interferometrisch ermittelten Plattenschwingungsformen mit rechnerisch simulierten Interferogrammen* 1993
T. Driscoll *Isospectral drums* http://www.math.udel.edu/~ driscoll/research/drums.html; englisch

Resonanz

Wenn man beim Schwingen die richtige Note trifft

Die meisten Objekte der realen Welt können auf die eine oder andere Art und Weise in Schwingung versetzt werden. Seien es die Saiten einer Gitarre durch die Gitarrenspielerin, eine von Wasserwellen hin- und hergeschwungene Boje auf dem Meer oder Züge, die durch das ständige Rattern der Räder über die Gleise zum Vibrieren gebracht werden.

In all diesen Fällen gibt es eine Wechselwirkung zwischen zwei Systemen, in denen eine äußere, antreibende Kraft einen Teil ihrer Energie auf das in Schwingung befindliche Objekt überträgt. Dabei passt sich die Schwingungsfrequenz des Objektes immer der Frequenz der antreibenden Kraft an, beide Systeme schwingen nach einiger Zeit also gleich schnell. Wie viel Energie dabei übertragen wird, hängt jedoch stark davon ab, wie weit diese Frequenz von der sogenannten *Resonanz*- oder *Eigenfrequenz* des Objektes entfernt ist. Diese ist eine Eigenschaft von schwingungsfähigen Körpern, die individuell von Form und Beschaffenheit abhängt.

Bei der Energieübertragung durch Schwingungen kann man zwei Extremfälle unterscheiden, die man sich zum Beispiel mit einem hängenden Gummiband veranschaulicht, das man am einen Ende in der Hand hält und an dessen anderem Ende ein schwerer Gegenstand, z. B. ein Tacker befestigt ist. Bewegt man nun die Hand sehr langsam auf und ab – also deutlich langsamer als die Resonanzfrequenz – so hat das Gummiband immer genug Zeit, seine Länge anzupassen, und der Tacker bewegt sich immer im Gleichschritt mit der

Hand mit. Es wird ein wenig Energie übertragen, aber nicht viel. Bewegt man die Hand allerdings mit sehr hoher Geschwindigkeit auf und ab – höher als die Resonanzfrequenz – so hat das Gummiband überhaupt keine Zeit sich rechtzeitig anzupassen. Es wird einfach mit hoher Geschwindigkeit gestreckt und gestaucht, und der Tacker verbleibt weitgehend dort, wo er ist. Wenn man genau hinschaut, kann man erkennen, dass er ein ganz klein wenig schwingt, und zwar genau gegenphasig zur Hand. Hierbei wird so gut wie keine Energie übertragen.

Zwischen diesen beiden Extremfällen liegt der Resonanzfall, also der Fall, dass man ganz genau mit der Resonanzfrequenz des Gummibandes schwingt.

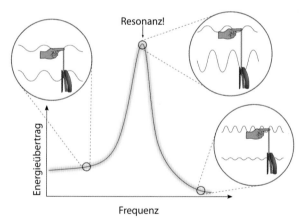

Resonanz zum Selbermachen: Mit Gummiband und Tacker kann man selbst ausprobieren, wie Frequenz und Energieübertrag zusammenhängen.

W. Demtröder *Experimentalphysik 1: Mechanik und Wärme (Springer-Lehrbuch)* Springer Verlag, 6. Auflage 2013

Während Hand und Tacker bei sehr kleiner Frequenz im Gleichtakt schwingen und bei sehr hoher entgegengesetzt, ist im Resonanzfall die Hand dem Tacker immer eine Viertelschwingung voraus. Das hat zur Folge, dass, wann immer die Hand maximal ausgelenkt ist, der Tacker gerade seine höchste Geschwindigkeit hat und umgekehrt. Genau wenn der Tacker also besonders schnell nach oben oder unten saust, gibt die Hand, indem sie das Gummiband stark spannt, noch mehr Energie an den Tacker ab, der dadurch noch schneller wird. Dies ist derselbe Effekt wie bei einer Kinderschaukel: Der beste Weg, besonders hoch zu schaukeln, ist, an ihrem tiefsten Punkt, also wenn sie am schnellsten ist, Schwung zu geben. An diesem Punkt ist der Energieübertrag am effektivsten.

Stimmgabeln sind so konstruiert, dass ihre Resonanzfrequenz genau festgelegt ist – hier bei exakt 659 Hertz, was dem Ton „E" entspricht.

Weil in der Resonanz die übertragene Energie am höchsten ist, ist die Auslenkung der angeregten Schwingung hier auch maximal. Das kann in vielen alltäglichen Situationen zu Problemen führen. Wenn die Schwingung nur schwach gedämpft ist, so kann der Fall der *Resonsanzkatastrophe* eintreten. Ein bekanntes Beispiel hierfür ist die Broughton-Suspension-Bridge: Am 12. April 1831 marschierten 74 britische Soldaten über diese Brücke, die durch den Gleichschritt in Resonanz versetzt wurde und einstürzte.

Ebenfalls durch eine Resonanzkatastrophe zerstört werden können Gläser, wenn man sie mit der richtigen Frequenz beschallt. Schreiende oder singende Menschen sind hierzu bei handelsüblichen Weingläsern allerdings nicht in der Lage. Hierfür bedarf es eines Tongenerators, um den entsprechenden Schalldruck und die Reinheit des Tons zu gewährleisten.

Das Konzept der Resonanz tritt auch in vielen anderen Bereichen der Physik auf. Zum Beispiel kann man so die diskreten Energieniveaus der Atome im Wellenbild ($\downarrow$) sehr gut verstehen: Photonen können ihre Energie nur dann an Atome abgeben, wenn ihre Frequenz genau einer der Resonanzfrequenzen der Atome entspricht. Bei allen anderen Frequenzen kann das Lichtteilchen so gut wie keine Energie übertragen.

Entgegen weitläufiger Meinung spielte Resonanz beim Einsturz der Tacoma-Narrows-Bridge im Jahre 1940 eine weitaus geringere Rolle als das durch den Wind hervorgerufene aerodynamische Flattern.

Wellenfunktion → S. 190

Scheinkräfte

Wenn wir Kräfte spüren, ohne eine Ursache zu finden

Das zweite Newton'sche Gesetz (↓) besagt, dass ein Körper eine Beschleunigung a erfährt, die proportional zur Summe der auf ihn einwirkenden Kräfte F ist. Wenn man allerdings nur Kräfte betrachtet, die ihre Ursache in physikalischen Prozessen haben, also z. B. die Schwerkraft, Reibung oder elektromagnetische Wechselwirkung, so stimmt dieses Gesetz nur für Beobachter, die sich auf geraden Linien mit konstanter Geschwindigkeit bewegen, die sich also in Inertialsystemen befinden. Wird ein Beobachter hingegen beschleunigt, so spürt er eine Beschleunigung in entgegengesetzter Richtung in Form eines Rückstoßes, zu der es keine Kraft zu geben scheint. Newtons zweites Gesetz scheint in solchen Fällen also nicht zu gelten.

Die fiktiven Kräfte, die zu diesen scheinbaren Beschleunigungen gehören, nennt man *Scheinkräfte*. Zu ihnen gehören zum Beispiel auch die *Zentrifugal-* oder *Fliehkraft*: Beobachtet man einen geostationären Satelliten (↓) von der Erde aus, so scheint er am Himmel still zu stehen. Aus der Sicht des Erdbewohners muss die Schwerkraft der Erde also von einer nach außen gerichteten Kraft aufgehoben werden – der Zentrifugalkraft. Diese Kraft existiert aber nicht wirklich – die Tatsache, dass sich der Satellit nicht beschleunigt, obwohl die Schwerkraft auf ihn wirkt, ist eine Folge der Erddrehung, durch die sich der erdfeste Beobachter in einem beschleunigten Bezugssystem befindet. Ein Beobachter in einem Intertialsystem, der sich nicht mit der Erde mit dreht, sieht den Satelliten sich auf einer Kreisbahn um die Erde bewegen – statt auf einer geraden Bahn durchs Weltall fliegen – weil er eben von ihrer Schwerkraft angezogen wird. Für diesen Beobachter gilt $F = m\,a$, ohne dass er Scheinkräfte postulieren muss.

Ein weiteres bekanntes Beispiel ist die sogenannte *Corioliskraft*. Genau wie die Zentrifugalkraft scheint sie in rotierenden Bezugssystemen zu wirken. Die Corioliskraft steht immer senkrecht zur Bewegungsrichtung und ist proportional zum Sinus des Winkels zwischen Bewegungsrichtung und Rotationsachse des Bezugssystems. Bewegt man sich zum Beispiel auf der Nordhalbkugel der Erde in irgendeine Richtung, so spürt man eine Beschleunigung nach rechts relativ zur Bewegungsrichtung. Aus diesem Grund sind großräumige Wolkenformationen über Tiefdruckgebieten meist wie Strudel geformt: Die Luft strömt in des Tiefdruckge-

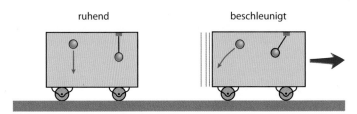

In einem beschleunigten Zugwagon spürt man eine entgegengesetzt wirkende Scheinkraft, so dass der Ball in einer Kurve nach unten zu fallen scheint.

Newtons Gesetze der Mechanik → S. 82
Satelliten mit geosynchronen Orbits → S. 12

biet hinein, wird (auf der Nordhalbkugel) aber nach rechts abgelenkt, sodass sich ein Strudel entgegen dem Uhrzeigersinn ergibt. Auf der Südhalbkugel verhält es sich genau umgekehrt.

Tornados hingegen sind so klein, dass die Corioliskraft sehr viel weniger Einfluss hat als lokale Luftströmungen. Dies gilt umso mehr für die Richtung des Strudels in einer abfließenden Badewanne: Hier hält sich hartnäckig das Gerücht, dass die Corioliskraft die Strudelrichtung bestimme, aber in Wirklichkeit hängt sie hauptsächlich von der genauen Art ab, wie der Stöpsel aus der Badewanne gezogen wird.

Die Corioliskraft zeigt sich in vielerlei Situationen: Zieht ein Kran seine Last zu sich heran während er sich dreht, so wird diese Last gemäß der Corioliskraft abgelenkt. Auf der Nordhalbkugel führt sie dazu, dass bei geraden Zugstrecken diejenige Schiene, die in Fahrt-richtung rechts liegt, geringfügig stärker belastet wird als die linke Schiene. Allerdings, selbst wenn es sich um einen schnellen ICE handelt, ist dieser Einfluss immer noch um Größenordnungen kleiner als zum Beispiel die Fliehkraft, wenn der Zug um eine Kurve fährt.

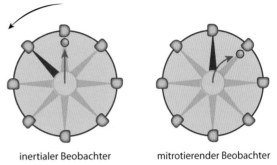

inertialer Beobachter mitrotierender Beobachter

Die Corioliskraft tritt in rotierenden Bezugssystemen auf: Wird ein Ball von der Mitte des Karussells in Richtung der roten Linie nach außen geworfen, so scheint der Ball für den für den mitrotierenden Beobachter entlang einer Kurve zu fliegen.

Die Erdrotation und die resultierende Corioliskraft prägen die Windrichtungen auf dem Planeten entscheidend mit.

Ein Tiefdruckgebiet über Island. Die von außen hineinströmende Luft formt einen Wirbel aufgrund der Corioliskraft.

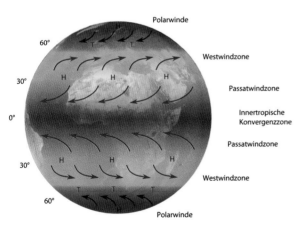

P. A. Tipler *Physik* Spektrum Akademischer Verlag 1994
J. Walker *Der fliegende Zirkus der Physik* Oldenbourg Wissenschaftsverlag 2007

Granulare Materie
Flüssig und fest zugleich

Obwohl Stoffe in der Natur normalerweise in einem bestimmten Aggregatzustand vorkommen, ist ihr Verhalten häufig sehr viel komplexer, als dass man ihn nur als „fest" oder „flüssig" bezeichnen könnte. Ein gutes Beispiel hierfür sind die *granularen* (also „körnigen") *Materialien*, in der Industrie als „Schüttgut" bezeichnet. Diese bestehen – wie z. B. Sand oder Mehl – aus unzähligen kleinen Körnern, die selbst zwar alle Festkörper sind, aber die sich im Kollektiv bisweilen wie Flüssigkeiten verhalten können.

Wichtig ist hierbei, dass die Größe der beteiligten „Körner" – seien es nun Reiskörner, Staubkörner oder Schneeflocken – makroskopisch ist, d. h., es treten keinerlei Quanteneffekte auf. Dann wird die Wechselwirkung der Körner untereinander nur von der Reibung und eventuell von Kohäsionseffekten bestimmt.

Wasser kann Verbindungen zwischen Schneekristallen durch Adhäsion verstärken, aber auch auflösen und so schwächen.

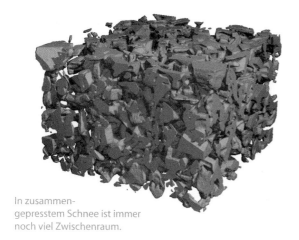

In zusammengepresstem Schnee ist immer noch viel Zwischenraum.

Sand zum Beispiel kann sich wie ein Festkörper verhalten – man kann Steine auf ihm platzieren, die nicht untergehen – oder auch wie eine Flüssigkeit – Sand nimmt die Form des ihn enthaltenden Gefäßes an und kann „ausgegossen" werden.

Die „Fließeigenschaften" eines Granulates hängen ganz entscheidend von der Korngröße und auch -form ab. Ein bekanntes Beispiel hierfür ist der sogenannte *Paranuss-Effekt*. Dieses Phänomen tritt immer in gemischten granularen Materialien auf, in denen beide Mischungspartner unterschiedliche Korngrößen besitzen – wie Paranüsse in Frühstücksflocken. In einem solchen Gemisch liegen die größeren Körner vermehrt an der Oberfläche, und durch zusätzliches

Bilder von B. Koechle, WSL-Institut für Schnee- und Lawinenforschung SLF, Davos
O. Morsch *Sandburgen, Staus und Seifenblasen* Wiley-VCH Verlag 2005

Künstlich ausgelöste Staublawine im Versuchsgelände des WSL-Instituts für Schnee- und Lawinenforschung SLF

Schütteln kann man die größeren und die kleineren immer weiter trennen, bis die großen Körner ganz obenauf liegen. Die Erklärung hierfür ist sehr anschaulich: Durch das Schütteln entstehen zwischen den Körnern kleine Zwischenräume, die besser von kleineren als von den größeren Körnern gefüllt werden können. Die kleineren Körner wandern also langsam nach unten, während die größeren dadurch immer weiter nach oben gedrückt werden.

Allen granularen Materialien gemein ist, dass sie sogenannte *Schüttkegel* ausformen, wenn sie ausgegossen werden. In dieser Form befinden sie sich gerade an einem kritischen Punkt zwischen zwei „Phasen": Während sich zum Beispiel ein Sandhaufen an sich wie ein Festkörper verhält, bedeutet schon eine kleine Störung, wie zum Beispiel die Zugabe von ein wenig mehr Sand, dass sich Lawinen ausbilden, d. h., dass der Sand wie eine Flüssigkeit den Hang hinunter rieselt, und zwar solange, bis sich wieder ein stabiles Gleichgewicht eingestellt hat. Dabei hat ein Schüttkegel einen spezifischen Hangneigungswinkel, den man auch *Böschungswinkel* nennt. Die genaue Größe dieses Böschungwinkels hängt von der Korngröße und vor allem von ihrer Form ab: Nicht nur lassen sich Sandburgen deutlich leichter mit dem aus eckigeren Körnern bestehenden Flusssand bauen. Auch lassen sich mit Langkornreis steilere Haufen formen als aus Reis mit runderen Körnern.

Die Tendenz, sich von einem Zustand des Nichtgleichgewichtes (dem Ausschütten) von selbst zu einem kritischen Punkt (dem Schüttkegel) hin zu entwickeln, wird *selbstorganisierte Kritikalität* genannt, eine Eigenschaft, die granulare Materie mit vielen anderen komplexen Systemen wie Waldbränden, Verkehrsstaus oder sogar Städtewachstum teilt.

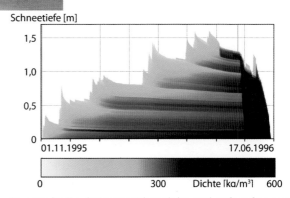

Numerische Simulation von Schneedichte und -tiefe, aufgetragen über die Zeit. Lawinen sind als scharfe Spitzen zu erkennen.

Bild links oben von WSL-Institut für Schnee- und Lawinenforschung SLF, Davos
Bild rechts unten aus Perry Bartelt, Michael Lehning http://dx.doi.org/10.1016/S0165-232X(02)00074-5
S. M. Weber, Physikdidaktik *Granulare Materie I*
http://www.physikdidaktik.uni-bayreuth.de/projekte/piko/GranulareMaterie1_WeberSM.pdf

Brown'sche Bewegungen
Das unvorhersagbare Verhalten von Staubkörnern, Pollen und Börsenkursen

Ein Gas oder eine Flüssigkeit ist eine Ansammlung von unzähligen Atomen oder Molekülen, die in schneller Abfolge zusammenstoßen und voneinander abprallen. Zumeist interessiert man sich nur für grobe Eigenschaften, wie zum Beispiel den Druck eines Gases oder die Temperatur einer Flüssigkeit. Hierfür muss man die Bahnen der einzelnen Moleküle nicht kennen.

Was aber, wenn man sich für die Bahn eines einzelnen Teilchens inmitten all der anderen interessiert? Es ist schwer, ein individuelles Luftmolekül die ganze Zeit über im Auge zu behalten, deshalb stelle man sich vor, dass man ein einzelnes Staubkörnchen in der Luft, oder ein winziges Pollenkorn in Wasser verfolgen möchte.

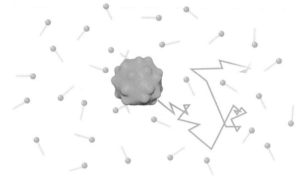

Pollenkorn inmitten von Wassermolekülen

Ein Tropfen Farbe verteilt sich im Wasserglas aufgrund der Brown-schen Bewegung.

Die ersten Beobachtungen unter dem Mikroskop dieser Art wurden 1785 von Jan Ingenhousz durchgeführt. Die Experimente von Robert Brown ca. 40 Jahre später haben den beobachteten Teilchenbewegungen ihren Namen gegeben: die *Brown'sche Molekularbewegung*. Sie sieht extrem zufällig und unregelmäßig aus. Das ist kein Wunder, denn anders als Ingenhousz oder Brown wissen wir heute, dass ein Teilchen in Luft pro Sekunde ca. fünf Milliarden Zusammenstöße mit Luftmolekülen erfährt, wobei es jedes Mal zufällig seine Richtung ändert.

Kann man also die Bahn eines einzelnen Teilchens vorhersagen? Nun, auf jeden Fall nicht exakt, zumindest wenn man nicht gleichzeitig die Bahnen aller anderen Teilchen im Gas kennt, was natürlich illusorisch ist. Trotzdem erlaubt die extreme Zufälligkeit, zumindest einige Eigenschaften von typischen Teilchenbahnen vorherzusagen.

A. Einstein *Über die von der molekularkinetischen Theorie der Wärme geforderte Bewegung von in ruhenden Flüssigkeiten suspendierten Teilchen* Annalen der Physik, Vol. 322, Nr. 8, 1905, S. 549–556,
http://www.physik.uni-augsburg.de/annalen/history/einstein-papers/1905_17_549-560.pdf

Mathematisch modellieren kann man die Brown'sche Molekularbewegung hervorragend mit dem Modell des *Random Walker* (auf deutsch etwa: Zufallsläufer). Man stelle sich dazu zum Beispiel ein unendlich großes, quadratisches Gitter vor. Auf einem der Knotenpunkte sitzt der Random Walker. In regelmäßigen Zeitschritten macht dieser Läufer einen Schritt in eine zufällige Richtung, also entweder nach oben, unten, rechts oder links, und setzt sich auf den entsprechenden benachbarten Knotenpunkt im Gitter.

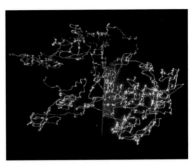

Brown'sche Bewegung mit einem Laserstrahl

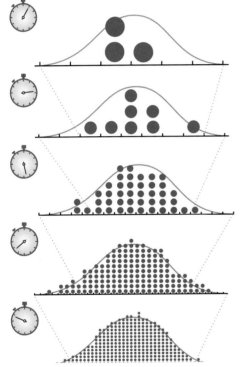

Lässt man viele Random Walker über lange Zeit laufen, nähert sich ihre Aufenthaltswahrscheinlichkeit einer Gauß'schen Verteilung an.

Wenn man nun den Zeitschritt sehr klein wählt (also zum Beispiel mehrere Milliarden Schritte pro Sekunde) und die Schrittlänge auf einige wenige Nanometer setzt, so ist ein typischer Pfad des Zufallsläufers kaum von einem Pfad eines Pollenkorns auf einer Wasseroberfläche zu unterscheiden. Führt man den Random Walk auf einem dreidimensionalen Gitter aus, so stimmen die beobachteten Pfade ziemlich gut mit den Wegen, die ein Pollenkorn bei seinem Flug durch (windstille) Luft nimmt, überein.

Obwohl es sich bei dem Random Walker nur um ein sehr einfaches Modell handelt, so kann man doch eine Menge daraus für das Verhalten von realen Phänomenen lernen. Er beschreibt nämlich nicht nur die Diffusionsbewegung einzelner Teilchen in einem Gas oder einer Flüssigkeit, man benutzt ihn auch zur Modellierung von Preisentwicklungen, zum Beispiel an der Börse. In der Tat scheinen – zumindest für kurze Zeit – die Bahnen eines eindimensionalen Random Walkers, aufgetragen gegen die Zeit, nicht nur an Pollen, sondern auch an Börsenkurse zu erinnern. Zumindest solange es keine einschneidenden Begebenheiten in der Finanzwelt gibt.

Bild rechts oben mit freundlicher Genehmigung von BInf. MPhil. (Arch) Justin James Clayden http://justy.me
B(R)G Ried *Brownsche Bewegung* http://schulen.eduhi.at/riedgym/physik/10/waerme/temperatur/brownsche_bewegung.htm
Wikimedia *Brownian Motion Beads in Water Spim, Video*
http://commons.wikimedia.org/wiki/File:Brownianmotion_beads_in_water_spim_video.gif?uselang=de

Entropie und der
zweite Hauptsatz der Thermodynamik
Was der Zeit eine Richtung gibt

Die Entropie S zählt in logarithmischer Weise, wie viele Mikrozustände (beispielsweise Quantenzustände) eines makroskopischen Systems von außen betrachtet praktisch gleichwertig aussehen, sodass man sie zu einem Makrozustand zusammenfasst:

$$S = k_B \ln \Omega$$

Dabei ist Ω die Zahl der Mikrozustände und k_B ist die Boltzmannkonstante.

Betrachten wir als Beispiel ein Zimmer, das wir in Gedanken in zwei Hälften aufteilen. Wir verteilen nun zufällig viele kleine Luftmoleküle im Zimmer. Die genaue Aufteilung der einzelnen Moleküle auf die beiden Hälften entspricht dann jeweils einem einzelnen Mikrozustand, während uns bei einem Makrozustand hier nur interessiert, wie viele Moleküle sich insgesamt in der rechten beziehungsweise linken Hälfte befinden. Es gibt nun sehr viel mehr mögliche Aufteilungen (Mikrozustände), bei denen sich die Luftmoleküle relativ gleichmäßig auf beide Hälften verteilen, als Aufteilungen, bei denen sich die meisten Moleküle in der linken oder rechten Zimmerhälfte befinden. Entsprechend ist die Entropie der Makrozustände mit gleichmäßiger Aufteilung größer als mit ungleichmäßiger Aufteilung. Dies wird umso ausgeprägter, je mehr Moleküle sich im Zimmer befinden. Und ein reales Zimmer enthält immerhin mehr als 10^{26} Moleküle!

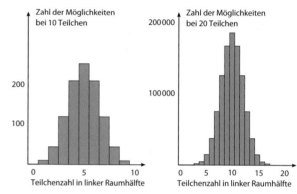

In einem Zimmer, in dem sich die Moleküle frei bewegen können, werden diese sich im Lauf der Zeit relativ gleichmäßig verteilen, selbst wenn sie anfangs alle in der linken Zimmerhälfte waren. Das System nimmt mit der Zeit also Makrozustände mit immer höherer Entropie an, bis schließlich die maximale Entropie erreicht ist, und sich die Moleküle gleichmäßig verteilt haben.

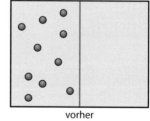

vorher

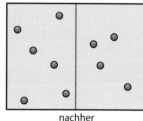

nachher

Brown'sche Bewegungen → S. 120

Das ist genau die Bedeutung des *zweiten Hauptsatzes der Thermodynamik*:

> **Zweiter Hauptsatz der Thermodynamik:**
> In einem abgeschlossenen makroskopischen System nimmt die Entropie mit der Zeit zu und erreicht im thermischen Gleichgewicht ihr Maximum.

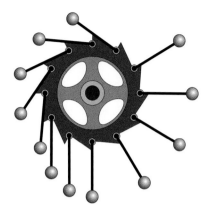

Versuch für ein mechanisches Perpetuum Mobile. Die Kugeln rechts müssten auf den ersten Blick wegen des längeren Hebelarms das Rad im Uhrzeigersinn drehen. Die größere Anzahl an Kugeln auf der linken Seite kompensiert jedoch diesen Effekt, sodass sich das Rad nicht von alleine dreht.

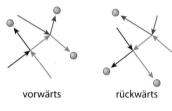

vorwärts   rückwärts

Letztlich verleiht dieses Gesetz der Zeit erst eine Richtung, denn die mikroskopischen Bewegungen der einzelnen Moleküle sind im Detail zeitlich umkehrbar: Lassen wir einen Molekülzusammenstoß zeitlich rückwärts ablaufen, so sehen wir wieder einen physikalisch möglichen Prozess. Der zweite Hauptsatz ist demnach nur eine Wahrscheinlichkeitsaussage: Es ist genau genommen bei sehr vielen Teilchen nur extrem unwahrscheinlich, dass die Entropie von alleine signifikant abnimmt, aber absolut unmöglich ist es nicht.

Im thermischen Gleichgewicht ist die Energie zufällig auf die einzelnen Moleküle verteilt. Ein *Perpetuum Mobile* versucht nun, ohne Eingreifen von außen diese Energie lokal zu konzentrieren und in Form von Arbeit nutzbar zu machen. Ein solcher Makrozustand mit lokalisierter Energie ist jedoch sehr viel unwahrscheinlicher als der Gleichgewichtszustand, und seine Entropie ist sehr viel kleiner. Daher lautet eine andere Formulierung des zweiten Hauptsatzes: *Es gibt kein Perpetuum Mobile!*

Die molekulare Ratsche ist ein gedachtes winziges Perpetuum-Mobile, bei dem Gasteilchen von verschiedenen Richtungen auf das Flügelrad rechts treffen und so das Rad mal links und mal rechts herum antreiben. Die Sperre am Zahnrad links lässt allerdings nur Drehungen in eine Richtung zu, sodass das Rad nach und nach ein Gewicht anhebt. Richard Feynman hat gezeigt, warum diese Ratsche nicht funktionieren kann: Auch die mikroskopische Sperre führt thermische Zufallsbewegungen aus, sodass sie das Zahnrad nicht zuverlässig blockieren kann.

R. P. Feynman, R. B. Leighton, M. Sands *Feynman-Vorlesungen über Physik, Band 1* Oldenbourg Wissenschaftsverlag 1997

Dampfmaschine & Co
Wie gut kann eine Wärmekraftmaschine sein?

Wenn wir an den Siegeszug der Industriellen Revolution im 18. und 19. Jahrhundert denken, so kommt uns besonders ein Bild in den Sinn: die Dampfmaschine. Die erste wirklich nutzbare Dampfmaschine wurde im Jahr 1712 von dem englischen Erfinder Thomas Newcomen gebaut und sollte dabei helfen, Wasser aus Bergwerken zu pumpen. Ihr Wirkungsgrad lag noch bei unter einem Prozent, d. h. weniger als ein Prozent der aufgewendeten Verbrennungsenergie wurde in Arbeit umgesetzt, während der Rest nutzlos als Abwärme verpuffte.

Wie ließ sich die Ausbeute steigern? Der erste, der diese Frage systematisch anging, war der französische Physiker und Ingenieur Nicolas Léonard Sadi Carnot. Er stellte sich vor, dass in einer Dampfmaschine eine Art Wärmesubstanz ein Temperaturgefälle hinabfließt und dabei Arbeit verrichtet, ähnlich wie Wasser bei einer Wassermühle. Je größer das Temperaturgefälle ist, umso mehr Arbeit ließe sich erzeugen.

Nicolas Léonard Sadi Carnot (1796 – 1832) begründete mit seinen Überlegungen zur Dampfmaschine die Thermodynamik.

Dampfmaschine nach Thomas Newcomen

Auch wenn wir heute wissen, dass Wärme eine Energieform und keine Substanz ist, so war Carnot doch auf dem richtigen Weg. Er ersann im Jahr 1824 eine theoretische Wärmekraftmaschine und wies nach, dass ihr Wirkungsgrad von keiner anderen Maschine übertroffen werden kann, egal wie raffiniert man es auch anstellt. Demnach gilt für den Wirkungsgrad η einer beliebigen Wärmekraftmaschine – also den Anteil der aufgewendeten Wärmeenergie, der in Arbeit umgesetzt wird – die folgende Begrenzung:

$$\eta \leq 1 - T_2/T_1$$

Hier ist T_1 die Temperatur der Wärmequelle in Kelvin, aus der die Maschine ihre Energie bezieht, und T_2 ist die Temperatur des Kühlmediums, an das sie überschüssige Wärme abgibt. Für einen großen Wirkungs-

R. P. Feynman, R. B. Leighton, M. Sands *Feynman-Vorlesungen über Physik, Band I* Oldenburg Wissenschaftsverlag; Kapitel 44: Die Gesetze der Thermodynamik

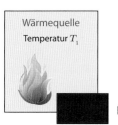
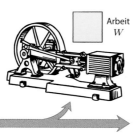

Wärmequelle
Temperatur T_1

Arbeit
W

Kühlmedium
Temperatur T_2

Wärmemenge Q_1

Wärmemenge Q_2

Energieerhaltung: $W = Q_1 - Q_2$

Entropie: $S_2 = Q_2/T_2 \geq S_1 = Q_1/T_1$ (zweiter Hauptsatz)

$\Rightarrow Q_2/Q_1 \geq T_2/T_1$

Wirkungsgrad: $\eta = W/Q_1 = 1 - Q_2/Q_1 \leq 1 - T_2/T_1$

Der maximale Wirkungsgrad einer Wärmekraftmaschine folgt aus der Energieerhaltung und dem zweiten Hauptsatz der Thermodynamik (↓). Demnach muss die Entropie S_2, die die Maschine zusammen mit der Abwärme Q_2 nach außen an das Kühlmedium abgibt, größer oder mindestens gleich der Entropie S_1 sein, die sie zusammen mit der Wärmemenge Q_1 der Außenwelt (hier der Wärmequelle) entnimmt.

grad braucht man also ein möglichst kaltes Kühlmedium und eine möglichst heiße Wärmequelle – ganz wie Carnot es bereits vermutet hatte. Erst wenn die Temperatur des Kühlmediums beim absoluten Nullpunkt liegt, kann der Wirkungsgrad theoretisch 100 % erreichen.

Carnots Überlegungen sind auch heute noch wegweisend. Sie gelten für jede beliebige Maschine, die ein Temperaturgefälle nutzt, um Arbeit zu leisten, sei es nun eine Dampfmaschine, ein Verbrennungsmotor oder ein Stromkraftwerk.

Man kann Carnots theoretische Maschine auch rückwärts laufen lassen. Jetzt muss man Arbeit aufwenden, um Wärmeenergie gegen das Temperaturgefälle vom kalten Medium aufzunehmen und auf das heiße Me-

dium zu übertragen – also genau das, was ein Kühlschrank oder eine Wärmepumpe tut. Dabei muss umso mehr Arbeit – beispielsweise in Form elektrischer Energie – aufgewendet werden, je größer der zu überwindende Temperaturunterschied und je kälter das zu kühlende Medium ist. Diese Arbeit kommt zu der aufgenommenen Wärme hinzu und wird zusammen mit dieser als Wärme an das heißere Medium abgegeben. Genau das ist der Vorteil bei einer Wärmepumpe gegenüber einer normalen Heizung: Die abgegebene Wärme ist größer als möglich wäre, hätte man die elektrische Energie direkt in Wärme umgewandelt. Zugleich zeigt die Überlegung auch, warum man einen offenen Kühlschrank nicht als Kühlung für die Wohnung verwenden kann: Er gibt immer mehr Wärmeenergie in den Raum ab, als er seinem Innenraum entzieht.

Der Adler war ab 1835 die erste regelmäßig verkehrende Dampflokomotive in Deutschland.

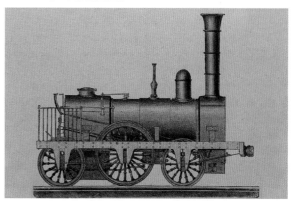

Entropie und der zweite Hauptsatz der Thermodynamik → S. 122

Negative absolute Temperaturen
Heißer als heiß

Im Alltag haben wir eine gute intuitive Vorstellung davon, was Temperatur bedeutet, denn als Mensch kann man heiß und kalt einfach durch Anfassen unterscheiden.

Für Systeme wie zum Beispiel Gase oder Flüssigkeiten definiert man die Temperatur über die Energieverteilung: Ein System, das aus sehr vielen einzelnen Bausteinen besteht (wie zum Beispiel Moleküle in einem Gas), hat die Temperatur T, wenn die statistische Wahrscheinlichkeit P für einen Baustein, die Energie E zu haben, proportional ist zu

$$P \sim e^{-E/(k_B T)}.$$

Hier bezeichnet $k_B = 1{,}3 \cdot 10^{-23}$ Joule/Kelvin wieder die *Boltzmannkonstante*. Teilchen mit sehr hohen Energien E kommen also (exponentiell) unwahrscheinlich vor. Je größer allerdings die Temperatur T ist, desto langsamer fällt die Wahrscheinlichkeit P mit höherer Energie E ab. Das bedeutet: Wenn das System eine hohe Temperatur T hat, dann sind Teilchen mit hohen Energien wahrscheinlicher, was auch der Anschauung entspricht. Weil diese Definition eine Aussage über Wahrscheinlichkeiten – und somit über Häufigkeiten – ist, macht es zum Beispiel keinen Sinn, einem einzelnen Atom in einem Gas eine Temperatur zuzuordnen.

In Gasen mit negativer Temperatur hat ein Großteil der Teilchen die maximale Energie.

Am absoluten Temperaturnullpunkt $T = 0$ Kelvin haben jedoch alle Teilchen exakt die Energie $E = 0$ Joule. Man könnte also meinen, noch niedriger könne es nicht gehen, da es keine negativen Energien gäbe. Und in der Tat: Hätte ein Gas zum Beispiel eine negative Temperatur $T < 0$, dann würde nach unserer obigen Formel die Wahrscheinlichkeit, ein Teilchen mit einer hohen Energie anzutreffen, exponentiell steigen. Da Moleküle aber theoretisch beliebig viel Energie haben könnten und folglich immer schneller würden, stiege die Wahrscheinlichkeit für immer größere Energien über alle Grenzen bis zur Unendlichkeit – vor allem über 100 %, was für eine Wahrscheinlichkeitsaussage keinen Sinn ergibt.

Entgegen der Intuition sind Zustände mit negativer Temperatur heißer als solche mit positiver Temperatur.

Bilder auf dieser Seite und der gegenüberliegenden Seite rechts oben von MPQ/LMU München
Max-Planck-Gesellschaft *Eine Temperatur jenseits des absoluten Nullpunkts*
http://www.mpg.de/6769805/negative_absolute_temperatur

Und doch sind negative absolute Temperaturen in der Natur möglich, wie Forscher der Ludwig-Maximilians-Universität in München im Jahre 2012 gezeigt haben: Dafür betrachteten sie einige hunderttausend auf einem optischen Gitter angeordnete Kaliumatome. Aufgrund der Welleneigenschaften der Atome (Welle-Teilchen-Dualismus ↓) war die Geschwindigkeit, mit der die Atome von Gitterpunkt zu Gitterpunkt springen konnten – und damit die kinetische Energie – nach oben hin begrenzt. Durch geschicktes Anpassen der anderen Parameter des Experimentes konnten auch die potentielle und die Wechselwirkungsenergie beschränkt werden. Damit war der Gesamtenergie der Teilchen eine obere Grenze gesetzt, und negative Temperatur-Zustände führten nicht zu Wahrscheinlichkeiten oberhalb von 100 %.

In der Tat konnte auf diese Weise ein System mit negativer Temperatur hergestellt werden, bei dem die meisten Teilchen die Maximalenergie hatten und nur exponentiell wenige mit niedrigen Energien zu finden waren. Obwohl das System eine negative Temperatur hatte, war es dennoch heißer als jedes System mit positiver Temperatur. Die Temperaturskala hört nämlich

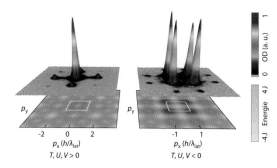

Geschwindigkeitsverteilung der Kaliumatome im optischen Gitter. Ist das Gas sehr kalt (links), beträgt die mittlere Geschwindigkeit fast null; ist es sehr heiß (rechts), beträgt sie fast das Maximum.

bei T = unendlich nicht einfach auf, sondern man konnte die Atome durch weitere Energiezufuhr auf T = minus unendlich springen lassen, wo die negative Temperaturskala beginnt. Am Besten versteht man das, wenn man statt der Temperatur T deren Kehrwert $1/T$ betrachtet, denn dann erfolgt der Übergang zwischen positiven und negativen Werten wie üblich bei Null. Ganz allgemein ist dabei immer derjenige Zustand heißer, der den kleineren Temperatur-Kehrwert $1/T$ besitzt, wobei bei thermischem Kontakt immer Energie vom heißeren zum kälteren System fließt.

Systeme mit negativer Temperatur haben einige sehr merkwürdige Eigenschaften: Zum Beispiel können sie Entropie (↓) verlieren, indem sie Energie aufnehmen, denn je heißer sie werden, desto geordneter sind sie auch. Wenn sich zum Beispiel $1/T$ dem Wert minus unendlich nähert, befinden sich so gut wie alle Teilchen im selben – dem energetisch höchsten – Zustand, und wären damit fast vollkommen geordnet. Theoretisch wären mit solchen Systemen – zumindest für kurze Zeit – Wärmetransportprozesse mit einem Wirkungsgrad von mehr als 1 erlaubt.

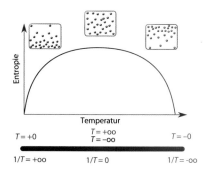

Führt man einem System mit negativer Temperatur noch mehr Energie zu, so sinkt seine Entropie

Welle-Teilchen-Dualismus → S. 188
Entropie und der zweite Hauptsatz der Thermodynamik → S. 122

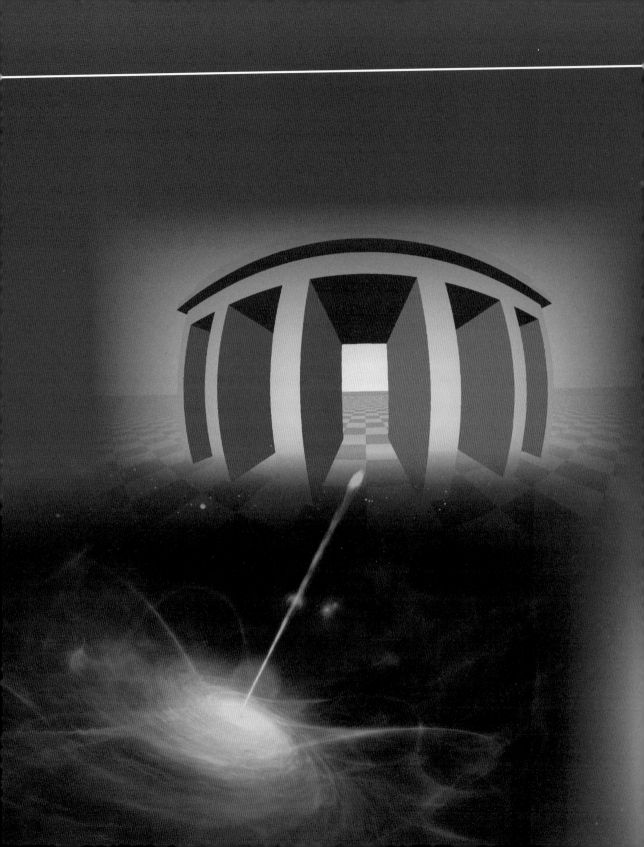

4 Relativitätstheorie

Was bedeutet $E = mc^2$? Wie können wir uns rotierende schwarze Löcher vorstellen? Und wie funktioniert das GPS? Diese und andere spannende Fragen lassen sich mithilfe der Speziellen und der Allgemeinen Relativitätstheorie beantworten, die Albert Einstein zu Beginn des 20. Jahrhunderts formuliert hat.

Die Grundlage der Speziellen Relativitätstheorie ist der Gedanke, dass Licht immer gleich schnell ist — ganz gleich, wie schnell man sich selbst bewegt. Das ist überraschend — denn es bedeutet, dass wir Licht nie einholen können. Aus dieser Tatsache ergeben sich viele verblüffende Konsequenzen.

In Einsteins 1915 erschienener Allgemeiner Relativitätstheorie wurde auch die Gravitation mit einbezogen — eine Meisterleistung an physikalischer Einsicht und mathematischer Eleganz, die bis heute ihresgleichen sucht. In dieser Theorie wird deutlich, wie Gravitationskräfte durch die Krümmung von Raum und Zeit entstehen — und wie wiederum der Raum gekrümmt wird durch Materie und Energie. Isaac Newton wäre sicher sehr erstaunt darüber gewesen, was aus seinem Gravitationsgesetz geworden ist!

Die Allgemeine Relativitätstheorie beschreibt selbst bizarre Objekte wie Wurmlöcher und macht gar einen futuristischen Warp-Antrieb denkbar. Was Albert Einstein wohl zu einer Folge von Star Trek gesagt hätte?

© Springer-Verlag GmbH Deutschland, ein Teil von Springer Nature 2019
B. Bahr et al., *Faszinierende Physik*, https://doi.org/10.1007/978-3-662-58413-2_4

Was ist Zeit?
Eine hartnäckige Illusion

Was Zeit ist, glauben wir intuitiv zu wissen. Wir spüren, wie die Zeit unaufhaltsam voranschreitet. Dieses Zeitgefühl ist eng mit den Vorgängen in unserem Gehirn verknüpft und damit natürlich subjektiv. Kann uns die Physik weiterhelfen, die wahre Natur der Zeit zu ergründen?

Einen ersten Versuch unternahm Isaac Newton im Jahr 1687, als er in seiner Principia sagte:

„Die absolute, wahre und mathematische Zeit verfließt an sich und vermöge ihrer Natur gleichförmig und ohne Beziehung auf irgendeinen äußeren Gegenstand."

Das hört sich recht plausibel an. Wenn man aber genauer hinschaut, so entdeckt man einige Schwachstellen: Wie unterscheidet sich die Zeit t eigentlich von einer Raumdimension x, wenn doch beide in Newton's Physik durch eine reelle Variable dargestellt werden können? Warum fließt die Zeit immer von der Vergangenheit in die Zukunft?

Das Rätsel des Zeitpfeils ist eng mit dem zweiten Hauptsatz der Thermodynamik (↓) verknüpft. Demnach entwickelt sich ein System aus vielen Atomen von alleine so gut wie immer zu wahrscheinlicheren Makrozuständen hin und gibt so der Zeit eine Richtung. Eine heiße Tasse Kaffee kühlt in einem Zimmer eben ab und wird nicht von alleine noch heißer. Der Zeitpfeil ist demnach keine Eigenschaft der Zeit selbst, sondern er ist eine Folge der Statistik makroskopischer Systeme.

Als man sich um das Jahr 1900 intensiv mit der Physik elektromagnetischer Felder (↓) befasste, geriet man mit Newton's absoluter Zeit in weitere Schwierigkeiten. So schien es dem niederländischen Physiker Hendrik Antoon Lorentz, als sollte man für ein bewegtes Objekt eine rein mathematisch definierte lokale Zeit t' einführen, um aus dessen Sicht die elektromagnetischen Phänomene mathematisch bequem zu beschreiben.

Thomas de Padova *Leibniz, Newton und die Erfindung der Zeit* Piper 2013
Entropie und der zweite Hauptsatz der Thermodynamik → S. 122
Die elektromagnetische Wechselwirkung → S. 58

Hendrik Antoon Lorentz
(1853–1928) im Jahr 1916

Albert Einstein im Patentamt
Bern im Jahr 1905

Atomuhren, die als Zeitmaßstab die Schwingungsdauer bestimmter Atomübergänge verwenden.

Ist das Rätsel der Zeit damit gelöst? Vermutlich nicht, denn es könnte beispielsweise im Urknall oder im Inneren schwarzer Löcher physikalische Situationen geben, in denen sich keine Zeitmaßstäbe – also Uhren – mehr definieren lassen. Im Reich der Quantengravitation (↓) könnte der Zeitbegriff an seine Grenzen stoßen und sich auflösen. Vielleicht hatte Einstein also Recht, als er kurz vor seinem Tod sagte: „Für uns gläubige Physiker hat die Scheidung zwischen Vergangenheit, Gegenwart und Zukunft nur die Bedeutung einer wenn auch hartnäckigen Illusion."

Trotz dieses mathematischen Tricks blieben viele Fragen offen. Im Jahr 1905 löste dann ein junger Physiker – der damals 26-jährige Albert Einstein – sämtliche Probleme mit einem einzigen Geniestreich: Die lokale Zeit t' war keineswegs fiktiv, sondern sie war genau die Zeit, wie sie aus Sicht des bewegten Objektes real verstrich. Genau diese Zeit würde eine mitgeführte Uhr auch anzeigen, während eine ruhende Uhr eine andere Zeit t anzeigt.

Newtons absolute Zeit ohne Bezug auf einen äußeren Gegenstand gab es offenbar nicht! „Zeit ist das, was man an der Uhr abliest", sagte Einstein. Auch unser moderner Zeitstandard ist durch Uhren festgelegt, und zwar durch hochgenaue

Kombination zweier Atomuhren am US-amerikanischen National Institute of Standards and Technology (NIST) auf der Basis von Ytterbium-Atomen. Die besten Atomuhren sind mittlerweile so genau, dass sie während der gesamten Lebensdauer des Universums um weniger als eine Sekunde vor- oder nachgehen würden.

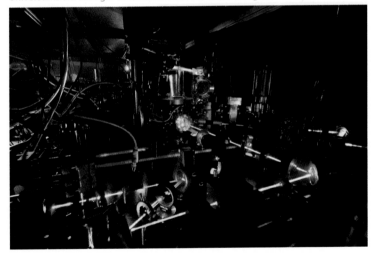

Loop-Quantengravitation → S. 316

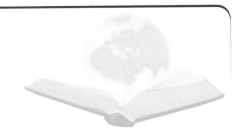

Lichtgeschwindigkeit und Spezielle Relativitätstheorie

Licht kann man nicht überholen

Zu Beginn des zwanzigsten Jahrhunderts hatte man ein Problem: Man stellte fest, dass die Physik elektromagnetischer Felder nicht davon abhängt, ob man ruht oder sich gleichförmig bewegt. Die Folge davon ist, dass sich eine elektromagnetische Welle (beispielsweise ein Lichtstrahl) aus der Sicht *jedes* gleichförmig bewegten Beobachters immer mit derselben Geschwindigkeit bewegt, nämlich mit Lichtgeschwindigkeit. Man kann somit einen Lichtstrahl niemals einholen. Sendet beispielsweise ein schnell fliegendes Raumschiff einen Lichtstrahl in Flugrichtung aus, so bewegt sich dieser sowohl aus Sicht eines außenstehenden Beobachters als auch aus Sicht des Raumschiffs immer mit Lichtgeschwindigkeit. Nach klassischem Verständnis hätte sich der Lichtstrahl aus Sicht des hinterherfliegenden Raumschiffs aber langsamer bewegen müssen.

von außen betrachtet

$$\vec{v}$$
$$c$$

vom Raumschiff aus betrachtet

$$v = 0$$
$$c$$

Erst Albert Einstein erkannte im Jahr 1905, dass sich diese scheinbar paradoxe Situation nur dann zufriedenstellend auflösen lässt, wenn sich Raum und Zeit anders als ursprünglich gedacht verhalten. Er formulierte die Grundlagen dafür im Rahmen seiner *Speziellen Relativitätstheorie* in den folgenden beiden Postulaten:

Postulate der Speziellen Relativitätstheorie

1. Die physikalischen Gesetze haben in jedem Inertialsystem (also im System eines sich gleichmäßig bewegenden oder ruhenden Beobachters) dieselbe Form.

2. Die Lichtgeschwindigkeit im Vakuum bildet eine obere Grenze für die Ausbreitungsgeschwindigkeit physikalischer Wirkungen.

Als Folge davon wird zwar die Lichtgeschwindigkeit von verschiedenen sich gleichförmig bewegenden Beobachtern immer gleich beurteilt, nicht aber Raum- und Zeitintervalle. Für Zeitintervalle können wir uns das am Beispiel einer Lichtuhr gut veranschaulichen (siehe Bild auf der nächsten Seite links oben). Das Ticken der Lichtuhr wird durch einen Lichtblitz gesteuert, der zwischen zwei Spiegeln hin- und herpendelt.

R. P. Feynman, R. B. Leighton, M. Sands *Feynman-Vorlesungen über Physik, Band 1* Oldenbourg Wissenschaftsverlag 1997, Kap. 15

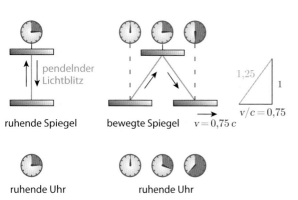

pendelnder Lichtblitz

ruhende Spiegel   bewegte Spiegel $v = 0,75\,c$

$1,25$ / 1

$v/c = 0,75$

ruhende Uhr   ruhende Uhr

Wir synchronisieren zwei Lichtuhren und setzen die eine anschließend mit 75 % der Lichtgeschwindigkeit in Bewegung. Für den ruhenden Beobachter tickt diese Lichtuhr nun um den Faktor 1,25 langsamer als die ruhende Uhr, da der Lichtblitz einen 1,25-mal längeren

Weg zwischen den sich bewegenden Spiegeln zurücklegen muss. Würden wir jedoch mit der Lichtuhr mitfliegen, so würde diese für uns genauso schnell ticken wie zuvor, während die andere Uhr nun für uns langsamer tickt, da sie sich relativ zu uns bewegt.

Eine Lichtuhr ist nun nichts Besonderes, sondern genauso gut wie jede andere Uhr. Die Zeit vergeht für einen Beobachter auf einer relativ zu ihm bewegten Uhr also generell langsamer– man spricht hier von *Zeitdilatation*. Tatsächlich lebt beispielsweise ein instabiles Teilchen aus der Sicht eines Beobachters länger, wenn es sich relativ zu diesem schnell bewegt. Die fast lichtschnellen instabilen Myonen, die durch die kosmische Höhenstrahlung ($\downarrow$) in rund 10 km Höhe entstehen, leben vom Erdboden aus betrachtet rund zehn- bis zwanzigmal länger als ruhende Myonen – nur deshalb gelingt es vielen von ihnen überhaupt, den Erdboden zu erreichen, wo man sie tatsächlich messen kann. Die Zeitdilatation ist also ein ganz realer Effekt. Aus Sicht der Myonen bleibt deren Lebensdauer dagegen unverändert. Für sie ist aber die Strecke zu dem sich schnell nähernden Erdboden rund zehn- bis zwanzigmal kürzer als vom Erdboden aus betrachtet, so dass sie ihn deshalb erreichen können – das nennt man die *relativistische Längenkontraktion (Lorentzkontraktion)* bewegter Strecken.

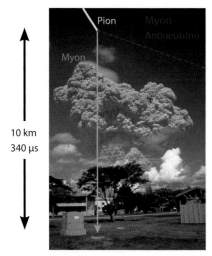

10 km
340 µs

Erdboden ruht,
Myon bewegt sich nach unten

Längenkontraktion beim Myon. Hintergrundbild: Ausbruch des Pinatubo am 12. Juni 1991, gesehen von der Clark Air Base

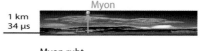

Myon

1 km
34 µs

Myon ruht,
Erdboden bewegt sich nach oben

Die kosmische Höhenstrahlung → S. 254

Terrellrotation
Von hinten durch die Brust ins Auge

Raum und Zeit sind relativ – sie sind nicht starr und fest, sondern hängen zum Beispiel davon ab, wie schnell man sich bewegt. Das ist ein Resultat der Speziellen Relativitätstheorie (↓), und nach ihr sind insbesondere bewegte Körper für einen ruhenden Beobachter *kürzer*. Man kann diese Verkürzung jedoch nicht direkt beobachten: Das was *ist*, ist nicht unbedingt das, was man *sieht*, und zwar einfach deshalb, weil Lichtstrahlen sich nur mit einer endlichen Geschwindigkeit ausbreiten.

Hierzu ein Beispiel: Betrachten wir den geradlinigen Flug eines extrem schnellen Würfels mit einem Meter Kantenlänge. Nehmen wir an, der Würfel bewege sich mit halber Lichtgeschwindigkeit relativ zu einem ruhenden Beobachter, den der Würfel im Abstand von einigen Metern passiert.

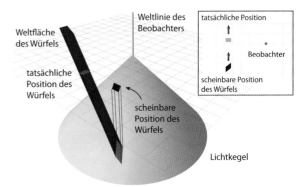

Raum-Zeit-Diagramm eines sich sehr schnell bewegenden Würfels (die Zeit verläuft nach oben)

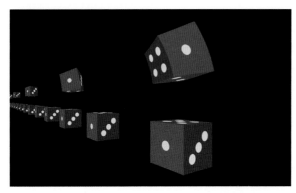

Würfel, in einer Reihe aufgestellt (unten) und sich mit 90 % der Lichtgeschwindigkeit auf den Beobachter zubewegend (oben). Alle Würfel sind gleich ausgerichtet (die drei ist in Flugrichtung vorn).

Um sich zu veranschaulichen, was der Beobachter zu einem gewissen Zeitpunkt T sieht, zeichnen wir ein sogenanntes *Raum-Zeit-Diagramm*. In diesem bilden wir zwei der drei Raumdimensionen (die x- und die y-Achse), sowie die Positionen des Beobachters und des Würfels zu jedem Zeitpunkt ab. Der Verlauf der Zeit (die t-Achse) wird nach oben hin dargestellt, sodass sich ein räumliches Bild ergibt.

Der ruhende (punktförmige) Beobachter erscheint im Diagramm daher als senkrechte, gerade Linie. Der rasende Würfel (der, weil wir uns im Bild die z-Achse sparen mussten, nur ein rasendes Quadrat ist), hat dagegen eine gewisse Schräge, seine Figur im Raum-Zeit-Diagramm wird *Weltfläche* genannt. Die Einheiten sind im Bild so gewählt, dass Lichtstrahlen immer gerade Linien mit einem Winkel von 45° gegenüber der Vertikalen sind.

Lichtgeschwindigkeit und Spezielle Relativitätstheorie → S. 132

Was kann der Beobachter also zu einem gewissen Zeitpunkt T sehen? Um diese Frage zu beantworten, zeichnen wir den sogenannten *Rückwärtslichtkegel* ein, der aus allen Lichtstrahlen besteht, die zum Zeitpunkt $t = T$ beim Beobachter eintreffen. Dort wo dieser Kegel die Weltfläche des Würfels schneidet, befinden sich die Punkte auf dem Würfel, die einen Lichtstrahl aussenden, der zum Zeitpunkt $t = T$ in das Auge des Beobachters fällt.

Blick auf einen sich mit nahezu Lichtgeschwindigkeit bewegenden Würfel, mit Flugrichtung. Die Vier befindet sich auf der Rückseite.

Es ergibt sich ein interessantes Phänomen: In dem Moment, in dem uns der Würfel passiert, sehen wir ihn nicht direkt neben uns, sondern noch einige Meter entfernt. Das selbst ist nicht verwunderlich, denn wir sehen *jetzt* ja die Lichtstrahlen, die *vor einigen Augenblicken* vom Würfel ausgesandt wurden, als er noch ein wenig von uns entfernt war. Weiterhin allerdings sehen wir den Würfel verzerrt, sodass wir auch seine Rückseite erkennen können. Die Lichtstrahlen, die von der Rückseite eines langsamen Würfels ausgestrahlt worden wären, hätten unser Auge nicht erreicht, denn der Würfel selbst wäre noch im Weg gewesen. Ist er allerdings vergleichbar schnell wie das Licht, kann er rechtzeitig für die rückwärtigen Lichtstrahlen „Platz machen", wenn diese ein wenig schräg abgestrahlt werden.

Räumliche Wahrnehmung des Würfels, sowie der Beobachter (Auge). Man erkennt, dass sich die Vier tatsächlich in Flugrichtung auf der Rückseite befindet.

James Terrell und Roger Penrose fanden heraus, dass für einen Beobachter die Verzerrung exakt derart erscheint, als wäre der Würfel ihm gegenüber *gedreht*. Dies würde allerdings nur ein Beobachter wahrnehmen, der nicht räumlich sehen kann, sondern nur zweidimensional (wie zum Beispiel eine einfach Fernsehkamera). Nimmt man auch die Tiefeninformation wahr, wie es zum Beispiel eine Kinect-Kamera von Microsoft tut, so kann man die Verzerrung, die *Terrellrotation* genannt wird, gut erkennen.

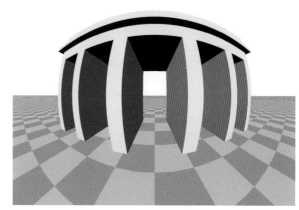

Fliegt man mit hoher Geschwindigkeit auf ein Gebäude zu, nimmt man es aufgrund der Terrellrotation stark verzerrt wahr.

Bild unten und auf der linken Seiten links unten von Ute Kraus, Institut für Physik, Universität Hildesheim
U. Kraus, C. Zahn *Tempolomit Lichtgeschwindigkeit* http://www.tempolimit-lichtgeschwindigkeit.de/

$E = mc^2$

Masse ist eingesperrte Energie

Eine der berühmtesten Folgerungen aus Albert Einstein's Spezieller Relativitätstheorie (↓) ist die Äquivalenz von Masse m und Energie E nach der Formel $E = m\,c^2$ (dabei ist c die Lichtgeschwindigkeit). Diese Äquivalenz ist oft missverstanden worden, da in der nichtrelativistischen Physik Masse und Energie zwei völlig verschiedene Dinge sind. Bei Berücksichtigung der Speziellen Relativitätstheorie ist das anders: Masse ist dann von eingesperrter Energie nicht mehr zu unterscheiden, während Licht quasi freigelassene Energie ist.

Dass das so ist, und was man unter freigelassener und eingesperrter Energie versteht, kann man sich an folgendem Gedankenexperiment überlegen: Wir sperren zwei masselose Lichtteilchen (Photonen) in eine innen verspiegelte ruhende Kiste ein, sodass die Photonen ständig sehr schnell hin- und her reflektiert werden, wobei jeweils immer eines der Photonen nach rechts und das andere nach links fliegen soll. Die Masse der Kiste wollen wir dabei vernachlässigen. Beide Photonen sollen dieselbe Energie $E/2$ tragen, aber jeweils entgegengesetzte Impulse p und $-p$. Wir haben damit die Gesamtenergie E der Photonen in einer ruhenden Kiste eingesperrt. Man könnte nun meinen, eine mas-

selose Kiste mit darin eingesperrten masselosen Photonen ergäbe insgesamt ein masseloses (also trägheitsloses) Objekt. Doch das ist nicht der Fall!

Um das zu sehen, wollen wir die Kiste aus einem gleichmäßig nach links bewegten Bezugssystem betrachten, sodass wir eine Kiste sehen, die sich nach rechts mit der Geschwindigkeit v bewegt (in der Abbildung wurden 60 % der Lichtgeschwindigkeit gewählt). Entscheidend ist nun: In der bewegten Kiste sind nach den Regeln der Relativitätstheorie Energie und Impuls des nach rechts fliegenden Photons mehr gewachsen, als sie für das nach links fliegende Photon geschrumpft sind. Addiert man die beiden Photonenenergien und Impulse, so ergeben sie genau die Energie und den Impuls eines Objektes mit Masse $m = E/c^2$, das sich mit der Geschwindigkeit v bewegt.

Gibt man der Kiste also einen Schubs, um sie in Bewegung zu versetzen, so setzt sie allein aufgrund der darin enthaltenen Photonen einer Beschleunigung eine entsprechende Trägheit (Masse) entgegen, denn die Photonen müssen auf eine höhere Gesamtenergie und einen größeren Gesamtimpuls gebracht werden.

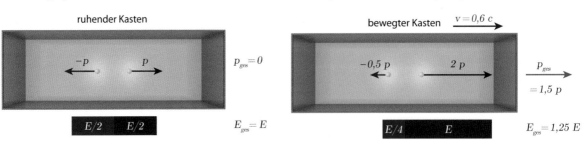

Lichtgeschwindigkeit und Spezielle Relativitätstheorie → S. 132
A. Einstein Ist die Trägheit eines Körpers von seinem Energieinhalt abhängig? Annalen der Physik 18, 1905, S. 639–643, an vielen Stellen im Internet zu finden

Von außen ist die Kiste mit den darin eingesperrten Photonen dabei nicht von einem Objekt zu unterscheiden, dessen Masse sich über $E = m\,c^2$ aus der in der ruhenden Kiste enthaltenen Photonenenergie ergibt.

Wenn man Energie einsperren kann, dann kann man sie auch wieder freilassen. So zerfällt ein neutrales Pion innerhalb von Sekundenbruchteilen in zwei hochenergetische Photonen, welche die in der Pionmasse gespeicherte Energie komplett mitnehmen.

Generell ist in der Natur jede Energiefreisetzung mit einem entsprechenden Massenverlust (*Massendefekt*) verbunden. Dabei bestimmt die Stärke der wirkenden Kräfte, wie groß diese Energiefreisetzung ist. Bei chemischen Prozessen werden nur Milliardstel der Masse der beteiligten Teilchen als Energie freigesetzt, bei der Kernspaltung von Uran sind es bereits 0,08 %, und bei der Kernfusion von Wasserstoff zu Helium liegen wir bei rund 0,8 %.

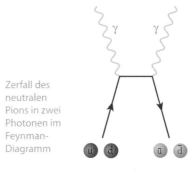

Zerfall des neutralen Pions in zwei Photonen im Feynman-Diagramm

neutrales Pion

Die größten Kräfte und Energiefreisetzungen findet man in der Nähe schwarzer Löcher, wo wahrscheinlich über 10 % der Masse der spiralförmig hineinfallenden Materie als Energie abgestrahlt werden kann. Auf diese Weise erzeugen beispielsweise Quasare (die Zentren entfernter sehr aktiver Galaxien) die enorme Leuchtkraft von vielen Milliarden Sternen.

Atombombentest auf dem Bikini-Atoll

Künstlerische Darstellung des Quasars ULAS J1120+0641

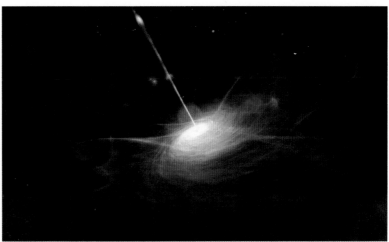

Feynman-Diagramme → S. 240
Supermassive schwarze Löcher → S. 44
Aktive Galaxien → S. 127

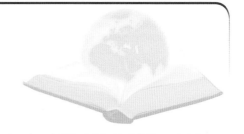

Gravitation und Allgemeine Relativitätstheorie
Einsteins Theorie der Gravitation

Newtons Gravitationsgesetz (↓) beruht auf dem Gedanken, dass die Masse eines Körpers ohne jede Zeitverzögerung gravitativ auf die Masse anderer Körper wirkt. Nach Einsteins Spezieller Relativitätstheorie (↓) aus dem Jahr 1905 kann sich eine physikalische Wirkung jedoch maximal mit Lichtgeschwindigkeit ausbreiten – auch die Wirkung der Gravitation. Newtons Gravitationsgesetz kann also nur eine Näherung sein, die für jene Körper gilt, die sich sehr viel langsamer als das Licht bewegen und für die man daher keine relativistische Beschreibung braucht.

Albert Einstein versuchte, die endliche Ausbreitungsgeschwindigkeit der Gravitation konsistent zu berücksichtigen. Dieses Vorhaben erwies sich jedoch als äußerst schwierig, und es dauerte bis zum Jahr 1915, bis ihm dies im Rahmen seiner *Allgemeinen Relativitätstheorie* vollständig gelang. Die Kernidee dabei ist das *Äquivalenzprinzip*, nach dem die Schwerkraft

gleichwertig zu einer Scheinkraft ist, wie sie in einem beschleunigten Bezugssystem auftritt:

> **Äquivalenzprinzip**
> Gravitation ist lokal äquivalent zu einem beschleunigten Bezugssystem.

Albert Einstein im Alter von 42 Jahren

Daraus folgt unmittelbar, dass es keinen Unterschied zwischen schwerer und träger Masse gibt. Fällt also innerhalb einer fensterlosen Raumkapsel ein Gegenstand zu Boden, so weiß man grundsätzlich nicht, ob die Raumkapsel bewegungslos auf dem Erdboden steht oder weit draußen im Weltraum gerade von Raketen beschleunigt wird. Anders ausgedrückt: Lässt man sich fallen, so spürt man die Schwerkraft nicht mehr. Im Inneren einer antriebslos die Erde umkreisenden Raumstation herrscht also Schwerelosigkeit, auch wenn die Schwerkraft sehr wohl auf die Raumstation einwirkt und sie auf ihre Kreisbahn zwingt.

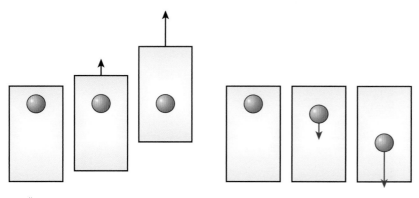

Das Äquivalenzprinzip: Beschleunigtes Bezugssystem und Gravitation haben denselben Effekt.

Newtons Gravitationsgesetz → S. 92
Lichtgeschwindigkeit und Spezielle Relativitätstheorie → S. 132
R.P. Feynman, R. B. Leighton, M. Sands *Feynman-Vorlesungen über Physik, Band II: Elektromagnetismus und Struktur der Materie* Oldenburg Wissenschaftsverlag 1991

Schwerelosigkeit in der Internationalen Raumstation ISS

Die Allgemeine Relativitätstheorie beschreibt die Gravitation mathematisch durch die Krümmung von Raum und Zeit. Für die Zeit bedeutet das beispielsweise, dass in einem Space Shuttle in 300 km Höhe pro Jahr etwa eine Millisekunde mehr vergeht als auf dem Erdboden. Das liegt daran, dass die Erdmasse die sie umgebende Raumzeit krümmt wie eine Kugel, die in ein Tuch einsinkt – und die Zeit weiter oben etwas schneller läuft als weiter unten in diesem Raumzeit-Tuch. Würde man beim Global Positioning System (GPS ↓) diesen Effekt nicht berücksichtigen, so hätte Ihr Navigationsgerät Schwierigkeiten, den richtigen Weg zu finden.

Die Krümmungen von Raum und Zeit bestimmen zusammen, wie sich ein frei fallender Körper bewegt. Er tut dies zwischen zwei Raum-Zeit-Punkten so, dass auf einer mitgeführten Uhr die größtmögliche Zeitdauer vergeht – man spricht hier auch manchmal vom *Trödelprinzip*.

Wie stark die Gravitationskrümmung der Raumzeit ausgeprägt ist, wird durch die darin enthaltene Materie festgelegt. Nicht nur Massen, sondern auch Energien und Drücke üben eine Gravitationswirkung aus, wobei negativer Druck (also Materie, die sich sehr stark zusammenziehen will) gravitativ abstoßend wirkt. Man nimmt an, dass unser Universum heute von einer geheimnisvollen *dunklen Energie* (↓) durchdrungen ist, die einen solchen negativen Druck besitzt und durch ihre abstoßende Gravitation das Universum immer stärker auseinandertreibt. Auch der Urknall könnte durch eine sehr starke abstoßende Gravitation verursacht worden sein (Stichwort *Inflationäre Expansion* ↓).

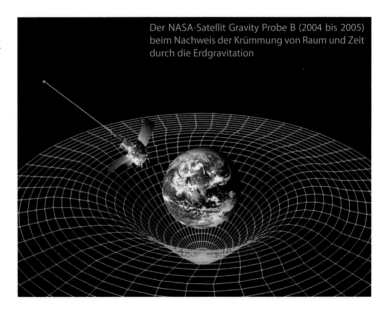

Der NASA-Satellit Gravity Probe B (2004 bis 2005) beim Nachweis der Krümmung von Raum und Zeit durch die Erdgravitation

GPS → S. 148
Beschleunigte Expansion und dunkle Energie → S. 160
Urknall und inflationäre Expansion → S. 162

Die Raumzeit nicht-rotierender schwarzer Löcher
Im Sog von Raum und Zeit

Nach Einsteins Allgemeiner Relativitätstheorie (↓) krümmt Materie die sie umgebende Raumzeit, wodurch andere Massen abgelenkt und beschleunigt werden; diese Wechselwirkung bezeichnen wir als Gravitation. Wenn sich dabei sehr viel Materie auf sehr kleinem Raum versammelt, so kann die Gravitation so stark werden, dass die Materie zu einem Punkt kollabiert und ein schwarzes Loch entsteht. Raum und Zeit sind in der Nähe eines schwarzen Lochs extrem stark gekrümmt, was eine Reihe interessanter Effekte zur Folge hat, die wir uns hier zunächst für ein nicht-rotierendes schwarzes Loch ansehen wollen.

Die Krümmung der Zeit bewirkt, dass – aus sicherer Entfernung betrachtet – physikalische Prozesse umso langsamer ablaufen, je näher sie am schwarzen Loch stattfinden. Bei einem bestimmten Abstand zum

schwarzen Loch, dem *Schwarzschild-Radius*, bleibt die Zeit von außen betrachtet sogar stehen, d. h., unterhalb dieses Abstandes verschwinden Objekte aus der Welt eines außenstehenden Beobachters.

Für das Objekt selbst vergeht die Zeit dagegen ganz normal. Kommt es dem schwarzen Loch jedoch näher als der Schwarzschild-Radius, so kann nichts mehr seinen Absturz in das schwarze Loch verhindern. Selbst Licht fällt dort in das schwarze Loch hinein.

Mögliche Richtungen (hell-orangefarbene Bereiche – sogenannte Lichtkegel) in einem Raum-Zeit-Diagramm, die sich aus Sicht verschiedener Raumschiffe in der Nähe eines schwarzen Lochs prinzipiell einschlagen lassen. Die orangefarbenen Begrenzungslinien entsprechen den Wegen von Lichtstrahlen, die vom Ort des jeweiligen Raumschiffs ausgehen, das sich im Schnittpunkt der Linien befindet (grauer Punkt). Unterhalb des Schwarzschild-Radius führt jede beliebige Bewegung näher an das schwarze Loch heran – die Lichtkegel sind dort nach links gekippt.

Farbliche Darstellung der Zeitdehnung in der Nähe eines schwarzen Lochs. Die angegebenen Zeiten vergehen auf Uhren am jeweiligen Ort (Pfeil) aus der Sicht eines weit entfernten Beobachters, auf dessen Uhr eine Sekunde verstreicht.

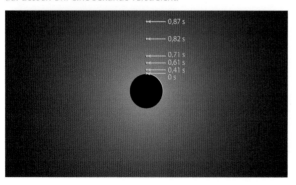

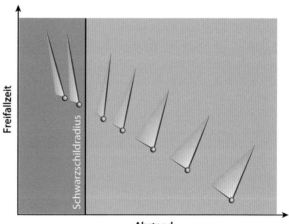

Gravitation und Allgemeine Relativitätstheorie → S. 138
A. Hamilton *More about the Schwarzschild Geometry* http://casa.colorado.edu/ ~ ajsh/schwp.html

Künstlerische Darstellung eines schwarzen Lochs mit Akkretionsscheibe

Der Bereich innerhalb des Schwarzschild-Radius erscheint von außen betrachtet daher wie eine schwarze Kugel, aus der kein Licht nach außen dringt. Bei einem schwarzen Loch von einer Sonnenmasse hätte diese Kugel nur einen Durchmesser von rund 6 km, wäre also nur so groß wie eine Kleinstadt. Man kann sich kaum vorstellen, wie groß die Schwerkraft in der Nähe dieses schwarzen Lochs sein muss, wo sich eine komplette Sonnenmasse in nur wenigen Kilometern Entfernung befindet.

Auch der Raum wird in der Nähe eines schwarzen Lochs stark gekrümmt. Betrachtet ein weit außen stehender Beobachter irgendeine zweidimensionale Schnittebene mit dem schwarzen Loch in der Mitte (beispielsweise die Äquatorebene), so kann er die Raumkrümmung dieser zweidimensionalen Schnittfläche durch eine gekrümmte Trichterfläche (ein *Flamm'sches Paraboloid*) veranschaulichen.

Die zentrale Öffnung dieses Trichters befindet sich beim Schwarzschild-Radius, sodass der Trichter nur die Verhältnisse außerhalb darstellt. Der Abstand r von der Symmetrieachse (z-Achse) in der Trichtergrafik bestimmt den Umfang U des zugehörigen Kreises auf der Trichterfläche über $U = 2 \cdot \pi \cdot r$. Dabei ist r aber nicht der Abstand dieses Kreises vom schwarzen Loch, denn räumliche Abstände in der zweidimensionalen Schnittfläche entsprechen Strecken auf der Trichterfläche. Man muss also beispielsweise die Strecke bis zur Trichteröffnung auf der Fläche abmessen, um den Abstand vom Schwarzschild-Radius zu ermitteln.

Flamm'sches Paraboloid

U. Kraus, C. Zahn *Tempolimit Lichtgeschwindigkeit* http://www.tempolimit-lichtgeschwindigkeit.de

Die Raumzeit rotierender schwarzer Löcher
Im Strudel von Raum und Zeit

Man vermutet, dass viele schwarze Löchern – analog zu neu entstandenen Neutronensternen – extrem schnell rotieren. Dies liegt daran, dass sie meist durch den Kollaps rotierender Materie entstehen, wobei deren Drehimpuls weitgehend erhalten bleibt. Die Rotation des schwarzen Lochs schlägt sich in den Eigenschaften der Raumzeit nieder, die das schwarze Loch umgibt. Es gibt hier nicht nur einen Schwarzschild-Radius (äußeren Ereignishorizont) wie bei nicht-rotierenden schwarzen Löchern, sondern weiter außen zusätzlich eine sogenannte *statische Grenze*.

Objekte in der sogenannten *Ergosphäre* zwischen äußerem Ereignishorizont und statischer Grenze fallen zwar noch nicht unbedingt in das schwarze Loch, aber sie werden von der Rotation des schwarzen Lochs un-

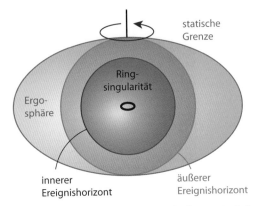

Raumzeit eines rotierenden schwarzen Lochs von der Seite gesehen

barmherzig mitgerissen – selbst Licht bildet da keine Ausnahme. Nichts kann sich der Rotation des schwarzen Lochs dort entgegenstemmen. Der Raum selbst scheint wie bei einem Strudel mit dem schwarzen Loch mit zu rotieren und von ihm aufgesogen zu werden.

Unterhalb des äußeren Ereignishorizonts gehen allerlei merkwürdige Dinge vor sich: Das schwarze Loch selbst ist kein Punkt mehr, sondern eine Ringsingularität. Es gibt einen weiteren inneren Ereignishorizont, Zeitschleifen und ähnliche Absonderlichkeiten. Gut, dass man davon außen nichts mitbekommt.

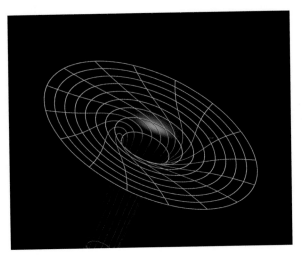

Strudel der Raumzeit

Die Raumzeit nicht-rotierender schwarzer Löcher → S. 140
A. Müller *Schwarze Löcher, die dunklen Fallen der Raumzeit* Spektrum Akademischer Verlag 2010

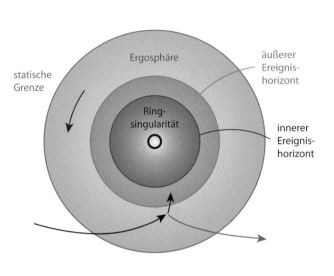

Der Penrose-Prozess von oben gesehen

derschießen kann, dass einer der Körper hinter dem äußeren Horizont mit formal negativer Energie auf Nimmerwiedersehen verschwindet, während der andere Körper mit größerer Energie als der Startkörper zuvor die Ergosphäre wieder verlässt.

Auch ganz normale rotierende Sterne und Planeten ziehen den sie umgebenden Raum gleichsam mit, wenn auch in viel geringerem Maße als schwarze Löcher dies tun. Man spricht hier vom *Lense-Thirring-Effekt* (engl. *frame-dragging*). Der experimentelle Nachweis dieses winzigen Effekts ist u. a. durch den NASA-Satelliten *Gravity Probe B* gelungen, der zwischen den Jahren 2004 und 2005 die Erde umkreiste und vier hochpräzise Kreisel (↓) an Bord hatte, deren äußerst geringe Präzession aufgrund des Thirring-Effekts nachgewiesen wurde.

Es ist theoretisch möglich, die enorme Rotationsenergie eines sich drehenden schwarzen Lochs anzuzapfen, und zwar über den sogenannten *Penrose-Prozess*. Dazu schießt man einen kleinen Körper auf einer geeigneten Bahn in die Ergosphäre des schwarzen Lochs hinein, wo er gezwungen ist, mitzurotieren, sodass ein kleiner Teil der Rotationsenergie des schwarzen Lochs auf ihn übertragen wird. Dort teilt er sich dann in zwei kleinere Körper auf, die man so auseinan-

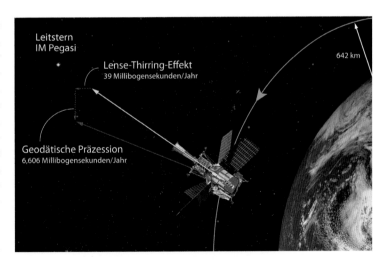

Gravity Probe B

Kräftefreie Kreisel → S. 88

Der Warp-Antrieb
Wie man schneller als das Licht sein könnte

Raumschiff beim Übergang zur Warpgeschwindigkeit

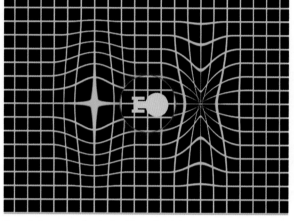

Raumkrümmung durch den Warp-Antrieb

Wenn Captain James T. Kirk in der Fernsehserie Star Trek (Raumschiff Enterprise) den Befehl „*Warp 3*" ausspricht, so verlangt er etwas, was nach heutigem Wissen physikalisch unmöglich erscheint: Er befiehlt, mit Überlichtgeschwindigkeit zu fliegen, also schneller als rund 300 000 km/s.

Nach Einsteins Spezieller Relativitätstheorie (↓) kann nämlich nichts – also auch kein Raumschiff – auf Überlichtgeschwindigkeit beschleunigt werden.

Ein Warp-Antrieb wie in Star Trek könnte das Problem allerdings umgehen, indem er sich die Allgemeine Relativitätstheorie (↓) zunutze macht, nach der Raum und Zeit gekrümmt werden können. Tatsächlich kann man so theoretisch Raumblasen konstruieren, die das Raumschiff gleichsam einschließen, während der Raum vor der Blase kontrahiert und dahinter expandiert, sodass sich die Blase mit Überlichtgeschwindigkeit auf ihr Ziel zubewegt.

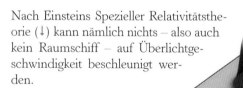

Darstellung der Warp-Raummetrik nach Miguel Alcubierre

Lichtgeschwindigkeit und Spezielle Relativitätstheorie → S. 132
Gravitation und Allgemeine Relativitätstheorie → S. 138
Wikipedia *Warp-Antrieb*

Innerhalb der Raumblase ruht das Raumschiff, sodass es die Gesetze der Speziellen Relativitätstheorie nicht verletzt. Das Raumschiff surft gleichsam auf einer Welle aus verzerrtem Raum. Dabei wirkt die Raumkrümmung der Warp-Raumblase als Gravitationslinse (↓), sodass ein Hintergrundbild entsprechend verzerrt erscheint. So wie im Bild unten sähe es beispielsweise aus, wenn ein Raumschiff mit Warp-Antrieb vor der leuchtenden Erdkugel vorbeifliegt.

Um eine solche Raumblase zu erzeugen, braucht man allerdings sehr viel sogenannte *exotische Materie*, die negative Masse bzw. Energie aufweist. Keine Materieform, die wir kennen, kommt dafür infrage, noch nicht einmal die geheimnisvolle dunkle Energie (↓), die unser Universum vermutlich durchdringt, denn diese hat zwar einen negativen Druck, aber eine positive Energiedichte. Nach heutigem Wissen scheint ein Warp-Antrieb also kaum realisierbar zu sein. Aber man kann ja nie wissen, was die Zukunft noch bringen wird!

Vorbeiflug eines Raumschiffs mit Warp-Antrieb

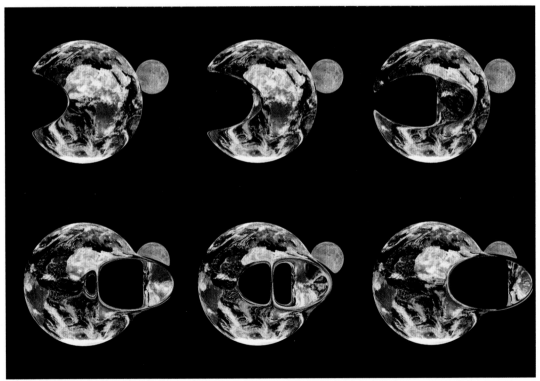

Bilder von Thomas Müller, Daniel Weiskopf, Visualisierungsinstitut der Universität Stuttgart (VISUS) mit Texturen von NASA
Gravitationslinsen → S. 172
Beschleunigte Expansion und dunkle Energie → S. 160
Visualisierungsinstitut der Universität Stuttgart (VISUS) *Detailed study of null and time-like geodesics in the Alcubierre Warp spacetime* https://www.vis.uni-stuttgart.de/forschung/wissenschaftl._visualisierung/relativistische-visualisierung/warp/

Wurmlöcher
Abkürzungen durch Raum und Zeit

Die Gesetze der Allgemeinen Relativitätstheorie (↓) beschreiben die Geometrie der vierdimensionalen Raumzeit. Dabei werden sowohl Raum als auch Zeit von Materie verbogen und gekrümmt. Diese Raum-Zeit-Krümmung ist die Ursache für die anziehende Schwerkraft: Objekte bewegen sich deshalb aufeinander zu, weil sie sich durch die gekrümmte Raumzeit bewegen.

Die erlaubten Arten und Weisen, auf die die Raumzeit gekrümmt sein kann, ist durch die Gleichungen der Allgemeinen Relativitätstheorie (*Einsteingleichungen*) festgelegt. Was allerdings nicht durch sie festgelegt wird, ist die sogenannte *Topologie* der Raumzeit. Damit meint man die Form des Universums, die unabhängig von stetigen Verformungen ist, also zum Beispiel die Anzahl der „Löcher".

Ein Wurmloch verbindet zwei voneinander getrennte Bereiche im Universum oder sogar zwei verschiedene Universen

In der Tat gibt es nicht nur Lösungen der Einsteingleichungen für ein Universum, das wie eine unendlich ausgedehnte Tischdecke aussieht. Es ist beispielsweise auch erlaubt, dass zwei weit voneinander getrennte Bereiche des Universums oder auch zwei verschiedene Universen durch einen „Schlauch" miteinander verbunden sind.

Diese Tunnel zwischen zwei getrennten Bereichen der Raumzeit werden *Wurmlöcher* genannt. Das bekannteste Beispiel ist die sogenannte *Einstein-Rosen-Brücke*. Diese sieht von außen aus wie zwei nicht rotierende schwarze Löcher (↓), die jedoch im Inneren miteinander verbunden sind. Dieses Beispiel wurde zuerst von Albert Einstein und seinem Mitarbeiter Nathan Rosen berechnet. Im Jahre 1962 fanden John A. Wheeler und Robert Fuller durch Berechnungen heraus, dass ein solches Wurmloch so instabil wäre, dass es in sich selbst kollabieren und damit seine beiden Ausgänge voneinander trennen würde, bevor auch nur ein einzelnes Photon es durchqueren könnte.

Es gibt allerdings auch durch die Einsteingleichungen erlaubte Lösungen, die zu stabilen und passierbaren Wurmlöchern gehören. Obwohl diese Raumzeitgeometrien durch die Allgemeine Relativitätstheorie erlaubt sind, kann man sich jedoch schnell davon überzeugen, dass sie die sogenannte „starke Energiebedingung" verletzen müssen, d. h., dass sie Bereiche enthalten, die eine negative Energiedichte besitzen müssen. Damit ähneln sie den Raumzeiten, die Warpblasen beschreiben (Warp-Antrieb ↓).

Gravitation und Allgemeine Relativitätstheorie → S. 138
Die Raumzeit nicht-rotierender schwarzer Löcher → S. 140
Der Warp-Antrieb → S. 144
G. Weiland, R. Vaas *Tunnel durch Raum und Zeit: Von Einstein zu Hawking: Schwarze Löcher, Zeitreisen und Überlichtgeschwindigkeit* Kosmos (Franckh-Kosmos) 2005

Es ist vorstellbar, dass man das Wurmloch mit einer exotischen Form von Materie füllt, die negative Energiedichte besitzt und die so das Wurmloch „offen hält". Obwohl es theoretisch möglich ist, dass man irgendwann einmal eine solche exotische Materieform entdeckt, hat man bisher in der Natur noch kein Beispiel dafür gefunden, genauso wenig wie für stabile Wurmlöcher. Vielleicht bietet die Quantenphysik hierfür eine Möglichkeit – beispielsweise ist im Inneren zwischen zwei Leiterplatten durch den Casimir-Effekt (Quantenvakuum ↓) die Energiedichte im Vakuum gegenüber dem normalen Nullpunkt abgesenkt. Dort kann man also künstlich negative Energiedichten erzeugen, leider nicht in dem Ausmaße, dass man damit ein Wurmloch öffnen oder gar stabil halten könnte.

Ein simulierter Blick durch ein Wurmloch

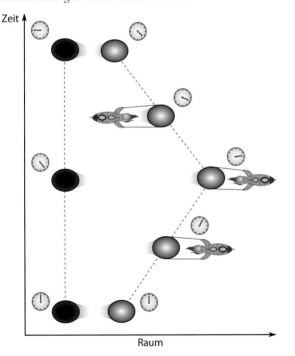

Zeit

Raum

Hätte man Zugang zu einem stabilen Wurmloch, dessen Ein- und Ausgang man relativ zueinander bewegen könnte, dann wäre es übrigens ein Leichtes, eine Zeitmaschine zu bauen: Dafür müsste man zum Beispiel nur den Eingang mit einem Raumschiff auf eine Rundreise durchs All schicken, bei dem es sich fast mit Lichtgeschwindigkeit bewegt. Kehrt das Raumschiff dann wieder zur Erde zurück, ist der Eingang zum Wurmloch, genau wie beim Zwillingsparadoxon der Speziellen Relativitätstheorie (↓), jünger als der Ausgang. Beim Durchqueren würde man also in die Vergangenheit reisen. Die Zukunft wäre ebenfalls erreichbar: Man müsste nur anstatt des Einganges den Ausgang auf die Reise schicken.

Ein bewegtes Wurmloch wird durch die Zeitdilatation zur Zeitmaschine.

Bild rechts oben von Corvin Zahn, Institut für Physik, Universität Hildesheim, Tempolimit Lichtgeschwindigkeit
Quantenvakuum → S. 222
Lichtgeschwindigkeit und Spezielle Relativitätstheorie → S. 132
K. S. Thorne *Black Holes and Time Warps: Einstein's Outrageous Legacy* W. W. Norton & Company 1995
C. Zahn *Flug durch ein Wurmloch* http://www.tempolimit-lichtgeschwindigkeit.de/wurmlochflug/wurmlochflug.html

GPS
Ortsbestimmung durch Satellitensignale

Heute, zu Beginn des 21. Jahrhunderts, kann im Prinzip jeder Besitzer eines Smartphones oder Navigationsgeräts den eigenen Aufenthaltsort jederzeit auf wenige Meter genau bestimmen. Diese vor wenigen Jahrzehnten völlig utopisch erscheinende Meisterleistung der Technik wird durch das *Global Positioning System (GPS)* ermöglicht.

Das GPS besteht aus 24 Satelliten, die in einem subsynchronen Orbit um die Erde kreisen – d.h., sie umrunden die Erde auf einer Kreisbahn in etwa 20 000 km Höhe pro Tag fast genau zweimal (geosynchrone Orbits ↓). Jeder dieser Satelliten trägt eine Atomuhr in sich, die die Uhrzeit an Bord bis auf wenige Nanosekunden genau bestimmt. Diese Uhrzeit wird, zusammen mit der eigenen Position, von jedem Satelliten per Antenne auf Frequenzen im Mikrowellenbereich in alle Richtungen gesendet.

Jede beliebige Antenne, die nun von mindestens drei GPS-Satelliten ein Signal empfängt, kann die entsprechenden Uhrzeiten mit der eigenen Uhrzeit vergleichen; und weil sich die Satellitensignale mit der sehr genau bekannten Lichtgeschwindigkeit ausbreiten, kann aus diesen drei Laufzeiten und den Satellitenpositionen die eigene Position im dreidimensionalen Raum (z. B. geografische Länge, Breite, und Höhe über dem Meeresspiegel) berechnet werden. Soweit die Theorie – wie immer ist die Realität ein wenig komplizierter.

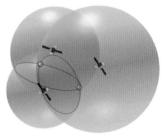

Zwei Kugeln mit gegebenem Radius schneiden sich in einem Kreis. Drei Kugeln schneiden sich in zwei Punkten.

Durch Zeitmessung errechnet ein GPS-Empfänger die Entfernung zu den GPS Satelliten.

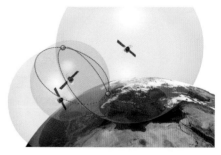

Sind die genauen Entfernungen zu mindestens drei Satelliten bekannt, so kann man die eigene Position genau bestimmen.

Satelliten mit geosynchronen Orbits → S. 12
R. W. Pogge *Real-World Relativity: The GPS Navigation System*
http://www.astronomy.ohio-state.edu/~pogge/Ast162/Unit5/gps.html

Denn erstens haben Smartphones bisher noch keine Atomuhren, die die eigene Zeit Nanosekundengenau messen können, um sie mit der genauen Bordzeit der Satelliten vergleichen zu können. Man benötigt also die Signale eines vierten Satelliten, um die fehlende Information berechnen zu können. Daher funktionieren die meisten handelsüblichen GPS-Empfänger nur, wenn sie die Signale von mindestens vier GPS-Satelliten empfangen.

Außerdem spielen die Effekte der Relativitätstheorie bei der Zeitmessung eine große Rolle – interessanterweise wirken die Effekte von Spezieller (SRT ↓) und Allgemeiner Relativitätstheorie (ART ↓) beim GPS einander entgegen: Weil die Schwerkraft am Erdboden stärker ist als im Orbit, vergeht die Zeit für einen im Orbit ruhenden Beobachter laut der ART ein wenig *schneller* als am Boden. Andererseits bewegen sich die GPS-Satelliten mit einer Geschwindigkeit von über 13 000 km/h, und deswegen vergeht die Zeit an Bord ein wenig *langsamer* als für einen ruhenden Beobachter.

Wenn man genau rechnet, stellt man fest dass der Effekt der ART stärker ist als der der SRT, sodass die Atomuhr an Bord eines GPS-Satelliten pro Tag um 38 Mikrosekunden *schneller* tickt als eine Atomuhr am Erdboden. Obwohl das nach nicht viel klingt, ist dies eine riesige Ungenauigkeit, wenn man auf die Nanosekunde genau messen will! Würden die Effekte der Relativitätstheorie nicht mitberücksichtigt werden, könnte das GPS pro Tag um bis zu 10 km danebenliegen! Das GPS ist damit nicht nur nützlich zur Navigation, sondern auch eine beeindruckende Bestätigung von Einsteins Relativitätstheorie.

Zivile und militärische Nutzung des GPS

Die 24 NAVSTAR-Satelliten, die man für die heutigen GPS-Empfänger benutzt, werden von der US-amerikanischen Regierung unterhalten und gleichzeitig sowohl für militärische als auch für zivile Zwecke verwendet. Die Satelliten senden ihre Daten deshalb auf zwei verschiedenen Frequenzen: der L1 genannten Frequenz von 1575,42 MHz, die von handelsüblichen GPS-Empfängern benutzt wird, sowie der L2 genannten Frequenz von 1227,60 MHz, die verschlüsselt ist und damit nur von militärischen Empfängern verwendet werden kann. Diese können durch die Nutzung zweier unterschiedlicher Frequenzen Laufzeitunterschiede in der Ionosphäre berücksichtigen und damit die Genauigkeit der Positionsberechnung erhöhen. Die europäische Variante der Satellitennavigation, Galileo genannt, soll 2019 fertiggestellt werden.

Künstlerische Darstellung eines GPS Satelliten

Was ist Zeit? → S. 130
Lichtgeschwindigkeit und Spezielle Relativitätstheorie → S. 132
Gravitation und Allgemeine Relativitätstheorie → S. 138

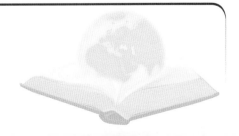

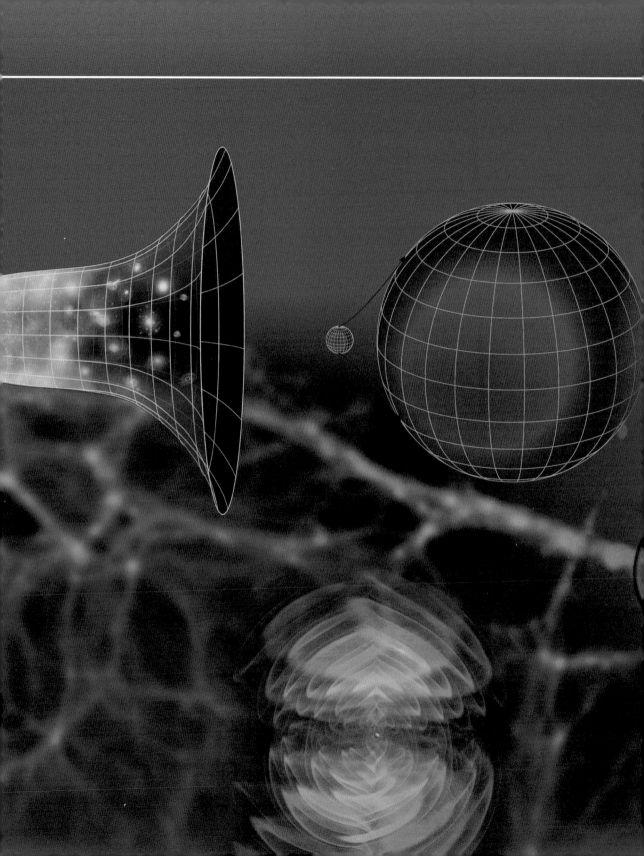

5 Kosmologie

Wie tief in den Raum können wir blicken? Und wie weit zurück in der Zeit? Wie ist das Universum entstanden, und was können wir aus der kosmischen Hintergrundstrahlung herauslesen? Mit solchen Fragen und dem Blick auf die großen Strukturen im Kosmos beschäftigt sich die Kosmologie.

Eines der weithin berühmtesten Modelle der Kosmologie ist der Urknall – eine Theorie, die 1964 eine eindrucksvolle Bestätigung erhielt, als zufällig eine schwache Wärmestrahlung von knapp 3 Kelvin entdeckt wurde, die unser Universum durchdringt und uns von jeder Stelle des Himmels erreicht: die kosmische Hintergrundstrahlung. Sie stammt aus der Frühzeit des Universums, als dieses erst rund 380 000 Jahre alt und noch rund 3000 Kelvin heiß war.

In den folgenden Jahrzehnten haben Physiker das Universum mit stets wachsender Präzision vermessen und eine sehr gute Vorstellung davon entwickelt, wie es aussieht und wie es sich in den knapp 14 Milliarden Jahren seit dem Urknall entwickelt hat. Und doch bleiben noch viele Rätsel bestehen: Wir wissen, dass Atome nur rund 5 % der Materie im Universum ausmachen können. Woraus besteht der Rest? Derzeitige Theorien gehen davon aus, dass schwere noch unbekannte Teilchen (dunkle Materie genannt) mit 25 % den Raum durchdringen und dass vermutlich eine rätselhafte dunkle Energie die restlichen 70 % der Materie bereitstellt. Damit müssen wir allerdings auch zugeben, dass uns noch 95 % der Materie im Universum unbekannt sind – es warten also noch einige Überraschungen auf uns!

© Springer-Verlag GmbH Deutschland, ein Teil von Springer Nature 2019
B. Bahr et al., *Faszinierende Physik*, https://doi.org/10.1007/978-3-662-58413-2_5

Ein tiefer Blick ins Universum
Wenn das Hubble-Teleskop in die Vergangenheit schaut

Je weiter eine Galaxie von uns entfernt ist, umso länger ist ihr Licht bis zu uns unterwegs. Je weiter wir also in das Universum hinausschauen, umso länger ist es her, dass das Licht, das uns heute erreicht, ausgesendet wurde – und umso weiter blicken wir folglich in die Vergangenheit. Dabei wird die Wellenlänge des Lichts auf dem Weg zu uns durch die Expansion des Raums immer mehr gedehnt und damit in den roten Spektralbereich verschoben (*Rotverschiebung*).

Wie weit kann man heute in das Universum hinausschauen? Die Grenze des prinzipiell für uns sichtbaren Universums ist heute ungefähr 42 Milliarden Lichtjahre entfernt und somit mehr als die 13,7 Milliarden Jahre, die unser Universum alt ist – denn die Wegstrecke, die das Licht bereits hinter sich hat, dehnt sich ständig weiter aus. Tatsächlich reicht die elektromagnetische Strahlung aber nicht ganz so weit. Die am weitesten entfernte Materie, deren elektromagnetische Strahlung zu uns gelangt, ist das Wasserstoff-Helium-Plasma, kurz bevor es sich nur etwa 380 000 Jahre nach dem Urknall in durchsichtiges Wasserstoffgas verwandelt hat. Dieses Plasma sehen wir mit den entsprechenden Instrumenten in sehr weiter Ferne überall am Himmel – seine Strahlung ist die kosmische Hintergrundstrahlung (↓).

Etwa 200 bis 300 Millionen Jahre nach dem Urknall haben sich vermutlich die ersten Sterne und Galaxien gebildet. Wenn man mit sehr guten Teleskopen weit in das Weltall hinaus- und damit tief in die Vergangenheit hineinschaut, sollte man diese ersten Galaxien in weiter Ferne noch erkennen können. Mit dem Hubble-Weltraumteleskop hat man dazu einen winzigen Himmelsausschnitt von der Größe eines Zehntels des

Hubble Ultra Deep Field (HUDF)

Das expandierende Universum → S. 154
Die kosmische Hintergrundstrahlung → S. 156

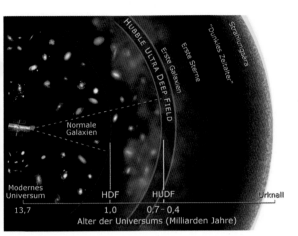

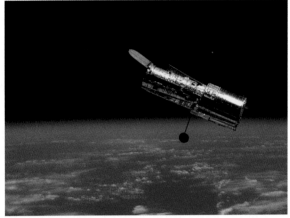

Der Blick in die Ferne ist auch ein Blick zurück in der Zeit

Das Hubble-Weltraumteleskop

Monddurchmessers mit einer Gesamtbelichtungszeit von mehreren Tagen aufgenommen. Dies ist der bisher tiefste Blick in das Universum. Man bezeichnet dieses Bild als *Hubble Ultra Deep Field* (HUDF).

Auf dem Bild erkennt man etwa 10 000 Galaxien, die wir je nach Entfernung in allen möglichen Altersstufen und Entwicklungsstadien sehen. Die entferntesten und damit ältesten noch erkennbaren Galaxien – deren Licht also am längsten gebraucht hat, ehe es uns erreichte – erscheinen als winzige rötliche Punkte. Ihr damaliges Lebensalter liegt bei rund 500 bis 800 Millionen Jahren, d. h. wir sehen sie so, wie sie vor gut dreizehn Milliarden Jahren aussahen. Diese sehr jungen Galaxien sind noch deutlich kleiner und unregelmäßiger als beispielsweise unsere Milchstraße. Die jüngste bisher im HUDF gefundene Galaxie ist UDFj-39546284, deren Rotverschiebung bei $z = 10$ liegt, d. h. wir sehen sie etwa 480 Millionen Jahre nach dem Urknall – seitdem hat sich das Universum um das 11-Fache ausgedehnt.

Um noch jüngere Galaxien sehen zu können, brauchen wir weiter verbesserte Beobachtungsmöglichkeiten, wie sie beispielsweise mit dem als Hubble-Nachfolger geplanten James Webb Space Telescope vorgesehen sind.

Die Galaxie UDFj-39546284

NASA *Hubble Digs Deeply, Toward Big Bang* http://www.nasa.gov/vision/universe/starsgalaxies/hubble_UDF.html
Deep Astronomy *Hubble Ultra Deep Field 3D* YouTube, https://www.youtube.com/watch?v = oAVjF_7ensg

Das expandierende Universum
Warum ist der Nachthimmel dunkel?

Kann unser Universum unendlich groß, statisch und dabei gleichmäßig mit ewig leuchtenden Sternen angefüllt sein? Wäre das so, so müsste man an jedem Punkt des Himmels einen Stern sehen, und das Licht der Sterne hätte das Universum bereits auf Sterntemperatur aufgeheizt. Der gesamte Himmel würde so hell leuchten wie die Sonne. Man spricht vom *Olbers'schen Paradoxon.*

Warum also ist der Himmel nachts dunkel? Des Rätsels Lösung liegt darin, dass das für uns sichtbare Universum weder statisch noch unendlich groß ist: In den Jahren zwischen 1922 und 1927 entdeckten der russische Physiker Alexander Alexandrowitsch Friedmann und der belgische Physiker und Theologe Georges Lemaître unabhängig voneinander, dass nach Einsteins Allgemeiner Relativitätstheorie (↓) unser Universum nicht statisch sein kann, sondern expandieren oder kontrahieren muss.

Im Jahr 1929 bestätigte Edwin Hubble diese Hypothese, indem er feststellte, dass das Licht weit entfernter Galaxien umso mehr zu langen Wellenlängen hin verschoben ist, je weiter diese Galaxien von uns entfernt sind (*Hubble-Gesetz*). Diese *Rotverschiebung* konnte man durch die ständig fortschreitende Expansion des Raumes erklären:

Je weiter eine Galaxie von uns entfernt ist, umso schneller wächst ihr Abstand zu uns, wobei die Galaxien selbst sich nur relativ wenig im Raum bewegen – der Raum selbst ist es, der sich ausdehnt, ähnlich wie sich die Oberfläche eines sehr großen Luftballons beim Aufblasen vergrößert. Dabei wird auch die Wellenlänge des Lichts umso mehr gedehnt, je länger es unterwegs ist.

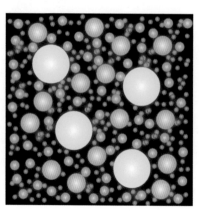

Olbersches
Paradoxon

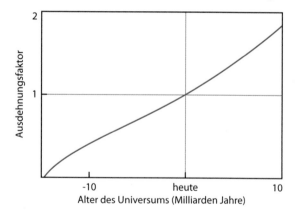

Zeitliche Entwicklung des Ausdehnungsfaktors des Universums, relativ zu heute. In den ersten Jahrmilliarden wurde die Ausdehnung abgebremst, während sie sich mittlerweile wieder beschleunigt.

Gravitation und Allgemeine Relativitätstheorie → S. 138
A. W. A. Pauldrach *Dunkle kosmische Energie* Spektrum Akademischer Verlag 2010
J. Resag *Zeitpfad – Die Geschichte unseres Universums und unseres Planeten* Spektrum Akademischer Verlag 2012

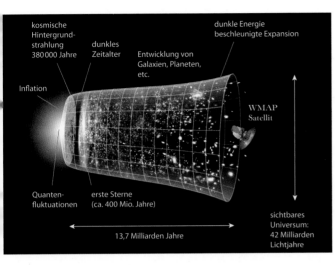

kosmische
Hintergrund-
strahlung
380 000 Jahre

dunkles
Zeitalter

Entwicklung von
Galaxien, Planeten,
etc.

dunkle Energie
beschleunigte Expansion

Inflation

WMAP
Satellit

Quanten-
fluktuationen

erste Sterne
(ca. 400 Mio. Jahre)

sichtbares
Universum:
42 Milliarden
Lichtjahre

13,7 Milliarden Jahre

Es gibt einen kritischen Abstand, ab dem Licht und alle anderen physikalischen Information keine Chance mehr haben, uns seit dem Urknall vor 13,7 Milliarden Jahren zu erreichen – die Strecke bis zu uns expandiert schneller, als dass sie das Licht bis heute zurücklegen konnte. Dies ist die Grenze des für uns sichtbaren Universums. Sie liegt heute ungefähr 42 Milliarden Lichtjahre von uns entfernt – also nicht 13,7 Milliarden Lichtjahre, wie das Alter des Universums vermuten lassen könnte, denn der Raum, den das Licht auf dem Weg zu uns bereits zurückgelegt hat, expandiert ja ständig weiter. Wahrscheinlich ist nur ein winziger Teil des gesamten Universums für uns sichtbar.

Die Ausdehnungsrate der Expansion bezeichnet man als *Hubble-Parameter*. Sie liegt im heutigen Universum bei rund 70 km/s pro Megaparsec (Mpc), wobei ein Megaparsec etwa 3,26 Millionen Lichtjahren entspricht. Ein Abstandsintervall von 3,26 Millionen Lichtjahren (etwa das Dreißigfache des Milchstraßendurchmessers) wächst also in der Gegenwart mit der Geschwindigkeit von rund 70 km/s. Anders ausgedrückt: Es wächst gegenwärtig um sieben Prozent in einer Milliarde Jahren.

Je weiter wir heute in das Universum hinaussehen, umso länger ist das Licht von dort zu uns unterwegs gewesen und umso mehr ist seine Wellenlänge gedehnt worden. Von ganz weit draußen empfangen wir die tausendfach gedehnte Wärmestrahlung des heißen Plasmas aus dem sehr frühen Universum (kosmische Hintergrundstrahlung ↓).

Es gibt noch einen weiteren wichtigen Horizont (↓): den *Ereignishorizont* (in der Grafik als hellblauer Bereich dargestellt, wobei wir in der Mitte sitzen). Er liegt momentan in einer Entfernung von rund sechzehn Milliarden Lichtjahren. Licht, das heute außerhalb dieses Bereichs ausgesendet wird, hat keine Chance mehr, uns jemals zu erreichen.

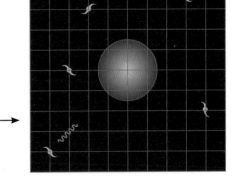

Die kosmische Hintergrundstrahlung → S. 156
Kosmische Horizonte → S. 166

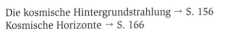

Die kosmische Hintergrundstrahlung
Mikrowellen aus der Frühzeit des Universums

Etwa 380 000 Jahre nach dem Urknall erreichte das expandierende Universum einen wichtigen Punkt in seiner Entwicklung: Die Temperatur des darin enthaltenen dünnen heißen Plasmas (↓) aus Protonen, Heliumkernen und Elektronen unterschritt die Temperatur von rund 3000 Kelvin und war damit so weit abgekühlt, dass sich Elektronen und Protonen zu Wasserstoffatomen verbinden konnten. Anders als das Plasma zuvor ist Wasserstoffgas im Wesentlichen durchsichtig, sodass sich die Wärmestrahlung des zuvor glühenden Plasmas von nun an ungehindert im Universum ausbreiten konnte. Seitdem hat sich das Universum um gut das Tausendfache ausgedehnt, sodass sich zugleich die Temperatur dieser Wärmestrahlung um gut ein Tausendstel auf heute etwa 2,7 Kelvin abgekühlt hat und ihre typischen Wellenlängen heute im unsichtbaren Mikrowellenbereich liegen.

Diese schwache Wärmestrahlung durchdringt noch heute das gesamte Universum. Sie wurde im Jahr 1964 von Penzias und Wilson zufällig entdeckt und gilt heute als einer der wichtigsten Belege für den Urknall.

Robert Wilson (links) und Arno Penzias (rechts) vor der Hornantenne, mit der sie die kosmische Hintergrundstrahlung entdeckt haben

Man bezeichnet sie als *kosmische Hintergrundstrahlung*. Von jeder Stelle des Himmels dringt sie zu uns. Im Grunde sehen unsere Messinstrumente am scheinbar leeren Himmel das glühende Plasma in dem Moment, in dem es sich in durchsichtiges Wasserstoffgas verwandelt hat, wobei seine Strahlung durch die kosmische Expansion in den Mikrowellenbereich rotverschoben wurde. Dies ist die älteste elektromagnetische Strahlung, die zu uns dringt. Weiter hinaus und damit zurück in die Vergangenheit können wir mithilfe elektromagnetischer Strahlung nicht schauen.

Die kosmische Hintergrundstrahlung erscheint aufgrund der Eigenbewegung der Erde in Bewegungsrichtung am Himmel um rund 0,1 % wärmer als auf der gegenüberliegenden Himmelsseite (Dopplereffekt). Daraus kann man ableiten, dass sich unser Sonnensystem mit rund 370 km/s gegenüber der kosmischen Hintergrundstrahlung bewegt.

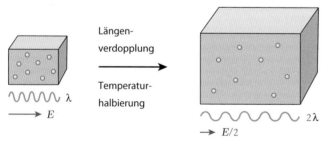

Die Temperatur der kosmischen Hintergrundstrahlung fällt umgekehrt proportional zur Expansion des Universums ab. Die gelben Punkte sind die zugehörigen Photonen, deren Wellenlänge und Energie jeweils unten dargestellt sind.

Plasma → S. 206
ESA *Planck-Homepage* http://www.esa.int/Our_Activities/Space_Science/Planck
NASA *WMAP-Homepage* http://map.gsfc.nasa.gov/

Auf diese Weise liefert die kosmische Hintergrundstrahlung ein universelles Bezugssystem für die Bewegungen aller Himmelskörper im Universum!

Unregelmäßigkeiten in der kosmischen Hintergrundstrahlung am gesamten Himmel, nach neuesten Messungen von Planck, veröffentlicht im Juli 2018. Der Einfluss durch Sterne und Galaxien sowie durch die Eigenbewegung der Erde (Dopplereffekt) wurden zuvor aus den Messdaten herausgerechnet.

Darüber hinaus zeigt die Hintergrundstrahlung viele winzige Unregelmäßigkeiten von etwa 0,001 %, die man mithilfe moderner Satelliten wie WMAP und Planck seit einigen Jahren sehr genau vermisst.

Diese Unregelmäßigkeiten entsprechen kleinen Dichteschwankungen im damaligen Plasma, wobei Schwankungen mit einer Größe von einem Winkelgrad am Himmel (das entspricht etwa dem doppelten Monddurchmesser) am intensivsten sind.

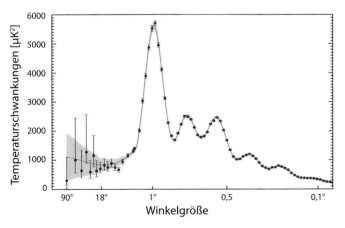

Diese Schwankungen haben ihre Ursache sehr wahrscheinlich in winzigen Quantenschwankungen des sogenannten *Inflatonfeldes*, die durch die inflationäre Expansion (↓) in den ersten Sekundenbruchteilen des Universums zu gigantischer Größe aufgebläht wurden. Vergleicht man ihre sichtbare Größe und Intensität mit Modellrechnungen, so kann man daraus grundlegende Informationen über das Universum gewinnen.

Diese Grafik zeigt, wie stark ausgeprägt heißere oder kältere Flecken verschiedener Größe in der kosmischen Hintergrundstrahlung sind.

Urknall und inflationäre Expansion → S. 162
J. Resag *Zeitpfad – Die Geschichte unseres Universums und unseres Planeten* Spektrum Akademischer Verlag 2012

Dunkle Materie
Das Universum ist schwerer als es aussieht

Wieviel Materie gibt es im Universum? Diese Frage ist nicht leicht zu beantworten. Recht gut lässt sich heute abschätzen, wie viel Materie im Universum leuchtet (Sterne, Galaxien), bzw. Licht absorbiert (interstellarer Staub). Eine alternative Methode besteht darin, die Schwerkraft (↓) selbst zu benutzen, um die vorhandene Masse im Universum zu schätzen. Zum Beispiel kann man aus den Flugbahnen von Sternen, Galaxien oder ganzen Galaxienhaufen die Masse der Objekte errechnen, die sie umkreisen, bzw. die sich in ihrer näheren Umgebung befinden. Eine weitere Möglichkeit bietet der ebenfalls auf der Schwerkraft beruhende Gravitationslinseneffekt (↓), der eine verlässliche Methode ist, die Massendichte im All zu messen.

Mysteriöserweise führen die beiden Messmethoden jedoch zu völlig unterschiedlichen Ergebnissen: Es gibt demnach im All etwa sechsmal so viel Schwerkraft, wie man leuchtende oder Licht absorbierende Masse sehen kann. Die Astrophysiker nennen seither den großen Teil der Materie im Universum, der sich nur durch seine Gravitationswirkung auf seine Umgebung bemerkbar macht, *dunkle Materie*.

Es gibt viele unabhängige Hinweise auf die Existenz der dunklen Materie: Gäbe es zum Beispiel in Galaxien nur diejenige Materie, die man auch sehen kann, würden diese völlig anders um sich selbst rotieren: Weiter außen liegende Bereiche müssten sich deutlich langsamer um das Galaxienzentrum drehen als die inneren Bereiche (so, wie zum Beispiel Jupiter deutlich länger für eine Sonnenumrundung benötigt als die Erde). Jedoch beobachtet man, dass sich die äußeren Spiralarme von Galaxien sehr viel schneller drehen, als sie das eigentlich sollten. Erklären lässt sich dies, wenn man annimmt, dass die sichtbare Materie der Galaxien in einen kugelförmigen *Halo* – einer riesigen Sphäre aus unsichtbarer, dunkler Materie – eingebettet ist. Durch die zusätzliche Masse müssen die Spiralarme schneller rotieren, um nicht in das Galaxienzentrum zu stürzen. Diese Vermutung wird am eindrucksvollsten durch Aufnahmen von Zusammenstößen von Galaxien bestätigt.

Die sichtbare Materie in der Milchstraße allein reicht nicht aus, um zu erklären warum die Rotationskurve zum Galaxienrand hin nicht abnimmt. Dunkle Materie könnte hierfür eine Erklärung liefern.

Man nimmt an, dass sich die dunkle Materie (blau dargestellt) als Halo um die Galaxien herum anordnet.

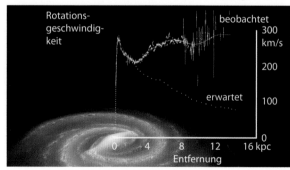

Schwerkraft, Newtons Gravitationsgesetz → S. 92
Gravitationslinsen → S. 172
Wikipedia *Dunkle Materie*

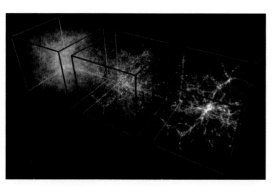

Entwicklung der sichtbaren Materie im Universum. Ohne dunkle Materie könnte man die starke Ausformung der Filamentstruktur nicht erklären.

Neuere Messungen belegen, dass die Verteilung der dunklen Materie im Universum mit dessen Alter aufgrund der eigenen Schwerkraft immer strukturierter wird und Filamente ausbildet.

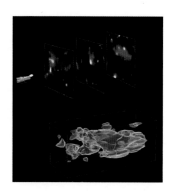

Schlussendlich ist auch die Verteilung der sichtbaren Materie im Universum nicht zu erklären, wenn man keine zusätzliche Schwerkraft annimmt: Während sich das Universum in den letzten dreizehn Milliarden Jahren ausdehnte, haben sich die Galaxien und Galaxienhaufen in einer faserartigen Struktur (sogenannten *Filamenten*) zusammengezogen, die man auch heute mit Teleskopen beobachten kann (Strukturen im Kosmos ↓). Allein die eigene Schwerkraft der sichtbaren Materie reicht hierfür bei Weitem nicht aus, es gibt dafür schlicht zu wenig im Universum. Dies ist ein weiterer Hinweis auf die Existenz der dunklen Materie.

Wenn es sie jedoch gibt, muss dunkle Materie sehr merkwürdig sein: Sie darf nur äußerst schwach elektromagnetisch wechselwirken, muss also durchsichtig und durchlässig sein. Einige Zeit glaubte man, dass Neutrinos die Bausteine der dunklen Materie sein könnten, heutzutage ist man sich allerdings relativ sicher, dass es dafür nicht genug Neutrinos im Universum gibt. Eine weitere beliebte Vermutung ist, dass dunkle Materie aus recht schweren supersymmetrischen Teilchen (Neutralinos, Supersymmetrie ↓) besteht.

Es gibt verschiedene Ansätze, die „überschüssige" beobachtete Schwerkraft nicht ad hoc durch eine mysteriöse zusätzliche Materieform zu erklären, sondern durch eine Abänderung der Gesetze der Schwerkraft. Das beliebteste Beispiel hierfür ist MOND (MOdified Newtonian Dynamics), die eine winzige Änderung an Newtons Kraftgesetz postuliert. Obwohl diese (und andere) Vorschläge zwar einzelne Hinweise auf dunkle Materie, wie z. B. die abnorme Rotationskurve der Galaxien, erklären können, gibt es keinen einfachen Vorschlag, der alle Phänomene auf einmal erklärt. Daher gehen die meisten Physiker weiterhin von der Existenz der dunklen Materie aus, auch wenn ihre Zusammensetzung immer noch ein Rätsel ist.

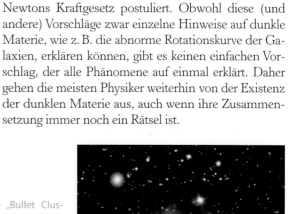

Der sogenannte „Bullet Cluster", bestehend aus zwei miteinander zusammenstoßenden Galaxienhaufen. Während die sichtbare, kollidierende Materie im Röntgenbereich leuchtet (rot), fliegen die Halos der dunklen Materie unbehelligt weiter (blau).

Bild oben links mit freundlicher Genehmigung von Volker Springel, Universität Heidelberg
Strukturen im Kosmos → S. 168
Supersymmetrie → S. 302
D. Hooper *Dunkle Materie: Die kosmische Energielücke* Spektrum Akademischer Verlag 2009

Beschleunigte Expansion und dunkle Energie
Die fehlende Materieform im Universum

Aus der Analyse der kosmischen Hintergrundstrahlung ist es Physikern in den letzten Jahren gelungen, einige wichtige Eigenschaften des Universums präzise zu vermessen. Wir wissen daher heute, dass das Universum flach ist, also großräumig keine messbare Raumkrümmung aufweist: In einem negativ gekrümmten Universum (im nebenstehenden Bild links) würden die schwachen Temperaturschwankungen der kosmischen Hintergrundstrahlung (↓) räumlich kleiner, in einem positiv gekrümmten Universum (rechts) dagegen größer erscheinen, als wir sie am Himmel messen.

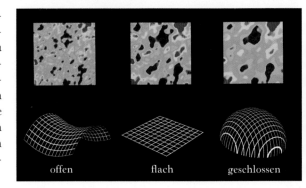

offen   flach   geschlossen

Da die Raumkrümmung mit der mittleren Materie- und Energiedichte im Universum zusammenhängt, können wir daraus schließen, dass diese mittlere Dichte gleich der sogenannten *kritischen Dichte* sein muss, die bei

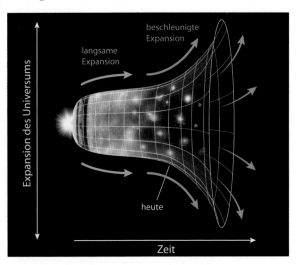

rund sechs Protonmassen pro Kubikmeter liegt. Die mittlere Dichte von allem, was sich im Raum verteilt, muss also in Summe diese Größenordnung annehmen.

Wenn wir nun die Dichte der gewöhnlichen Materie aus Atomen und subatomaren Teilchen bestimmen, finden wir, dass diese nur knapp 5 % der benötigten kritischen Dichte ausmacht. Nehmen wir noch die sogenannte *dunkle Materie* (↓) hinzu, die aus noch unbekannten schweren Teilchen bestehen muss, so ist diese mit rund 25 % der kritischen Dichte im Universum verteilt. Die dunkle Materie wirkt wie die gewöhnliche Materie ebenfalls gravitativ anziehend. Leichte Teilchen wie Neutrinos und Photonen sind hier fast bedeutungslos. Addieren wir diese beiden Dichten, erreichen wir jedoch bei Weitem noch nicht die benötigte kritische Dichte. Wo also sind die fehlenden rund 70 %? In den 1990er-Jahren lieferte die Beobachtung weit entfernter thermonuklearer Supernovae einen wichtigen Hinweis, für den im Jahr 2011 der Physik-Nobelpreis

Die kosmische Hintergrundstrahlung → S. 156
Dunkle Materie → S. 158
A. W. A. Pauldrach *Dunkle kosmische Energie* Spektrum Akademischer Verlag 2010

verliehen wurde: Die Supernovae leuchten bei großen Rotverschiebungen weniger hell als gedacht. Daraus konnte man ableiten, dass sich die Expansion des Universums nicht wie vermutet aufgrund anziehender Gravitationskräfte langsam abschwächt, sondern seit rund fünf Milliarden Jahren zunehmend beschleunigt.

Was aber beschleunigt die Expansion? Es gibt eine Kraft, die dies bewirken kann, nämlich die Gravitation. Nach Einsteins Allgemeiner Relativitätstheorie (↓) wirken Materie- und Energiedichten sowie normaler Druck gravitativ anziehend, während negativer Druck (also starke innere Zugkräfte) gravitativ abstoßend wirken. Man vermutet daher, dass die fehlenden 70% der Materiedichte von sogenannter *dunkler Energie* geliefert werden, die den Raum gleichmäßig durchdringt und die einen starken negativen Druck besitzt, so dass ihre abstoßende Gravitationswirkung die anziehende Gravitation der normalen plus der dunklen Materie seit rund fünf Milliarden Jahren übertrifft.

Vermutlich ist die dunkle Energie eine Eigenschaft des Raumes selbst, also eine Art konstante Raumenergie. Möglicherweise liefern die allgegenwärtigen virtuellen Teilchen des Vakuums (↓) diese Energiedichte, doch die dafür berechneten Werte sind bisher viel zu groß. Und obwohl es hierzu derzeit sehr viele Theorien und Modelle gibt, weiß noch niemand zweifelsfrei, was sich hinter der dunklen Energie wirklich verbirgt.

Materieanteile im heutigen Universum gemessen von den Satelliten WMAP (links) und Planck (rechts, Stand März 2013)

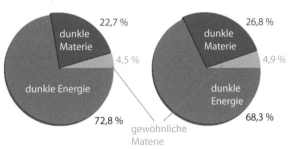

Scheinbare relative Helligkeit und Rotverschiebung weit entfernter thermonuklearer Supernovae. Die unteren drei (roten) Kurven entsprechen den erwarteten Werten für ein Universum ohne gravitativ abstoßende dunkle Energie mit 0%, 33% oder 100% gravitativ anziehender Materie (Atome plus dunkler Materie, angegeben in Prozent der kritischen Dichte). Am besten passt die oberste blaue Kurve zu den Daten, die einem Universum mit rund 33% anziehender Materie und 67% dunkler Energie entspricht.

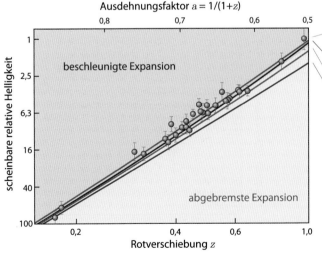

Thermonukleare Supernovae → S. 34
Gravitation und Allgemeine Relativitätstheorie → S. 138
Quantenvakuum → S. 222
Lawrence Berkeley National Laboratory *Supernova Cosmology Project* http://supernova.lbl.gov/

Urknall und inflationäre Expansion

Warum der Raum flach und der Hintergrund überall gleich kalt ist

Betrachtet man das für uns sichtbare Universum in einem rückwärts laufenden Film, so rücken alle Galaxien darin immer enger zusammen, je weiter man in der Zeit zurückgeht, bis schließlich alle Abstände gegen Null zu schrumpfen scheinen. Dieser Zeitpunkt liegt rund 14 Milliarden Jahre zurück. Man bezeichnet ihn als *Urknall*.

Nach den Regeln der Quantentheorie kann aber das Universum zu Beginn nicht wirklich ein Punkt gewesen sein (↓). Was also geschah am Anfang wirklich? Was knallte im Urknall?

Eine gängige Vorstellung ist, dass sich in einer Art waberndem Raumzeit-Quantenschaum in einem winzigen Raumbereich von vielleicht 10^{-10} fm Durchmesser (das entspricht etwa einem Zehnmilliardstel des Protondurchmessers) ein sogenanntes *Inflatonfeld* bildete (im Zentrum der obigen Grafik als dunkler Grauton dargestellt).

Was genau dieses Inflatonfeld sein soll, wissen wir nicht – entscheidend ist nur, dass es sich um ein Feld handelt, das den winzigen Raumbereich gleichmäßig ausfüllte und sich dabei in einem metastabilen, sehr hochenergetischen Zustand befand, ähnlich einer unterkühlten Flüssigkeit.

In diesem Zustand besitzt es einen enorm starken negativen Druck, ähnlich wie eine straffe Gummihaut, die sich zusammenziehen möchte. Paradoxerweise ruft dieser negative Druck nach Einsteins Gravitationsgesetz (↓) eine stark abstoßende Gravitation hervor, die das winzige Raumgebiet blitzartig exponentiell aufbläht.

Modellrechnungen zeigen, dass sich so der ursprünglich winzige Raumbereich innerhalb eines winzigen Augenblicks von vielleicht 10^{-33} Sekunden Länge um das 10^{30}- bis 10^{50}-Fache ausdehnen kann. Aus den anfänglichen 10^{-10} fm werden so hundert Kilometer oder mehr.

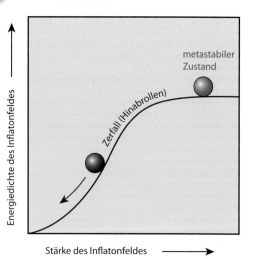

Energiedichte des Inflatonfeldes

metastabiler Zustand

Zerfall (Hinabrollen)

Stärke des Inflatonfeldes

Loop-Quantengravitation → S. 316
Gravitation und Allgemeine Relativitätstheorie → S. 138

Man kann sich diese Expansion mithilfe eines subatomaren Luftballons veranschaulichen, den man blitzschnell auf hundert Kilometer Größe aufbläst. Der dreidimensionale Raum entspricht dabei der zweidimensionalen Gummihaut des Luftballons. Die meisten Raumpunkte verlieren bei dieser heftigen Expansion wegen der endlichen Lichtgeschwindigkeit jeden Kontakt zueinander und können daher auch keine Lichtsignale mehr untereinander austauschen, sodass nur ein kleiner Ausschnitt des expandierten Raumbereichs unser heute sichtbares Universum bildet.

Dieses enorme Aufblähen ist der eigentliche Urknall. Dabei verdünnt sich das Inflatonfeld nicht, sondern sein negativer Druck sorgt dafür, dass es sich ständig nachbildet, wobei die dafür notwendige Energie aus der gravitativen Abstoßung stammt.

Am Ende der extrem kurzen, aber ebenso heftigen Inflationsphase rutscht das Inflatonfeld dann aus seinem metastabilen Zustand heraus und zerfällt, d. h. es rollt in der Grafik auf der vorhergehenden Seite gewissermaßen den Potentialberg nach links hinunter. Dabei wandelt sich seine Energie in ein extrem heißes Teilchenplasma um, das zusammen mit dem Universum weiter expandiert und sich dabei abkühlt, wobei sich die Expansion aufgrund der nun anziehenden Gravitationswirkung des Teilchenplasmas langsam abschwächt. Dies ist die Geburt des Universums, das wir kennen.

Diese Idee der inflationären Expansion ist noch recht spekulativ. Ohne sie kann man aber kaum verstehen, warum unser sichtbares Universum keine messbare mittlere Raumkrümmung aufweist, sondern flach ist, und warum die kosmische Hintergrundstrahlung (↓) überall fast exakt dieselbe Temperatur aufweist. Bei der inflationären Expansion ergeben sich beide Eigenschaften ganz automatisch: Die enorme Ausdehnung zu Beginn lässt den für uns heute sichtbaren Raum flach werden, und zuvor konnte sich die Temperatur im winzigen Ausgangsgebiet überall angleichen.

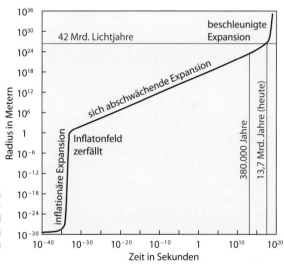

Radius des expandierenden Raumbereichs, der heute unser sichtbares Universum darstellt, in doppelt logarithmischer Darstellung. In der Gegenwart beträgt dieser Radius rund 42 Milliarden Lichtjahre, während er am Ende der inflationären Expansion bei nur einem Meter gelegen haben könnte. Die Entstehung der kosmischen Hintergrundstrahlung 380 000 Jahre nach dem Urknall ist ebenfalls eingetragen.

Die kosmische Hintergrundstrahlung → S. 156
B. Greene *Die verborgene Wirklichkeit: Paralleluniversen und die Gesetze des Kosmos* Siedler Verlag 2012

Die Entstehung der Materie

Was ab 10^{-10} Sekunden nach dem Urknall geschah

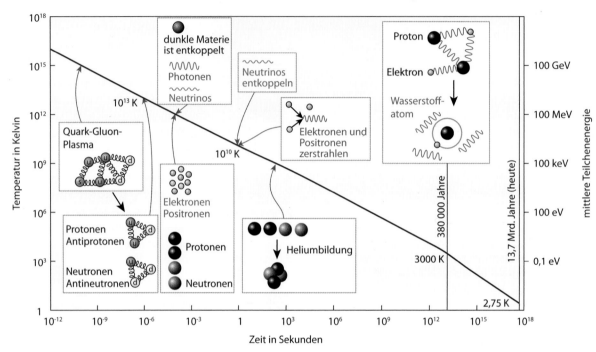

Wie entstand aus der Energie des zerfallenden Inflatonfeldes ($\downarrow$) die Materie, die wir heute im Universum beobachten?

Auch wenn wir die Entwicklung in den allerersten Sekundenbruchteilen nach heutigem Wissen nur grob erraten können, so wissen wir doch mittlerweile immerhin recht genau, was sich ab etwa 10^{-10} Sekunden nach dem Urknall abgespielt haben muss:

10^{-10} Sekunden (Temperatur: 10^{15} Kelvin)

Ein sehr heißes dichtes Teilchenplasma aus Quarks und Antiquarks, Leptonen (Elektronen, Myonen, Tauonen, Neutrinos) und Antileptonen, Gluonen, Photonen, W- und Z-Bosonen ($\downarrow$) sowie dunkler Materie durchdringt das Universum. Das Higgs-Feld ($\downarrow$) hat kurz zuvor vielen dieser Teilchen ihre Masse verliehen und damit elektromagnetische und schwache Wechselwirkung voneinander getrennt.

Urknall und inflationäre Expansion → S. 162
Das Standardmodell der Teilchenphysik → S. 238
Die Entdeckung des Higgs-Teilchens → S. 258
S. Weinberg *Die ersten drei Minuten* Dtv 1994

10^{-6} Sekunden (Temperatur: 10^{13} Kelvin)

Quarks, Antiquarks und Gluonen (auch Quark-Gluon-Plasma genannt) verbinden sich zu Protonen, Neutronen und deren Antiteilchen.

10^{-4} Sekunden (Temperatur: 10^{12} Kelvin)

Protonen und Antiprotonen sowie Neutronen und Antineutronen vernichten sich gegenseitig, wobei ein winziger Protonen- und Neutronenüberschuss von etwa einem Milliardstel übrig bleibt. Die noch unbekannten schweren Teilchen der dunklen Materie (↓) führen mittlerweile ein unabhängiges Eigenleben, d.h. sie entkoppeln von der übrigen Materie.

1 Sekunde (Temperatur: 10^{10} Kelvin)

Die sehr zahlreichen geisterhaften Neutrinos (↓) entkoppeln ebenfalls von der übrigen Materie und bilden bis heute eine Neutrino-Hintergrundstrahlung, die aber zu flüchtig ist, als dass man sie bisher nachweisen konnte. Kurz darauf vernichten sich Elektronen und Positronen gegenseitig und heizen dadurch das Plasma noch einmal deutlich auf. Ein winziger Überschuss an Elektronen bleibt übrig.

3 Minuten (Temperatur: 10^9 Kelvin)

Viele Neutronen sind mittlerweile zu Protonen zerfallen, sodass auf sieben Protonen nur noch ein Neutron kommt. Diese Neutronen beginnen, mit Protonen zu Deuterium und dann weiter zu Heliumkernen zu fusionieren.

1 Stunde (Temperatur: 200 Millionen Kelvin)

Alle Neutronen haben sich mit Protonen zu Heliumkernen vereinigt, die aus zwei Protonen und zwei Neutronen bestehen. Dadurch liegt nun ein Viertel aller Nukleonen (Protonen sowie Neutronen) in Form von Heliumkernen vor.

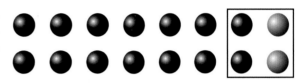

Schwerere Elemente als Helium bilden sich praktisch nicht – sie entstehen erst später im nuklearen Fusionsofen der Sterne. Noch heute besteht die atomare Materie des Universums zu knapp drei Vierteln aus Wasserstoff und gut einem Viertel aus Helium (bezogen auf das Gewicht), während alle anderen Elemente nur wenige Prozent ausmachen.

sonstige: 2 %
Helium: 27 %
Wasserstoff: 71 %

Elementhäufigkeiten im Sonnensystem (Gewichtsanteile)

380000 Jahre (Temperatur: 3000 Kelvin)

Elektronen und Atomkerne bilden stabile Atome. Das Universum wird für einen Großteil der Photonen durchsichtig, sodass diese seitdem als kosmische Hintergrundstrahlung (↓) weitgehend ungehindert das Universum durchqueren.

Quark-Gluon-Plasma → S. 252
Dunkle Materie → S. 158
Neutrinos → S. 246
Die kosmische Hintergrundstrahlung → S. 156
J. Resag *Zeitpfad – Die Geschichte unseres Universums und unseres Planeten* Spektrum Akademischer Verlag 2012

Kosmische Horizonte
Oder wie weit wir durch Raum und Zeit sehen können

Bei der Expansion des Universums ($\downarrow$) bewegen sich die Galaxien nicht wie Raketen von uns weg, sondern der Raum selbst ist es, der sich ausdehnt, während die Galaxien darin nahezu ruhen und sich synchron mit ihm mitbewegen (ihre geringe Eigenbewegung können wir hier vernachlässigen).

Die Grafik unten rechts zeigt im Detail, was bei der Expansion unseres Universums nach heutigem Wissen geschieht. Die Zeit, wie sie in den Galaxien wahrgenommen wird, läuft dabei von unten nach oben, wobei als Startpunkt das Ende der inflationären Expansion ($\downarrow$) gewählt wurde – diese allerersten Sekundenbruchteile lassen wir also hier außer Acht.

Von links nach rechts ist die reale Entfernung (engl.: *proper distance*) zwischen uns und den anderen Galaxien eingezeichnet – wir selbst befinden uns also am linken Rand der Grafik. Könnten wir die Expansion des Universums stoppen, so würden wir anschließend genau diese Entfernung messen, beispielsweise indem wir Lichtsignale im nun statischen Universum zwischen den Galaxien und uns hin- und herschicken.

Die dünnen blauen Linien zeigen, wie sich die Entfernung zu den Galaxien im Lauf der Zeit vergrößert. Man spricht von den *Weltlinien* der Galaxien. Der z-Wert gibt dabei die heute beobachtete Rotverschiebung der entsprechenden Galaxie an. So bedeutet beispielsweise der Wert $z = 1$, dass sich die Wellenlänge des Lichts auf dem Weg zu uns um 100 % vergrößert hat – der Skalenfaktor a des Universums (also die Größe der Galaxienabstände relativ zu heute) lag zu dem Zeitpunkt, als das Licht ausgesendet wurde, also bei $a = 0{,}5$, sodass es sich seitdem um den Faktor 2 ausgedehnt hat (allgemein gilt $z + 1 = 1/a$).

Die rote Linie (der heutige Lichtkegel) zeigt den Weg, den ein Lichtstrahl durch Raum und Zeit nimmt, sodass wir ihn heute sehen können. Wenn wir hinaus in den Weltraum schauen, so folgen wir dabei diesem Lichtkegel in die Vergangenheit, denn ein Blick in die Ferne ist zugleich ein Blick zurück in der Zeit ($\downarrow$). Der Lichtkegel markiert damit diejenigen Ereignisse der Vergangenheit, die wir heute am Himmel sehen können. Außerhalb des blau eingezeichneten Hubble-Radius wächst der Abstand der Galaxien zu uns mit Überlichtgeschwindigkeit – dies ist keine Verletzung der Relativitätstheorie, da die Ausdehnung des Raumes für die Überlichtgeschwindigkeit verantwortlich ist

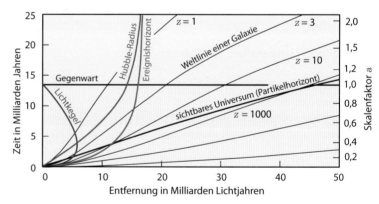

Das expandierende Universum → S. 154
Urknall und inflationäre Expansion → S. 162
Ein tiefer Blick ins Universum → S. 152

und nicht die Bewegung der Galaxien im Raum. Da der Lichtkegel im frühen Universum außerhalb des Hubble-Radius verläuft, können wir diese überlichtschnellen Galaxien dennoch heute sehen, denn die sich damals abbremsende Expansion lässt ihr Licht wieder in den Bereich innerhalb des Hubble-Radius vordringen.

Dem Licht von Ereignissen, die sich außerhalb des grün eingezeichneten Ereignishorizontes befinden, gelingt es dagegen niemals, bis zu uns zu gelangen. Irgendwann überschreitet jede Galaxie diesen Ereignishorizont, sodass wir ihren weiteren Lebensweg nicht beobachten können. Das bedeutet jedoch nicht, dass die Galaxie plötzlich von unserem Nachthimmel verschwindet.

Während wir in die Zukunft voranschreiten, erscheint ihr Licht stattdessen immer stärker rotverschoben und ist immer schwieriger messbar. Zugleich scheint die Zeit auf ihr immer langsamer zu vergehen, sodass sie für uns den Zeitpunkt des Übertritts nie erreicht.

Die Grenze des sichtbaren Universums ist für die verschiedenen Zeiten durch den dunkelrot eingezeichneten *Partikelhorizont* gegeben. Er ist die maximale Entfernung aller Objekte, deren irgendwann nach der inflationären Expansion ausgesendetes Licht uns zu dieser Zeit erreicht, d. h. die Weltlinien der Objekte innerhalb des Partikelhorizonts schneiden alle unseren jeweiligen Lichtkegel für diese Zeit.

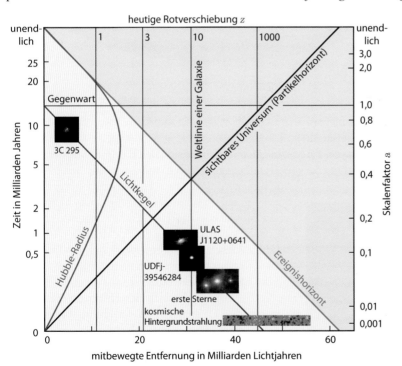

Für die Lesbarkeit der Grafik ist es oft günstig, statt der realen Entfernung die sogenannte *mitbewegte Entfernung* auf der x-Achse einzutragen – das ist die heutige Entfernung der Galaxien. Die Weltlinien sind dann einfach senkrechte Linien, wobei man für die reale Entfernung zu einer bestimmten Zeit die mitbewegte Entfernung mit dem rechts angegebenen Skalenfaktor multiplizieren muss. Zusätzlich werden die Zeitmarken so entlang der y-Achse angeordnet, dass die unendlich ferne Zukunft ganz oben zu liegen kommt und der Lichtkegel eine schräg nach rechts unten verlaufende gerade Linie bildet.

T. M. Davis, C. H. Lineweaver *Expanding Confusion: Common Misconceptions of Cosmological Horizons and the Superluminal Expansion of the Universe* Publications of the Astronomical Society of Australia, 2004, Vol. 21, S. 97-109 oder arXiv:astro-ph/0310808v2, http://arxiv.org/abs/astro-ph/0310808

Strukturen im Kosmos
Ein Netzwerk aus Materie

Galaxien treten oft in kleinen Gruppen oder größeren *Galaxienhaufen* auf, die Massen von über 10^{14} Sonnenmassen und eine Ausdehnung von mehreren Millionen Lichtjahren erreichen können. Galaxienhaufen sind damit die größten gravitativ gebundenen, also von ihrer eigenen Schwerkraft zusammengehaltenen, Systeme im Kosmos. Doch gibt es auch Strukturen auf noch größeren Skalen?

In den letzten Jahrzehnten wurden mehrere Beobachtungsprogramme durchgeführt, um die großräumige Verteilung der Galaxien und Galaxienhaufen genauer zu untersuchen. Das Bild oben stammt vom Extended Source Catalog (XSC) des Two Micron All Sky Survey (2MASS) und zeigt die Verteilung von 1,6 Millionen Galaxien an der Himmelskugel. Dabei entspricht ein Punkt einer Galaxie.

Himmelskarte der Galaxienverteilung in unserer Umgebung (2MASS XSC) im infraroten Bereich. Die Farbe der Punkte kennzeichnet die Rotverschiebung der Galaxien bzw. ihre Entfernung: Rot ist weit weg, blau am nächsten. Das Band in der Mitte entspricht den Sternen der Milchstraße.

Um einen dreidimensionalen Eindruck von der Galaxienverteilung zu erhalten, wurden in anderen Himmelsdurchmusterungen, wie z. B. dem 2dF Galaxy Redshift Survey, in einem schmalen Himmelsausschnitt die Position der Galaxien und ihre Entfernungen aus der kosmischen Rotverschiebung der Spektrallinien bestimmt (Hubble-Gesetz ↓). Dadurch lässt sich ihre Verteilung in die Tiefe des Universums hinein darstellen. Das Bild auf der nächsten Seite links zeigt für einen solchen nur sechs Grad dicken Bereich des Himmels die Rektaszension (den Längengrad an der Himmelskugel) und die Entfernung bzw. Rotverschiebung. Auch hier entspricht ein Punkt wieder einer einzelnen Galaxie.

Der Galaxienhaufen Abell 1689

Hubble-Gesetz, Das expandierende Universum → S. 154
SDSS-Kollaboration *The Sloan Digital Sky Survey* http://www.sdss.org/
T. H. Jarrett *Large Scale Structure in the Local Universe: The 2MASS Galaxy Catalog* Publications of the Astronomical Society of Australia, 2004, Vol. 21, S. 396

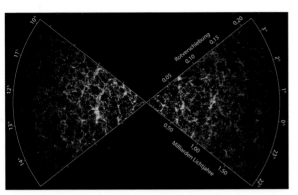

Ein Blick in die Tiefe: die Verteilung der Galaxien in einem schmalen Ausschnitt des Universums, mit ihrer Rektaszension und Entfernung aufgetragen. Jeder Punkt entspricht einer Galaxie.

Auf solchen Karten erkennt man, dass die Galaxien und Galaxienhaufen keineswegs gleichmäßig oder zufällig verteilt sind. Sie ordnen sich in noch größeren Strukturen an, den *Galaxiensuperhaufen*, die hunderte bis tausende Galaxien enthalten und sich bis zu 150 Millionen Lichtjahre erstrecken. Dünne, faserartige *Filamente* durchziehen das Universum, auf denen sich Galaxien wie Perlen an einer Schnur aufreihen. Die Filamente umschließen große, leere Räume, die sogenannten *Voids*. Diese erstrecken sich ebenfalls bis zu hunderte Millionen Lichtjahre im Durchmesser und enthalten, wenn überhaupt, dann nur wenige Galaxien.

Geschwindigkeitsmessungen der Galaxien haben ergeben, dass sich die Galaxien bevorzugt entlang der Filamente auf die Knotenpunkte des kosmischen Netzes zu bewegen, an denen sich die größten Galaxiensuperhaufen befinden. Die Milchstraße ist Teil der Lokalen Gruppe und liegt am Rande des Virgo-Galaxienhaufens. Er bewegt sich zusammen mit anderen Galaxienhaufen der Umgebung mit 1 bis 2 Millionen km/h

auf eine Region zu, die von uns aus gesehen hinter der Milchstraßenebene verborgen liegt. Wegen ihrer großen Anziehungskraft wurde sie *Great Attractor* genannt. Staub und Sterne der Milchstraße verhinderten lange die direkte Beobachtung.

Doch Galaxienhaufen enthalten viel heißes Gas, das Röntgenlicht aussendet und den Staub der Milchstraße durchdringen kann. Mit dem Röntgensatelliten ROSAT entdeckte man in den letzten Jahren, dass der Great Attractor aus weit weniger massereichen Galaxiensuperhaufen besteht als angenommen. Tatsächlich sind die Galaxiensuperhaufen in der Nähe der dahinter liegenden Shapley-Konzentration und des Hydra-Centaurus-Komplexes für den größeren Teil der Anziehungskraft verantwortlich. Wir werden diese über 600 Millionen Lichtjahre entfernten Objekte jedoch nie erreichen, da die Expansion des Universums auf diesen Skalen die Anziehungskraft überwiegt.

Verteilung der Galaxienhaufen bis 800 Millionen Lichtjahre von der Milchstraße entfernt. Jeder blaue Kreis entspricht einem Galaxienhaufen. Die Pfeile deuten die Anziehungskräfte des Great Attractors und des Shapley-Superhaufens an.

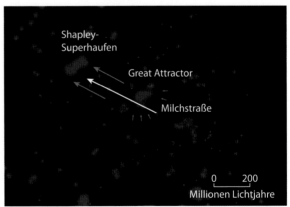

Bild rechts unten mit freundlicher Genehmigung von Dale Kocevski, University of Kentucky
Entstehung kosmischer Strukturen → S. 170
D. D. Kocevski, H. Ebeling *On the Origin of the Local Group's Peculiar Velocity* Astrophysical Journal, 2006, Vol. 645, Issue 2, S. 1043

Entstehung kosmischer Strukturen
Die Macht der Gravitation

Aus der Gleichförmigkeit der kosmischen Hintergrundstrahlung (↓) lässt sich schließen, dass die Materie zu Beginn des Universums sehr gleichmäßig verteilt gewesen sein muss, mit nur winzigen Dichteschwankungen. Doch schon diese kleinsten Unregelmäßigkeiten reichten aus, dass sich Strukturen bilden konnten: Ist einmal eine überdichte Region vorhanden, so dehnt sie sich zwar mit der Expansion des Universums (↓) aus, zieht aber dennoch aufgrund der Gravitation mehr Materie an als ihre Umgebung und wird noch massereicher. Ein Effekt, der sich immer weiter aufschaukelt. Sobald dann eine kritische Masse erreicht ist, macht die Materiewolke die Expansion des Raumes nicht mehr mit und fällt in sich zusammen (*gravitativer Kollaps*).

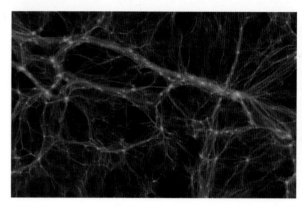

Dunkle-Materie-Filamente in einer kosmologischen Simulation. Die Galaxien sitzen in den dichtesten Gebieten (helle Punkte).

Als das Universum noch sehr jung und heiß war, konnte sich zunächst nur dunkle Materie zusammenballen, wobei die ersten Dunkle-Materie-Halos entstanden. Für das Gas war der Strahlungsdruck zu dieser Zeit noch zu groß. Erst nach und nach kühlte sich das Universum ab, bis sich auch das Gas in den dichtesten Dunkle-Materie-Klumpen sammeln konnte. Durch Verschmelzen der Materieklumpen zu immer größeren Objekten wuchsen nun auch die Gaswolken an und konnten schließlich einige hundert Millionen Jahre nach dem Urknall die ersten Sterne bilden. Durch weitere

Kurz vor dem Kollaps: Gravitation (lila Pfeile) und Expansion des Universums (gelb) halten sich die Waage.

Verschmelzungsprozesse entstanden etwa eine halbe bis eine Milliarde Jahre nach dem Urknall die ersten Galaxien. Ohne die dunkle Materie hätten sich die Galaxien erst sehr viel später bilden können, was übrigens einer der Hinweise auf die Existenz dieser mysteriösen Materieform ist.

Diesen Prozess der Strukturentstehung von kleinen Objekten zu größeren Gebilden nennt man *hierarchische Strukturbildung*.

Hierarchische Strukturbildung: Kleine Objekte verschmelzen zu immer größeren.

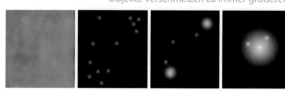

Bild oben mit freundlicher Genehmigung von Ralf Kähler, Tom Abel
Die kosmische Hintergrundstrahlung → S. 156
Das expandierende Universum → S. 154
MPA/Virgo-Konsortium *The Millennium Simulation* http://www.mpa-garching.mpg.de/galform/virgo/millennium/index.shtml

Doch wo bleiben in diesem Bild die Filamente und Voids (↓), die man im kosmischen Netz beobachtet?

Um das zu verstehen, betrachtet man eine Materiewolke in Form eines Rotationsellipsoids mit den Achsen $a > b > c$. Der gravitative Kollaps erfolgt dann zunächst entlang der kürzesten Achse c – die Wolke wird zu einer flachen 2D-Struktur zusammengepresst, die *Wall* (Wand) oder *Sheet* genannt wird. Danach zieht sich die Wand entlang der mittleren Achse b zusammen, und ein Filament entsteht. Zuletzt geschieht der Kollaps entlang der längsten Achse a, wodurch sich ein annähernd kugelförmiges Objekt bildet.

Da kleine Regionen früher in sich zusammenfallen können als große, herrschen auf kleinen Skalen kugelige, schon längst kollabierte Objekte vor (die Galaxien), während die großräumigen Strukturen durch Wände und Filamente geprägt sind.

Momentaufnahmen aus einer Computersimulation des Universums (Bolshoi-Simulation, ca. eine Milliarde Lichtjahre Kantenlänge) für 0,5; 6 und 13,7 Milliarden Jahre nach dem Urknall (von oben nach unten)

Die Entstehung der Strukturen im Universum kann man in kosmologischen Simulationen besonders gut beobachten. Hier spielt sich innerhalb von Tagen oder Monaten an Rechenzeit ab, was in der Realität Milliarden von Jahren benötigt. Setzt man verschiedene kosmologische Modelle und Parameter an, so ergeben sich Unterschiede in den Eigenschaften des Universums: im Zeitpunkt der Entstehung der ersten Galaxien und Galaxienhaufen, der Konzentration der Galaxienhaufen oder ihrem Anteil an sichtbarer und dunkler Materie. Durch Vergleiche von Beobachtungen mit den Simulationsdaten können so Rückschlüsse auf die Anfangsbedingungen, die grundliegenden Gesetze und die Entwicklung unseres Universums gezogen werden.

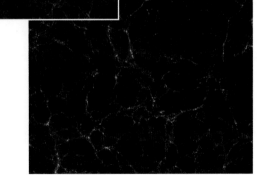

Kollaps eines Ellipsoids zu einer Wand, einem Filament und schließlich zu einer Kugel

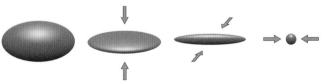

Simulationsbilder mit freundlicher Genehmigung von Stefan Gottlöber, Leibniz-Institut für Astrophysik Potsdam
Dunkle Materie → S. 158
Strukturen im Kosmos → S. 168
HIPACC *The Bolshoi Simulation* http://hipacc.ucsc.edu/Bolshoi

Gravitationslinsen

Wie man mit scheinbar verzerrten Galaxien das Universum wiegt

Lichtstrahlen werden durch die Schwerkraft astronomischer Objekte abgelenkt. Weil das Universum voll von solch extrem massereichen Objekten ist, sehen wir beim Blick durch das Teleskop von manchen weit entfernten Galaxien nur ein sehr verzerrtes Bild. In ihm besitzen Sterne und Galaxien scheinbar veränderte Positionen, erscheinen ringförmig verzerrt oder sind doppelt oder sogar mehrfach zu sehen.

Weil die Lichtablenkung durch massive interstellare Objekte zu ähnlichen Effekten wie die Lichtbrechung in Materialien führt, spricht man hierbei auch vom *Gravitationslinseneffekt*. Durch ihre hohe Masse können sowohl Neutronensterne, als auch schwarze Löcher, Galaxien und sogar Galaxienhaufen als Gravitationslinsen wirken.

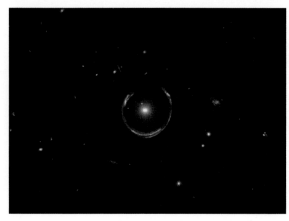

Das Bild einer entfernten, blauen Galaxie wird durch die Galaxie LRG 3-757 verzerrt.

Lichtstrahlen weit entfernter Galaxien erreichen uns aufgrund der Raumverzerrung nicht auf geraden Linien.

Obwohl schon vor der Entstehung der Relativitätstheorie theoretisch vermutet, sind die ersten realistischen Berechnungen zum Gravitationslinseneffekt erst von Einstein im Rahmen der Allgemeinen Relativitätstheorie (↓) durchgeführt worden. Die Ablenkung von Sternenlicht nahe unserer Sonne konnte im Mai 1919 von Sir Arthur Eddington während einer Sonnenfinsternis nachgewiesen werden, was Einstein über Nacht zu Weltruhm verhalf.

Es dauerte jedoch noch bis März 1979, bis Walsh, Carswell und Weymann den Doppelquasar Q0957+561 im Sternbild Ursa Major erstmals als ein linsenerzeugtes Doppelbild ein und desselben Quasars identifizierten.

Gravitation und Allgemeine Relativitätstheorie → S. 138

J. Wambsganß *Gravitational Lensing in Astronomy* https://link.springer.com/article/10.12942/lrr-1998-12; englisch

T. Sauer *Zur Geschichte der Gravitationslinsen* Einstein Online, 2010, Vol. 4, 1104; http://www.einstein-online.info/vertiefung/GravLinsenGeschichte@set_language = de.html

Später fand man nicht nur Mehrfachabbildungen von Sternen und Galaxien, wie beispielsweise das wunderschöne Einsteinkreuz, sondern auch die ersten sogenannten *Einsteinringe*. Diese entstehen, wenn sich – von der Erde aus gesehen – ein ausgedehntes astronomisches Objekt, wie z. B. eine Galaxie oder ein Galaxienhaufen, genau hinter einer Gravitationslinse befindet. Man sieht dann das Objekt nicht nur mehrfach, sondern als verzerrten Ring um die Gravitationslinse herum.

Befinden sich Beobachter, Linse und Objekt nur näherungsweise auf einer Linie, kann man die verzerrten Objekte oft noch als sogenannte *Giant Luminous Arcs* erkennen.

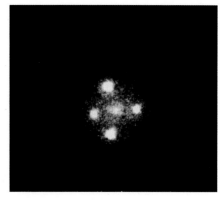

Das Einsteinkreuz, ein Mehrfachbild des Quasars QSO 2237+0305

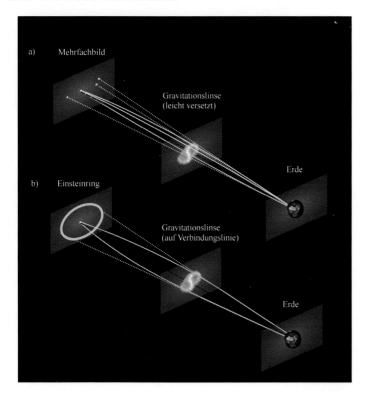

Im 21. Jahrhundert ist der Gravitationslinseneffekt zum unschätzbaren Hilfsmittel in der Astrophysik geworden. Durch präzise Beobachtung schon leichter Lichtablenkungen weit entfernter Galaxien kann man nämlich sehr genau Rückschlüsse auf die Verteilung – und die Gesamtmenge – der Materie im Weltall ziehen. Daher wissen wir zum Beispiel inzwischen, dass das Universum sehr viel mehr Masse enthalten muss, als sich durch bloße Messung von Strahlung vermuten ließe. Diese sogenannte *dunkle Materie* (↓) gibt den Astronomen bis heute Rätsel auf.

a) Sind das weit entfernte Objekt, die Gravitationslinse und die Erde nicht genau auf einer Linie, sieht man das Objekt mehrfach.
b) Befinden sie sich alle genau auf einer Linie, sieht man das Objekt als Einsteinring verzerrt.

Dunkle Materie → S. 158
C. S. Kochanek, E. E. Falco, C. Impey, J. Lehar, B. McLeod, H.-W. Rix *Galerie des CfA-Arizona Space Telescope LEns Survey (CASTLES)* http://www.cfa.harvard.edu/castles/

Gravitationswellen
Rhythmische Verzerrungen von Raum und Zeit

Seit den Arbeiten Johannes Keplers ist bekannt, wie sich zwei interstellare Körper umkreisen. Dieses sogenannte *Zweikörperproblem* kann exakt mit den Gesetzen der Newton'schen Mechanik (↓) berechnet werden und stimmt hervorragend mit den beobachteten Bewegungen z. B. der Erde um die Sonne überein.

Das Zweikörperproblem ist also gelöst – oder doch nicht? Seit Einstein wissen wir, dass das Newton'sche Gravitationsgesetz und die daraus folgenden Keplerellipsen nur dann näherungsweise gelten, wenn die beteiligten Körper nicht allzu schwer, allzu schnell oder allzu nahe beieinander sind. Und im Vergleich zu – sagen wir einmal – zwei sich eng umkreisenden Neutronensternen oder schwarzen Löchern sind Erde und Sonne geradezu lahme Fliegengewichte. Wie also bewegen sich zwei schwarze Löcher, wenn sie einander sehr nahekommen oder sogar miteinander verschmelzen?

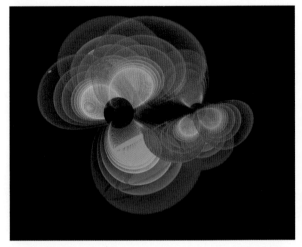

Kurz bevor sich zwei schwarze Löcher vereinigen, senden sie hochfrequente Gravitationswellen aus.

Verzerrte Raumzeit zweier sich umkreisender schwarzer Löcher

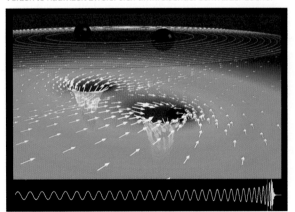

Diese Frage zu klären erweist sich als erstaunlich schwierig, denn die Gleichungen der Allgemeinen Relativitätstheorie (↓), die man hierfür zu Rate ziehen muss, sind extrem kompliziert – so kompliziert, dass sie sich nur mithilfe modernster Computer lösen lassen.

Erstaunlicherweise bewegen sich z. B. zwei einander umkreisende schwarze Löcher nicht mehr auf stabilen Keplerbahnen. Denn während in der Newton'schen Mechanik die Energie zweier Körper während des Umkreisens erhalten bleibt, ist dies laut der Relativitätstheorie bei zwei sehr schweren Objekten nicht mehr der Fall, vor allem dann nicht, wenn sie sich sehr nahekommen und dabei fast Lichtgeschwindigkeit erreichen.

Bild rechts oben von M. Koppitz (AEI/ZIB), C. Reisswig (AEI), L. Rezzolla (AEI)
Newtons Gesetze der Mechanik → S. 82
Die Kepler'schen Gesetze → S. 10
Gravitation und Allgemeine Relativitätstheorie → S. 138

Das liegt daran, dass ein Teil der Bewegungsenergie der beiden schwarzen Löcher zur Verzerrung der sie umgebenden Raumzeit aufgewendet und in Form von sogenannten *Gravitationswellen* abgestrahlt wird. Ihr Abstand wird dadurch kontinuierlich geringer, bis sie einander so nahekommen, dass sich ihre Ereignishorizonte überlappen. Dann geschieht alles sehr schnell: Blitzartig vereinigen sich die beiden schwarzen Löcher, und ein Großteil der verbleibenden Rotationsenergie wird durch eine expandierende Gravitationswelle ins All geschleudert. Zurück bleibt ein einzelnes, rotierendes schwarzes Loch, das so gut wie keine Gravitationsstrahlung mehr abgibt.

Nicht nur kollidierende schwarze Löcher können Gravitationswellen erzeugen. Auch asymmetrische Supernovaexplosionen (↓) oder die Kollisionen von Neutronensternen können diese verursachen. Die genaue Berechnung der Gravitationswellenformen gehört zu den Aufgaben der modernen Astrophysik, denn es sind diese sehr charakteristischen Erschütterungen in der Raumzeit, die man mit den hochempfindlichen Gravitationswellendetektoren nachweisen kann (↓).

Raumzeitdiagramm zweier sich umkreisender und verschmelzender schwarzer Löcher. Die Zeitachse zeigt nach oben.

Polarisation der abgestrahlten Gravitationswellen kurz nach der Vereinigung zweier schwarzer Löcher

Supernovae: Thermonukleare Supernovae → S. 34, Kollaps-Supernovae → S. 36
Direkter Nachweis von Gravitationswellen → S. 178
A. Orth *Wenn Schwarze Löcher verschmelzen* http://www.raumfahrer.net/news/astronomie/21042006215145.shtml
J. Centrella et al. *Computing Cosmic Cataclysms* IOP Publishing 2008
SXS Project *Simulating Extreme Spacetimes* http://www.black-holes.org/; u.a. Filme kollabierender schwarzer Löcher

Indirekter Nachweis von Gravitationswellen
Kosmische Signale zur Messung der Raumzeit

Laut der Allgemeinen Relativitätstheorie (↓) krümmen massive Objekte die sie umgebende Raumzeit. Und wenn diese Objekte auch noch stark beschleunigt werden, dann breiten sich, wie bei der Beschleunigung eines Körpers im Wasser, Wellen aus – hier: *Gravitationswellen* (↓) – die sich mit Lichtgeschwindigkeit fortpflanzen.

Die Existenz dieser Wellen wurde bereits 1916 von Albert Einstein vermutet, doch zweifelten zu jener Zeit viele Wissenschaftler an ihrer Existenz. Selbst Einstein reichte 1936 mit seinem Kollegen Nathan Rosen eine Arbeit ein, in der sie zu belegen schienen, dass es keine Gravitationswellen geben könne. In dieser Arbeit steckte jedoch ein schwerwiegender Fehler, der glücklicherweise von einem Gutachter entdeckt wurde.

Der Status der Gravitationswellen schien lange Zeit unklar. Es war in der Tat erst im Jahr 1974, als ein zumindest indirekter Nachweis gelang. Hulse und Taylor, zwei Forscher am Arecibo Radio Observatory in Puerto Rico, entdeckten einen

Doppelpulsar: zwei sich sehr eng umkreisende Neutronensterne (↓), die sich einmal alle knapp acht Stunden umkreisen. Einer der beiden dreht sich dazu auch noch extrem schnell um die eigene Achse – etwa 17-mal pro Sekunde! Dieser Neutronenstern sendet dabei stark fokussierte Radiowellen aus, die glücklicherweise in periodischen Abständen in Richtung der Erde zeigen, ähnlich wie der Lichtstrahl eines Leuchtturms, nur viel schneller.

Das Problem hierbei ist, dass die mit dieser Bewegung verbundenen Gravitationswellen so extrem schwach sind: Läuft eine Gravitationswelle, die z. B. von einer Kollaps-Supernova ausgesandt worden ist, durch die Erde hindurch, so sorgt die dadurch verursachte Ver-

Künstlerische Darstellung der Gravitationswellen, abgestrahlt von zwei sich umkreisenden schweren Massen (hier: schwarze Löcher)

Gravitation und Allgemeine Relativitätstheorie → S. 138
Gravitationswellen → S. 174
Neutronensterne → S. 38

zerrung der Raumzeit dafür, dass der Durchmesser der Erde nur um einige wenige Atomkernradien schwankt, und das mehrmals pro Sekunde: Eine solche Störung ist natürlich äußerst schwer messbar!

Aus den sehr regelmäßigen Radiosignalen des Doppelpulsars konnten Hulse und Taylor dennoch nicht nur die Umlaufperiode der beiden Neutronensterne berechnen. Sie konnten im Laufe der Jahre auch nachweisen, dass sich die Zeit für einen Umlauf langsam verringert: im Zeitraum zwischen 1974 und der Veröffentlichung der Daten 1979 um etwa zwei Sekunden.

Falschfarbenaufnahme eines Pulsars im Krebsnebel

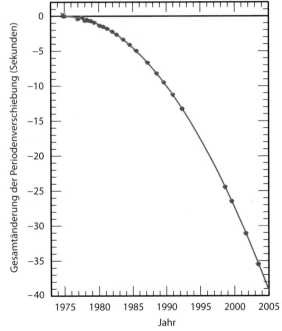

Vorhersage und Messdaten des ersten indirekten Nachweises von Gravitationswellen

Der Grund für die sich verringernde Bahnperiode ist, dass sich die beiden Sterne langsam immer näher kommen. Das liegt daran, dass sie beständig Energie verlieren – und zwar durch die Abstrahlung von Gravitationswellen. Es konnte gezeigt werden, dass der Energieverlust durch die Abstrahlung zu 99,7 % mit dem Wert übereinstimmt, der sich aus den Gleichungen der Allgemeinen Relativitätstheorie ergibt. Ein indirekter Nachweis von Gravitationswellen war gelungen!

Im Jahr 1993 erhielten die beiden Forscher für diesen Nachweis den Physik-Nobelpreis. Ein direkter Nachweis stand jedoch noch aus, und es sollte bis zum Jahr 2015 dauern, bis eine Gravitationswelle direkt gemessen wurde.

AEI *Einstein online* http://www.einstein-online.info/; mehr über Gravitationswellen und wie man sie misst

Direkter Nachweis von Gravitationswellen

Wie man winzigste Verzerrungen misst

Die Allgemeine Relativitätstheorie sagt voraus, dass es im Universum sich wellenartig ausbreitende Erschütterungen in Raum und Zeit geben muss. Diese Gravitationswellen (↓) sollten zum Beispiel entstehen, wenn zwei schwere Massen miteinander kollidieren oder wenn Sterne am Ende ihres Daseins in gewaltigen Supernovae vergehen.

Die rhythmischen Verzerrungen von Raum und Zeit, die durch eine Gravitationswelle verursacht werden, strecken und stauchen Objekte quer zu ihrer Ausbreitungsrichtung. Dieser Effekt ist unheimlich klein: Durchquert eine nicht allzu starke Gravitationswelle die Erde, so ändert sich ihr Durchmesser von etwa 12 700 km um etwa den Durchmesser eines Protons.

Um eine derartige Messgenauigkeit erreichen zu können, überlagert man zwei Laserstrahlen (↓), die einen Weg von mehreren Kilometern zurücklegen, exakt so, dass sich ihre elektromagnetischen Wellen konstruktiv verstärken. Durchquert eine Gravitationswelle diese Laserstrahlen, so verkürzen bzw. verlängern sich die beiden Wege, sodass die Strahlen sich nicht mehr exakt konstruktiv überlagern. Es ergibt sich ein Interferenzmuster, und somit lässt sich – zumindest theoretisch – eine Gravitationswelle nachweisen.

Praktisch ist es so, dass diese Aufbauten extrem empfindlich gegen äußere Störungen sind. Der Gravitationswellendetektor Geo600 in Hannover, dessen Interferometerarme nur eine Länge von 600 m aufweisen, wird bereits erschüttert, wenn ein Schiff in Bremerha-

Simulation von zwei verschmelzenden schwarzen Löchern

ven anlegt, von Störungen nahe gelegener Autobahnen ganz zu schweigen. Und doch: im September 2015 wiesen Wissenschaftler mit dem mehr als sechsmal so großen LIGO-Detektor das erste Mal in der Geschichte der Menschheit Gravitationswellen direkt nach! Dies konnte, trotz der Störanfälligkeit der Detektoren, vor allem aufgrund dreier Tatsachen gelingen:

Erstens waren der Messung viele Jahre von präzisen numerischen Simulationen vorangegangen, in denen das Profil der Erschütterung im Falle zweier kollidierender schwarzer Löcher (↓) – und genau um das Signal eines solchen Ereignisses handelte es sich – genau bestimmt werden konnte.

Zweitens waren die beiden kollidierenden schwarzen Löcher ziemlich schwer: man schätzt, jeweils etwa die 30- und 35-fache Masse unserer Sonne. Bei der Kollision wurde eine Gravitationswellenenergie abgestrahlt, die in etwa dem Dreifachen der Masse unserer Sonne

Gravitationswellen → S. 174
Laser → S. 230
LIGO *LIGO Gravitationswellendetektor* http://www.ligo.caltech.edu/; u.a. Bilder und Simulationen verschmelzender schwarzer Löcher

entspricht ($E = mc^2$ ↓)! Damit war die Verzerrung der Welle stark genug, um überhaupt im Detektor sichtbar zu sein.

Drittens, und wohl am wichtigsten, wurde die Gravitationswelle nicht nur von einem Detektor aufgezeichnet, sondern von zwei! Die beiden LIGO-Detektoren, mit je einer Armlänge von etwa 4 km, stehen in Livingstone, Louisiana und Hanford, Washington, etwa 3000 km voneinander entfernt in den USA. Beide Stationen zeichneten das Signal mit einer Zeitversetzung von wenigen Mikrosekunden auf – in etwa der Zeit, die das Licht auf direktem Wege zwischen den beiden Stationen zurücklegen würde. So konnte man sogar ungefähr die Richtung bestimmen, aus der die Welle gekommen sein musste.

Seit diesem Ereignis – für das im Jahre 2017 der Physik-Nobelpreis verliehen wurde – sind weitere Gravitationswellen gemessen worden. Das letzte (zum Zeitpunkt da dieser Text verfasst wird) fand im August 2017 statt – dieses Mal wurde fast zeitgleich auch ein Gamma Ray Burst aus der Galaxie NGC 4993 gemessen, von dem man vermutet, dass er das Resultat zweier verschmelzender Neutronensterne war.

In Zukunft wird die Gravitationswellenanstronomie uns womöglich fantastische neue Dinge über den Aufbau des Universums verraten. Das nächste große geplante Projekt ist hierbei die Laser

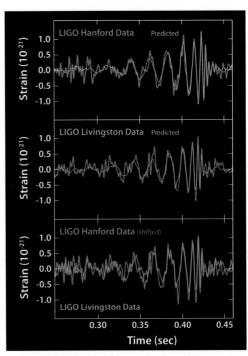

Simulation (oben) und reale Messdaten des ersten direkten Nachweises von Gravitationswellen

Der mittlere der drei eLISA/NGO-Satelliten wird ständig den Abstand zu den beiden anderen Satelliten durch das Aussenden von Laserstrahlen messen.

Interferometer Space Antenna (LISA), bestehend aus drei 2,5 Millionen Kilometer voneinander entfernten Satelliten, die die Endpunkte von Interferometerarmen bilden, und die der Erde in einiger Entfernung folgen sollen. Diese wären im Weltraum relativ frei von Störeinflüssen, was die Messgenauigkeit noch einmal um mehrere Größenordnungen erhöhen würde. Der Start ist in den 2030ern geplant. Wer weiß, welche Geheimnisse über das Universum die Gravitationswellen uns noch enthüllen werden?

Schwarze Löcher: Monstersterne und Hypernovae → S. 40

$E = mc^2$ → S. 136

LISA Mission https://www.lisamission.org/

6 Atome und Quantenmechanik

Was ist die Wellenfunktion und was die Unschärferelation? Was ist
das Quantenvakuum und wie verhalten sich Supraflüssigkeiten? Und
werden wir bald Quantencomputer verwenden? Diese und andere Fragen lassen sich mithilfe der Quantenmechanik behandeln und teilweise
auch beantworten.

Die Quantenmechanik verblüfft uns bis heute mit ihren vielen rätselhaften Facetten. Da verhalten sich Teilchen wie Wellen und Wellen
wie Teilchen, da nehmen Elektronen scheinbar mehrere Wege auf
einmal, und das Vakuum ist nicht mehr leer. Teilchen überwinden
Barrieren, obwohl sie eigentlich nicht genügend Energie dafür haben, und der Zufall entpuppt sich als fundamentales Prinzip der
Natur. Unsere klassische Intuition wird hier auf den Kopf gestellt.

In diesem Teil des Buches schauen wir uns an, warum Materie stabil ist, was der Spin des Elektrons ist und warum er sich nur sehr unvollständig als Eigenrotation verstehen lässt. Auch makroskopische
Phänomene wie Supraleitung oder Suprafluidität wollen wir vorstellen.
Nicht zuletzt werden wir den Laser genauer betrachten und auch den
Quantencomputer. Alle diese Phänomene lassen sich mit der Quantenmechanik präzise beschreiben – doch was die Quantenmechanik für
unser Verständnis der physikalischen Realität bedeutet, darüber
herrscht auch fast einhundert Jahre nach ihrer Entstehung
noch keine Einigkeit.

© Springer-Verlag GmbH Deutschland, ein Teil von Springer Nature 2019
B. Bahr et al., *Faszinierende Physik*, https://doi.org/10.1007/978-3-662-58413-2_6

Das Bohr'sche Atommodell
Wie kann man sich ein Atom vorstellen?

Die Vorstellung, dass die Materie, die uns umgibt, aus kleinen, unteilbaren Bausteinen aufgebaut sei, ist schon über 2400 Jahre alt: Damals waren es der Philosoph Leukipp und sein Schüler Demokrit, die annahmen, dass es unvorstellbar kleine, nicht weiter unterteilbare Bausteine gibt, die sie *Atome* nannten (vom griechischen ἄτομος, „das Unteilbare"). Sie stellten sich vor, dass diese Atome, von denen es verschiedene Sorten geben sollte, mit Haken und Ösen ausgestattet sind, sodass sie sich miteinander verbinden, aber sich auch wieder voneinander lösen konnten. So würde z. B. aus lauter winzigen „Steinatomen" ein fester Stein.

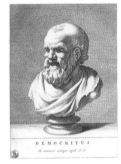

Demokrit

Natürlich war das zu dieser Zeit reine Spekulation, denn ein Atom hatte noch niemand direkt gesehen. Auch deshalb wurde Demokrit damals von Zeitgenossen (wie Sokrates) verspottet. Und so geriet das Modell für lange Zeit in Vergessenheit.

Erst Anfang des 19. Jahrhunderts, mit dem Aufkommen der Chemie, fanden die modernen Naturwissenschaftler zurück zur Atomtheorie. Es war John Dalton, der annahm, dass es zu allen damals bekannten chemischen Stoffen entsprechende Atomsorten gab, die sich nur in ganz bestimmten Verhältnissen miteinander verbinden konnten. Diese Hypothese konnte bereits eine Menge von chemischen Beobachtungen erklären, aber eine wirkliche Vorstellung von Atomen hatte man damit immer noch nicht erlangt.

Demokrit und Leukipp stellten sich Atome als geometrische Objekte mit verschiedensten Formen vor.

Erst zu Anfang des 20. Jahrhunderts, als man begann, durch immer genauere Experimente die Struktur des Atoms selbst zu entschlüsseln, fanden Physiker wie J. J. Thomson und Ernest Rutherford heraus, dass das Atom ein positiv geladenes Zentrum besitzt, das von negativ geladenen Elektronen umgeben ist.

Nicht nur in der Antike, auch zu Daltons Zeiten stellte man sich vor, dass Atombindungen durch Haken und Ösen realisiert würden.

Im Jahre 1913 stellte der dänische Physiker Niels Bohr dann sein bis heute berühmtes Atommodell vor: Das Atom besteht dabei aus einem positiv geladenen Kern,

W. Heisenberg *Der Teil und das Ganze: Gespräche im Umkreis der Atomphysik* Piper Taschenbuch, 9. Auflage 2001
H. Haken, H. C. Wolf *Atom- und Quantenphysik: Einführung in die experimentellen und theoretischen Grundlagen* Springer Verlag 2004

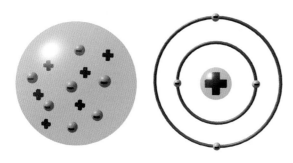

Die Experimente Thomsons zeigten, dass Atome negativ gelade-nen Teilchen enthalten müssen. Man stellte sich vor, dass diese Elektronen im Atom eingebettet waren wie Rosinen im Kuchen (links). Erst Bohr formte die Vorstellung eines positiv geladenen Kerns, der von den negativ geladenen Elektronen umkreist wird (rechts).

der fast die gesamte Masse in sich vereint und von Elektronen auf stabilen Kreisbahnen umrundet wird – fast wie ein winziges Planetensystem.

Dabei sind nur ganz bestimmte Abstände zwischen Kern und Elektron erlaubt, und je nach Abstand be-sitzen die Elektronen unterschiedliche Energien. Alle Elektronen desselben Abstandes gehören zu einer soge-nannten *Schale*, und in jede Schale passen nur eine gewisse Anzahl von Elektronen.

Dieses Modell konnte nicht nur das Ver-halten einer ganzen Reihe von Atomen (nämlich denen der sogenannten Haupt-gruppen) erklären, sondern war auch so an-schaulich, dass dieses Bild bis heute unsere Atomvorstellungen prägt. So findet es sich zum Beispiel in der Flagge der Internatio-nalen Atomenergiebehörde IAEA.

Teilweise konnte das Bohr'sche Atommodell sogar er-klären, warum sich z. B. ein Wasserstoff (H) und ein Chloratom (Cl) zu Salzsäure (HCl) verbinden kön-nen: Das Wasserstoffatom besitzt ein Elektron – dem Chloratom fehlt genau ein Elektron, um seine äußerste Schale ganz zu füllen – und so ist es energetisch güns-tig, wenn beide sich verbinden. Zwischen ihnen kann dabei ein Elektron den Besitzer wechseln, und der posi-tiv geladenen Wasserstoffkern (H$^+$) und das negativ ge-ladene Chloratom (Cl$^-$) bleiben einfach aufgrund der elektrostatischen Anziehungskraft aneinander hängen.

Das Bohr'sche Atommodell hatte allerdings immer noch Erklärungslücken: Warum durften die negativ ge-ladenen Elektronen den positiven Kern nur in ganz be-stimmten Abständen umkreisen? Und was hinderte sie daran, aufgrund der elektrostatischen Anziehungskraft einfach in der Kern hineinzufallen? Diese Fragen konn-ten erst später in einer umfassenden quantenmecha-nischen Beschreibung der Atome geklärt werden ($\downarrow$). Leider bedeutet die quantenmechanische Behandlung, dass ein gewisser Anteil der Anschauung der Atome verlorengeht.

Die Flagge der Internationalen Atom-energiebehörde (IAEA)

Dänische Briefmarke zum 50-jäh-rigen Geburtstag des Bohr'schen Atommodells

Wellenfunktion → S. 190
Das Pauli-Prinzip → S. 198

Atomkerne
Seit hundert Jahren bekannt und doch nicht im Ganzen verstanden

Während viele Physiker um 1900 das Atom noch als eine fundamentale Einheit betrachteten, gelangte man mit den Experimenten von Rutherford im Jahre 1911 zu der Erkenntnis, dass ein Atom selbst auch eine Struktur besitzt und aus einem positiv geladenen Kern besteht, der von im Vergleich dazu sehr leichten Elektronen umgeben ist (Bohr'sches Atommodell ↓). Auch wenn man relativ einfach einzelne Elektronen aus dieser Hülle entfernen oder dazu hinzufügen konnte, so blieb der Atomkern, in dem rund 99,95 % der Masse des Atoms enthalten ist, davon unbeeinflusst. Insofern passte diese Einsicht weiterhin gut mit der Vorstellung der „Unteilbarkeit" der Atome zusammen

Erst 1917 wies Ernest Rutherford durch weitere Experimente nach, dass auch Atomkerne veränderbar waren, indem er durch Beschuss mit Alphateilchen (Heliumkernen) Stickstoffkerne in Sauerstoffkerne umwandelte. Dass Atomkerne in der Tat nicht ganz unveränderlich waren, hatte man zwar schon durch die Entdeckung der Radioaktivität (↓) einige Jahre zuvor vermutet, aber Rutherfords Experimente waren der erste direkte Nachweis.

Bei dieser Gelegenheit entdeckte Rutherford auch, dass Atomkerne wiederum eine Substruktur besitzen und mehrere Protonen enthalten – und zwar gerade so viele, wie sich Elektronen in der Hülle befinden.

Sowohl Protonen als auch Neutronen bestehen aus drei Quarks.

Im Jahre 1932 entdeckte dann James Chadwick den zweiten noch fehlenden Baustein in den Atomkernen: das Neutron. Diese beiden *Nukleonen* formen zusammen den Atomkern.

Doch was genau hält Protonen und Neutronen im Kern zusammen? Letztere sind elektrisch neutral, die Protonen aber sind allesamt positiv geladen, sollten sich also abstoßen. Die Antwort liegt in einer weiteren Substruktur, die die sogenannte *Kernkraft* erzeugt (nicht zu verwechseln mit der Energie, die in Kernkraftwerken aus z. B. Uran gewonnen wird). Diese Kernkraft ist das Überbleibsel der starken Kraft, die zwischen den Bestandteilen der Protonen und Neutronen – den Quarks – wirkt (starke WW ↓).

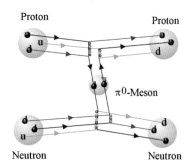

Die starke Wechselwirkung zweier Nukleonen kann man durch den Austausch eines Mesons veranschaulichen.

Das Bohr'sche Atommodell → S. 182
Radioaktiver Zerfall → S. 186
Die starke Wechselwirkung → S. 242

Die Kernkraft führt letztlich zu einer Anziehung der farbneutralen Nukleonen untereinander. Sie hat nur eine sehr kurze Reichweite, ist allerdings deutlich stärker als die abstoßende elektrische Kraft. Daher halten Atomkerne auch zusammen und fliegen trotz der positiven Ladungen der Protonen nicht auseinander.

Obwohl es heute bereits hinreichend gute mathematische Beschreibungen der Kernkraft gibt, ist sie nicht bis ins letzte Detail verstanden. Und so ist die genaue Struktur der Atomkerne, zum Beispiel die Frage wie sich die einzelnen Nukleonen im Kern zueinander anordnen, bis heute nicht vollständig bekannt. Zwar weiß man, dass Atomkerne genau wie auch die Elektronen in der Hülle diskrete Energieniveaus haben, sodass sie zu – im Vergleich zu diesen etwa 1000- bis 10 000-mal energiereicheren – Quantensprüngen angeregt werden können. Aber die exakte Berechnung dieser Energieniveaus gestaltet sich sehr schwierig, denn der Kern als Ganzes ist ein sehr komplexes System aus stark miteinander wechselwirkenden Einzelteilen. So gibt es zwar verschiedenen vereinfachende Modelle, die jeweils gewisse Aspekte der Kerne gut erklären, aber keines ist vollständig und beschreibt den Kern in seiner Gänze.

In dem sogenannten *Tröpfchenmodell* zum Beispiel wird angenommen, dass sich die Nukleonen im Kern wie eine tropfenförmige, positiv geladenen Flüssigkeit verhalten. Obwohl dieses Modell erst einmal sehr naiv anmutet, kann man mit seiner Hilfe recht genau berechnen, welche Atomkerne stabil und welche instabil, also radioaktiv, sind.

Im *Schalenmodell* hingegen wird angenommen, dass sich die Protonen und Neutronen genau wie auch die Elektronen der Hülle auf Schalen anordnen. Ein Kern

nimmt dabei Energie auf, indem ein Nukleon von einer niedrigeren Schale in eine noch nicht vollständig gefüllte höhere Schale übergeht. Obwohl dieses Modell auch mit starken Vereinfachungen arbeitet (im Gegensatz zu den Elektronen spüren die Nukleonen ja kein geladenes Zentrum, um das sie sich herum anordnen müssten), lassen sich hieraus in einigen Fällen passable Werte für die Bindungsenergien und die Energieniveaus im Kern berechnen.

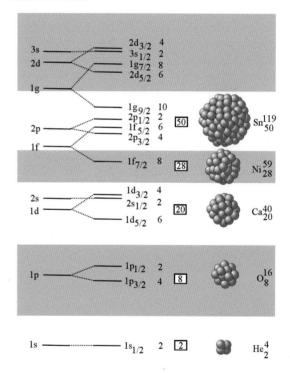

Die Lücken zwischen den Energieniveaus im Atomkern trennen die einzelnen Schalen voneinander. Kerne, deren Protonen und/oder Neutronenzahl „magisch" ist (die entsprechenden Schalen also vollkommen gefüllt haben) sind besonders stabil.

B. Povh, K. Rith, C. Scholz, F. Zetsche *Teilchen und Kerne: Eine Einführung in die physikalischen Konzepte* Springer Verlag, 8. Auflage 2009

Radioaktiver Zerfall
Atomkerne aus dem Gleichgewicht

Obwohl sich das Wort „Atom" vom griechischen ἄτομος („das Unteilbare") ableitet, kann man Atome – mit dem entsprechenden Aufwand – in ihre Bestandteile zerlegen oder ineinander umwandeln. Einige Atome sind dazu jedoch auch von allein in der Lage. Ende des 19. Jahrhunderts entdeckte man Elemente, wie Uran oder Thorium, die von sich aus eine ionisierende Strahlung abgeben. Noch bevor Rutherford die Existenz der Atomkerne explizit nachweisen konnte, stellte er daher bereits die Hypothese auf, dass diese *radioaktive Strahlung*, wie Marie Curie sie getauft hatte, durch die Umwandlung einer Atomsorte in eine andere verursacht wird.

Heute wissen wir, dass radioaktive Strahlung entsteht, wenn ein instabiler Atomkern (↓) in einen stabileren Zustand übergeht. Da die Menge des ursprünglichen Stoffes bei diesem Prozess abnimmt, spricht man hierbei auch von *radioaktivem Zerfall*. Es gibt im Wesentlichen drei Arten radioaktiver Strahlung, entsprechend der drei verschiedenen Arten, auf die ein Atomkern spontan zerfallen kann.

Der sogenannte *α-Zerfall* tritt bei Atomkernen auf, die sehr schwer sind und eine große Anzahl an Protonen besitzen. Diese positiv geladenen Protonen im Kern müssten sich eigentlich abstoßen, werden jedoch von der kurzreichweitigen Kernkraft zusammengehalten, die um einiges stärker ist als die abstoßende elektrische Kraft, wobei Letztere jedoch eine deutlich höhere Reichweite hat. Da durch die Effekte der Quantenmechanik (↓) die Nukleonen im Kern keinen festen Ort haben, sondern über einen gewissen Aufenthaltsbereich verschmiert sind, gibt es eine gewisse Wahrscheinlichkeit, dass sich zwei Protonen und zwei Neutronen – eine in sich sehr stabile Kombination, entsprechend einem Heliumkern, auch *α-Teilchen* genannt – so weit vom Rest der Kernteilchen entfernen, dass sie die anziehende Kernkraft nicht mehr stark genug spüren, sondern hauptsächlich die abstoßende elektrische Kraft. Das *α-Teilchen* durchtunnelt dadurch die Potentialbarriere des Kerns und wird mit einer Geschwindigkeit von einigen Prozent der Lichtgeschwindigkeit aus dem Kern ausgestoßen (Tunneleffekt ↓)

Beim *α-Zerfall* sendet der Kern einen Heliumkern (α-Teilchen) aus.

Beim *β⁻-Zerfall* wandelt sich im Kern ein Neutron in ein Proton, ein Antineutrino und ein Elektron um, wobei die letzteren beiden den Kern als Strahlung verlassen.

Beim *γ-Zerfall* geht der Kern von einem angeregten in einen stabilen Zustand über – die überschüssige Energie wird in Form eines hochenergetischen Photons abgegeben.

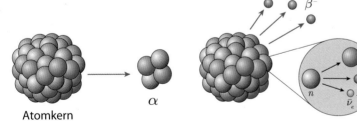

Atomkern

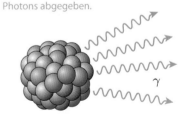

Der *β-Zerfall* wiederum tritt in Kernen mit einem ungünstigen Verhältnis zwischen Protonen und Neutronen auf. Hat ein Kern einen deutlichen Überschuss an Neutronen, so kann sich eines davon durch die schwache Wechselwirkung spontan in ein Proton, ein Elektron, und ein Antielektronneutrino umwandeln. Wenn dies geschieht, dann verbleibt das Proton im Kern, und Neutrino und Elektron werden abgestrahlt. Diese negativ geladenen Elektronen werden dabei als β^--Strahlung bezeichnet.

Die Regeln der schwachen Wechselwirkung lassen allerdings auch den (etwas selteneren) spiegelbildlichen Prozess zu: In Kernen mit einem Überschuss an Protonen kann sich eines in ein Neutron, ein Antielektron und ein Elektronneutrino umwandeln. Das hierbei ausgesendete positiv geladene Antielektron (Positron) bezeichnet man dabei als β^+-Strahlung.

Der *γ-Zerfall* schließlich bezeichnet den Übergang eines Atomkerns von einem angeregten Zustand in einen stabileren Zustand mit niedrigerer Energie. Die überschüssige Energie wird in Form von energiereichen Photonen abgestrahlt, die man auch als γ-Quanten bezeichnet. Weil angeregte Atomkerne meist eine Folgeerscheinung von Kernspaltungen oder anderen vorangegangenen Zerfällen sind, tritt γ-Strahlung meist in Begleitung von anderen radioaktiven Vorgängen auf.

Die Unterteilung in α, β und γ bezieht sich auf die Eindringtiefe der jeweiligen Strahlung in feste Materie. Während α-Strahlung bereits nach fünf Zentimetern durch die Luft oder durch ein einfaches Blatt Papier aufgehalten werden kann, benötigt man bei β-Strahlung bereits eine dünne Metallplatte. γ-Strahlung hingegen kann sehr tief in Materie eindringen. Wegen seiner hohen Dichte hält Blei dabei die γ-Strahlen am effektivsten auf, es werden jedoch je nach Strahlungsenergie einige Millimeter bis Zentimeter für eine vollständige Abschirmung benötigt. Dies macht gerade Letztere für Lebewesen besonders gefährlich, denn tief in Gewebe eindringende Strahlung kann nicht nur Verbrennungen an der Hautoberfläche, sondern auch Mutationen in den Zellen und der DNA verursachen.

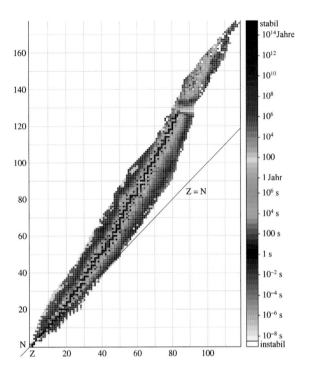

Halbwertszeiten der bekannten Isotope. Jedes Quadrat entspricht einem Kern mit Z Protonen und N Nukleonen (Protonen und Neutronen).

W. Stolz *Radioaktivität. Grundlagen – Messung – Anwendungen* Teubner, 5. Aufl 2005
H. Krieger *Grundlagen der Strahlungsphysik und des Strahlenschutzes* Vieweg + Teubner 2007
K. Bethge *Kernphysik* Springer Verlag 1996

Welle-Teilchen-Dualismus
Teilchen bewegen sich in Wellen

Wellen und Teilchen hängen in der Quantenmechanik eng miteinander zusammen. So ist Licht einerseits eine elektromagnetische Welle, wie Interferenzexperimente zeigen, bei denen Lichtwellenberge auf -berge oder -täler treffen und sich verstärken oder auslöschen. Andererseits kann Licht beim sogenannten *Photoeffekt* einzelne Elektronen aus einer Metalloberfläche herausschlagen, wobei dies mit umso größerer Wucht geschieht, je kürzer die Lichtwellenlänge ist – ein Verhalten, das sich nur durch den Teilchencharakter des Lichts verstehen lässt.

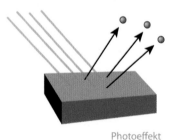

Licht besteht also aus einem Strom einzelner Teilchen (sogenannter *Photonen*), welche die Elektronen aus der Oberfläche herausstoßen.

Photoeffekt

Für die genaue Ausarbeitung dieser Erkenntnis erhielt Albert Einstein im Jahr 1921 den Nobelpreis für Physik – er hatte sie bereits im Jahr 1905 in seiner Doktorarbeit formuliert.

Frequenz f und Wellenlänge λ der elektromagnetischen Lichtwelle legen dabei die Energie E und den Impuls p der Photonen fest:

$E = h \cdot f$ und $\lambda = h/p$

Wellenlängen und zugehörige Photon-Energien für das sichtbare Lichtspektrum

Hier ist $h = 6{,}626 \cdot 10^{-34}$ J·s eine Naturkonstante, deren Wert im Experiment bestimmt werden muss. Sie heißt *Planck'sches Wirkungsquantum* und verknüpft Teilchen- mit Welleneigenschaften.

So wie Photonen mit Lichtwellen zusammenhängen, so hängen auch beispielsweise Elektronen mit Elektronenwellen zusammen und zwar nach genau denselben Formeln wie bei den Photonen und auch allen anderen Teilchen. Wenn man beispielsweise einen Elektronenstrahl durch einen sehr feinen Doppelspalt schickt, so findet man auf einer Fläche dahinter ein Interferenzmuster aus Streifen mit vielen und mit wenigen Elektronentreffern, ganz analog zum Intensitätsmuster von Laserlicht hinter einem solchen Doppelspalt.

Offenbar muss man den Durchgang der Elektronen durch den Doppelspalt wie bei Licht durch eine Welle beschreiben, wobei eine hohe Wellenintensität einer hohen Wahrscheinlichkeit entspricht, ein Elektron anzutreffen.

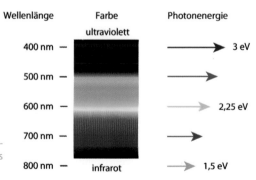

R. P. Feynman, R. B. Leighton, M. Sands *Feynman-Vorlesungen über Physik, Band III* Oldenbourg Wissenschaftsverlag 1999

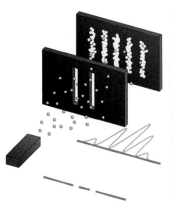 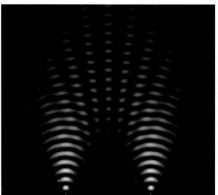 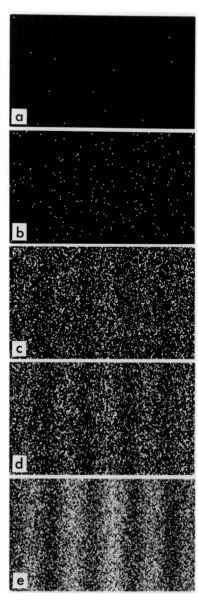

Doppelspaltexperiment mit Elektronen Interferenz von Wellen hinter einem Doppelspalt

Im Experiment kann man nämlich beobachten, wie auf der Fläche hinter dem Doppelspalt nach und nach immer mehr einzelne Elektronen wie zufällig an verschiedenen Stellen auftreffen, wobei sich schließlich das streifenförmige Interferenzmuster herausbildet.

Teilchenbahnen gibt es dabei nicht mehr. Alles was die Quantenmechanik tun kann, ist die Auftreffwahrscheinlichkeiten für die Elektronen zu berechnen. Der Ort eines einzelnen Elektrons ist dagegen in der Natur grundsätzlich nicht festgelegt, d. h. der Wahrscheinlichkeitscharakter der Quantenmechanik ist grundsätzlicher Natur und hat nichts mit ungenauen Messungen zu tun (siehe Wellenfunktion ↓).

Mittlerweile konnten Interferenzmuster auch beispielsweise für Fullerenmoleküle nachgewiesen werden, die immerhin aus 60 Kohlenstoffatomen bestehen (Anton Zeilinger 1999). Auch für sie gilt also der Welle-Teilchen-Dualismus.

Das Buckminster-Fulleren C^{60}

Reales Doppelspaltexperiment mit 11 (a), 200 (b), 6000 (c), 40 000 (d) und 140 000 (e) Elektronen

Wellenfunktion → S. 190
J. Resag *Die Entdeckung des Unteilbaren* Spektrum Akademischer Verlag 2010

Wellenfunktion
Verschmierte Teilchen

Anfang des 20. Jahrhunderts häuften sich die Hinweise, dass die Materie aus kleinen Bausteinen, Elementarteilchen genannt, aufgebaut ist. Zuerst nahm man an, dass die Elementarteilchen kleinen Kugeln ähnelten, die sich, ähnlich wie alle Objekte unserer Erfahrungswelt, auf Flugbahnen bewegen, kollidieren und voneinander abprallen. Als man aber begann, experimentell tiefer in die Bereiche des Mikrokosmos vorzudringen, wurde schnell klar, dass Elementarteilchen ganz anderen Gesetzen folgen als, sagen wir einmal, Murmeln oder Steine.

Zwei Schwingungszustände der Wellenfunktion eines Elektrons im Wasserstoffatom. Die Farbe gibt die ortsabhängige Phase der Wellenfunktion an.

Eine Murmel kann man (zumindest im Prinzip) zu jedem Zeitpunkt vollständig durch einige wenige Zahlen beschreiben, zum Beispiel Ort und Geschwindigkeit, Drehimpuls, etc. Bei Elementarteilchen ist dies nicht mehr möglich; stattdessen beschreibt man sie durch ein räumlich ausgedehntes Feld. Die Bewegungsgleichungen für dieses Feld ähneln denen von (zum Beispiel elektromagnetischen) Wellen, weswegen das Feld *Wellenfunktion* genannt wird.

Durch die Wellennatur der Teilchen gehen jedoch typische Teilcheneigenschaften verloren: Man kann über die physikalischen Größen, die ein klassisches Teilchen beschreiben würden, nur noch statistische Aussagen treffen. Außerdem sind gewisse Größen, wie zum Beispiel Ort und Geschwindigkeit des Teilchens, zueinander komplementär.

Eine Wellenfunktion, die senkrecht zu ihrer Flugrichtung im Ort beschränkt wird (z. B. indem man sie durch einen engen Spalt schickt), erhält dadurch eine große Impulsunschärfe in dieselbe Richtung, wodurch sie sich ausbreitet.

Bild rechts oben und links mit freundlicher Genehmigung von Bernd Thaller, Universität von Graz, Institut für Mathematik und Wissenschaftliches Rechnen
B. Thaller *Visual Quantum Mechanics* http://vqm.uni-graz.at/index.html; Galerie mit Darstellungen von Wellenfunktionen

Das bedeutet: Je genauer der Ort des Teilchens bekannt ist, desto ungenauer ist seine Geschwindigkeit bestimmt und umgekehrt.

Die Welleneigenschaften der kleinsten Bausteine werden ganz besonders bei den Elektronen deutlich, die sich in einem Atom befinden. Anders als die häufig benutzte Analogie zum Sonnensystem vermuten lässt, umkreisen Elektronen den Atomkern nicht, denn dafür müssten sie gleichzeitig einen scharf definierten Ort und eine scharfe Geschwindigkeit besitzen. Stattdessen kann man sich die Wellenfunktion des Elektrons als dreidimensionale, stehende Welle vorstellen. Ebenso wie bei einer schwingenden Instrumenten-Saite gibt es im Atom nur bestimmte „erlaubte" Schwingungsmoden der Wellenfunktion. Deswegen sind für das Elektron im Atom nur bestimmte Energieniveaus erlaubt, zwischen denen es jedoch per „Quantensprung" hin- und herwechseln kann, wenn es z. B. durch einen Lichtstrahl dazu angeregt wird (Franck-Hertz-Versuch ↓).

Die Komplementarität von Ort und Impuls

Die Komplementarität von Messgrößen wie Ort und Geschwindigkeit ist nicht, wie oft behauptet, eine Folge von ungenauen Messungen, sondern eine fundamentale Eigenschaft der Wellenfunktionen: An den Stellen, an denen das Betragsquadrat der Wellenfunktion groß ist, besteht eine hohe Wahrscheinlichkeit, das Elementarteilchen anzutreffen, wenn man danach sucht. Die Geschwindigkeit des Teilchens hingegen ist mit der Wellenlänge der Welle verknüpft.

Um nun einer Welle eine genaue Wellenlänge zuzuordnen, muss sie über einen großen Bereich ausgebreitet sein. Eine genau bestimmte Geschwindigkeit führt so zu einem sehr unbestimmten Ort.

Je stärker hingegen die Welle an einem Ort konzentriert ist, desto weniger genau kann man ihr eine Wellenlänge zuschreiben, weswegen ein genau bestimmter Ort zu einer sehr ungenau bestimmten Geschwindigkeit führt.

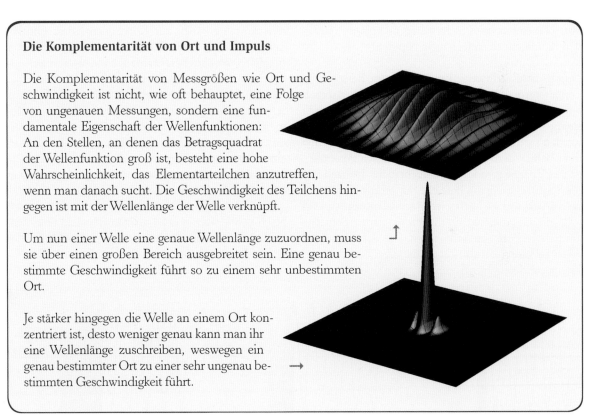

Der Franck-Hertz-Versuch → S. 194
A. Zeilinger *Einsteins Schleier, Die neue Welt der Quantenphysik* Goldmann 2003

Der Tunneleffekt
Teilchen ohne Aufenthaltserlaubnis

Die Konzepte von Energie und Potential sind zentral für das Verständnis der klassischen Physik: Das Potential gibt beispielsweise an, wie viel Energie ein Objekt besitzen muss, um einen bestimmten Raumbereich zu betreten. Hat es genug, so darf es sich an einen bestimmten Punkt im Raum befinden (zum Beispiel auf einem Berg oder in einem Tal), und die überschüssige Energie manifestiert sich dann meist als Geschwindigkeit. Hat es hingegen nicht genug Energie, so darf es den Raumbereich einfach nicht betreten.

Durch diese Sichtweise kann man zum Beispiel das Verhalten von Kinderschaukeln verstehen. Diese erhalten ihre Energie durch einen Anschwung, und je mehr sie davon besitzen, desto höher schwingen sie. Dabei werden sie immer langsamer, und am höchsten Punkt ihrer Bahn – dem Punkt mit dem höchsten Potential – ist ihre Energie gerade ganz aufgebraucht. Danach fällt die Schaukel wieder in Bereiche mit geringerem Potential zurück, was sie auch wieder schneller werden lässt – da die Gesamtenergie erhalten ist, ist die Schaukel am tiefsten Punkt am schnellsten. Das Schwingen der Schaukel kann man also gut als ständiges Wandeln von Energie und ständiges Anrennen gegen einen Potential-

berg verstehen. Doch nicht nur Schaukeln, sondern auch Planetenbewegungen, das Verhalten von Sprungfedern oder die Flugbahn von Skateboardfahrern kann man mit dem Konzept des Potentials begreifen.

Wie so oft ist allerdings die Physik auf der Ebene der Elementarteilchen ein wenig anders als in unserer klassischen Erfahrung: Die Quanteneigenschaften der Materiebausteine haben zur Konsequenz, dass Objekte nicht als kleine, punktförmige Kugeln mit definierter Flugbahn beschrieben werden können, sondern als über den Raum ausgedehnte Wellenfunktionen (↓), die die Aufenthaltswahrscheinlichkeit des Teilchens angeben. Solange man also nicht nachsieht, ist ein Elementarteilchen somit „an mehreren Orten gleichzeitig". Dabei ist die Wahrscheinlichkeit, das Teilchen an einem bestimmten Ort anzutreffen, umso geringer, je höher dort das Potential ist: „Ein Teilchen lebt lieber in einem Tal als auf einem Berg."

Nach den Gesetzen der Quantenwelt sinkt eine Wellenfunktion mit einer bestimmten Energie entgegen der klassischen Intuition an den Stellen, an denen das Po-

Je breiter eine Potentialbarriere ist, desto geringer ist der Anteil der Wellenfunktion, der hindurchtunnelt.

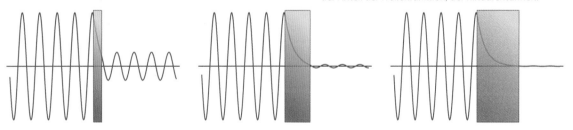

Wellenfunktion → S. 190
J. Gribbin *Auf der Suche nach Schrödingers Katze: Quantenphysik und Wirklichkeit* Piper Taschenbuch, 8. Auflage 2010
M. Überacker, MPI für Quantenoptik *Der Tunnelblick* https://www.weltderphysik.de/gebiet/teilchen/quanteneffekte/tunnelblick/; Versuchsbeschreibung zur Beobachtung von getunnelten Elektronen

tential nach klassischer Vorstellung eigentlich zu hoch wäre, jedoch nicht sofort auf null ab. In den „klassisch verbotenen" Bereichen sinkt die Wahrscheinlichkeit, das Teilchen anzutreffen, zwar exponentiell ab, aber sie ist nicht exakt null.

Das führt zu einem interessanten Phänomen bei sogenannten *Potentialbarrieren*, also Orten mit sehr hohem Potential, die zwei Bereiche mit niedrigem Potential voneinander trennen. Befindet sich ein Teilchen mit geringer Energie in einem der beiden Bereiche, so darf es nach den Regeln der klassischen Physik den anderen nie betreten, da es die Potentialbarriere nicht überwinden kann: Die Energie reicht eigentlich nicht aus, über den Berg zu kommen. Nach den Gesetzen der Quantenphysik allerdings geht das schon! Zwar gilt, dass je höher und breiter die Potentialbarriere zwischen den beiden Bereichen ist, desto geringer die Wahrscheinlichkeit dafür; aber trotzdem ist sie nie ganz null. Ein mikroskopisches Teilchen kann also den klassisch verbotenen Grenzbereich „durchtunneln": Es kann durch den Berg ins nächste Tal gelangen.

Dieser Tunneleffekt ist in der Quantenwelt allgegenwärtig und für eine Vielzahl der ungewöhnlichen Phänomene auf der mikroskopischen Ebene verantwortlich. So misst das Rastertunnelmikroskop (↓) zum Beispiel den Strom von tunnelnden Elektronen, um so die Struktur von Atomoberflächen abzutasten. Der Alpha-Zerfall von radioaktiven Atomkernen (↓), sowie deren Spaltung, sind ebenfalls nur möglich, weil Bausteine aus dem Kerninneren nach außen tunneln.

Warum aber können Quantenobjekte tunneln und klassische Objekte nicht? Letztere sind doch aus einer Vielzahl von Elementarteilchen aufgebaut, die sich alle

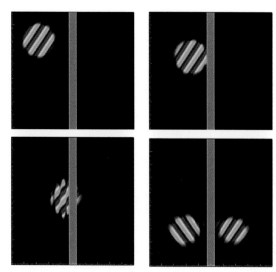

Simulation eines Wellenpaketes – der größere Teil wird an der Barriere reflektiert, ein Teil jedoch wird transmittiert.

nach den Regeln der Quantenphysik verhalten! Die Antwort darauf liegt in der Wahrscheinlichkeit begründet: Je mehr Masse ein Objekt hat, desto schneller fällt die Wellenfunktion im klassisch verbotenen Bereich ab, umso weniger weit also „kommt" das Teilchen durch den Berg; und insbesondere eben nicht mehr bis ins nächste Tal. Es ist also für einen Menschen streng genommen nicht absolut unmöglich, durch eine Tür hindurchzutunneln, also auf der einen Seite zu verschwinden und auf der anderen zu erscheinen, ohne sich durch den Raum dazwischen bewegt zu haben. Es ist nur sehr, sehr unwahrscheinlich: Man müsste schon eine Zeit lang warten – deutlich länger, als es das Universum schon gibt – bevor es eine nennenswerte Wahrscheinlichkeit gibt, dass eine solche makroskopische Tunnelung auch nur einmal irgendwo im Universum vorkommt.

Bilder von Concord Consortium und Molecular Workbench http://concord.org, http://mw.concord.org
Rastertunnelmikroskopie → S. 226
Radioaktiver Zerfall → S. 186
Drillingsraum.de *Interview mit dem Nobelpreisträger Gerd Binning* http://www.drillingsraum.de/gerd-binnig/gerd-binnig-2.html

Der Franck-Hertz-Versuch
Energiesprünge in Atomen

Als die Physiker zu Beginn des 20. Jahrhunderts experimentell in die Welt der Atome und Moleküle vordrangen, erlitt ihr Weltbild einen ordentlichen Schock: Die mikroskopischen Materiebausteine verhielten sich ganz anders als die makroskopischen Objekte der Alltagswelt, mit denen wir täglich zu tun haben.

Eine der sonderbaren Eigenschaften von Atomen veränderte das Verständnis von Materie grundlegend und hat bis heute weitreichende Konsequenzen für technische Anwendungen: Im Jahre 1914 bewiesen James Franck und Gustav Hertz in einem bis heute berühmten Versuch, dass man einem Atom nicht beliebige Mengen an Energie zuführen (oder wegnehmen) kann, sondern nur in gewissen Paketen festgelegter Größe, den sogenannten *Quanten*.

Das Herzstück des Versuches ist ein Gas (Franck und Hertz benutzten damals Quecksilber), das den Raum zwischen einer negativ geladenen Glühkathode und einer positiven Anode ausfüllt. An der Kathode treten ständig Elektronen aus, die wegen der angelegten Spannung in Richtung der Anode beschleunigt werden. Auf ihrem Weg dahin durchqueren die Elektronen das Gas, und stoßen dabei ständig mit den Quecksilberatomen zusammen. An der Anode misst man durch die Gegenspannungsmethode die Geschwindigkeit der ankommenden Elektronen. So kann man beobachten, um wie viel die Elektronen durch Stöße an den Gasatomen verlangsamt werden.

Franck und Hertz stellten dabei etwas Erstaunliches fest: Legt man nur eine geringe Spannung an, so verlieren die Elektronen auf ihrem Weg von der Kathode zur Anode keinerlei Energie. Das bedeutet, dass sie nur elastisch mit den Atomen zusammenstoßen und dabei nicht an Geschwindigkeit verlieren. Erreicht die Spannung allerdings einen Wert von 4,7 Volt, dann sind die an der Anode ankommenden Elektronen plötzlich fast völlig ohne Energie. In einem dunklen Raum kann man außerdem beobachten, dass das Quecksilbergas dann kurz vor der Anode in einer dünnen Schicht anfängt zu leuchten. Dreht man die Spannung weiter hoch, werden die ankommenden Elektronen wieder allmählich schneller, und die leuchtende Schicht wandert auf die Glühkathode zu, die die Elektronen aussendet.

Solange die Elektronen nicht die richtige Geschwindigkeit erreichen, verlieren sie keine Energie (nur elastische Stöße).

Erst wenn sie die kritische Geschwindigkeit – und damit Energie – erreichen, können sie diese an die Atome abgeben.

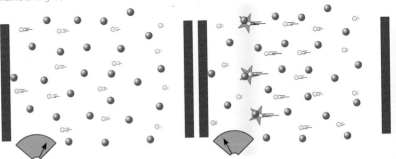

Die elektromagnetische Wechselwirkung → S. 58
Welle-Teilchen-Dualismus → S. 188

Erreicht die Spannung das Doppelte des kritischen Wertes, also 9,4 Volt, sind die Elektronen plötzlich wieder fast völlig ohne Energie und eine zweite leuchtende Schicht entsteht. Dieses Spiel setzt sich fort: Je weiter man die Spannung erhöht, desto mehr Glühschichten entstehen, die alle denselben Abstand voneinander haben.

Dieses Verhalten zeigt, dass auch Atome Energie nur in Portionen gewisser Größe aufnehmen können: Besitzen die Elektronen nicht genug Energie, so können sie diese nicht an die Atome abgeben. Erst wenn ein Elektron genug davon angesammelt hat – im Falle von Quecksilber eine Energie von 4,7 Elektronenvolt – kann diese Energie beim Zusammenstoß vom Elektron auf das Atom übertragen werden. Nach einem solchen Stoß befindet sich das Elektron zuerst einmal in Ruhe und wird dann von der angelegten Spannung wieder aufs Neue beschleunigt. Sobald es ein zweites Mal eine Energie von 4,7 Elektronenvolt angesammelt hat, gibt es diese beim nächsten Zusammenstoß wieder an ein Atom ab usw., bis das Elektron die Anode erreicht hat.

Will man einem Atom Energie zuführen, so muss man also genau den richtigen Betrag zur Verfügung haben. Zu wenig nimmt es nicht an, und ebenso wenig akzeptiert es eine zu große Energiemenge. Die erlaubte Energie ist dabei von Element zu Element verschieden und muss, wie wir heute wissen, genau einem der Übergänge zwischen zwei Energiezuständen in der Elektronenhülle des Atoms entsprechen. Erklären kann man dies mit dem Bohr'schen Atommodell (↓), das zwar zur Zeit von Franck und Hertz bereits entwickelt worden war, aber nur als theoretisches Modell zur Erklärung der Atomspektren galt. Erst der Franck-Hertz-Versuch bewies die physikalische Realität der diskreten Energieniveaus in Atomen.

Die Atome behalten ihre überschüssige Energie übrigens nicht lange, sondern geben sie in Form von Strahlung ab. Nach einem Zusammenstoß senden die Quecksilberatome also ihre eben erhaltene Energie von 4,7 Elektronenvolt in Form eines Photons mit genau dieser Energiemenge wieder aus, was man in der Gasröhre als Leuchten erkennen kann.

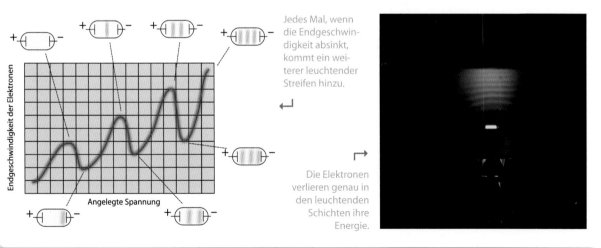

Jedes Mal, wenn die Endgeschwindigkeit absinkt, kommt ein weiterer leuchtender Streifen hinzu.

↵

↱

Die Elektronen verlieren genau in den leuchtenden Schichten ihre Energie.

Das Bohr'sche Atommodell → S. 182
H. Haken, H. C. Wolf *Atom- und Quantenphysik: Einführung in die experimentellen und theoretischen Grundlagen* Springer Verlag 2004

Der Spin eines Teilchens
Quantisiertes Kreiseln

Teilchen können nach den Regeln der Quantenmechanik einen Eigendrehimpuls aufweisen, der ein halb- oder ganzzahliges Vielfaches des reduzierten Planck'schen Wirkungsquantums $\hbar = h/(2\pi)$ betragen muss. Dieser Eigendrehimpuls, den man als *Spin* bezeichnet, besitzt keine Entsprechung in der klassischen Mechanik, sondern er ist ein typisches Phänomen der Quantenmechanik – daher ist es nicht ganz einfach, seine Eigenschaften zu verstehen.

Anders als beim Eigendrehimpuls einer rotierenden Kugel, die sich abbremsen lässt, kann man den Spin eines Elektrons oder Photons nicht abbremsen. Der Spin ist eine charakteristische Eigenschaft des jeweiligen Teilchens: Alle Leptonen (Elektron, Myon, Tauon, Neutrino) und die Quarks besitzen Spin 1/2, Photonen und Gluonen haben Spin 1 (die Einheit $\hbar$ lässt man zur Vereinfachung meist weg). Auch Atome können einen Spin besitzen.

Bei einer rotierenden Kugel zeigt der Drehimpuls parallel zur Rotationsachse. Wenn die Kugel analog zu einem Atom außen negativ und innen positiv geladen ist, so erzeugt die außen kreisende negative Ladung einen magnetischen Nord- und Südpol wie bei einer Magnetnadel, die parallel zur Rotationsachse liegt. In einem senkrechten inhomogenen Magnetfeld würde diese insgesamt elektrisch neutrale Kugel abhängig von der Lage der Rotationsachse mehr oder weniger stark nach oben oder unten gezogen werden, je nachdem welcher Magnetpol im stärkeren Bereich des äußeren Magnetfeldes liegt. Zugleich würde das Magnetfeld versuchen,

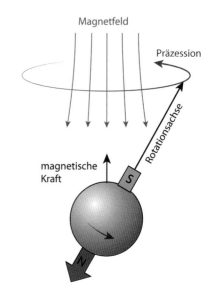

die Rotationsachse in die Senkrechte zu kippen, was aber aufgrund der Eigendrehung stattdessen zu einer Präzession der Drehachse um die Senkrechte führt (siehe Kreisel mit Drehmoment ↓). Wenn man einen Strahl solcher Kugeln durch ein senkrechtes inhomogenes Magnetfeld schießt, so werden sie demnach je nach dem Winkel zwischen Rotationsachse und Magnetfeld unterschiedlich stark nach oben oder unten abgelenkt.

Im Jahr 1922 führten Otto Stern und Walther Gerlach diesen Versuch mit Silberatomen durch, die wegen eines überzähligen Elektrons einen Gesamtspin von 1/2 aufweisen. Auf einem Schirm hinter dem Magnetfeld schlugen sich die Silberatome nieder.

Kreisel mit äußerem Drehmoment → S. 90
R. P. Feynman, R. B. Leighton, M. Sands *Feynman-Vorlesungen über Physik, Band III* Oldenbourg Wissenschaftsverlag 1999

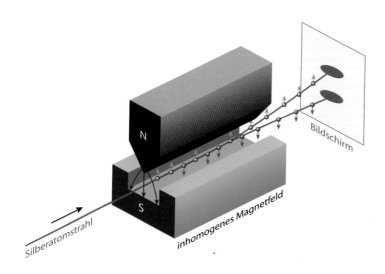

Magnetfeld wird das Teilchen also in dessen Richtung gezogen. Wie verhält sich dieses Teilchen nun in einem senkrecht orientierten inhomogenen Magnetfeld? Es wird mit der Wahrscheinlichkeit $\cos^2 \theta/2$ nach oben und mit der Wahrscheinlichkeit $\sin^2 \theta/2$ nach unten gezogen (in der Grafik durch die Größe der Quadrate dargestellt), d. h. der Spin ist nach der Messung mit diesen Wahrscheinlichkeiten entweder nach oben oder nach unten orientiert. Und das ist auch schon im Wesentlichen alles, was gesagt werden kann, denn die Quantenmechanik kann nur Wahrscheinlichkeiten berechnen; sie sagt nichts darüber, wie sich das Teilchen „an sich" dreht, und es zeigt sich, dass der Begriff der klassischen Rotationsachse in der Quantenmechanik keinen Sinn ergibt (siehe Bell'sche Ungleichung ↓).

Nach dem Kugelmodell müsste dabei ein senkrechter Silberstreifen auf dem Schirm entstehen, entsprechend einer statistischen Gleichverteilung aller möglichen Rotationsachsen.

Was man stattdessen fand, waren zwei getrennte Silberflecken. Es war so, als ob die Drehachse nur parallel oder antiparallel zum Magnetfeld liegen kann, das Teilchen also im oder gegen den Uhrzeigersinn um die Richtung des Magnetfeldes rotiert, nie aber im Winkel dazu. Bei einer Messung zeigt der Spin also immer in oder gegen die Richtung des Magnetfeldes. Das Bild der rotierenden Kugel liefert somit also nur eine unvollkommene Vorstellung vom Spin eines Teilchens.

Wie sieht dann aber die korrekte quantenmechanische Beschreibung des Spins aus? Angenommen, der Spin zeigt in eine bestimmte Raumrichtung, die um den Winkel θ gegen die Senkrechte gekippt ist. In einem parallel zum Spin ausgerichteten inhomogenen

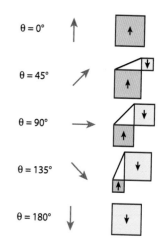

EPR-Experiment und Bell'sche Ungleichung → S. 200
J. Resag *Die Entdeckung des Unteilbaren* Spektrum Akademischer Verlag 2010

Das Pauli-Prinzip
Warum Elektronen sich gegenseitig meiden

Das Pauli-Prinzip ist einer der zentralen Aspekte der Quantenmechanik. Es beruht darauf, dass identische Teilchen – beispielsweise die Elektronen in einem Atom – in der Quantentheorie prinzipiell ununterscheidbar sind: Findet man eines der Elektronen an einem bestimmten Ort vor, so weiß man nie, welches man angetroffen hat.

In der Quantenmechanik wird die Wahrscheinlichkeit, ein erstes Elektron an einem Ort x und ein anderes Elektron zugleich an einem Ort y zu finden, durch das Betragsquadrat einer Zahl $f(x,y)$ angegeben, die man auch als *Wahrscheinlichkeitsamplitude* oder *Zweiteilchen-Wellenfunktion* ($\downarrow$) bezeichnet (genau genommen ist $f(x,y)$ eine komplexe Zahl, doch das ist hier nicht weiter wichtig). Da beide Elektronen ununterscheidbar sind, darf sich diese Wahrscheinlichkeit nicht ändern, wenn wir die beiden Elektronen miteinander vertauschen, also das erste Elektron am Ort y und das zweite Elektron am Ort x finden. Es muss also $|f(x,y)|^2 = |f(y,x)|^2$ sein.

Die Wahrscheinlichkeitsamplitude $f(x,y)$ selbst kann beim Vertauschen entweder ebenfalls unverändert bleiben, oder sie wechselt das Vorzeichen, da dieses Vorzeichen beim Quadrieren ja wegfällt:

$$f(x,y) = f(y,x) \text{ oder } f(x,y) = -f(y,x)$$

Haben beide Teilchen dieselbe Spinausrichtung, so tritt der erste symmetrische Fall für Teilchen mit ganzzahligem Spin ($\downarrow$, sogenannten *Bosonen*, beispielsweise Photonen) ein, während der zweite antisymmetrische Fall für Teilchen mit halbzahligem Spin (sogenannten *Fermionen*, beispielsweise Elektronen, Quarks, Protonen und Neutronen) zutrifft (bei unterschiedlichen Spinausrichtungen muss man neben dem Ort den Spin zusätzlich als Variable in der Amplitude berücksichtigen). Genau diese Regel nennt man *Pauli-Prinzip*. Die folgende Abbildung zeigt eine solche antisymmetrische Zwei-Fermion-Wahrscheinlichkeitsamplitude:

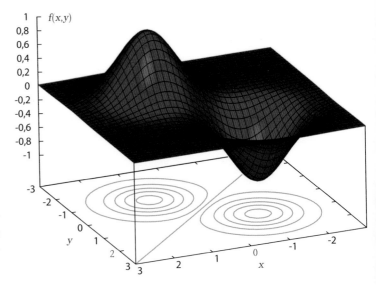

Wellenfunktion → S. 190
Der Spin eines Teilchens → S. 196
J. Resag *Die Entdeckung des Unteilbaren* Spektrum Akademischer Verlag 2010
R. P. Feynman, R. B. Leighton, M. Sands *Feynman-Vorlesungen über Physik, Band III* Oldenbourg Wissenschaftsverlag 1999

Für die Wahrscheinlichkeitsamplitude, mit der sich zwei Fermionen derselben Sorte mit derselben Spinausrichtung am selben Ort befinden, ergibt sich $f(x,x) = -f(x,x)$, sodass $f(x,x) = 0$ sein muss, wie man in der Grafik auf der linken Seite sieht. Zwei Fermionen mit derselben Spinausrichtung können sich somit nicht am selben Ort aufhalten.

Allgemeiner kann man sagen, dass sich Fermionen derselben Sorte gegenseitig meiden. Sie können nicht denselben Quantenzustand einnehmen. Kühlt man beispielsweise eine Wolke aus Bosonen (im Bild rechts Atome eines bestimmten Lithium-Isotops) sehr weit ab, so rücken sie recht eng zusammen, während Fermionen (hier Atome eines anderen Lithium-Isotops) größere Abstände beibehalten.

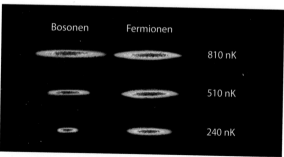

Wolke aus Bosonen (links) und Fermionen (rechts) für verschiedene Temperaturen (Andrew Truscott, Kevin Strecker, Randall Hulet, Rice University)

Das Pauli-Prinzip stellt sicher, dass sich in der Elektronenhülle der Atome eine stabile Schalenstruktur ausbildet. Jeder mögliche Schwingungszustand der Wellenfunktion kann dabei von zwei Elektronen besetzt werden, die entgegengesetzte *Spinausrichtung* aufweisen (hier dargestellt durch einen kleinen Pfeil nach oben oder unten). Auch weiße Zwerge und Neutronensterne ($\downarrow$) verdanken ihre Stabilität dem Pauli-Prinzip.

Für das Pauli-Prinzip gibt es letztlich keine einfachere anschauliche Erklärung. Es wird durch ein subtiles Zusammenspiel von Quantenmechanik und Spezieller Relativitätstheorie ($\downarrow$) erzwungen und ist damit tief in der Synthese dieser beiden Grundpfeiler der modernen Physik begründet.

Energieniveaus und Schwingungszustände in einem Atom

Bild rechts oben von Andrew Truscott, Kevin Strecker, Randall Hulet, Rice University
Neutronensterne → S. 38
$E = mc^2$ → S. 136

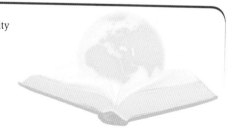

EPR-Experiment und Bell'sche Ungleichung
Ist die Quantenmechanik unvollständig?

In der klassischen Physik sind wir es normalerweise gewöhnt, dass eine physikalische Theorie eindeutige Vorhersagen macht. Die Quantenmechanik bricht mit diesem Anspruch: Sie macht grundsätzlich nur noch Aussagen über Wahrscheinlichkeiten, wie wir am Beispiel des Spins in einem anderen Artikel (↓) gesehen haben.

Albert Einstein konnte sich damit niemals abfinden und hielt die Quantenmechanik für unvollständig, d. h. er ging von einer tiefer liegenden verborgenen Realitätsebene aus, die von der Quantenmechanik nur unvollständig erfasst wird. „Gott würfelt nicht", soll er gesagt haben. Zur Untermauerung seines Standpunktes betrachtete er im Jahr 1935 zusammen mit Boris Podolsky und Nathan Rosen folgendes Phänomen (kurz *EPR-Experiment* genannt; wir diskutieren hier die überarbeitete Version von David Bohm):

Man erzeugt dabei zunächst in speziellen Teilchenquellen Teilchenpaare, die in entgegengesetzte Richtungen ausgesendet werden und deren Spin jeweils entgegengesetzt zueinander orientiert ist. Das bedeutet: Lässt man die Teilchen anschließend durch ein senkrecht orientiertes inhomogenes Magnetfeld laufen, so wird immer eines der beiden Teilchen nach oben und sein Partnerteilchen nach unten abgelenkt. Welches der beiden Teilchen nach oben bzw. unten abgelenkt wird – welches also Spin ‚up' oder ‚down' besitzen wird –, ist nach den Regeln der Quantenmechanik purer Zufall. Sicher ist lediglich, dass sie sich entgegengesetzt zueinander verhalten werden.

Die Quantenmechanik sagt aus, dass jedes der beiden Teilchen vor einer Messung gar keine definierte Spinausrichtung hat – und die Frage „Spin up oder down?" sich also erst beim Durchlauf durch das Magnetfeld zufällig entscheidet. Doch woher weiß dann das eine Teilchen, wie sich sein Partnerteilchen beim Durchlaufen des Magnetfeldes entschieden hat? Eine Nachricht kann es nicht erhalten haben, denn beide Teilchen könnten sich prinzipiell Lichtjahre voneinander entfernt befinden, bevor sie durch den Magneten laufen. Eine Nachricht „Bei mir hat der Zufall Spin up entschieden" könnte sich aber maximal mit Lichtgeschwindigkeit ausbreiten.

Einstein, Podolsky und Rosen sprachen daher von einer „spukhaften Fernwirkung" und folgerten, dass jedes der beiden Teilchen doch eine verborgene lokale Eigenschaft wie beispielsweise eine Rotationsachse besitzen müsse, die seine Ablenkungsrichtung bereits im Voraus festlegt. Ihr entgegengesetztes Verhalten wäre dann einfach durch eine entsprechende gegensätzlich ausgeprägte Teilcheneigenschaft begründet. Da die Quantenmechanik diese verborgene lokale Teilcheneigenschaft jedoch nicht berücksichtigt, könne sie die physikalische Realität nur unvollständig erfassen.

Der Spin eines Teilchens → S. 196

Haben Einstein, Podolsky und Rosen nun recht, und ist die Quantenmechanik unvollständig? Dem nordirischen Physiker John Steward Bell gelang es im Jahr 1964, das EPR-Experiment so abzuwandeln, dass sich diese Frage tatsächlich messtechnisch klären lässt – ein Geniestreich, auf den fast dreißig Jahre lang niemand gekommen war! Die Kernidee besteht darin, die Magnete einzeln um verschiedene Winkel gegen die Senkrechte zu kippen und zu messen, wie häufig beide Teilchen beispielsweise in Richtung Südpol abgelenkt werden. Drei verschiedene Kippwinkel genügen – sagen wir: 0° (also ungekippt), 45° und 90°.

Wenn die Teilchen nun doch eine lokale innere Eigenschaft besäßen, die ihr Verhalten im Magnetfeld von vornherein festlegte, so wird es beispielsweise einige darunter geben, die bei 0° zum Südpol, bei 45° zum Nordpol und bei 90° ebenfalls zum Nordpol abgelenkt würden, sodass wir sie mit (0↓, 45↑, 90↑) kennzeichnen können. Die zugehörigen Partnerteilchen würden sich dabei genau entgegengesetzt verhalten.

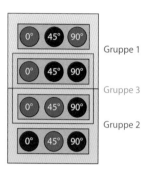

Gruppe 1:
(0↓, 45↑)

Kippwinkel: 0°

N

S

Teilchenquelle

N

S

Kippwinkel: 45°

Nun bilden wir drei Gruppen: Gruppe 1 sind alle Teilchenpaare, bei denen ein Teilchen zugleich die beiden Kennzeichnungen 0↓ sowie 45↑ besitzt, d.h. es würde beispielsweise wegen 0↓ im ungekippten Magneten zum Südpol abgelenkt, während sein Partnerteilchen im um 45° gekippten Magneten ebenfalls zum Südpol abgelenkt wird, da es sich ja entgegengesetzt zu 45↑ verhält.

Analog bilden wir Gruppe 2 als alle die Teilchenpaare, bei denen ein Teilchen zugleich die beiden Kennzeichnungen 45↓ sowie 90↑ besitzt, sowie Gruppe 3 als alle die Teilchenpaare, bei denen ein Teilchen zugleich die beiden Kennzeichnungen 0↓ sowie 90↑ besitzt.

Wie wir in der Grafik sehen, gehören alle Teilchenpaare von Gruppe 3 zugleich auch zu Gruppe 1 oder 2. Also müssen die zu Gruppe 1 und 2 gehörenden Ablenkwahrscheinlichkeiten in passend gekippten Magneten zusammen mindestens so groß sein wie diejenige passend zu Gruppe 3 (*Bell'sche Ungleichung*).

Berechnet man jedoch die entsprechenden Wahrscheinlichkeiten in der Quantenmechanik, so ergibt sich ein anderes Bild: Für Gruppe 3 ist die Wahrscheinlichkeit größer als für Gruppe 1 und 2 zusammen, d.h. die Quantenmechanik verletzt die Bell'sche Ungleichung! Da die quantenmechanische Rechnung vollkommen mit den experimentellen Ergebnissen übereinstimmt, kann es die geforderte lokale innere Teilcheneigenschaft nicht geben. Einstein, Podolsky und Rosen wurden widerlegt!

Die Verletzung der Bell'schen Ungleichung zeigt, dass die Quantenmechanik eine nichtlokale Beschreibung erfordert, die beide Teilchen zu einem einzigen übergreifenden Quantensystem miteinander verschränkt, egal wie weit sie voneinander entfernt sind (↓). Das Ganze ist mehr als die Summe seiner Teile!

Quantenteleportation → S. 202
J.S. Bell *Bertlmann's socks and the nature of reality* CERN-TH-2926, http://cdsweb.cern.ch/record/142461
J. Resag *Die Entdeckung des Unteilbaren* Spektrum Akademischer Verlag 2010

Quantenteleportation
Beam me up, Scotty!

Die rätselhafte Quantenwelt erlaubt viele Dinge, die in der klassischen Welt absolut verboten sind. Dazu zählt die Verschränkung (EPR-Experiment ↓). Hierbei sind zwei Teilchen auf quantenhafte Weise miteinander verbunden, sodass die Messung an einem gleichzeitig den Zustand des anderen beeinflusst, ganz egal wie weit die beiden voneinander entfernt sind.

Dies kann man benutzen, um ein Teilchen von einem Ort zum anderen zu teleportieren. Genau genommen wird nicht das Teilchen selbst, sondern alle seine Eigenschaften von einem zum anderen transferiert. Das funktioniert besonders gut mit dem Spin (↓) des Teilchens – Quantenteleportation eignet sich also hervorragend, um ein Qubit von einem Elektron zu einem anderen zu transferieren (Quantencomputer ↓).

Stellen wir uns vor, Alice hat ein Elektron (A), das einen gewissen, ihr unbekannten Spin besitzt. Dieser hat den Wert „oben", „unten", oder irgendeine quantenmechanische Überlagerung der zwei Möglichkeiten. Diesen Spin will sie auf ein anderes Elektron (B), das sich bei Bob befindet, übertragen.

Um dies zu bewerkstelligen, haben Alice und Bob vorher ein Paar von Elektronen (B und C) miteinander verschränkt und untereinander aufgeteilt. Bob erhält B, und Alice erhält C. Dann führt Alice eine sogenannte Bell-Messung an A und C durch, indem sie zum Beispiel deren Gesamtspin misst. Jede Messung verändert aber das gemessene System. In diesem Fall so, dass A und C nach dem Messvorgang verschränkt sein wer-

den – obwohl sie es vorher nicht waren! Gleichzeitig wird durch diesen Vorgang die Verschränkung von B und C aufgelöst.

Nach der Messung sind also A und C verschränkt, nicht mehr B und C. Außerdem hat das Elektron B einen neuen Spin erhalten, und zwar fast genau denselben wie der, den A ursprünglich hatte. Jedoch nicht ganz:

Quantenteleportation funktioniert in drei Schritten: Zuerst bekommen Alice und Bob je eines der verschränkten Teilchen (B und C). Dann misst Alice, wie A und B verschränkt sind. Das überträgt den Zustand von A auf C – bis auf eine mögliche Phase. Diese muss Alice Bob noch im letzten Schritt (z.B. per Telefon) mitteilen, sodass er diese ggf. nachkorrigieren kann.

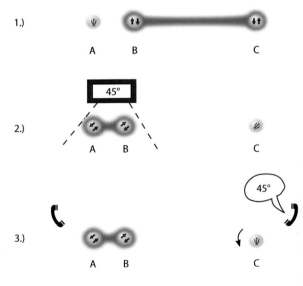

EPR-Experiment und Bell'sche Ungleichung → S. 200
Der Spin eines Teilchens → S. 196
Quantencomputer → S. 232

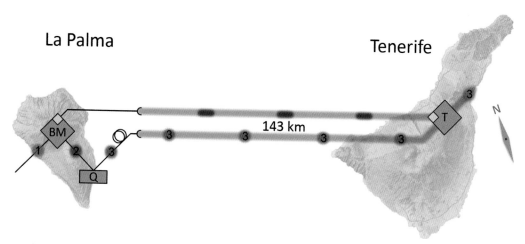

La Palma

Tenerife

143 km

Man kann nicht nur den Spin eines Teilchens teleportieren, sondern auch seine Polarisation: Auf der Insel La Palma haben Forscher zwei Photonen (nummeriert mit 2 und 3) erzeugt (Q), deren Polarisation verschränkt war. Photon 3 wurde über 143 km nach Teneriffa geschickt, während die Verschränkung von Photon 1 und Photon 2 gemessen (BM) und die Information des Resultats auf klassischem Wege ebenfalls transferiert wurde (violette Linie). Die Polarisation von Photon 1 konnte so zu Photon 3 teleportiert (T) werden.

Alice muss Bob noch das Ergebnis ihrer Bell-Messung mitteilen. Je nach dem Resultat dieser Messung muss Bob auf sein Elektron noch eine gewisse Operation anwenden (zum Beispiel eine Drehung), um sicher zu gehen, dass der ursprüngliche Spin von A jetzt bei B angekommen ist. Dann jedoch ist der Teleportationsvorgang abgeschlossen: Der Spin von A wurde nach B transferiert.

Diese Art der Teleportation klingt sicherlich nicht so beeindruckend wie die aus Star Trek. Es werden nicht wirklich Teilchen transferiert, sondern nur deren Eigenschaften von einem Teilchen zum anderen. Obwohl Verschränkung dabei eine große Rolle spielt, geschieht die Teleportation auch nicht mit Überlichtgeschwindigkeit. Denn um den Transportprozess abzuschließen, muss Alice Bob noch das Ergbnis ihrer Messung

mitteilen – und das muss per gewöhnlicher Informationsübertragung geschehen, zum Beispiel also per Telefon. Zur überlichtschnellen Kommunikation taugt die Quantenteleportation also leider auch nicht. Was das Verfahren so faszinierend macht, ist, dass die Teleportation durchgeführt werden kann, ohne dass der Zustand von A explizit bekannt sein muss. Man darf den Zustand von A sogar gar nicht messen, da dieser dann auf jeden Fall verändert würde.

Zum Zeitpunkt des Verfassens dieses Artikels wurden bereits Quantenzustände über Distanzen von über 100 km transportiert. Ob jedoch diese Technik in der Informationsübertragung zwischen Quantencomputern oder gar zum Aufbau eines „Quanten-Internets", jemals zum Einsatz kommt, wird die Zukunft zeigen.

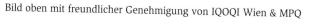

Bild oben mit freundlicher Genehmigung von IQOQI Wien & MPQ

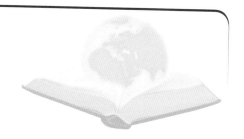

Die Interpretation der Quantenmechanik
Schrödingers Katze und Everetts viele Welten

Die Quantenmechanik ist neben der Relativitätstheorie die zweite tragende Säule für die physikalische Beschreibung unserer Welt. Anders als die Relativitätstheorie wirft die Interpretation der Quantenmechanik jedoch bis heute Fragen auf, die noch nicht wirklich zufriedenstellend beantwortet sind.

Laut Quantenmechanik erfolgen Prozesse in der Natur grundsätzlich zufällig, und lediglich ihre Wahrscheinlichkeit ist einer physikalischen Beschreibung zugänglich. Das zeigt sich auch darin, dass jedes physikalische Objekt stets durch die Summe aller möglichen Entwicklungen beschrieben wird, die jeweils mit der Wahrscheinlichkeit ihres Eintretens gewichtet werden. Einen instabilen radioaktiven Atomkern, wie beispielsweise Tritium ^{3}H, beschreibt man quantenmechanisch also durch eine Wellenfunktion, die eine Überlagerung aus dem noch intakten Tritium und seinen Zerfallsproduk-

Das Experiment zu Schrödingers Katze, gezeichnet von Sienna Morris. Statt aus einfachen Linien wurde die Zeichnung aus der Formel für Heisenbergs Unschärferelation, $\Delta x \cdot \Delta p \geq \hbar/2$, aufgebaut.

Teilnehmer der Solvay-Konferenz von 1927 zur Quantentheorie

ten ^{3}He plus Elektron plus Antineutrino ist. Nach der sogenannten *Kopenhagener Interpretation*, die 1927 u. a. von Niels Bohr und Werner Heisenberg ausgearbeitet wurde, entscheidet erst die Messung darüber, welche der beiden Alternativen (intaktes Tritium oder dessen Zerfall) realisiert wird, wobei die Wellenfunktion die Eintrittswahrscheinlichkeit der beiden Alternativen festlegt. Die Messung verändert dabei sprunghaft die Wellenfunktion (man spricht von ihrem *Kollaps*), sodass diese nicht länger durch die Summe aller Möglichkeiten, sondern durch den eindeutig realisierten Zustand beschrieben wird. Das Messgerät wird dabei nach den Regeln der klassischen Physik beschrieben, da es ja stets einen eindeutigen Messwert anzeigen wird.

Bild oben mit freundlicher Genehmigung von S. Morris *Numberism Art* http://www.siennaartstudios.com/
B. Greene *Die verborgene Wirklichkeit: Paralleluniversen und die Gesetze des Kosmos* Siedler Verlag 2012

Doch wann genau findet eine solche Messung statt? Müssen wir dazu persönlich nachschauen? Erwin Schrödinger hat sich im Jahr 1935 ein etwas drastisches Gedankenexperiment ausgedacht, um dieses Problem zu verdeutlichen. Dazu stellte er sich eine Katze vor, die zusammen mit einem radioaktiven Atom in einer Kiste eingeschlossen ist. Der Zerfall des Atoms entscheidet dabei über Leben und Tod der Katze, indem ein Detektor auf den Zerfall reagiert und ein Fläschchen mit Blausäure zertrümmert. Befindet sich Schrödingers Katze zusammen mit dem Atom in einem merkwürdigen Schwebezustand zwischen Leben und Tod, der erst beendet wird, wenn wir die Kiste öffnen und nachschauen? Wohl kaum, doch wo genau wird aus der quantenmechanischen Beschreibung des Atoms die klassische Realität der Katze?

Die künstliche Trennung der Welt in einen quantenmechanischen und einen klassischen Teil erscheint heute tatsächlich nicht mehr adäquat. Experimente haben gezeigt, dass auch größere Systeme den Regeln der Quantenmechanik gehorchen, wobei nirgends eine prinzipielle Grenze für deren Gültigkeit in Sicht ist. Folgt man den Regeln der Quantenmechanik konsequent bis in den makroskopischen Bereich, so ergibt sich daraus die sogenannte *Viele-Welten-Interpretation*.

Die Quantenmechanik beschreibt das instabile Atom weiterhin zusammen mit der Katze durch eine gemeinsame Wellenfunktion, die zwei Anteile als Superposition beinhaltet: „Atom zerfällt und Katze stirbt" sowie „Atom bleibt stabil und Katze lebt". Da die Katze jedoch ein makroskopisches System ist, führt die unvermeidliche Wechselwirkung mit der Umgebung in Sekundenbruchteilen nicht zum Kollaps, sondern zur sogenannten *Dekohärenz* dieser Wellenfunktion: Beide Anteile besitzen keine spürbare Wechselwirkung mehr untereinander und entwickeln sich praktisch unabhängig voneinander weiter. Sie wissen quasi nichts mehr voneinander, sodass man sie als verschiedene Zweige der Realität ansehen kann, die parallel zueinander existieren. In dem einen Realitätszweig zerfällt der Atomkern, und die Katze stirbt, in dem anderen nicht.

In diesem Sinne spaltet letztlich die Wellenfunktion des ganzen Universums sich ständig in unzählige Zweige auf, die parallele makroskopische Wirklichkeiten verkörpern. Obwohl die Viele-Welten-Interpretation zunächst auf großen Widerstand stieß, wird sie mittlerweile durchaus ernst genommen, denn sie erlaubt im Prinzip eine quantenmechanische Beschreibung des gesamten Universums ohne willkürliche Trennung zwischen Mikro- und Makrokosmos.

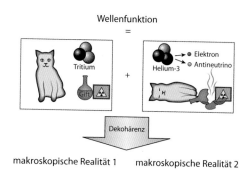

Welle-Teilchen-Dualismus → S. 188
Wellenfunktion → S. 190
P. Byrne *Die Parallelwelten des Hugh Everett* Spektrum der Wissenschaft, April 2008, S. 24

Plasma
Der vierte Aggregatzustand

Auf der Erde kommt Materie meistens in einer der drei gängigen Formen vor: fest, flüssig und gasförmig. Diese *Aggregatzustände* unterscheiden sich danach, ob die enthaltenen Atome relativ zueinander eher mehr oder eher weniger beweglich sind.

Jenseits der Erde hingegen sind diese drei Materieformen eher selten anzutreffen. Die Atome der Sterne, sowie eines Großteils des interstellaren Mediums, sind derart hohen Energien ausgesetzt, dass sich ein Teil der Elektronen von ihren Atomrümpfen trennt. Die Materie ist stark ionisiert und enthält frei bewegliche positive und negative Ladungsträger. Dieser Zustand wird *Plasma* (vom griechischen πλάσμα = Gebilde, Geschöpf) genannt.

Obwohl auf den ersten Blick einem Gas sehr ähnlich, verhält sich diese Form der Materie in vielen Belangen ganz anders, weswegen man hier berechtigterweise von einem vierten Aggregatzustand sprechen kann.

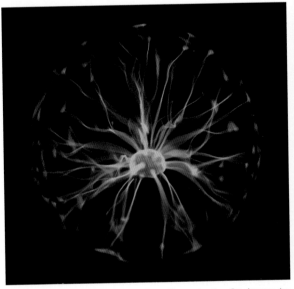

Plasmalampe, in der man komplexe filamentartige Strukturen im Plasma erkennt

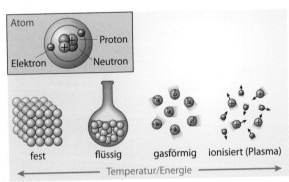

Plasma als vierter Aggregatzustand

Im Plasma sind die negativen und positiven Ladungsträger zwar getrennt, aber meist nicht allzu weit voneinander entfernt. Äußerlich ist ein Plasma also elektrisch neutral, es hat jedoch eine extrem hohe elektrische Leitfähigkeit. Wie ein Gas hat Plasma keine stabile Form, es reagiert jedoch stark auf die Einwirkung äußerer elektromagnetischer Felder, die es lenken, verformen und sogar einsperren können. Die Bahnen der geladenen Teilchen winden sich mit Vorliebe spiralförmig um magnetische Feldlinien (↓) herum, was zum Beispiel benutzt wird um das Plasma in Fusionsreaktoren einzusperren (↓).

Vektorfelder und Feldlinien → S. 56
Fusionsreaktoren → S. 208
J. Janek *Wenn Elektronen zu heiß werden* http://bunsen.de/fileadmin/user_upload/archiv/jdch2003/20_woche.pdf

Die Bewegungen der elektrisch geladenen Teilchen im Plasma erzeugen jedoch auch selbst Felder, die auf die Teilchenbahnen rückwirken und so ein äußerst komplexes dynamisches Verhalten erzeugen können. Bei Eruptionen unserer Sonne zum Beispiel kann man gut erkennen, wie sich das herausgeschleuderte Plasma entlang von Magnetfeldlinien anordnet (↓). Das Sonnenplasma bezeichnet man auch als *thermal*: Sowohl Elektronen als auch Atomrümpfe haben hier Temperaturen von Tausenden Grad Celsius, die eine Rekombination verhindern.

Ein Plasma kann jedoch auch durch die Einwirkung von starken elektrischen Feldern auf Gase entstehen. Die durch das Feld übertragene Energie verteilt sich gleichmäßig auf Elektronen und Atomrümpfe des Gases, weil diese bis auf das Vorzeichen dieselbe Ladung haben. Da Elektronen aber um die zehntausendmal leichter als Atomkerne sind, werden sie deutlich stärker beschleunigt! Die Elektronen sind daher sehr viel heißer als die Rümpfe. Ein solches Plasma befindet sich nicht im thermalen Gleichgewicht und wird *nichtthermal* genannt.

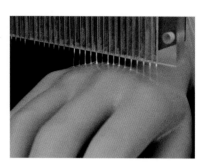

Nichtthermales Plasma ist nicht nur ungefährlich, Forscher testen sogar seine technische Anwendung als Desinfektionsmittel.

Während die Elektronen in nichtthermalem Plasma Temperaturen von vielen tausend Grad Celsius haben, können die Atomrümpfe hingegen relativ kalt sein und zum Beispiel nur Zimmertemperatur haben. Funkenüberschläge, das Nordlicht, Elmsfeuer und Gewitterblitze (↓) sind Beispiele natürlicher nichtthermaler Plasmen.

Künstlich erzeugte nichtthermale Plasmen finden sich in Plasmabildschirmen, Gasentladungslampen und sogar in einfachsten Glühbirnen. Manche dieser Plasmen kann man sogar anfassen.

Plasmaentladung auf der Sonne, Aufnahme vom Februar 2012 während der SDO Mission

Ein Plasmastrom sucht sich seinen Weg entlang einer Kopfschmerztablette.

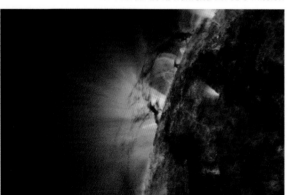

Bild oben rechts von Michael Kong et al., J. Phys. D: Appl. Phys. 44 (2011) 174018
Die Sonne und ihr Magnetfeld → S. 2
Gewitter → S. 62

Fusionsreaktoren
Hightech-Energie aus dem Sonnenfeuer

Die Sonne gewinnt ihre Energie durch den Prozess der Kernfusion. Anders als bei der Kernspaltung werden bei der Fusion zwei (oder mehr) Atomkerne zu einem größeren zusammengefügt. Nimmt man hierfür sehr leichte Bausteine wie Wasserstoff- oder Heliumkerne, so ist die Energieausbeute deutlich höher als bei der Kernspaltung. Deshalb wird seit Langem versucht, diese Prozesse auch auf der Erde zur Energiegewinnung zu nutzen.

Um zwei Kerne zu verschmelzen, muss man sie extrem nahe zusammenführen. Dies geschieht am ehesten, wenn sich die Elemente im vierten Aggregatzustand – in einem Plasma ($\downarrow$) – befinden: Als aufgeheiztes Plasma besitzen die positiv geladenen Atomkerne genug Energie, um ihre elektrische Abstoßung zu überwinden und sich nahe genug zu kommen, damit die starke Kernkraft greift und sie zusammenschweißt.

Unsere Sonne besteht vollständig aus Plasma, und in ihrem Inneren laufen aufgrund der hohen Temperatur und des extremen Druckes die Fusionsprozesse ab. Da die Sonne rund 300000-mal mehr Masse als die Erde hat, ist es recht schwer, die in der Sonne herrschenden Drücke in irdischen Fusionsreaktoren bereitzustellen. Deutlich leichter ist es, hohe Temperaturen zu erzeugen und damit den fehlenden Druck zu kompensieren. Tatsächlich sind die Temperaturen im Inneren der heutigen experimentellen Fusionsreaktoren mit 150 Millionen Grad etwa zehnmal so hoch wie im Inneren der Sonne.

Damit die geladenen Teilchen des Plasmas – man verwendet hierfür meistens Deuterium und Tritium, weil diese Materialien in Überfluss vorhanden oder leicht herzustellen sind und bei ihnen die Energieausbeute sehr hoch ist – nicht in Kontakt mit den Reaktorwänden gelangen und diese sofort zum Schmelzen bringen, werden sie durch extrem starke Magnetfelder eingesperrt.

ICRH

Bahnen von schnellen Ionen im Tokamak JET, die zu Instabilitäten im Plasma führen können

Es gibt im Wesentlichen zwei Bauprinzipien für Forschungsreaktoren: Während die Reaktoren vom Typ *Tokamak* wie ein Torus (donutförmig) aufgebaut sind, sind die sogenannten *Stellaratoren* deutlich komplizierter: Ihre Architektur ist das Resultat aufwendiger Berechnungen, was zu einem deutlich stabileren Plasma führt.

Plasma $\rightarrow$ S. 206

Das gezündete Plasma im Reaktorinneren ist extrem empfindlich: Bereits kleinste Verunreinigungen oder Störungen können es aus dem Gleichgewicht und damit zum Verlöschen bringen. Der 1983 gestartete JET (Joint European Torus), ein experimenteller Fusionsreaktor in der Nähe von Oxford, kann die Fusion im Plasma zwar bereits bis zu einer Minute aufrechterhalten, bevor sie ausgeht, aber das reicht nicht zur Energiegewinnung.

Farbliche Darstellung der magnetischen Feldstärke im Forschungsreaktor Wendelstein 7-X (Greifswald)

Turbulenzen in der Plasmarandschicht für einen typischen Tokamak (links) und den Stellarator Wendelstein 7-X (rechts)

Die nächste Generation von Forschungsreaktoren befindet sich bereits im Bau: Der Stellarator Wendelstein 7-X wird in Greifswald gebaut und soll voraussichtlich 2014 fertiggestellt werden. In ihm soll die Kernfusion bereits bis zu dreißig Minuten lang aufrechterhalten werden können. Der Tokamak ITER (International Thermonuclear Experimental Reactor), unter Konstruktion im südfranzösischen Cadarache, wird voraussichtlich 2019 fertiggestellt werden. ITER wird das fusionierende Plasma bis zu acht Minuten stabil halten können, und soll in der Lage sein, bis zu zehnmal so viel Energie zu liefern, wie zur Erzeugung des Plasmas aufgewendet werden muss. Damit wäre ITER als erster Reaktor in der Lage, Energie im wirtschaftlich verwertbaren Maßstab zu erzeugen.

Es ist jedoch noch ein weiter Weg, bis die Fusionsenergie unsere Energieprobleme lösen wird: Bis zur wirtschaftlichen Nutzung der Kernfusion wird es schätzungsweise noch mindestens bis 2050 dauern.

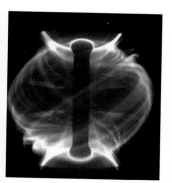
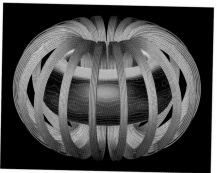
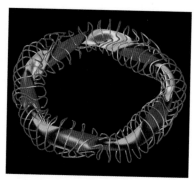

3D-Aufnahme des Plasmas im Forschungsreaktor MAST (Mega Ampere Spherical Tokamak) in Culham, Oxfordshire

Simulation eines stabilen Plasmas in einem toroidalen Tokamakreaktor

Simulation des Plasmaverlaufes im Stellarator Wendelstein 7-X, zusammen mit den unregelmäßig geformten Magnetspulen

Phasenübergänge
Fest, flüssig, gasförmig – und darüber hinaus!

Ein einzelnes Wassermolekül sieht immer gleich aus. Hat man allerdings sehr viele (sagen wir einmal, um die 10^{23}) Wassermoleküle, dann hängt deren Verhalten sehr empfindlich von äußeren Parametern ab: Bei geringer Temperatur z.B. ordnen sich die Moleküle relativ regelmäßig in hexagonalen Mustern an, während bei höherer Temperatur jedes Molekül einzeln für sich umherschwirrt. Das Resultat ist eine Schneeflocke, flüssiges Wasser oder aber Wasserdampf.

Die unterschiedlichen makroskopischen Eigenschaften von Systemen, die aus vielen einzelnen Bausteinen bestehen, nennt man *Phasen*. Die am besten bekannten Phasen sind in der Tat die von Wasser: Je nach Temperatur (und auch Druck, Verunreinigung mit anderen Stoffen, etc.), kommt Wasser in der Natur im Wesentlichen in fester, flüssiger oder gasförmiger Phase vor.

Dies sind aber nicht die einzigen möglichen Phasen. Atomare Stoffe kommen zum Beispiel auch als Plasma (↓) vor, aber der Begriff der Phase ist allgemeiner gefasst: Zum Beispiel werden unterhalb einer gewissen Temperatur (der sogenannten *Curie-Temperatur* T_C) einige

Metalle wie beispielsweise Eisen, Cobalt und Nickel ferromagnetisch (↓). Oberhalb von T_C werden diese Stoffe zu Paramagneten – man spricht hier auch vom Übergang von der *ferromagnetischen* zur *paramagnetischen Phase*. Noch ein weiteres Beispiel: Kurz nach dem Urknall war das Universum von einem Plasma aus masselosen Teilchen erfüllt. Als die Temperatur jedoch weiter absank, „kondensierte" das Higgs-Feld, und die Elementarteilchen wurden massiv (↓).

Diese Wechsel zwischen zwei (oder sogar mehr) Phasen nennt man *Phasenübergänge*, und ihnen kommt in der Physik eine überaus hohe Bedeutung zu. Man unterscheidet heutzutage zwischen Phasenübergängen *erster Ordnung* und *höherer Ordnung* (darunter sind alle Übergänge, die früher zweiter, dritter etc. Ordnung genannt wurden, zusammengefasst). Bei Übergängen erster Ordnung ändert sich eine wichtige thermodynamische Kenngröße (meistens die mittlere Energie pro Teilchen) sprunghaft. Das geschieht zum Beispiel beim Schmelzen oder Verdampfen von Wasser: Flüssiges Wasser der Temperatur 100 °C wird nicht automatisch zu Dampf derselben Temperatur. Stattdessen muss zusätzlich Energie hinzugefügt werden, die sogenannte

Das Phasendiagramm von Wasser zeigt die verschiedenen Phasen in Abhängigkeit von Druck (*p*) und Temperatur (*T*).

Unterhalb der Schmelztemperatur ordnen sich Wassermoleküle in den wunderbarsten Formen an.

Plasma → S. 206
Ferromagnetismus → S. 264
Die Entdeckung des Higgs-Teilchens → S. 258

Wasser und Eis können bei 0 °C gleichzeitig existieren.

Schmelz- bzw. Verdampfungswärme, um die Bindungen zwischen den einzelnen Teilchen zu lockern. Eine wichtige Charakteristik von Phasenübergängen erster Ordnung ist, dass die beiden (oder mehr) Phasen im Gleichgewicht nebeneinander existieren können. Deswegen schwimmen Eisberge im Polarmeer, ohne dass das Eis schmilzt oder das sie umgebende Wasser friert: Eis und Wasser können gleichzeitig 0 °C besitzen, ohne dass sich eines in das andere umwandeln muss.

Übergänge höherer Ordnung (auch *kontinuierliche Phasenübergänge* genannt) besitzen keine Größen, die sich sprunghaft ändern. Systeme am Phasenübergang zweiter Ordnung besitzen allerdings eine Eigenschaft, die man *Selbstähnlichkeit* nennt: Die Ausrichtung der Elementarmagnete in Ferromagneten bei der Curie-Temperatur sieht dabei zum Beispiel wie Frakta-

le aus, die auf verschiedenen Größenskalen selbstähnlich sind. Dabei werden Teilchen, die weit voneinander entfernt sind, plötzlich zueinander korreliert. Die Art und Weise, in denen sie ihre Ausrichtung ändern, ist nicht mehr unabhängig voneinander.

Oberhalb der Curie-Temperatur sind die Elementarmagnete hingegen völlig zufällig verteilt, und die Fluktuationen der einzelnen Elementarmagnete sind gänzlich unkorreliert. Unterhalb von T_C hingegen richten sich die meisten Elementarmagnete in dieselbe Richtung aus – was dazu führt, dass das Material auch auf makroskopischer Ebene magnetische Eigenschaften zeigt.

In welche Richtung das allerdings geschieht, ist völlig zufällig. Man spricht hierbei von *spontaner Symmetriebrechung*. Die vorherige Symmetrie der Ausrichtung der Elementarmagnete (alle Richtungen sind im Wesentlichen gleichberechtigt) ist plötzlich zerstört. Jede andere kollektive Ausrichtung wäre im Prinzip auch erlaubt gewesen, aber es ist nun einmal eine bestimmte geworden. Eine analoge Symmetriebrechung spielt insbesondere auch beim oben erwähnten Phasenübergang des Higgs-Teilchens eine entscheidende Rolle.

Unterhalb der Curie-Temperatur T_C richten sich alle Elementarmagnete in dieselbe Richtung aus (links) – oberhalb davon sind sie zufällig angeordnet (rechts).

Die Anordnung von Elementarmagneten (schwarz = oben, weiß = unten) bei der Curie-Temperatur T_C führt zu fraktalartigen Mustern.

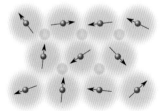
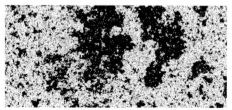

Bose-Einstein-Kondensate
Atome im quantenmechanischen Gleichschritt

Die drei bekanntesten Aggregatzustände sind fest, flüssig und gasförmig, und so gut wie die gesamte Materie unserer Umgebung befindet sich in einer dieser drei Phasen. Unter extrem hohen Temperaturen kann man Materie jedoch auch in ein sogenanntes Plasma (↓) überführen – die Materie in der Sonne oder im Inneren eines Gewitterblitzes sind gute Beispiele dafür.

Es gibt jedoch auch noch exotischere Zustände der Materie, deren Erreichen nicht nur extreme äußere Bedingungen erfordert, sondern die in ihrer Art so sehr auf der Quantennatur der einzelnen Atome beruhen, dass sie für Menschen nur schwer anschaulich vorstellbar sind. Ein Beispiel hierfür ist das sogenannte *Bose-Einstein-Kondensat* (BEK, siehe auch Pauli-Prinzip ↓).

Ein Bose-Einstein-Kondensat (BEK) entsteht.

Dieser quantenhafte Materiezustand wurde 1924 von Satyendra Nath Bose und Albert Einstein theoretisch vorhergesagt. Um ihn zu erreichen, müssen zwei Voraussetzungen erfüllt sein: Zum einen müssen die einzelnen Teilchen, aus denen der Stoff besteht, Bosonen sein. Das bedeutet, dass sie im Gegensatz zu Fermionen, die der Diracstatistik unterliegen, notwendigerweise Teilchen mit ganzzahligem Spin sind. Zum anderen muss der Stoff auf ultratiefe Temperaturen heruntergekühlt werden – deswegen dauerte es noch bis ins Jahr 1995, bis das erste Bose-Einstein-Kondensat im Labor erzeugt werden konnte. Vorher war es technisch einfach nicht möglich gewesen, die Rubidiumatome, aus denen das erste Kondensat bestand, auf die erforderlichen 170 Nanokelvin ($1{,}7 \cdot 10^{-7}$ K) abzukühlen.

Wie aber muss man sich ein Bose-Einstein-Kondensat vorstellen? Zunächst werden alle einzelnen Atome im Stoff durch die extrem niedrigen Temperaturen in den Zustand mit der niedrigstmöglichen Energie überführt. Weil es sich bei den Teilchen um Bosonen handelt, können sie sich alle zur selben Zeit im selben Zustand der niedrigsten Energie befinden. Sie „kondensieren" also alle gemeinsam in den Grundzustand.

Eine stehende Welle (Solitonenschwingung) in einem BEK

Plasma → S. 206
Das Pauli-Prinzip → S. 198
Max-Planck-Instituts für Quantenoptik *Bose-Einstein-Kondensat* http://www.mpq.mpg.de/bec-anschaulich/html/kondensat.html

In einem Bose-Einstein-Kondensat ist die Identität der Teilchen somit vollständig aufgehoben: Alle Atome befinden sich im selben Zustand. Genauer gesagt, ist die Wellenfunktion für jedes Atom identisch – man findet also an jedem Ort jedes Atom mit derselben Wahrscheinlichkeit. Sie ist außerdem weit ausgebreitet; ein Bose-Einstein-Kondensat verhält sich mit anderen Worten wie ein einzelnes, makroskopisch großes Atom.

Eine der faszinierenden technischen Anwendungen für Bose-Einstein-Kondensate ist die Konstruktion von sogenannten *Atomlasern*. Während in normalen Lasern kohärente Lichtwellenpakete ausgesandt werden, sind es bei einem Atomlaser kohärente Materiewellenpakete. Hierzu fängt man ein Bose-Einstein-Kondensat in einer (zum Beispiel magnetischen) Falle ein. Durch eine gezielte Überlagerung des Käfigs mit einer elektromagnetischen Welle wird ein „Leck" im Magnetkäfig erzeugt, sodass einzelne Atome entweichen können. Da sich die Atome vorher alle im selben Zustand befunden haben, sind auch die emittierten Atome alle noch stark kohärent (zueinander ähnlich) und haben damit vergleichbare Eigenschaften wie ein Laserstrahl.

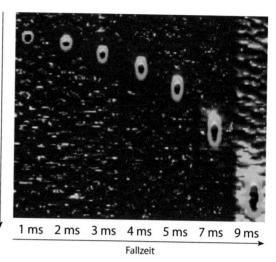

vertikale Position

1 ms 2 ms 3 ms 4 ms 5 ms 7 ms 9 ms

Fallzeit

Auch Bose-Einstein-Kondensate genügen dem Galilei'schen Fallgesetz – und verbreitern sich dabei.

Genau wie in Supraflüssigkeiten (↓) können sich auch in rotierenden BEKs Vortizes ausbilden.

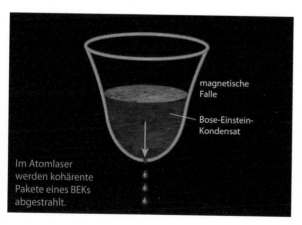

magnetische Falle

Bose-Einstein-Kondensat

Im Atomlaser werden kohärente Pakete eines BEKs abgestrahlt.

Supraflüssigkeiten → S. 220
Z. Merali *Chilled light enters a new phase* http://www.nature.com/news/2010/101124/full/news.2010.630.html, Nature-Artikel über BEK mit Photonen; englisch

Topologische Zustände der Materie
Windungen und Wirbel

In verschiedenen Phasen kann Materie deutlich unterschiedliches Verhalten zeigen. So ist die Bewegung der Moleküle eines Stoffes davon abhängig, ob er sich im festen, flüssigen oder gasförmigen Zustand befindet. Es gibt noch weitere Phasen, wie den plasmaförmigen Zustand ($\downarrow$), und bei einigen Stoffen ist es auch möglich, sie in die supraleitende ($\downarrow$) oder suprafluide ($\downarrow$) Phase zu überführen.

Vor einigen Jahren jedoch ist es Forschern gelungen, das „Tor zu einer neuen Welt" aufzustoßen und zu belegen, dass es eine Vielzahl von exotischen Phasen der Materie geben muss. Diese Materiezustände werden *topologisch* genannt, denn ihre Eigenschaften sind eng mit der Topologie verbunden. Dies ist die Lehre von Eigenschaften, die sich durch kontinuierliche Deformationen (also durch Verformungen, aber nicht durch Zerreißen oder Kleben) nicht verändern lassen.

Das Paradebeispiel hierfür ist die Anzahl der Löcher in einem Objekt: Eine Kaffeetasse und ein Donut sehen sehr unterschiedlich aus, haben beide jedoch genau ein Loch – sie besitzen dieselbe Topologie. Im Gegensatz dazu hat ein Apfel kein Loch, und eine Brezel hat häufig mindestens drei. Sie unterscheiden sich also in ihrer Topologie voneinander, und damit von der Tasse und dem Donut.

In der Materialphysik spielt die Topologie eine ähnliche Rolle, allerdings häufig nicht in der Anzahl der Löcher, sondern in den Windungen von Elementarmagneten (Elektronenspin $\downarrow$). Man stelle sich zum Beispiel Spins auf einer zweidimensionalen Ebene vor. Durch ferromagnetische Wechselwirkungen ($\downarrow$) möchten benachbarte Spins gern ungefähr in dieselbe Richtung zeigen. Natürlich könnten alle Spins wirklich parallel sein, wie im ferromagnetischen Grundzustand. Sie können aber auch sogenannte Wirbel ausformen, wie kleine Strudel. Durch lokale Veränderungen in der Ausrichtung der Spins kann man den Wirbel nicht zerstören, man müsste dafür eine große Menge an Spins über einen weiten Bereich verändern, was eine sehr große Menge an Energie erforderte. Solange man die nicht aufbringen kann, ist die Anzahl der Wirbel also eine Frage der Topologie.

Zum Beispiel im Quanten-Hall-Effekt gehören verschiedene Topologien zu verschiedenen Phasen, mit unterschiedlichen elektrischen Widerständen.

Sind alle Spins parallel ausgerichtet, befindet sich das System im Grundzustand.

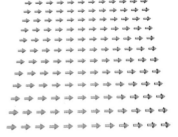

Plasma → S. 206
Supraleitung → S. 218
Suprafluüssigkeiten → S. 220
Der Spin eines Teilchens → S. 196
Die elektromagnetische Wechselwirkung → S. 58

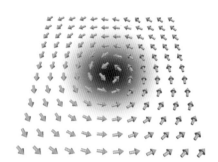

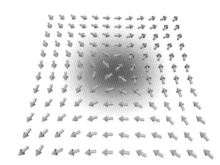

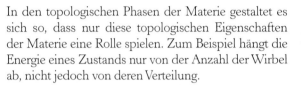

Eine positive Verwirbelung – dies ist eine topologische Eigenschaft der Pfeilausrichtungen.

Eine negative Verwirbelung – auch dieser Typus lässt sich nicht durch leichte Änderungen in den Spins ändern.

In den topologischen Phasen der Materie gestaltet es sich so, dass nur diese topologischen Eigenschaften der Materie eine Rolle spielen. Zum Beispiel hängt die Energie eines Zustands nur von der Anzahl der Wirbel ab, nicht jedoch von deren Verteilung.

Was zuerst einmal sehr abstrakt anmutet, hat weitreichende Konsequenzen und eröffnet ungeahnte technische Anwendungsmöglichkeiten. Besonders wichtig hierbei ist, dass sich die topologischen Zustände durch kleine Störungen kaum beeinflussen lassen, da sich dabei ihre Topologie nicht ändert. Zum einen vermuten Wissenschaftler, dass sich mithilfe der topologischen Zustände Supraleiter bei Raumtemperatur erschaffen

lassen. Wenn der Stromfluss durch topologische Freiheitsgrade erfolgt, dann sollte er unempfindlich gegenüber kleinen Störungen, wie Verunreinigungen oder Gitterfehlstellen sein – und damit so gut wie keinen elektrischen Widerstand erfahren. Andererseits träumen Forscher von der Möglichkeit, Quantencomputer zu konstruieren, deren Qubits (↓) durch topologische Materiezustände codiert werden. Anders als „normale" Qubits wären diese nämlich deutlich weniger störungsanfällig.

Welche technischen Wunder die topologischen Zustände der Materie noch ermöglichen könnten, wird sich wohl in den kommenden Jahrzehnten zeigen.

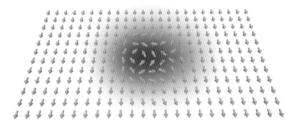

Einen Grundzustand kann man allerdings durch leichte Änderung der Spins in ein Positiv-Negativ-Paar anregen...

... und die beiden Verwirbelungen dann voneinander räumlich trennen.

Quantencomputer → S. 232

Laserkühlung
Warum Gase kälter werden können, wenn man sie mit Licht bestrahlt

In Kinofilmen und Computerspielen werden Laser (↓) meistens dazu benutzt Dinge zu zerstören, indem man sie auf extrem hohe Temperaturen erhitzt. Da erscheint es geradezu paradox, dass in den meisten Forschungslaboren der realen Welt Laser für das genaue Gegenteil benutzt werden: nämlich, um Atome in Gasen extrem abzukühlen! Diese technische Meisterleistung erreicht man durch eine geschickte Kombination zweier physikalischer Effekte: des Dopplereffektes und der quantisierten Energieniveaus der Atome (Franck-Hertz-Versuch ↓).

In einem Gas bewegen sich die einzelnen Atome schon bei Zimmertemperatur mit Geschwindigkeiten in Größenordnungen von 500 km/h, sie sind also sehr schnell. Dabei stoßen sie ständig aneinander und ändern so ihre Richtung (Brown'sche Bewegung ↓). Aufgrund der Quantenphysik besitzen Atome außerdem diskrete Energieniveaus, d.h., dass die Hüllenelektronen durch die Zuführung von genau der richtigen Energiemenge in einen angeregten Zustand überführt werden können. Das kann zum Beispiel durch Absorption eines Photons exakt dieser Energie geschehen. Derart angeregte Zustände existieren nicht sehr lange: Üblicherweise schon nach wenigen Nanosekunden geht das angeregte Elektron wieder in seinen ursprünglichen Zustand über und gibt ein Photon mit wieder genau derselben Energie in eine zufällige Richtung ab.

Das macht man sich bei der Laserkühlung zunutze: Ein Gas wird dabei von allen Seiten mit Laserlicht bestrahlt. Die Wellenlänge des Lasers – und damit die Energie der einzelnen Photonen – wird dabei genauso eingestellt, dass sie ein wenig geringer als die Energie ist, die man zur Anregung des Atoms benötigt.

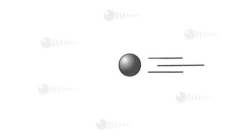

Die Frequenz des Laserlichts ist so eingestellt, dass in dieselbe Richtung fliegende Atome dessen Energie nicht aufnehmen können.

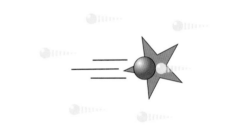

Erst wenn die Atome den Laserphotonen entgegen fliegen, können sie von diesen getroffen werden.

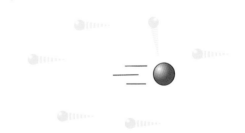

Die Atome sind nach einem solchen Stoß ein wenig langsamer: Die gestreuten Photonen haben ihnen Energie entzogen.

Laser → S. 230
Der Franck-Hertz-Versuch → S. 194
Brown'sche Bewegungen → S. 120
H. Haken, H.C. Wolf *Atom- und Quantenphysik: Einführung in die experimentellen und theoretischen Grundlagen* Springer Verlag 2004

Befänden sich also alle Atome in Ruhe, würde gar nichts passieren, denn die Photonen hätten ganz knapp nicht genug Energie, um die Elektronen im Atom in einen angeregten Zustand zu versetzen.

Weil das Gas allerdings eine gewisse Temperatur hat, bewegen sich die Atome darin mit einer gewissen Geschwindigkeit zufällig in alle möglichen Richtungen. Wenn sich nun ein Atom gerade zufällig entgegen einen der Laserstrahlen bewegt, dann sieht das Atom aufgrund des Dopplereffektes die ihm entgegenkommenden Photonen mit einer leicht kürzeren Wellenlänge. Nach den Regeln der Quantenmechanik entspricht das aber einer etwas höheren Energie, und diese reicht dann gerade aus, um das Atom anzuregen, wenn Photon und Atom frontal zusammenprallen. Das Atom geht dabei kurz in einen angeregten Zustand über, und kehrt kurze Zeit später wieder unter Abgabe eines Photons in seinen Ausgangszustand zurück. Weil dieses Photon aber genau die Energie tragen muss, die dem Übergangsniveau im Atom entspricht, hat es ein wenig mehr Energie als die restlichen Photonen.

Wo hat das Photon diese Energie her? Die einzige Möglichkeit ist, sie der Bewegungsenergie des Atoms zu entnehmen. Von außen sieht es also so aus, als hätte man ein Photon gerade so vom Atom abprallen lassen, dass das Atom nach dem Stoß ein bisschen weniger, und das Photon aber ein bisschen mehr Energie hat. Das Atom ist also langsamer geworden – und das Gas insgesamt ein bisschen kälter.

Zum Einsatz kommt die Laserkühlung vor allem dann, wenn es darum geht, geringe Mengen Gas auf extrem niedrige Temperaturen nahe des absoluten Nullpunktes abzukühlen, zum Beispiel zur Herstellung eines Bose-Einstein-Kondensates (↓).

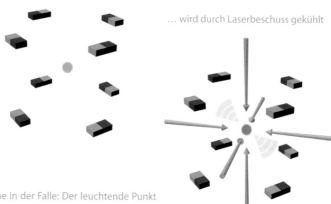

Materie in der Magnetfalle...

... wird durch Laserbeschuss gekühlt

Atome in der Falle: Der leuchtende Punkt im Zentrum ist ein lasergekühltes Stück Materie, durch Magnetfelder an Ort und Stelle gehalten (H. M. Helfer/NIST).

Bild links mit freundlicher Genehmigung von H. M. Helfer/NIST
Bose-Einstein-Kondensate → S. 212
A. Jüde *BEC-anschaulich - Wie kühlt man Atome?* http://www.mpq.mpg.de/bec-anschaulich/html/laserkuhlung.html
Physikalisch-Technische Bundesanstalt *Grundlagen der Laserkühlung* http://www.ptb.de/cms/fachabteilungen/abt4/fb-44/ag-441/realisierung-der-si-sekunde/die-fontaenen-atomuhr-csf1-der-ptb/grundlagen-der-laserkuehlung.html

Supraleitung
Widerstand ist zwecklos

Anfang des 20. Jahrhunderts war hinreichend gut bekannt, dass Metalle elektrischen Strom immer besser leiten, der Widerstand also sinkt, wenn man sie abkühlt. Niemand war jedoch auf die Entdeckung gefasst, die Heike Kamerlingh Onnes 1911 machte, als er mit flüssigem Helium gekühltes Quecksilber untersuchte: Sobald die Temperatur auf unter 4,2 Kelvin sank, verlor das Quecksilber schlagartig jeglichen elektrischen Widerstand – seine Leitfähigkeit wurde also unendlich groß! Heute wissen wir, dass die meisten Metalle bei Temperaturen nahe dem absoluten Nullpunkt *supraleitend* werden, also elektrischen Strom ohne auch nur die geringsten Leistungsverluste leiten.

Ein Neodym-Magnet schwebt über einem YBCO Hochtemperatur-Supraleiter.

Dieses Phänomen, für dessen Entdeckung Kamerlingh Onnes im Jahre 1913 den Nobelpreis für Physik erhielt, ist mit klassischer Physik nicht zu erklären: es ist ein reines Quantenphänomen. Obwohl ein solches supraleitendes Verhalten lange Zeit vermutet wurde, und es phänomenologische Erklärungsversuche wie das Landau-Ginzburg-Modell gab, gelang eine erste befriedigende Erklärung der Supraleitung mithilfe der Quantenfeldtheorie erst im Jahre 1957, durch John Bardeen, Leon N. Cooper und John R. Schrieffer (BCS).

Nach der BCS-Theorie findet im Metall eine ständige Wechselwirkung zwischen den Elektronen und dem Gitter aus Atomrümpfen statt. Elektronen können durch Stöße mit den Atomen dieses Gitter zum Schwingen anregen. Diese Schwingungen – *Phononen* genannt – bewegen sich durch das Metall und können an einem anderen Ort wieder Energie an ein anderes Elektron abgeben. Dadurch fangen die Elektronen effektiv auch an, miteinander über diese Phononen zu wechselwirken. BCS errechneten, dass diese Wechselwirkung bei sehr niedrigen Temperaturen, wenn die beteiligten Teilchen selbst nur sehr langsam sind, leicht anziehend sein kann. Auf diese Weise finden immer zwei Elektronen zueinander und bilden ein sogenanntes *Cooper-Paar*.

Während normale Elektronen einen Spin von 1/2 besitzen, haben Cooper-Paare entweder Spin 0 oder Spin 1, je nachdem ob die beiden Spins der beteiligten Elektronen in dieselbe oder in entgegengesetzte Richtungen zeigen (siehe Spin ↓). Damit sind sie aber auf jeden Fall Bosonen, und dürfen deshalb in beliebig großer Zahl in demselben Zustand sein (Pauli-Prinzip ↓). Bei niedrigen Temperaturen „kondensieren" also die Elektronen zu Cooper-Paaren, die im Metall alle dieselbe makros-

Bild mit freundlicher Genehmigung von Martin Wagner http://www.martin-wagner.org/supraleitung.htm
Der Spin eines Teilchens → S. 196
Das Pauli-Prinzip → S. 198

kopisch große Wellenfunktion einnehmen, ähnlich wie die Atome im Bose-Einstein-Kondensat (BEC ↓). Damit finden keine Stromverluste mehr durch Stöße der Elektronen untereinander statt, weil die Cooper-Paare einander einfach durchdringen können. Das Metall wird supraleitend.

Supraleiter haben eine weitere interessante Eigenschaft: Sie verdrängen magnetische Feldlinien (↓) aus ihrem Inneren. Dies liegt daran, dass, wenn magnetische Feldlinien auf ein supraleitendes Material treffen, sich in einer dünnen Schicht an der Oberfläche Ströme ausbilden, die ein genauso starkes, entgegengesetztes Magnetfeld verursachen. Bis auf diese – oft nur wenige Nanometer dicke – Randschicht ist das Innere des Supraleiters also vollkommen frei von magnetischen Feldlinien.

Dieses Phänomen – *Meißner-Ochsenfeld-Effekt* genannt – hat erstaunliche Konsequenzen: So beginnt zum Beispiel ein auf einem Magnet platzierter Sup-

raleiter zu schweben: Er reitet auf dem externen Magnetfeld, um die Magnetfeldlinien aus seinem Inneren herauszuhalten.

Leider benötigt man für das Erreichen des supraleitenden Zustands extrem niedrige Temperaturen. Es wurden in den 1980er-Jahren allerdings auch sogenannte *Hochtemperatursupraleiter* entdeckt. Diese werden je nach Stoff schon ab etwa 70–100 Kelvin supraleitend, was technische Anwendungen deutlich erleichtert. Meist sind diese Hochtemperatursupraleiter keine Metalle, sondern Keramiken, weswegen es zum Beispiel schwer ist, aus ihnen formbare Drähte zu konstruieren.

Bis zum Drucktermin dieses Buches, also über 25 Jahre nach seiner Entdeckung, gibt es noch keine zufriedenstellende Erklärung für den geheimnisvollen Effekt der Hochtemperatursupraleitung.

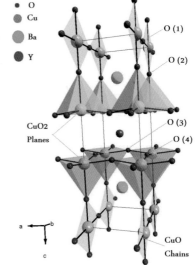

Hochtemperatursupraleiter, wie zum Beispiel $YBa_2Cu_3O_{7-x}$, sind oft sehr komplexe Gebilde.

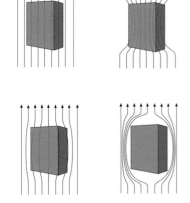

Während para- und ferromagnetische Stoffe magnetische Feldliniern in sich zusammenziehen, drängen diamagnetische Stoffe sie aus sich heraus. Supraleiter sind daher perfekte Diamagnete.

↵

Bose-Einstein-Kondensate → S. 212
Vektorfelder und Feldlinien → S. 56
A.G. Lebed *The Physics of Organic Superconductors and Conductors* Springer Verlag 2008; englisch

Supraflüssigkeiten

Nasser als nass

Als Heike Kamerlingh Onnes im Jahre 1911 Helium auf eine Temperatur von unter 4,2 Kelvin abkühlte, staunte er nicht schlecht: Das Helium verflüssigte sich erwartungsgemäß; aber unterhalb von 2,2 Kelvin begann ein Teil des flüssigen Heliums, langsam die Behälterwände empor- und aus dem Behältnis herauszufließen!

Kamerlingh Onnes wurde damals Zeuge eines makroskopischen Quanteneffektes, den man *Supraflüssigkeit* (auch *Suprafluidität*) nennt. Neben dem „normal" flüssigen Helium gibt es demnach auch eine suprafluide Form, die nicht mehr den Regeln klassischer Flüssigkeiten gehorcht. Man könnte sie als weitere thermodynamische Phase – neben fest, flüssig, gasförmig etc. – bezeichnen, auch wenn es bis heute nur bei verschiedenen Heliumisotopen und Lithium-7 gelungen ist, diese in die supraflüssige Phase zu überführen.

Supraflüssigkeiten verhalten sich in mancher Hinsicht wie normale Flüssigkeiten, besitzen jedoch auch Eigenschaften, die den Gesetzen der klassischen Physik zu widersprechen scheinen. Daher stellt man sie sich am besten als Gemisch aus zwei Flüssigkeiten vor: einer klassischen und einer „Quantenflüssigkeit".

Zum Beispiel besitzen Supraflüssigkeiten keinerlei innere Reibung, ihre Viskosität ist demnach exakt null. Sie üben – wenn man sie nicht zu schnell bewegt – auch keinerlei Reibung auf ihre Umgebung aus. So würde ein Boot, das auf einem suprafluiden Meer führe, nicht langsamer werden. Es würde solange in dieselbe Richtung gleiten, bis es irgendwo gegen Land stieße.

Supraflüssigkeiten haben auch eine verschwindend geringe Oberflächenspannung. Dies ist der Grund, aus dem sie Behälterwände emporkriechen können. Die Teilchen aller Flüssigkeiten erfahren eine Anziehung durch die Atome im Behälter (die Adhäsion), und normalerweise ist es die Oberflächenspannung, die verhindert, dass eine Flüssigkeit von sich aus die Behälterwände benetzt – denn das würde die Oberfläche vergrößern, und wäre damit energetisch ungünstiger (siehe Lotuseffekt ↓). Verschwindet aber die Oberflächenspannung, so gewinnt das Suprafluid an Energie, wenn es die Behälterwände emporfließt. Zumindest solange, bis sich Adhäsion und Gravitationskraft in der Waage befinden. Bis es soweit ist, ist

Eine Supraflüssigkeit läuft von selbst aus einem Behältnis heraus.

Der Lotuseffekt → S. 108
D. Einzel *Supraflüssigkeiten* https://www.wmi.badw.de/teaching/Talks/Suprafluessigkeiten%20Einzel%202005.pdf

die Supraflüssigkeit jedoch meistens schon aus dem Behälter herausgeflossen – bis heute ein Albtraum für alle technischen Anwendungen mit flüssigem Helium!

Der „quantenhafte" Anteil einer Supraflüssigkeit besitzt insbesondere keinerlei Entropie – denn ähnlich wie die Atome im Bose-Einstein-Kondensat oder die Elektronenpaare im supraleitenden Metall befinden sich alle (annähernd) im selben quantenmechanischen Zustand. Schwankungen von Dichte und Temperatur innerhalb der Supraflüssigkeit werden also extrem schnell ausgeglichen – sie hat also auch eine so gut wie unendlich große Wärmeleitfähigkeit.

Versetzt man eine Supraflüssigkeit in Rotation (was gar nicht so einfach ist – beginnt man einfach, den sie enthaltenden Behälter zu rotieren, bleibt sie aufgrund ihrer verschwindenden Viskosität einfach in Ruhe), so rotiert nicht die gesamte Flüssigkeit. Im Gegenteil bilden sich kleine Wirbel (Vortizes) innerhalb der Flüssigkeit aus, die jeder für sich einen kleinen Strudel von wenigen Zehntel Millimetern Durchmesser darstellen. Die Supraflüssigkeit zwischen den Vortizes jedoch bleibt in Ruhe.

Ein Suprafluid wird durch ein Magnetfeld in Rotation versetzt.

Im Labor ist es äußerst schwierig, eine reine Supraflüssigkeit zu erzeugen – bei fast absolutem Temperaturnullpunkt sind gerade einmal 8 % des flüssigen Heliums in der supraflüssigen Phase.

Vortizes in einem rotierenden Suprafluid

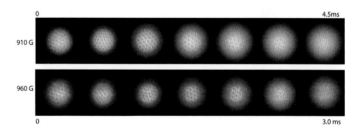

Eine auseinanderdriftende, rotierende Supraflüssigkeit: Sinkt die Dichte zu weit ab, bricht die Suprafluidität zusammen – die Vortizes verschwinden.

E .Thuneberg *Superfluidity and Quantized Vortices* http://ltl.tkk.fi/research/theory/vortex.html, Aalto University; englisch
NASA *Whirling Atoms Dance Into Physics Textbooks* http://www.jpl.nasa.gov/news/news.php?release = 2005-101; englisch;
deutsche Version auf http://www.astris.de/news/676.html

Quantenvakuum
Wie stark drückt das Nichts?

Gemeinhin bezeichnet „Nichts" die Abwesenheit von jeglicher Materie, also leeren Raum, ohne Teilchen. Für die menschliche Anschauung ist das noch halbwegs gut vorstellbar, wenn man sich den Raum wie eine Bühne vorstellt und die Teilchen wie kleine Kugeln, die als Schauspieler auf dieser Bühne hin- und herflitzen. Das Nichts ist dann also z. B. ein Bereich des Raumes, in dem sich gerade keine Teilchen aufhalten. Täglich versuchen Physiker in ihren Laboren diesem Zustand nahezukommen, indem sie zum Beispiel mit gigantischen Pumpen die gesamte Luft aus einer Kammer absaugen, um dann im Ultrahochvakuum Experimente durchzuführen.

Es ist eine Folge der Quantenphysik, dass diese Vorstellung vom Vakuum aber nicht ganz korrekt ist: Teilchen sind eben keine kleinen Kugeln, sondern werden durch Wellenfunktionen (↓) beschrieben. Die Wechselwirkungen der Teilchen untereinander geschieht durch den in Feynman-Diagrammen (↓) schematisch dargestellten Austausch von *virtuellen Teilchen*. So stoßen sich, vereinfacht ausgedrückt, zwei Elektronen deshalb ab, weil das eine – quasi aus dem Nichts heraus – ein Photon erzeugt und aussendet, das irgendwo auf ein weiteres Elektron trifft, welches durch den Rückstoß abgelenkt wird. Dieses Photon wird auch *virtuell* genannt, denn es ist ihm – zumindest für kurze Zeit – erlaubt, die Energie-Impulsbeziehung der Relativitätstheorie (↓) zu verletzen.

Eine der merkwürdigen Konsequenzen der Quantenphysik aber ist, dass diese spontane Entstehung und Vernichtung der virtuellen Teilchen ständig passiert, auch wenn keine realen Teilchen in der Nähe sind! Selbst, wenn sich also alle Wellenfunktionen weit weg befinden, brodelt das Vakuum nur so von virtuellen Teilchen, die ständig von alleine entstehen und verschwinden. Dieses Brodeln wird von den Physikern *Vakuumfluktuationen* genannt.

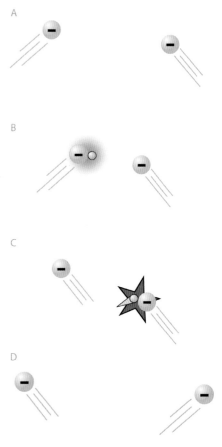

Elektrische Abstoßung durch virtuelle Photonen: (A) Annäherung, (B) Aussenden eines Photons, (C) Empfang eines Photons und (D) Auseinanderfliegen

Wellenfunktion → S. 190
Feynman-Diagramme → S. 240
$E = mc^2$ → S. 136

Man kann diese virtuellen Teilchen nur sehr schwer direkt nachweisen, aber es gibt eine indirekte Möglichkeit, ihre Existenz zu belegen: den sogenannten *Casimir-Effekt*, benannt nach Hendrik Casimir, der ihn 1948 theoretisch vorhersagte. Der Casimir-Effekt macht sich auf ingeniöse Weise sowohl die Vakuumfluktuationen als auch die Wellennatur der Elementarteilchen zunutze.

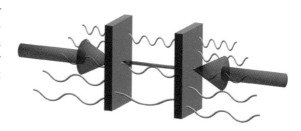

Man stelle sich zwei parallele Metallplatten vor, die einander so nahe sind, dass sich ihre Flächen fast berühren. Außerhalb dieser Platten finden wie gewohnt die Vakuumfluktuationen statt, und virtuelle Teilchen jeglicher Sorte und Energie entstehen und vergehen. Im Zwischenraum der beiden Platten entstehen ebenfalls virtuelle Teilchen, und nach den Gesetzen der Quan-

Zwischen den beiden Platten werden Quantenfluktuationen unterdrückt.

tenphysik haben diese jeweils eine ihnen zugeordnete De-Broglie-Wellenlänge. Diese darf nun aber zwischen den Platten – anders als außerhalb – nicht jeden Wert annehmen, sondern muss derart sein, dass die Welle auch als stehende Welle in den Zwischenraum „passt". Der Plattenabstand muss also ein ganzzahliges Vielfaches der De-Broglie-Wellenlänge des virtuellen Teilchens sein.

Im Innenraum zwischen den beiden Platten entstehen somit also nicht alle möglichen, sondern nur einige virtuelle Teilchen, und somit weniger als außerhalb, einfach weil nicht alle Wellenlängen (und damit Energien) erlaubt sind. Damit entsteht im Inneren der beiden Platten im Vergleich zu außerhalb ein Unterdruck: Der Druck der von außen stoßenden Teilchen ist stärker und drückt die Platten zusammen. Diese Kraft, so winzig sie auch sein mag, kann man in der Tat messen. So hat man einen beeindruckenden Nachweis der quantenhaften Eigenschaften des Nichts gefunden – und gezeigt, dass ein teilchenleerer Raum bei Weitem nicht leer ist.

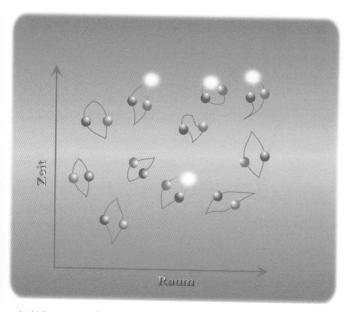

Im Vakuum entstehen und vergehen unablässig virtuelle Teilchenpaare.

H. Genz *Nichts als das Nichts. Die Physik des Vakuums* Wiley-Vch 2004
Max-Planck-Gesellschaft *Kräfte aus dem Nichts* http://www.mpg.de/561615/pressemitteilung20080108
C. Bruder *Van der Waals und Casimir-Kräfte* http://digbib.ubka.uni-karlsruhe.de/eva/1997/physik/15&search = /1997/physik/15

Elektronenmikroskopie
Mikroskope für den Nanometerbereich

Bei Mikroskopen jeder Art gibt es eine natürliche Auflösungsgrenze: Benutzt man Strahlung einer gewissen Wellenlänge, um ein Objekt abzubilden, dann kann man nichts erkennen, was kleiner als eben genau diese Wellenlänge ist: Kleinere Objekte gleiten einem dann quasi „durch die Finger". Da bei Licht kleinere Wellenlängen gleichbedeutend mit höherer Energie sind, gibt es hier eine gewisse technische Grenze: Verkleinert man die Wellenlänge des benutzten Lichts immer weiter, so begibt man sich irgendwann in Bereiche, bei denen man das zu beobachtende Objekt verschmort anstatt es abzubilden.

Ein hervorragender Ausweg ist daher, von Licht- auf Materiewellen auszuweichen: Aufgrund der Prinzipien der Quantenmechanik verhalten sich zum Beispiel auch Elektronen wie Wellen (↓). Deren sogenannte *De-Broglie-Wellenlänge* bewegt sich je nach Energie in der Größenordnung von Bruchteilen von Nanometern. Obwohl metallische Bauteile im Mikroskop den Verlauf von Elektronenwellen störend beeinflussen und man deswegen diese theoretisch mögliche Auflösung nicht erreicht, ermöglicht ein Elektronenstrahl-Mikroskop immer noch eine rund tausendfach höhere Vergrößerung als normale Lichtmikroskope.

Praktischerweise kann man Elektronenstrahlen fast genauso manipulieren wie Lichtstrahlen: Man kann sie ablenken, reflektieren – und mit einer geschickten Anordnung von magnetischen Feldern sogar wie bei einer optischen Linse fokussieren. Die Brennweite solcher Elektronenlinsen lässt sich spontan verändern, indem man die Magnetfelder neu einstellt.

Am weitesten verbreitet ist das sogenannte *Rasterelektronenmikroskop* (REM): In einem REM werden Elektronen durch eine Spannung von rund 100 000 Volt auf etwa halbe Lichtgeschwindigkeit beschleunigt. Diese hohen Energien führen zu geringen Wellenlängen, wodurch man eine hohe Auflösung erzielt. Durch Magnetspulen werden sie auf einen Punkt des zu beobachtenden Gegenstandes fokussiert. Wenn der Gegenstand elektrisch leitfähig ist, dann katapultieren die einschlagenden Elektronen sogenannte *Sekundärelektronen* aus der Oberfläche heraus, die ein Detektor wahrnehmen kann.

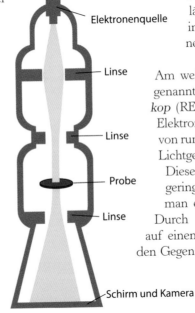

Elektronenquelle

Linse

Linse

Probe

Linse

Schirm und Kamera

Der Strahlengang im Elektronenmikroskop

Welle-Teilchen-Dualismus → S. 188
S. L. Flegler, J. W. Heckman jr., K. L. Klomparens *Elektronenmikroskopie: Grundlagen, Methoden, Anwendungen*
Spektrum Verlag 1995

Der Punkt, auf den der Elektronenstrahl fokussiert wurde, wird nun in schneller Abfolge über die gesamte zu beobachtende Probe gefahren. Sie wird also, wie der Name schon vermuten lässt, abgerastert. Aus der Energie und der Verteilung der so gemessenen Sekundärelektronen kann man dann mit hoher Präzision auf die Beschaffenheit der Oberfläche schließen.

Ist der zu beobachtende Gegenstand nicht von sich aus elektrisch leitend, so muss man zumindest seine Oberfläche künstlich leitend machen – so werden zum Beispiel organische Proben mit einem dünnen Metallfilm überzogen, bevor man sie mit dem REM beobachten kann.

All dies muss übrigens in fast perfektem Vakuum geschehen – die hohe Auflösung der Elektronenmiksroskope würde empfindlich leiden, wenn die beschleunigten Elektronen ständig mit Luftmolekülen zusammenstoßen würden.

Aus all diesen Gründen ist ein Elektronenmikroskop eine technisch sehr aufwendige Angelegenheit – aber auch eine erfolgreiche und spannende Erfindung, die aus der modernen Technik nicht mehr wegzudenken ist.

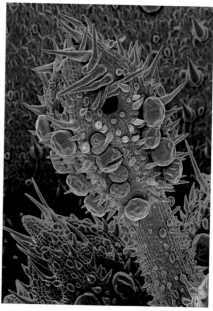

Gestieltes Blütenköpfchen beim Marienblatt (Tanacetum Balsamita)

Diese Fliegen mussten erst mit einer Schicht aus Metall überzogen werden, damit sie mit dem Elektronenmikroskop abgebildet werden konnten.

Sogar regelmäßige Atomstrukturen kann man mithilfe der Elektronenmikroskopie ausmachen.

Nahaufnahme von roten Blutkörperchen

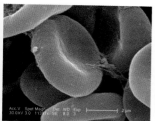

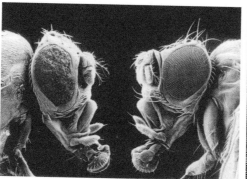

Bild oben rechts mit freundlicher Genehmigung von Stefan Diller – Wissenschaftliche Photographie – Würzburg 2008
Bild unten links von Janice Carr, CDC; mit freundlicher Genehmigung von NISE Network
Bild unten Mitte von Jürgen Berger, mit freundlicher Genehmigung des Max-Planck-Instituts für Entwicklungsbiologie, Tübingen
Bild unten rechts mit freundlicher Genehmigung des National Center for Electron Microscopy, Lawrence Berkeley National Laboratory

Rastertunnelmikroskopie
Wie man einzelne Atome sichtbar macht

Oberflächenphänomene von Festkörpern sind rätselhaft: Wo lagern sich Atome auf einer Oberfläche an? In welchem Tempo laufen chemische Prozesse an der Grenzschicht zwischen Metall und Luft ab? Und wie viele Goldatome klumpen sich auf einer Siliziumoberfläche zu einem Haufen zusammen?

Um all diese Fragen zu beantworten, reicht ein einfaches Elektronenmikroskop (↓) oft nicht mehr aus: Um Abstände aufzulösen, die kleiner als ein Atom sind, müsste man die Energie der gestreuten Elektronen so weit erhöhen, dass sie das zu beobachtende Objekt beim Beschuss zerstören würden. Zum Auffinden eines einzelnen Goldatoms auf einer Eisenoberfläche ist Elektronenmikroskopie also eher ungeeignet.

Um kleinste Abstände bis hin zur Größe einzelner Atome abzubilden, macht man sich deswegen die geheimnisvollen Effekte der Quantenwelt zunutze. Sie kommen im Rastertunnelmikroskop (RTM) zur Anwendung.

Das Kernstück des RTM ist eine extrem feine Metallspitze, die an ihrem Ende nicht mehr als einige wenige Atome breit ist. Sie wird bis auf wenige Nanometer an eine – ebenfalls leitende – Oberfläche herangebracht. Dann wird eine kleine Spannung zwischen Spitze und Oberfläche angelegt. Weil sich die beiden nicht berühren, dürfte nach der klassischen Physik eigentlich kein Strom fließen. Aber im Mikrokosmos gelten die Gesetze der klassischen Welt nicht mehr, sondern es herrschen die Regeln der Quantenphysik: die Wellen-

funktionen (↓) der Elektronen der Metallspitze reichen bis in die Oberfläche hinein. Es besteht also eine geringe Chance, dass das Elektron tunnelt – also plötzlich aus der Spitze verschwindet und zeitgleich in der Oberfläche auftaucht (siehe Tunneleffekt ↓). Wenn das geschieht, dann fließt ein winziger Strom, den man nachweisen kann.

Die Häufigkeit, mit der ein solches Quantentunneln zwischen Spitze und Oberfläche vorkommt, ist extrem stark – nämlich exponentiell – abhängig vom Abstand zwischen Spitze und Oberfläche. Nähern sie sich um nur einen Atomabstand aneinander an, so steigt die Stärke des fließenden Stromes bereits messbar an.

Die Spitze des Rastertunnelmikroskops tastet die Oberfläche der Probe so ab, dass der Tunnelstrom dabei konstant bleibt.

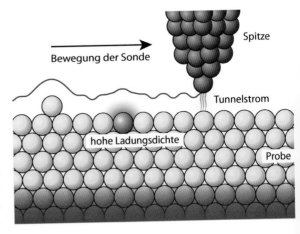

Elektronenmikroskopie → S. 224
Wellenfunktion → S. 190
Der Tunneleffekt → S. 192

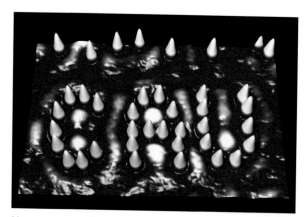

Manganatome auf Silber angeordnet. Aufnahme der Christian-Albrechts-Universität Kiel (CAU).

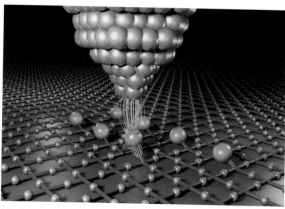

Mit der Spitze des RTM lassen sich sogar einzelne Atome manipulieren.

Graphen unter dem Rastertunnelmikroskop

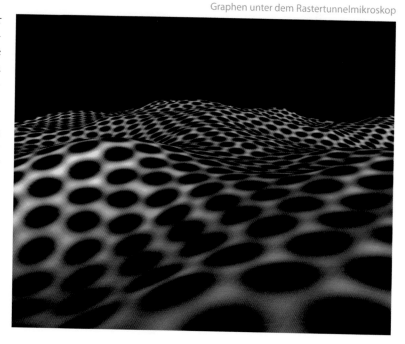

Eine Oberfläche kann man daher in einem Rasterverfahren untersuchen. Der Bereich, den die Spitze dabei abrastert, ist allerdings um ein Vielfaches kleiner als beim Elektronenmikroskop.

Mit diesem Verfahren kann man einzelne Atome (genauer gesagt: ihre Elektronenwolken) in der Oberfläche sichtbar machen, Störstellen entdecken und einzelne Fremdatome, die sich auf der Oberfläche abgelagert haben, finden. Das RTM – für das seine Erfinder Gerd Binning und Heinrich Rohrer 1986 den Nobelpreis für Physik erhielten – hat so in den letzten Jahren faszinierende Einblicke in die Physik der Oberflächen geboten.

Bild links oben von Kliewer, Rathlev, Berndt, CAU Kiel
Bild rechts oben mit freundlicher Genehmigung von Sebastian Loth, Max Planck Gesellschaft
Bild unten von Dr. Marco Pratzer, II. Phys. Institut B, RWTH Aachen
S. Karamanolis: *Faszination Nanotechnologie* Karamanolis Verlag, 2. Auflage 2006
K. Jopp *Nanotechnologie – Aufbruch ins Reich der Zwerge* Gabler Verlag, 2.Auflage 2006

Nanowelten
Ganz unten ist eine Menge Platz

Nanowelten umfassen Strukturen, die Größen von einigen Nanometern (Milliardstel Meter) aufweisen und damit deutlich kleiner als die Lichtwellenlänge (400 bis 800 Nanometer) sind. Man dringt hier in einen Bereich vor, in dem einzelne Atome sowie Quanteneffekte wichtig werden – die Atome selbst sind einige Zehntel Nanometer groß. Lichtmikroskope sind hier unbrauchbar, sodass man Elektronenmikroskope (↓) oder andere Techniken zum Erkennen von Nanostrukturen benötigt. Wenn es gelingt, Materie auf dieser Größenskala zu kontrollieren und zu verändern, so ergeben sich ungeahnte technische Möglichkeiten.

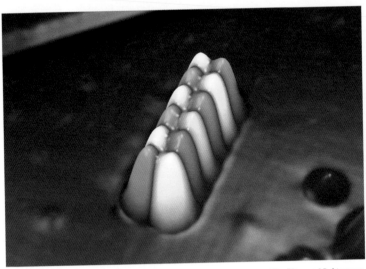

Ein Bit aus 12 Atomen

Kohlenstoffnanoröhre

Einer der Ersten, der sich Gedanken über solche Möglichkeiten machte, war der Physik-Nobelpreisträger Richard P. Feynman, der am 29. Dezember 1959 einen wegweisenden Vortrag mit dem Titel *„There's Plenty of Room at the Bottom"* (Ganz unten ist eine Menge Platz) hielt. Dort stellte er sich beispielsweise die Frage: „Können wir die komplette Encyclopedia Britannica auf den Kopf eines Nagels schreiben?" Er kam zu dem Schluss, dass es dann geht, wenn man die Schrift um den Faktor 25 000 verkleinert, sodass die Größe der Buchstaben bei rund acht Nanometern zu liegen kommt – auf dieser Längenskala bietet also selbst ein Nagelkopf eine Menge Platz!

1 : 25000

Bild oben mit freundlicher Genehmigung von Sebastian Loth, Max Planck Gesellschaft
Elektronenmikroskopie → S. 224
R. P. Feynman *There's Plenty of Room at the Bottom* http://www.zyvex.com/nanotech/feynman.html

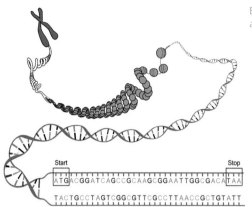

Ein mehrere Zentimeter langer DNA-Faden ist im Chromosom mehrfach eng aufgewickelt und so auf nur wenigen Mikrometern Raum untergebracht.

Im Bereich der Mikroelektronik nähern wir uns also bereits Feynmans Vision, sodass man wohl schon bald von Nanoelektronik sprechen kann. Auch in anderen Bereichen gibt es Fortschritte, beispielsweise bei der Herstellung neuer Oberflächen (Lotuseffekt ↓) und Materialien wie Fullerenen, Kohlenstoffnanoröhren oder Nano-Schichten (Graphen).

Echte Nanomaschinen oder gar autonome Nanobots sind jedoch noch weitgehend Zukunftsmusik. Die Natur zeigt uns jedoch, was in diesem Bereich prinzipiell möglich ist. So ist jede einzelne lebende Zelle ein Wunderwerk der Nanotechnik. Ein Beispiel ist die Geißel (das Flagellum) von Bakterien, die von einem winzigen Nanomotor mit rotierender Achse wie eine Schiffschraube in Drehung versetzt wird.

Noch viel mehr Platz erhält man, wenn man nicht nur die Oberfläche, sondern auch das Innere der Materie nutzen kann: Der Inhalt aller existierenden Bücher hätte in dieser Rechnung prinzipiell in einem Staubkorn Platz! Dass solche Informationsdichten auch in der Realität möglich sind, beweist die Natur, wenn sie den kompletten genetischen Code eines Lebewesens in Form eng verpackter DNA-Doppelstränge in jeder einzelnen Zelle unterbringt, wobei sie pro Informations-Bit nur etwa fünfzig Atome benötigt. Dabei liegt der Durchmesser des DNA-Doppelstrangs bei nur rund zwei Nanometern.

Atomare Struktur der DNA-Doppelhelix

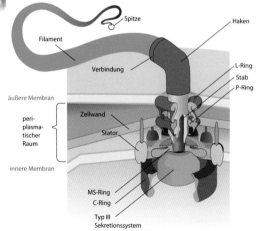

Flagellum (Geißel) eines Bakteriums

Heutige Standardtechniken wie Festplatten benötigen noch deutlich mehr Atome pro Bit; ein typischer Wert für Festplatten liegt bei einigen Millionen Atomen, wobei der technische Fortschritt diesen Wert ständig verringert. Im Labormaßstab konnte in mühsamer Feinarbeit mithilfe eines Rastertunnelmikroskops (↓) ein Bit bereits mit nur zwölf Atomen realisiert werden.

Rastertunnelmikroskopie → S. 226
Lotuseffekt → S. 134
DESY *The world's smallest magnetic data storage* http://www.desy.de/information__services/press/press_releases/2012/pr_120112/index_eng.html

Laser
Lichtteilchen im Gleichschritt

Laserlicht kommt überall im alltäglichen Leben zum Einsatz – ob als moderne Alternative zum Zeigestock, als Sensor in automatischen Türen oder als Bauteil zum Auslesen der Daten einer DVD: Der Laser ist aus unserem Leben nicht wegzudenken. Doch was ist so besonders am Licht eines Laserstrahls? Was unterscheidet es zum Beispiel vom Licht einer Taschenlampe?

Um dies zu verstehen muss man sich die Eigenschaften von Lichtteilchen (*Photonen*) einmal genauer ansehen: Sie sind laut Quantenmechanik zugleich Lichtwellen – also Schwingungen im elektromagnetischen Feld; je schneller sie dabei oszillieren,

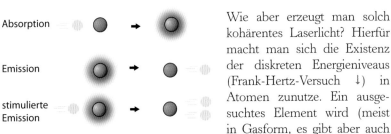

desto blauer ist das Licht: Die Schwingungsfrequenz bestimmt also die Farbe des entsprechenden Lichts. Und wenngleich Laserlicht auch eine Farbe hat, gibt es doch einen wichtigen Unterschied zwischen z. B. normalem roten Licht und rotem Laserlicht. Nur in Letzterem finden die Schwingungen aller Photonen in exaktem Gleichschritt statt. Man spricht davon, dass die Phasen aller beteiligten Photonen in einer festen Beziehung zueinander stehen: Alle schwingen gleichzeitig auf und ab. Und das bleiben sie auch über lange Strecken. Die sogenannte *Kohärenzlänge*, also die Strecke, nach der zwei Photonen im Lichtstahl aufhören, eine feste Phasenbeziehung zueinander zu haben, kann bei Laserlicht viele Kilometer lang sein. Hingegen ist die Kohärenzlänge von Sonnenlicht oder Licht aus einer Glühbirne oft nur wenige Mikrometer lang. Man

kann also mit Fug und Recht behaupten, dass die Photonen in Sonnenstrahlen keinerlei Phasenbeziehung zueinander haben. Den Unterschied zwischen normalem Licht und Laserlicht stellt man sich also am besten wie den zwischen einer Gruppe durcheinanderlaufender Marathonläufer und einem Trupp im Gleichschritt marschierender Soldaten vor.

Wie aber erzeugt man solch kohärentes Laserlicht? Hierfür macht man sich die Existenz der diskreten Energieniveaus (Frank-Hertz-Versuch ↓) in Atomen zunutze. Ein ausgesuchtes Element wird (meist in Gasform, es gibt aber auch Festkörper- oder Flüssigkeitslaser) in einen Hohlraum zwischen zwei Spiegeln eingeschlossen. In diesen sogenannten *Resonator* schickt man dann einzelne Photonen, die genau die Energie eines bestimmten Überganges zwischen zwei diskreten Energieniveaus im entsprechenden Element besitzen.

Trifft ein solches Photon auf ein Atom, so kann es nach den Gesetzen der Quantenmechanik von ihm aufgenommen werden (*Absorption*). Dabei wird das Atom vom niedrigeren in den höheren Energiezustand überführt. Ein solch angeregter Zustand ist allerdings nicht sonderlich stabil; schon nach kurzer Zeit zerfällt er, d. h. das Atom geht unter Abgabe eines Photons der entsprechende Wellenlänge wieder in seinen Grundzustand über (*Emission*). Es gibt allerdings noch eine

Der Franck-Hertz-Versuch → S. 194
F. K. Kneubühl *Laser* Vieweg + Teubner Verlag, 7. Auflage 2008

Die stimuliert emittierten Photonen zwischen zwei Spiegeln (Kavität) bilden eine stehende Welle aus. Befindet sich in einem der Spiegel ein kleines Loch, so wird ein konstanter Strahl aus kohärenten Photonen abgegeben. Damit der Laser nicht verlischt, muss ständig Energie nachgeliefert werden, um Atome in den ersten angeregten Zustand zu versetzen.

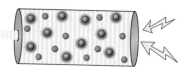

dritte Möglichkeit, und diese ist für einen Laser zentral wichtig: Trifft nämlich ein Photon mit der richtigen Energie auf ein bereits angeregtes Atom, so kann es dieses auch zurück in den Grundzustand befördern (!), wobei es zwei Photonen derselben Wellenlänge abgibt: das ursprüngliche, sowie eines, das die freigewordene Energie des Atoms besitzt (*stimulierte Emission*). Diese beiden Photonen besitzen eine feste Phasenbeziehung zueinander.

Wenn man es nun schafft, dass von den Atomen zwischen den beiden Spiegeln mehr als die Hälfte im angeregten Zustand sind, so erzeugen die Photonen eine Art Lawineneffekt: Sie werden zwischen den beiden Spiegeln hin und her reflektiert und regen dabei ständig Atome an – und auch wieder ab. Dabei werden sie durch die stimulierte Emission nach und nach in eine feste Phasenbeziehung zueinander gebracht. Öffnet man in einem der Spiegel ein kleines Loch, so können dort die kohärenten Photonen austreten und einen

Lichtstrahl mit enormer Kohärenzlänge formen. Diese stimulierte Emission hat dem LASER auch seinen Namen verliehen, denn der Begriff steht für „Light Amplification by Stimulated Emission of Radiation", zu deutsch „Lichtverstärkung durch stimulierte Emission von Strahlung".

Der Laser erlaubt zum Beispiel, die Entfernung zum Mond präzise zu messen: Man kann das Licht so exakt fokussieren, dass sich ein von der Erde abgeschossener Laserstrahl beim Auftreffen auf die im Mittel 384 000 km entfernte Mondoberfläche gerade einmal auf 7 km verbreitet hat. Reflektiert von Spiegeln, die von Astronauten während der Apollomissionen dort installiert wurden, kann man aufgrund der exakt festgelegten Wellenlänge des Laserlichts die am Erdboden ankommenden Photonen immer noch genau identifizieren. Die Entfernung zwischen Erde und Mond kann so bis auf den Millimeter genau gemessen werden.

Bild links unten mit freundlicher Genehmigung von Professor Mark Csele, Niagara College
Laserkühlung → S. 216
T. Murphy *APOLLO* http://physics.ucsd.edu/ ~ tmurphy/apollo/apollo.html; Bestimmung der Entfernung Erde-Mond

Quantencomputer
Quantenbits: Ja, Nein und Vielleicht

Computer sind mächtige Werkzeuge zur Informationsverarbeitung, die aus dem alltäglichen Leben nicht mehr wegzudenken sind. Die grundlegenden Bausteine, in denen ein Computer Information darstellt, sind Bits, die den Wert 1 (Strom fließt) oder 0 (Strom fließt nicht) annehmen können.

In der zweiten Hälfte des 20. Jahrhunderts kam man überdies zur Erkenntnis, dass man Bits nicht nur mit klassischen physikalischen Größen darstellen kann (z. B. mit fließendem Strom), sondern auch mit quantenmechanischen Größen, wie zum Beispiel dem Spin ($\downarrow$) eines Atoms. Ein *Quantenbit* (kurz: *Qubit*) kann dabei nach den Gesetzen der Quantenphysik nicht nur die Werte 1 (Spin zeigt nach oben) und 0 (Spin zeigt nach unten) annehmen, sondern auch eine beliebige Überlagerung (*Superposition*) dieser beiden.

Ein Qubit kann nicht nur die Werte 0 und 1 annehmen, sondern auch beliebige Kombinationen davon.

Man kann dann auch mit solchen Qubits rechnen. Eine fundamentale logische Rechenoperation, aus der man alle komplexeren Operationen wie z. B. Addition oder Negation durch Kombination konstruieren kann, lautet NAND (von „not and", engl. für „nicht und"). Die NAND-Operation betrachtet zwei Bits und liefert als Resultat entweder eine 0, wenn beide Bits den Wert

1 haben, oder eine 1 in allen anderen Fällen, d. h., wenn beide Bits den Wert 0 besitzen oder eines 0 und eines 1 ist.

Die NAND-Operation kann man sehr leicht auch mit Qubits realisieren. Hierfür platziert man die beiden Atome, deren Spins die Qubits darstellen, in ein externes Magnetfeld $\boldsymbol{B}$. Um die Rechenoperation NAND nun anzuwenden, ändert man die Richtung des Magnetfeldes langsam von unten nach oben.

Die beiden Spins Q1 und Q2 wollen sich während dieses Vorganges nicht nur nach dem Magnetfeld ausrichten, es gibt auch eine ferromagnetische ($\downarrow$) Wechselwirkung zwischen ihnen. Zeigten sie zu Beginn zum Beispiel beide nach unten – also in dieselbe Richtung wie $\boldsymbol{B}$ – so folgen sie beim Umpolungsvorgang gemeinsam der Richtung von $\boldsymbol{B}$ und sind am Ende immer noch parallel zueinander und zeigen beide nach oben.

Die Umpolung des externen Magnetfeldes wirkt wie die NAND-Operation auf zwei Qubits.

Der Spin eines Teilchens → S. 196
Ferromagnetismus → S. 264

Sind sie beide parallel zueinander, aber zeigen in die entgegengesetzte Richtung von **B** (beide Qubits also zu Beginn gleich 1), so bleiben sie während der Umpolung aufgrund der ferromagnetischen Wechselwirkung zwischen ihnen ebenfalls parallel, zeigen also nach dem Vorgang nach unten (beide Qubits sind dann gleich 0).

Zeigt einer der beiden Spins nach oben und einer nach unten, so befinden sie sich in einem instabilen Gleichgewicht. Die Umpolung des Magnetfeldes verursacht dann eine Störung der beiden Spins, sodass sie am Ende des Vorgangs im energetisch günstigeren Zustand – nämlich parallel zueinander – sind und dabei in dieselbe Richtung zeigen wie das äußere Magnetfeld, also nach oben (beide Qubits gleich 1).

Am Ende der Prozedur sind in allen Fällen also beide Spins gleich. Das gewünschte Ergebnis kann man aus dem Wert der beiden Qubits ablesen. Die Möglichkeiten sind: 00 → 1, 01 → 1, 10 → 1, 11 → 0. Und das ist genau die NAND Operation.

Die Mächtigkeit der Berechnungen mit Qubits rührt daher, dass sie nicht nur die Werte 0 und 1, sondern auch Überlagerungen dieser beiden Werte annehmen können. Prinzipiell kann man so mehrere Rechenschritte parallel ausführen, in denen einzelne Bits unterschiedliche Werte haben. In der Tat haben Quantencomputer viel Aufmerksamkeit erfahren, weil man zeigen konnte, dass sie prinzipiell in der Lage sind, große Zahlen sehr viel schneller in ihre Primfaktoren zu zerlegen, als das klassische Computer jemals könnten. Die Sicherheit der modernen Verschlüsselungstechnologie beruht aber gerade auf der Tatsache, dass normale Computer für diese Faktorisierung Milliarden von Jahren bräuchten. Effektive Quantencomputer wären also der Albtraum für Sicherheitsexperten (zumindest solange, bis man ein besseres Verschlüsselungsverfahren entwickelt hätte). Der technologische Fortschritt auf diesem Gebiet ist rasant: Erste Systeme mit echten oder simulierten Qubits existieren bereits. NASA und Google stellten 2015 einen Prozessor mit über 1000 Bits vor, auf dem Quantenalgorithmen laufen, und zwar bis zu 10^8 mal schneller als auf „klassischen" Chips. Bis zum alltäglichen Einsatz von Quantencomputern ist es jedoch noch ein weiter Weg.

D-Wave One, ein sogenannter *adiabatischer* Quantencomputer: Deutlich langsamer und fehleranfälliger als ein „normaler" Quantencomputer, dafür allerdings bereits technisch realisierbar und mit 128 Bits, die sich wie Qubits verhalten.

E. Farhi et al. *Adiabatische Quantencomputer* MIT-CTP-2936, http://arxiv.org/abs/quant-ph/0001106v1
G. Brands *Einführung in die Quanteninformatik: Quantenkryptografie, Teleportation und Quantencomputing* Springer Verlag 2011
H. Neven *When can Quantum Annealing win?* Google AI Blog, https://research.googleblog.com/2015/12/when-can-quantum-annealing-win.html; Google stellt einen Quantenprozessor vor (englisch)

SI-Einheiten
Maßstäbe für die Welt

Als am 23. September 1999 der Mars Climate Orbiter den Planeten Mars erreichte, verstummte er beim Einschwenken in die Umlaufbahn plötzlich. Der Fehler war schnell gefunden: Die NASA hatte den Schub für das Abbremsmanöver in der international üblichen SI-Einheit *Newton* berechnet. Die Navigationssoftware der Sonde arbeitete jedoch mit der anglo-amerikanischen Maßeinheit *Pound-force*. Dadurch wurde die Sonde zu stark abgebremst und stürzte ab.

Das Hantieren mit unterschiedlichen Maßeinheiten ist also nicht nur lästig, sondern auch eine gefährliche Fehlerquelle. Das ging schon unseren Vorfahren so, die noch mit unzähligen lokal gültigen Maßeinheiten zu kämpfen hatten. Im Jahr 1790 fasste man daher im Zuge der Französischen Revolution einen weitreichenden Entschluss: Ein universell gültiges Einheitensystem sollte geschaffen werden, das auf naturgegebenen Größen beruhte. So sollte der *Meter* der zehnmillionste Teil der Strecke des Erdquadranten vom Nordpol über Paris bis zum Äquator sein, das *Gramm* sollte der Masse von 1 cm^3 reinen Wassers bei 4 °C entsprechen, und die *Sekunde* wurde als der 86 400-ste Teil des mittleren Sonnentages definiert.

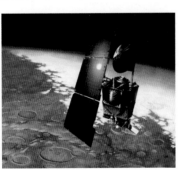

Der Mars Climate Orbiter über dem Mars (künstlerische Darstellung).

Das Problem mit diesen Definitionen war, dass sich beispielsweise die Länge des Erdquadranten nur ungenau bestimmen ließ und sich deshalb nur schlecht als definierende Bezugsgröße eignete. Daher wurde ein *Urmeter* in Form eines Platinstabes erstellt, der fortan als definierende Bezugsgröße galt. Ähnlich erging es dem Gramm bzw. Kilogramm, das durch einen *Urkilogramm*-Prototypen aus Platin realisiert wurde.

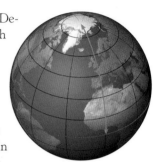

Die Längeneinheit *Meter* war ursprünglich so definiert, dass der eingezeichnete Erdquadrant exakt 10 000 km lang sein sollte.

So praktisch diese Prototypen auch zunächst sind – ihre Verwendung ist riskant. Das Urkilogramm ist beispielsweise in 100 Jahren offenbar um 50 Mikrogramm leichter geworden, wie Vergleiche mit mehreren seiner Kopien zeigen – und niemand weiß, warum. Da war die ursprüngliche Idee, sich bei der Definition auf möglichst unveränderliche natürliche Größen zu beziehen, deutlich besser gewesen.

Kopie des Urkilogramms unter zwei schützenden Glasglocken

BIPM *On the future revision of the SI* https://www.bipm.org/en/measurement-units/rev-si/
NIST *The NIST Reference on Constants, Units, and Uncertainty* https://physics.nist.gov/cuu/index.html
Physikalisch-Technische Bundesanstalt *PTB-Infoblatt: Das neue Internationale Einheitensystem (SI)* https://www.ptb.de/cms/presseaktuelles/broschueren/zum-internationalen-einheitensystem.html

SI-Maßeinheit	Definition
Sekunde	Eine Sekunde (s) ist das 9 192 631 770 -fache der Periodendauer der Mikrowellen-Strahlung, die beim Hyperfeinstrukturübergang des Grundzustands von Caesium-Atomen ^{133}Cs entsteht.
Meter	Ein Meter (m) ist die Länge der Strecke, die das Licht im Vakuum während der Dauer von 1/299 792 458 Sekunde zurücklegt. Die Lichtgeschwindigkeit c beträgt demnach exakt 299 792 458 m/s und legt so die Längeneinheit Meter fest.
Kilogramm	Das Kilogramm (kg) wird so festgelegt, dass das Planck'sche Wirkungsquantum den exakten Wert von $h = 6{,}626\,070\,15 \cdot 10^{-34}$ J·s besitzt (das Kilogramm ist dabei in der Energieeinheit Joule (J) enthalten). Im Labor verwendet man beispielsweise die sogenannte Wattwaage, um das Kilogramm mithilfe von h im Labor darzustellen (siehe Bild).
Ampere	Ein Ampere (A) entspricht einem elektrischen Strom von einem Coulomb pro Sekunde. Dabei ist die elektrische Ladungseinheit *Coulomb* so definiert, dass eine Elementarladung e (beispielsweise eines Elektrons) exakt $1{,}602\,176\,634 \cdot 10^{-19}$ Coulomb beträgt.
Kelvin	Die Temperatureinheit Kelvin (K) wird so festgelegt, dass die Boltzmann-Konstante den exakten Wert $k = 1{,}380\,649 \cdot 10^{-23}$ J/K besitzt. Damit wird die Temperatureinheit Kelvin auf die Energieeinheit Joule (J) zurückgeführt, die wiederum auf die oben definierten Einheiten Kilogramm, Meter und Sekunde basiert.
Mol	Die Stoffmenge von einem Mol enthält exakt $6{,}022\,140\,76 \cdot 10^{23}$ gleichartige Teilchen (Atome oder Moleküle). Damit hat die Avogadro-Konstante N_A den exakten Wert von ebenso vielen Teilchen pro Mol.
Candela	Die Candela (cd) ist die Lichtstärke in einer bestimmten Richtung einer Strahlungsquelle, die monochromatische Strahlung der Frequenz $540 \cdot 10^{12}$ Hertz aussendet und deren Strahlstärke in dieser Richtung 1/683 Watt durch Steradiant beträgt.

Die Erde eignet sich dafür wegen ihrer unhandlichen Größe und ihrer leicht schwankenden Rotationsdauer allerdings nicht besonders gut. Viel besser sind da Naturkonstanten wie die Lichtgeschwindigkeit sowie Größen aus der Welt der Atome und Elementarteilchen. Es ist zwar technisch schwierig, beispielsweise die Ladung einzelner Elektronen als Vergleichsmaßstab für unsere makroskopische Welt zu verwenden. Aber es lohnt sich! Daher bauen ab Mai 2019 alle sieben grundlegenden Maßeinheiten des Internationalen Einheitensystems (SI = Système international d'unités) auf solchen natürlichen Vergleichsmaßstäben auf und schaffen so eine verlässliche Basis für die Vermessung unserer Welt – siehe die obige Tabelle.

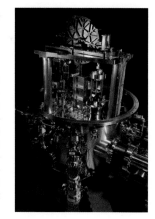

Mit einer solchen Wattwaage lassen sich elektrische Quanteneffekte dazu nutzen, um ein Objekt sehr genau elektromagnetisch zu wiegen und so seine Masse mit dem Planck'schen Wirkungsquantum h in Beziehung zu setzen. Auf diese Weise kann das Kilogramm auf die Naturkonstante h zurückgeführt werden.

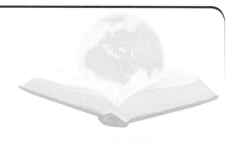

7 Welt der Elementarteilchen

Woraus besteht Materie? Was ist das Higgs-Teilchen, was Antimaterie und was genau erforscht man am großen Beschleuniger LHC? Diese Fragen betreffen die Welt der Elementarteilchen.

Auf diesem Gebiet haben Physiker in den vergangenen Jahrzehnten große Fortschritte gemacht. Nachdem man zu Beginn des vergangenen Jahrhunderts gelernt hatte, dass Atome nicht unteilbar sind, zeigten sich zunehmend weitere Substrukturen. Heute gehen Physiker davon aus, dass das sogenannte „Standardmodell der Elementarteilchen" alle Teilchen beschreibt, aus denen die uns bekannte Materie aufgebaut ist. Dazu gehören einmal die Quarks, aus denen beispielsweise Protonen und Neutronen bestehen. Dann aber auch das Elektron und seine schwereren Geschwister, das Myon und das Tauon, sowie die fast masselosen Neutrinos.

Zwischen diesen Teilchen wirken dazu noch drei Wechselwirkungen, die quantenmechanisch durch Austauschteilchen repräsentiert werden: die elektromagnetische, die schwache und die starke Wechselwirkung. Lediglich die Gravitation bleibt im Standardmodell außen vor, da sie sich in einer reinen Teilchentheorie nicht gut mit der Quantenmechanik vereinbaren lässt.

Gekrönt wurde das Standardmodell durch den Nachweis des Higgs-Teilchens im Sommer 2012 am Large Hadron Collider LHC bei Genf. Dieses Teilchen ist gleichsam der Klebstoff, der das gesamte Modell mit seinen drei Wechselwirkungen zusammenhält und für die Massen der Quarks und Leptonen verantwortlich ist — seine Vorhersage in den 1960er-Jahren und seine Entdeckung rund 45 Jahre später ist ein Triumph der modernen Physik!

© Springer-Verlag GmbH Deutschland, ein Teil von Springer Nature 2019
B. Bahr et al., *Faszinierende Physik*, https://doi.org/10.1007/978-3-662-58413-2_7

Das Standardmodell der Teilchenphysik
Quarks, Leptonen und drei Wechselwirkungen

Das Standardmodell der Teilchenphysik ist in der Lage, alle heute (2013) bekannten Teilchen und ihre Wechselwirkungen mit sehr hoher Präzision zu beschreiben, wobei es zugleich die Prinzipien der Quantenmechanik und der Speziellen Relativitätstheorie (↓) konsistent berücksichtigt. Nur die Gravitation bleibt außen vor, da sie sich trotz aller Versuche bisher nicht mit der Quantenmechanik verträgt. Eine der großen Herausforderungen für die Physik des 21. Jahrhunderts liegt folglich darin, Gravitation und Standardmodell unter dem Dach einer einzigen übergreifenden Theorie miteinander zu vereinen, beispielsweise im Rahmen der String- bzw. M-Theorie oder der Schleifenquantengravitation (↓).

Laut Standardmodell ist die gesamte „normale" Materie (d. h. mit Ausnahme der dunklen Materie und der dunklen Energie) aus zwölf Teilchen aufgebaut: sechs *Quarks* (up, down, charm, strange, top und bottom genannt, kurz *u*, *d*, *c*, *s*, *t* und *b*) und sechs *Leptonen* (Elektron *e*, Myon *μ* und Tauon *τ* sowie drei zugehörige *Neutrinos*, die man mit ν_e, ν_μ und ν_τ abkürzt). Alle diese Teilchen sind sogenannte *Fermionen*, besitzen also Spin 1/2.

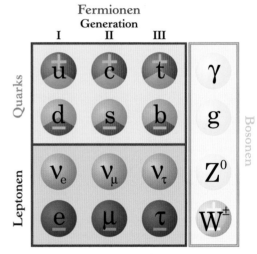

Für den Aufbau der Atome braucht man nur die beiden leichtesten Quarks up und down, aus denen sich die Protonen (*uud*) und Neutronen (*udd*) im Atomkern zusammensetzen, sowie das Elektron, das die Atomhülle bildet.

Die anderen vier Quarks sowie Myon und Tauon sind instabil. Sie zerfallen aufgrund ihrer großen Masse in Sekundenbruchteilen in leichtere Quarks oder Leptonen, wobei die überschüssige Masse als Energie freigesetzt wird.

Darstellung der Massen der einzelnen Quarks (rot), Leptonen (blau) und Bosonen (gelb), Werte in MeV/c²

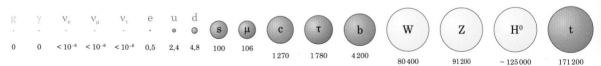

Lichtgeschwindigkeit und Spezielle Relativitätstheorie → S. 132
Stringtheorie und M-Theorie → S. 304
Loop-Quantengravitation → S. 316

Die Quarks und Leptonen wirken über drei Wechselwirkungen (kurz „WW") miteinander: die *elektromagnetische*, die *schwache* und die *starke WW*, wobei nur die schwache WW tatsächlich alle zwölf Teilchen beeinflusst. Die elektromagnetische WW wirkt hingegen nicht auf die drei elektrisch neutralen Neutrinos, und die starke WW wirkt nur auf die sechs Quarks, nicht aber auf die sechs Leptonen. Nach den Regeln der Quantentheorie werden diese drei Wechselwirkungen selbst durch Trägerteilchen beschrieben, die alle Spin 1 aufweisen und daher sogenannte *Bosonen* sind. Die elektromagnetische WW wird durch das Photon (kurz γ) vermittelt, die starke WW über das Gluon (kurz g), und zur schwachen WW gehören die beiden geladenen *W*- sowie das neutrale *Z*-Boson (W^+, W^- und Z^0). Weitere Details zu diesen Wechselwirkungen finden sich in anderen Abschnitten dieses Buches.

Zusätzlich braucht man noch ein sogenanntes *Higgs-Feld* ($\downarrow$), das den leeren Raum überall durchdringt (als blaue Kreise in der Grafik unten dargestellt).

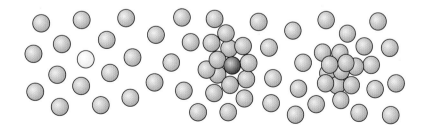

Die Quarkstruktur des Protons

Es erzeugt die Massen aller Teilchen – also der sechs Quarks und sechs Leptonen sowie der *W*- und *Z*-Bosonen – wobei man sich grob vorstellen kann, dass es sich wie eine massive Hülle um die nackten masselosen Teilchen legt. Außerdem kann man mit seiner Hilfe die schwache und elektromagnetische WW als zwei Aspekte einer einzigen *elektroschwachen WW* auffassen. Das zu diesem Feld zugehörige Higgs-Teilchen wurde im Sommer 2012 am Large Hadron Collider LHC nachgewiesen.

So erfolgreich das Standardmodell auch ist, so muss es doch eine Physik jenseits dieses Modells geben, denn die Gravitation passt nicht in das Gebäude hinein, und man weiß mittlerweile, dass nur knapp 5 Prozent der Materie im Universum aus den Teilchen des Standardmodells bestehen. Die dunkle Materie und die dunkle Energie, die rund 25 bzw. 70 Prozent der Materie im heutigen Universum ausmachen, kommen im Standardmodell nicht vor.

Massenerzeugung durch das Higgs-Feld (blau) um ein masseloses Photon (gelb), ein Quark oder Lepton (rot) und um das Higgs-Boson selbst

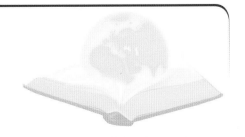

Die Entdeckung des Higgs-Teilchens → S. 258
J. Resag *Die Entdeckung des Unteilbaren* Spektrum Akademischer Verlag 2010

Feynman-Diagramme
Die Sprache der relativistischen Quantenfeldtheorie

Richard P. Feynman
(1918–1988) am Fermilab

Die moderne Hochenergiephysik und insbesondere das Standardmodell der Teilchenphysik ($\downarrow$) basieren auf zwei Grundpfeilern: der Speziellen Relativitätstheorie und der Quantenmechanik. Die Synthese dieser beiden Theorien bezeichnet man als *relativistische Quantenfeldtheorie*.

Aufgrund der Quantenmechanik können Physiker den Ausgang physikalischer Experimente nicht mehr im Detail vorhersagen, sondern nur nach bestimmten Regeln Wahrscheinlichkeiten für verschiedene Versuchsergebnisse berechnen. Auch wenn die mathematischen Berechnungen kompliziert sind, lassen sie sich mit sogenannten *Feynman-Diagrammen* grafisch darstellen. Jedes Diagramm stellt dabei eine quantenmechanische Möglichkeit dar, über die ein experimentelles Ergebnis eintreten kann. Die Spezielle Relativitätstheorie erlaubt es dabei, dass Energie sich in Masse umwandelt und umgekehrt ($\downarrow$), sodass Teilchen in den Diagrammen erzeugt und vernichtet werden können.

Jeder beliebige Prozess zwischen Teilchen lässt sich in Feynman-Diagrammen in zwei grundlegende Elemente gliedern: die Fortbewegung eines Teilchens, dargestellt durch eine gerade Linie, und das Erzeugen bzw. Vernichten von Teilchen in einem sogenannten *Vertex* (Knotenpunkt). Wechselwirkungen werden somit durch die Aussendung und die Absorption von bestimmten Teilchen beschrieben. Zur elektromagnetischen Wechselwirkung gehört das *Photon*, zur starken Wechselwirkung gehören acht *Gluonen* und zur schwachen Wechselwirkung gehören das *W$^+$, W$^-$* und *Z-Boson*.

Drei Feynman-Diagramme für die elektromagnetische WW zwischen einem Elektron und einem Myon. Beim einfachsten Diagramm wird nur ein Photon ausgetauscht. Bei den beiden hier dargestellten komplexeren Diagrammen entsteht zusätzlich ein kurzlebiges Elektron-Positron-Paar (die kreisförmige Schleife in der Photonline), oder es wird ein weiteres virtuelles Photon ausgesendet und wieder eingefangen.

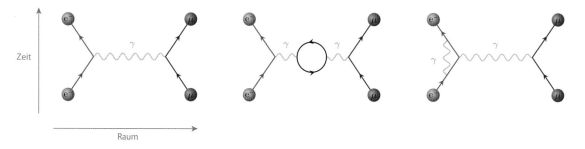

Das Standardmodell der Teilchenphysik → S. 238
$E = mc^2$ → S. 136
J. Resag *Die Entdeckung des Unteilbaren* Spektrum Akademischer Verlag 2010
R. P. Feynman *QED: Die seltsame Theorie des Lichts und der Materie* Piper 1992

Photonen können nur mit elektrisch geladenen Teilchen einen Vertex bilden (also nur von diesen ausgesendet oder absorbiert werden). In diesem Prozess verändern Photonen das emittierende Teilchen nicht. Gluonen bilden nur mit Quarks sowie untereinander Vertices, wobei sie starke Farbladungen transportieren (↓). W- und Z-Bosonen können mit allen Quarks und Leptonen einen Vertex bilden, wobei die beiden geladenen W-Bosonen Teilchen ineinander umwandeln können und so beispielsweise den Zerfall von Pionen oder den Betazerfall von Neutronen hervorrufen (siehe auch schwache Wechselwirkung ↓). Die Gravitation bleibt hier außen vor, da man zu ihrer Beschreibung über Feynman-Diagramme hinausgehen muss (siehe Stringtheorie sowie Loop-Quantengravitation ↓).

Alle bekannten physikalischen Teilchenprozesse lassen sich so als Feynman-Diagramme darstellen und zumindest im Prinzip berechnen, wobei letztlich für jeden Prozess unendlich viele immer komplexer werdende Diagramme (theoretisch mögliche Interaktionen) berücksichtigt werden müssen – genau darin liegt die Schwierigkeit bei konkreten Rechnungen.

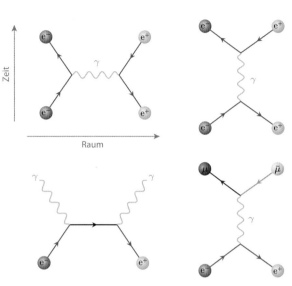

Vier Feynman-Diagramme für die elektromagnetische WW zwischen einem Elektron und einem Positron (dem Antiteilchen des Elektrons – die Linien von Antiteilchen werden allgemein durch eine umgekehrte Pfeilrichtung dargestellt, da sie mathematisch Teilchen negativer Energie entsprechen, die sich rückwärts in der Zeit bewegen). Im dritten und vierten Diagramm vernichten sich Elektron und Positron gegenseitig und erzeugen zwei Photonen bzw. ein Myon-Antimyon-Paar.

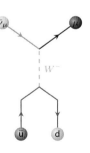

Zerfall des negativen Pions über ein W-Boson in ein Myon und ein Myon-Antineutrino. Auf diese Weise entstehen beispielsweise die Myonen der kosmischen Höhenstrahlung (↓). Das Diagramm ähnelt dem Diagramm zum Neutronzerfall, das wir im Kapitel zur schwachen WW sehen.

Auch im leeren Raum (dem Vakuum) gibt es Feynman-Diagramme. Das bedeutet, dass der scheinbar leere Raum von einem fluktuierenden See aus ständig entstehenden und wieder vergehenden virtuellen Teilchen durchdrungen ist, wobei der Begriff „virtuell" ausdrückt, dass diese Teilchen nur sehr kurzlebig sind.

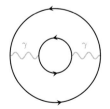

Die starke Wechselwirkung
Die Kraft, die Quarks verbindet

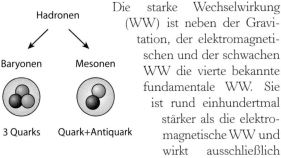

Hadronen

Baryonen   Mesonen

3 Quarks   Quark+Antiquark

Die starke Wechselwirkung (WW) ist neben der Gravitation, der elektromagnetischen und der schwachen WW die vierte bekannte fundamentale WW. Sie ist rund einhundertmal stärker als die elektromagnetische WW und wirkt ausschließlich zwischen Quarks, wobei sie diese zu sogenannten *Hadronen* zusammenschweißt. Dabei können sich drei Quarks zu sogenannten *Baryonen* zusammenfinden (dazu gehören beispielsweise Protonen und Neutronen), oder ein Quark-Antiquark-Paar kann ein *Meson* bilden, beispielsweise ein Pion.

Es gibt eine große Vielzahl an Hadronen, die sich durch unterschiedlichen Quarkinhalt und unterschiedliche Schwingungs- und Rotationszustände der Quarks unterscheiden. Bis auf das Proton sind alle anderen Hadronen als freie Teilchen instabil. Die orangefarbenen Rechtecke in der Grafik rechts geben bei den extrem instabilen Hadronen die sogenannte *Resonanzbreite* an, die umso größer wird, je instabiler das Hadron ist.

Die starke WW reicht auch geringfügig über den Rand der Hadronen hinaus und erzeugt so die kurzreichweitigen Kernkräfte zwischen Protonen und Neutronen, sodass sich diese zu Atomkernen (↓) zusammenlagern können. Innerhalb von stabilen Atomkernen zerfallen die sonst instabilen Neutronen nicht. Ein freies Neutron wandelt sich hingegen aufgrund der schwachen WW mit einer Halbwertszeit von rund zehn Minuten in ein Proton, ein Elektron und ein Elektron-Antineutrino um.

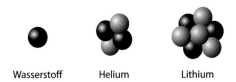

Wasserstoff   Helium   Lithium

Die häufigsten Atomkerne der drei leichtesten Elemente

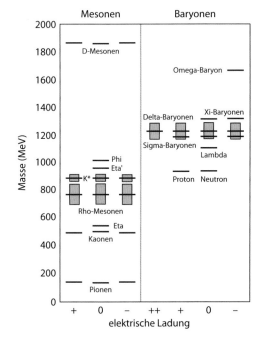

Massen und Resonanzbreiten einiger Hadronen

Atomkerne → S. 184

Die starke WW wirkt – anders als die elektromagnetische WW – nicht zwischen zwei Ladungen (plus und minus), sondern zwischen drei sogenannten *Farbladungen*. In Analogie zu Farben bezeichnet man sie meist als rot, grün und blau. Man kann sich diese Farbladungen als Pfeile in der Ebene vorstellen, die auf die Ziffern einer Uhr zeigen, beispielsweise auf 4, 8 und 12 Uhr. Bei Antiquarks hat man die entsprechenden Farbladungen antirot, antigrün und antiblau, die in die entgegengesetzte Richtung zeigen, also auf 10, 2 und 6 Uhr.

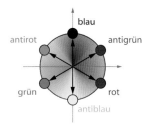

Die Farbladungen der starken WW

Quarks und Antiquarks können sich nur so zu Hadronen verbinden, dass sich ihre Farbladungen gegenseitig zu *weiß* neutralisieren. Freie Farbladungen kommen hingegen nicht vor; sie sind stets gemeinsam mit anderen „gefangen". Das Phänomen bezeichnet man daher als *Confinement* („Gefangenschaft").

Ein „weißes" Hadron ist nach außen bezüglich der starken WW ladungsneutral – dies ist die Ursache dafür, dass die starken Kräfte nur wenige Fermi (1 fm = 10^{-15} m) über das jeweilige Hadron hinausreichen – es gibt also keine makroskopischen starken Kraftfelder.

Die starken Kraftfelder werden nach den Regeln der Quantentheorie durch sogenannte *Gluonen* vermittelt, so wie elektromagnetische Kräfte durch Photonen vermittelt werden. Die Gluonen können Farbladungen zwischen den Quarks hin- und hertransportieren, sodass beispielsweise in einem Proton die Farbladungen ständig zwischen den drei miteinander wechselwirkenden Quarks hin- und herspringen.

Weil sie die Farbladung transportieren können, sind die Gluonen auch selbst farbgeladen. Die von ihnen vermittelten starken Kraftfelder wirken daher auch auf sich selbst zurück und versuchen, sich so eng wie möglich zusammenzuziehen. Versucht sich beispielsweise ein Quark aus einem Hadron zu entfernen, so bildet sich ein starker Kraftfeldschlauch aus, der ab einer gewissen Länge schließlich zerreißt, wobei sich aus der Energie des Feldschlauchs an den freien Enden neue Quarks bilden. Daher kommen einzelne freie Quarks in der Natur nicht vor.

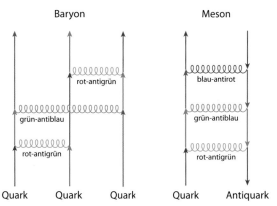

Baryon   **Meson**

rot-antigrün   blau-antirot

grün-antiblau   grün-antiblau

rot-antigrün   rot-antigrün

Quark Quark Quark   Quark Antiquark

Austausch der Farbladungen durch Gluonen im Feynman-Diagramm. Das Antiquark im Meson ist durch die gegen die Zeitrichtung orientierten Pfeile gekennzeichnet.

Ausbildung und Zerreißen eines Kraftfeldschlauchs zwischen einem Quark-Antiquark-Paar

H. Fritzsch *Quarks: Urstoff unserer Welt* Piper 1985

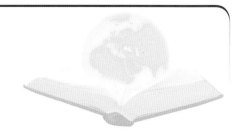

Die schwache Wechselwirkung
Teilchenzerfälle, W-, Z- und Higgs-Bosonen

Anders als die Gravitation und die elektromagnetische Wechselwirkung (WW) besitzt die schwache WW eine sehr kurze Reichweite unterhalb von einem Hundertstel Protondurchmesser. Dafür wirkt sie aber auf sämtliche Quarks und Leptonen und kann dabei Quarks in andere Quarks und Leptonen in andere Leptonen umwandeln.

Sie ist auf diese Weise für eine Vielzahl von Teilchenzerfällen verantwortlich, beispielsweise für den Zerfall des Neutrons, sowohl als freies Teilchen als auch als Bestandteil instabiler Atomkerne (radioaktiver Betazerfall).

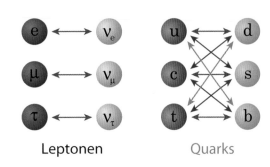

Leptonen   Quarks

Mögliche Umwandlungen zwischen Quarks bzw. Leptonen durch die schwache WW

Ohne die schwache WW könnte unsere Sonne in ihrem Zentrum keine Energie durch Kernfusion produzieren, denn dafür müssen sich zunächst zwei Protonen (Wasserstoffkerne) über die schwache WW in Neutronen umwandeln, bevor sich diese mit zwei weiteren Protonen zu einem Heliumkern vereinigen können. Bei jeder Umwandlung eines Protons in ein Neutron wird dabei u. a. ein Elektron-Neutrino ($\downarrow$) frei.

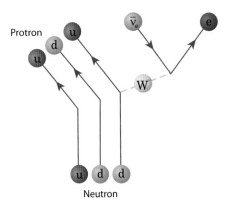

Zerfall eines Neutrons über die schwache WW in Proton, Elektron und Elektron-Antineutrino

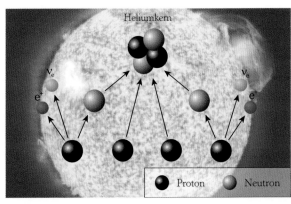

Schematische Darstellung der Kernfusion im Sonnenzentrum. Beim Protonenzerfall entsteht ein Elektron-Neutrino und ein Positron (e^+).

Neutrinos → S. 246

Jede Sekunde wird jeder Quadratzentimeter der Erde von vielen Milliarden dieser Neutrinos durchquert, ohne dass wir davon etwas bemerken, denn Neutrinos sind wahre Geisterteilchen. Da sie nur der schwachen WW (und der Gravitation) unterliegen, müssen sie einem anderen Teilchen sehr nahekommen, damit sich die schwache WW überhaupt auswirken kann. Da Atome aber fast nur aus leerem Raum bestehen, ist die aus ihnen aufgebaute Materie für Neutrinos nahezu transparent.

So wie die elektromagnetische WW durch Photonen und die starke WW durch Gluonen vermittelt wird, so wird die schwache WW durch die folgenden drei Teilchen vermittelt: das positiv geladene W^+-Boson, das negativ geladene W^--Boson und das neutrale Z-Boson. Nur die beiden W-Bosonen können Quarks bzw. Leptonen umwandeln, nicht aber das Z-Boson, das analog zum Photon den Teilchentyp nicht verändert. Anders als die masselosen Photonen und Gluonen besitzen W- und Z-Bosonen eine große Masse: Mit 80 bzw. 91 GeV sind sie fast hundertmal so schwer wie das Proton.

Die schwache WW ist eng mit der elektromagnetischen WW verwandt. Bei sehr großen Teilchenenergien von mehr als einigen 100 GeV verschwindet der Unterschied zwischen beiden WW, und sie verschmelzen zur sogenannten *elektroschwachen WW*. Bei niedrigeren Energien besteht dagegen ein Unterschied zwischen den beiden Wechselwirkungen, da sich nach dem Standardmodell dann ein unsichtbares *Higgs-Feld* (↓) aufbaut und den Raum vollständig durchdringt. Dieses Higgs-Feld legt, vereinfacht ausgedrückt, massive Hüllen um die W- und Z-Bosonen (nicht aber um das Photon) und erzeugt so deren Massen.

Aufgrund ihrer großen Masse zerfallen die W- und Z-Bosonen sehr schnell, sodass die räumliche Wirkung der durch sie vermittelten schwachen WW letztlich durch das allgegenwärtige Higgs-Feld eingedämmt wird – das erklärt die kurze Reichweite der schwachen WW. Am weltgrößten Beschleuniger, dem Large Hadron Collider LHC bei Genf, gelang es mittlerweile, das Higgs-Teilchen in großen Detektoren nachzuweisen.

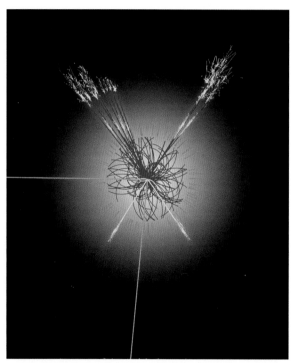

Simulierter Zerfall eines Higgs-Teilchens im ATLAS-Detektor des LHCs

Die Entdeckung des Higgs-Teilchens → S. 258
J. Resag *Die Entdeckung des Unteilbaren* Spektrum Akademischer Verlag 2010

Neutrinos
Flüchtige Geisterteilchen

Neutrinos sind geisterhafte Teilchen, die im Universum in großen Mengen vorkommen, und die wir nahezu nicht bemerken. Das liegt daran, dass sie weder elektrisch geladen sind noch eine starke Farbladung aufweisen, sodass sie nur der schwachen Wechselwirkung und – wie alle Teilchen – der Gravitation unterliegen. Da die schwache Wechselwirkung (↓) nur eine extrem kurze Reichweite besitzt, können Neutrinos durch Atome – die aus sehr viel leerem Raum bestehen – fast immer kollisionslos hindurchtreten und so beispielsweise die komplette Erde durchqueren, ohne dass sie dadurch nennenswert beeinflusst werden. Viele Milliarden Neutrinos durchqueren so pro Sekunde jeden Quadratzentimeter der Erdoberfläche, ohne dass wir davon etwas bemerken, denn nur ganz selten kommt ein Neutrino einem Atomkern so nahe, dass die schwache Wechselwirkung zum Zug kommt und das Neutrino abgelenkt oder umgewandelt wird.

Neutrinos entstehen bei fast allen Kernreaktionen. Es gibt beispielsweise eine sehr niederenergetische Neutrino-Hintergrundstrahlung von etwa 300 Neutrinos pro Kubikzentimeter, die sich ähnlich wie die kosmische Photonen-Hintergrundstrahlung kurz nach dem Urknall gebildet hat und seitdem das Universum durchdringt. Hochenergetische Neutrinos entstehen dagegen beispielsweise beim radioaktiven Betazerfall in Gesteinen oder Kernreaktoren, beim Zerfall von Myonen der kosmischen Höhenstrahlung (↓) in der Erdatmosphäre, bei der Kernfusion im Sonnenzentrum oder beim Kollaps massereicher Sternzentren zu Neutronensternen (Kollaps-Supernovae ↓).

Neutrinos weisen zudem eine sehr interessante Eigenschaft auf: In einem Neutrinostrahl oszillieren die Neutrinos periodisch zwischen den drei verschiedenen Neutrinoflavors, also beispielsweise von Tau-Neutrino zu Myon-Neutrino und so fort (*Neutrinooszillation*).

Dieser Effekt entsteht durch die unterschiedliche quantenmechanische Überlagerung der verschiedenen winzigen Neutrinomassen pro Neutrinoflavor, wobei die einzelnen Massenanteile geringe Gangunterschiede in den Neutrino-Materiewellen aufweisen. Die schwer messbaren Neutrinomassen liegen unterhalb von 2 eV und haben damit weniger als ein Hunderttausendstel der Masse des Elektrons von 511 keV.

Oszillation der Wahrscheinlichkeiten: In einem anfänglich reinen Elektron-Neutrinostrahl sind mit wachsendem Abstand vom Entstehungsort außer Elektron-Neutrinos (orange) auch Myon-Neutrinos (blau) und Tau-Neutrinos (rot) anzutreffen.

Schwache Wechselwirkung → S. 134
Die kosmische Höhenstrahlung → S. 254
Kollaps-Supernovae → S. 134

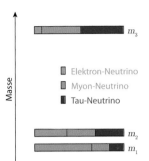

Masse

m_3

Elektron-Neutrino
Myon-Neutrino
Tau-Neutrino

m_2
m_1

Mischung verschiedener Massenanteile in einer quantenmechanischen Elektron-, Myon- oder Tau-Neutrinowelle. Ein Elektron-Neutrino hat also keine eindeutige Masse, sondern drei verschiedene winzige Massen treten mit unterschiedlichen Wahrscheinlichkeiten darin auf.

Der Neutrino-Detektor des Sudbury Neutrino Observatory

Da Neutrinos einen so flüchtigen Charakter haben, können sie uns von überall im Universum nahezu ungestört erreichen. Um sie jedoch nachzuweisen, benötigt man sehr große Detektoren. Beim kanadischen Sudbury Neutrino Observatory (SNO) hat man beispielsweise in einer alten Nickelmine mehr als 2000 m unter der Erdoberfläche einen kugelförmigen Tank mit 1000 t Wasser gefüllt und an den Wänden rund 9600 sehr lichtempfindliche Photomultiplier angebracht. Reagiert ein hochenergetisches Neutrino mit einem Atomkern im Tank, so entsteht ein schwacher Lichtblitz (sogenannte *Tscherenkow-Strahlung*), den die Photomultiplier registrieren.

Der Tank des japanischen Super-Kamiokande-Detektors fasst sogar rund 50 000 Tonnen Wasser. Eine noch wesentlich größere Wassermenge steht dem IceCube-Detektor zur Verfügung, allerdings nicht in flüssiger Form, sondern als natürliches Gletschereis in der Antarktis. In dieses Gletschereis wurden 86 senkrechte Löcher gebohrt, in die jeweils an einem Seil sechzig optische Sensoren in eine Tiefe zwischen 1450 und 2450 m hinabgelassen wurden. In der dort herrschenden Finsternis überwachen diese 5160 Sensoren ein Eisvolumen von einem Kubikkilometer und weisen darin die schwachen Lichtblitze der seltenen Neutrinoreaktionen nach. So gelang es im September 2017, den Lichtblitz eines extrem energiereichen Neutrinos nachzuweisen und erstmals den zugehörigen Entstehungsort zu ermitteln: es war vier Milliarden Jahre zuvor im Zentrum einer weit entfernten aktiven Galaxie (↓) entstanden, wahrscheinlich bei einem Energieausbruch eines supermassiven schwarzen Lochs.

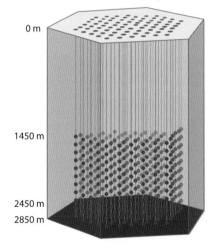

0 m

1450 m

2450 m
2850 m

Das IceCube-Neutrino-Teleskop

Bild oben rechts vom Sudbury Neutrino Observatory (SNO)
Aktive Galaxien → S. 46
F. Close *Neutrino* Spektrum Akademischer Verlag 2012
P. Illinger *Physiker spüren extreme Energiequelle im All auf* Süddeutsche Zeitung, 12.07.2018, https://www.sueddeutsche.de/wissen/astronomie-physiker-spueren-extreme-energiequelle-im-all-auf-1.4051341

Antimaterie
Spiegelbild und Vernichter der Materie

Wenn man ein Stück Antimaterie im absolut leeren Weltraum betrachten könnte, so würde einem zunächst nichts Besonderes auffallen, denn es sähe genauso aus wie gewöhnliche Materie. Sobald Antimaterie jedoch mit normaler Materie in Kontakt kommt, vernichten sich beide gegenseitig und verwandeln sich nach Einsteins Formel $E = mc^2$ (↓) in reine Energie. In einem gigantischen Blitz aus Gammastrahlung würde die Antimaterie und eine gleich große Menge Materie verschwinden. Umgekehrt können Materie und Antimaterie auch zusammen aus Gammastrahlung oder anderen Energieformen wieder entstehen.

Dass es Antimaterie tatsächlich geben muss, wurde zuerst dem britischen Physiker Paul Dirac im Jahr 1928 klar, als er versuchte, die Gesetze der Quantenmechanik mit denen der Speziellen Relativitätstheorie zusammenzubringen.

Paul Dirac im Jahr 1933

Dabei stellte er in seinen Formeln fest, dass es zu jedem Teilchen mit positiver Energie auch ein Teilchen mit negativer Energie geben müsse. Das aber würde bedeuten, dass sich aus dem Nichts heraus ohne Energiezufuhr ständig Paare aus Teilchen mit positiver und negativer Energie bilden könnten – unsere Welt wäre damit vollkommen instabil. Dirac löste das Problem, indem er annahm, dass der scheinbar leere Raum von einem unendlichen See von Teilchen negativer Energie gefüllt sei. In diesem *Dirac-See* seien bereits alle Teilchen-Quantenzustände mit negativer Energie besetzt. Im leeren Raum wäre dann kein Platz mehr für weitere Teilchen mit negativer Energie vorhanden.

Man könnte nun aber ein Teilchen aus einem negativen Energiezustand durch Energiezufuhr in einen positiven Energiezustand anheben. Dadurch entstünde ein Loch im Dirac-See, das sich wie ein entgegengesetzt geladenes Teilchen mit positiver Energie auswirken würde – eben wie ein *Antiteilchen*. Die Energiezufuhr hätte somit ein Teilchen-Antiteilchen-Paar erzeugt.

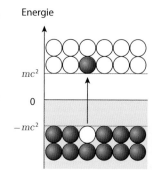

$E = mc^2$ → S. 136
F. Close *Antimaterie* Spektrum Akademischer Verlag 2010
J. Resag *Die Entdeckung des Unteilbaren* Spektrum Akademischer Verlag 2010
NASA *NASA's Fermi Catches Thunderstorms Hurling Antimatter into Space*
http://www.nasa.gov/mission_pages/GLAST/news/fermi-thunderstorms.html

R.P. Feynman und E.C.G. Stückelberg lieferten ab 1941 eine etwas andere Interpretation der negativen Energien, die ohne den Dirac-See auskommt. Teilchen negativer Energie werden dabei interpretiert als rückwärts in der Zeit laufend, wodurch sie formal gleichwertig werden zu Antiteilchen positiver Energie, die vorwärts in der Zeit laufen (und die wir also im Experiment registrieren würden). Aus diesem Grund werden Antiteilchen in Feynman-Diagrammen (↓) mit einem Pfeil gegen die Zeitrichtung dargestellt.

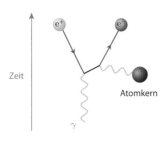

In der Nähe eines Atomkerns kann ein hochenergetisches Photon ein Elektron-Positron-Paar erzeugen. Der Pfeil des Positrons zeigt gegen die Zeitrichtung.

In den starken elektrischen Feldern eines Gewitters kann eine nach oben laufende Lawine hochenergetischer Elektronen (gelb) entstehen, die wiederum einen Blitz aus Gammastrahlen (magenta) auslösen. Die Photonen dieser Gammastrahlen können sich in der Nähe von Atomkernen in Elektronen und Positronen (grün) umwandeln, die sich entlang der Feldlinien des Erdmagnetfeldes in den Weltraum hinausbewegen.

Im Jahr 1932 gelang es Carl David Anderson erstmals, das Antiteilchen des Elektrons (das *Positron*) in der kosmischen Höhenstrahlung (↓) nachzuweisen. Antiteilchen können in der Natur auf vielfältige Weise entstehen – sogar die elektrischen Felder von Gewitterwolken (↓) genügen bisweilen für ihre Entstehung.

Teilchen und Antiteilchen verhalten sich fast wie identische entgegengesetzt geladene Spiegelbilder – allerdings nicht in jedem Detail, sondern nur fast. Es gibt kleine Unterschiede – Physiker sprechen von der sogenannten *CP-Verletzung* (↓). Diese Unterschiede müssen kurz nach dem Urknall dazu geführt haben, dass sich aus der Energie des Urknalls ein winziger Überschuss von rund einem Milliardstel an Teilchen gegenüber Antiteilchen gebildet hat. Dieser kleine Überschuss ist nach der gegenseitigen Vernichtung von Materie und Antimaterie übrig geblieben und bildet heute die Materie, aus der Planeten, Sterne und wir selbst bestehen.

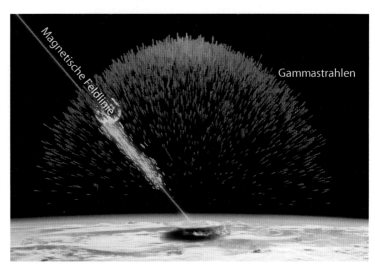

Verletzung der Spiegelsymmetrie
Die gespiegelte Welt ist anders

Macht es einen Unterschied, ob man einen physikalischen Vorgang in einem Spiegel betrachtet oder nicht? Sieht man im Spiegel ebenfalls einen Vorgang, der genauso auch in der Natur ablaufen könnte?

Bis in die 1950er-Jahre schien die Antwort ein klares „ja" zu sein. Warum sollten die Naturgesetze auch einen prinzipiellen Unterschied zwischen rechts und links machen? Doch dann kamen Zweifel auf: Bei Teilchenzerfällen, die durch die schwache Wechselwirkung (↓) ausgelöst werden, schien es Abweichungen zu geben.

Ist die Welt, die wir in einem Spiegel sehen, eine physikalisch mögliche Welt?

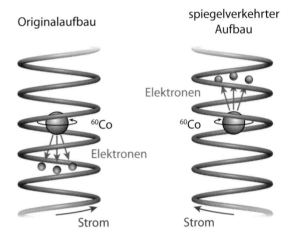

Das Wu-Experiment

Um die Lage zu klären, führte die chinesisch-amerikanische Physikerin Chien-Shiung Wu im Jahr 1956 ein bahnbrechendes Experiment durch: Sie brachte radioaktive Cobalt-60-Atome in das starke Magnetfeld einer elektrischen Spule und kühlte sie auf unter 0,01 Kelvin herunter. Da die Cobalt-60-Atomkerne einen quantenmechanischen Drehimpuls (Spin) besitzen, reagieren sie wie winzige Magnetnadeln und richten ihre Rotationsachsen entlang des Magnetfeldes aus. Die starke Abkühlung verhindert dabei, dass die Wärmebewegung diese Ausrichtung wieder durcheinanderbringt.

Beim radioaktiven Betazerfall (↓) senden die Cobalt-60-Atomkerne hochenergetische Elektronen aus. Dabei geschieht etwas Merkwürdiges: Die Elektronen werden

Die schwache Wechselwirkung → S. 244
Radioaktiver Zerfall → S. 186

nicht gleichmäßig in alle Richtungen abgestrahlt, sondern sie orientieren sich gemäß einer Linke-Hand-Regel an der Rotation der Kerne: Wenn die gekrümmten Finger der linken Hand in Rotationsrichtung zeigen, so fliegen die Elektronen in die Richtung des ausgestreckten Daumens davon – in der Abbildung also nach unten.

Wenn man das Experiment spiegelverkehrt aufbaut (oder einfach die Stromrichtung in der Spule umkehrt), so kehrt sich auch die Rotation der Atomkerne um, und die Elektronen werden gemäß der Linke-Hand-Regel in die Gegenrichtung ausgesendet, also nach oben. Betrachtet man dagegen das ursprüngliche Experiment in einem Spiegel, dann kehrt sich zwar die Rotation der Atomkerne im Spiegelbild ebenfalls um, die Elektronen fliegen aber immer noch in dieselbe Richtung nach unten davon, ob im Spiegel betrachtet oder nicht. Das Spiegelbild und das spiegelverkehrte Experiment

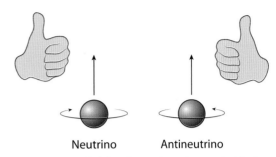

| Neutrino | Antineutrino |

Neutrinos rotieren linkshändig, Antineutrinos rechtshändig um ihre Flugrichtung

liefern nicht dasselbe Ergebnis. Die Spiegelsymmetrie der Natur ist gebrochen – man spricht hier auch von *Paritätsverletzung*.

Viele Physiker waren von diesem Resultat schockiert: Das hatte man nicht erwartet! Weitere Experimente haben sogar gezeigt, dass die schwache Wechselwirkung die Spiegelsymmetrie auf die maximal mögliche Weise verletzt. So rotieren Neutrinos (↓), die ausschließlich über die schwache Wechselwirkung entstehen können, praktisch immer in derselben Weise um ihre Flugachse. Auch hier gilt eine Linke-Hand-Regel: Wenn der ausgestreckte Daumen der linken Hand in Flugrichtung zeigt, so zeigen die gekrümmten Finger in Rotationsrichtung. Neutrinos sind in diesem Sinne linkshändig. Bei Antineutrinos ist es umgekehrt: Sie sind rechtshändig.

Warum ist das so? Warum verletzt die schwache Wechselwirkung die Spiegelsymmetrie, während alle anderen fundamentalen Wechselwirkungen dies nicht tun? Niemand kennt heute die Antwort auf diese Frage – die Verletzung der Spiegelsymmetrie bleibt eines der großen offenen Rätsel der Physik.

Chien-Shiung Wu (1912 bis 1997) rechts neben Wolfgang Pauli (1900 bis 1958)

Neutrinos → S. 246
Wikipedia *Wu-Experiment*

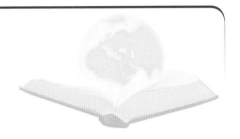

Quark-Gluon-Plasma
Wenn Protonen und Neutronen schmelzen

Momentaufnahme zweier kollidierender Bleikerne kurz nach dem Zusammenstoß (Simulation). Die Quarks sind in Rot, Grün und Blau und die Hadronen in Weiß dargestellt.

Quarks und Gluonen sind normalerweise im Inneren von Hadronen eingesperrt, insbesondere in den Protonen und Neutronen der Atomkerne (↓). Doch was geschieht, wenn man die Protonen und Neutronen eines Atomkerns eng zusammendrückt und extrem stark aufheizt?

Sie schmelzen dann gewissermaßen und setzen so die Quarks und Gluonen in ihrem Inneren frei, sodass diese ein sogenanntes *Quark-Gluon-Plasma* bilden. In diesem Plasma sind die Quarks und Gluonen frei beweglich, sodass sich das Plasma ähnlich wie eine sehr heiße, dichte und extrem dünnflüssige Flüssigkeit verhält.

Ein Quark-Gluon-Plasma bildet sich erst bei Temperaturen oberhalb von rund 2000 Milliarden ($2 \cdot 10^{12}$) Kelvin − das entspricht einer Teilchenenergie von ungefähr 200 MeV. Diese extrem hohe Temperatur wird selbst bei Supernovae kaum erreicht. Im sehr frühen Universum war diese Temperatur kurzfristig vorhanden, wurde jedoch bereits wenige Mikrosekunden nach dem Urknall unterschritten, sodass ab diesem Moment das darin enthaltene Quark-Gluon-Plasma zu einzelnen Hadronen auskondensierte (siehe Artikel zur Entstehung der Materie ↓).

In modernen Teilchenbeschleunigern wie dem Relativistic Heavy Ion Collider (RHIC) nahe New York und dem Large Hadron Collider (LHC ↓) bei Genf gelingt es, die extremen Bedingungen kurz nach dem Urknall wiederherzustellen, indem man schwere Atomkerne auf sehr hohe Energien beschleunigt und sie anschließend miteinander kollidieren lässt. Für einen winzigen Sekundenbruchteil bildet sich in der Kollisionszone der Kerne dann ein Quark-Gluon-Plasma, das wie ein Feuerball schlagartig expandiert und zu tausenden verschiedener Teilchen kondensiert, die nach allen Seiten auseinanderfliegen und von den Detektoren des Teilchenbeschleunigers nachgewiesen werden.

Atomkerne → S. 184
Die starke Wechselwirkung → S. 242
Die Entstehung der Materie → S. 164
Der Large Hadron Collider (LHC) → S. 256

Aus den entsprechenden Messwerten gewinnt man Informationen über die Eigenschaften des Quark-Gluon-Plasmas. So können beispielsweise zwei Quarks zufällig am Rand des Plasmas mit hoher Energie auseinandergeschossen werden, wobei eines davon das Plasma direkt verlässt und einen sogenannten *Jet* von Teilchen erzeugt, während das andere durch das Plasma läuft und von diesem so stark abgebremst wird, dass es nur noch einen schwachen Teilchenjet auslösen kann (das nennt man *jet quenching*). Auf diese Weise lassen sich das Bremsvermögen und andere Eigenschaften des Quark-Gluon-Plasmas bestimmen.

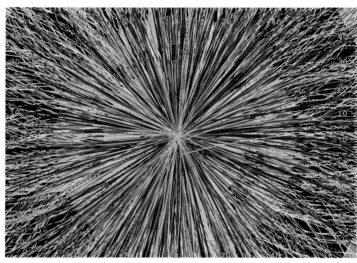

Darstellung der Teilchenspuren im ALICE-Detektor am LHC nach der Kollision zweier Bleikerne

Teilchenspuren im ATLAS-Detektor am LHC nach der Kollision zweier Bleikerne. Oben rechts erkennt man einen ausgeprägten Teilchenjet (großer Kegel), unten links einen sehr viel kleineren Teilchenjet (kleiner Kegel). Die gelben Balken geben die Energie an, die die Teilchen in dieser Richtung davontragen.

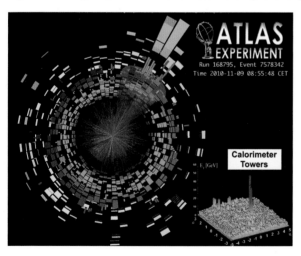

Von der theoretischen Seite her versucht man, die Eigenschaften des Quark-Gluon-Plasmas im Rahmen der *Quantenchromodynamik QCD* (das ist die Quantenfeldtheorie der starken Wechselwirkung) zu berechnen. Leider sind diese Rechnungen wegen der intensiven Wechselwirkung zwischen Quarks und Gluonen extrem aufwendig. Das holografische Prinzip (↓) bietet hier eine Alternative, denn es besagt, dass die QCD gleichwertig ist zu einer vierdimensionalen Stringtheorie, in der sich manche Rechnungen einfacher durchführen lassen als in der QCD. Auf diese Weise konnte man beispielsweise zeigen, dass die Viskosität (also die Zähigkeit) des Quark-Gluon-Plasmas extrem gering ist, was gut zu den experimentellen Resultaten passt.

Das holografische Prinzip → S. 314
BNL *Relativistic Heavy Ion Collider (RHIC) at Brookhaven National Laboratory* http://www.bnl.gov/rhic/default.asp
CERN *A Large Ion Collider Experiment (ALICE) at CERN* http://aliceinfo.cern.ch/Public/Welcome.html

Die kosmische Höhenstrahlung
Energiereicher als im weltgrößten Beschleuniger

Unsere Erde wird ständig von hochenergetischen Atomkernen aus dem Weltall getroffen, die man als *kosmische Höhenstrahlung* bezeichnet, da ihr Einfluss umso stärker spürbar ist, je höher man sich in der Erdatmosphäre befindet. Die ankommenden Atomkerne spiegeln dabei im Wesentlichen die Elementhäufigkeiten im Universum wieder: Wasserstoffkerne (Protonen) sind mit rund 87 % am häufigsten. Hinzu kommen etwa 12 % Heliumkerne (Alphateilchen) und rund 1 % schwerere Atomkerne.

Die Bewegungsenergie der Kerne umfasst einen sehr großen Energiebereich, wobei sie umso seltener sind, je größer ihre Bewegungsenergie ist. Im Bereich von einigen Milliarden Elektronenvolt (einige GeV) treffen jede Sekunde noch viele Teilchen pro Quadratmeter auf die obere Erdatmosphäre. Sie stammen beispielsweise von unserer Sonne.

Simulation sehr hochenergetischer Teilchenschauer

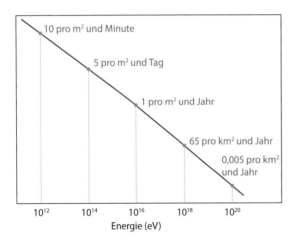

10 pro m² und Minute

5 pro m² und Tag

1 pro m² und Jahr

65 pro km² und Jahr

0,005 pro km² und Jahr

10^{12} 10^{14} 10^{16} 10^{18} 10^{20}

Energie (eV)

Bei millionenfach größeren Energien von 10^{16} Elektronenvolt (einige PeV) kommt dagegen in einem ganzen Jahr nur noch etwa ein Teilchen pro Quadratmeter an. Diese Teilchenenergie ist bereits einige tausendmal größer als die Energie, die sich am aktuell weltgrößten Beschleuniger (dem Large Hadron Collider LHC (↓) bei Genf) erreichen lässt. Die höchsten jemals gemessenen Energien liegen noch einmal etwa zehntausendmal höher (10^{20} eV) und sind so selten, dass grob geschätzt nur alle zweihundert Jahre ein Atomkern pro Quadratkilometer mit dieser Energie auftritt.

Energiespektrum der kosmischen Strahlung

Der Large Hadron Collider (LHC) → S. 256
Pierre Auger Observatorium *Homepage des Pierre-Auger-Projekts* http://www.auger.de/
Universität Chicago *AIRES Cosmic Ray Showers* Cosmus, University of Chicago, http://astro.uchicago.edu/cosmus/projects/aires/

Offenbar gibt es im Universum natürliche Teilchenbeschleuniger, die unsere von Menschenhand gebauten Beschleuniger weit hinter sich lassen. Noch sind hier nicht alle Fragen geklärt, aber man geht davon aus, dass insbesondere die Schockfronten von Supernovaexplosionen (↓) als Teilchenbeschleuniger wirken: Die von diesen Fronten mitgeführten Magnetfelder können dabei Atomkerne einfangen und mitnehmen, sodass diese gleichsam auf der Schockfront surfen.

Besonders starke Schockwellen treten in den hochenergetischen Teilchenjets auf, die von supermassereichen schwarzen Löchern im Zentrum aktiver Galaxien (↓) erzeugt und viele tausend Lichtjahre in den intergalaktischen Raum hinausgeschossen werden. Hier entstehen vermutlich die energiereichsten Teilchen der kosmischen Strahlung.

In etwa 20 bis 30 km Höhe treffen die Kerne der kosmischen Strahlung auf Atomkerne der Luftmoleküle und zertrümmern diese regelrecht, wobei in komplizierten Kaskaden Teilchenschauer mit bis zu mehreren Millionen Sekundärteilchen entstehen. Nur wenige von ihnen erreichen die Erdoberfläche. Eines der häufigsten Sekundärteilchen ist das *Myon*, das Carl D. Anderson und Seth Neddermeyer im Jahr 1936 in der kosmischen Strahlung entdeckten.

Man versucht unter anderem am Pierre-Auger-Observatorium in Argentinien auf einer Fläche von rund 3000 km² diese am Boden ankommenden Teilchenschauer detailliert zu vermessen und so mehr über die Vorgänge im Universum zu lernen, die zu solch hohen Teilchenenergien führen.

Teilchenschauer: Beim Auftreffen der komischen Strahlung auf Luftmoleküle entstehen Teilchenschauer aus Sekundärteilchen.

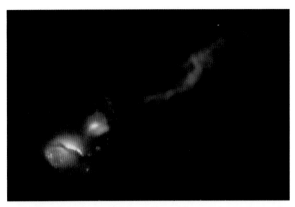

Das schwarze Loch im Zentrum der Galaxie links unten sendet einen Jet aus (blau), der die Nachbargalaxie streift und dann ins Weltall hinausgeschleudert wird.

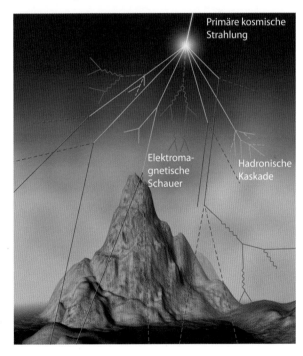

Primäre kosmische Strahlung

Elektromagnetische Schauer

Hadronische Kaskade

Kollaps-Supernovae → S. 36
Thermonukleare Supernovae → S. 34
Supermassive schwarze Löcher → S. 44
Aktive Galaxien → S. 46

Der Large Hadron Collider (LHC)
Der mächtigste Teilchenbeschleuniger, der je gebaut wurde

Am Europäischen Kernforschungszentrum CERN bei Genf ist zu Beginn des Jahres 2010 der mächtigste Teilchenbeschleuniger in Betrieb gegangen, der jemals gebaut wurde: der Large Hadron Collider, kurz LHC. In ihm werden rund hundert Meter unter der Erdoberfläche zwei Protonenstrahlen in einem Ringtunnel von knapp 27 km Umfang gegenläufig auf Teilchenenergien von bis zu 7 TeV (7000 GeV, also $7 \cdot 10^{12}$ eV) beschleunigt und an vier Punkten im Tunnel zur Kollision gebracht. Die Protonen bewegen sich bei dieser Energie mit 99,9999991 % der Lichtgeschwindigkeit.

Die Kollision der Protonen erfolgt im Inneren riesiger Teilchendetektoren, die so ausgelegt sind, dass sie möglichst alle Teilchen registrieren können, die bei der Kollision entstehen. Auf diese Weise möchte man auf die Prozesse zurückschließen, die während der Kollision ablaufen.

Blick über das CERN-Gelände. Der LHC-Ringtunnel verläuft unterirdisch entlang des eingezeichneten roten Kreises. Im Hintergrund sieht man den Genfer See, die Stadt Genf und am Horizont die Alpen. Die bewaldeten Hügel am unteren Bildrand sind Ausläufer des Französischen Jura.

Blick ins Innere des LHC-Tunnels. Die beiden Protonenstrahlen verlaufen innerhalb der blauen Röhre.

D. Lincoln *Die Weltmaschine: Der LHC und der Beginn einer neuen Physik* Spektrum Akademischer Verlag 2011
J. Resag *Die Entdeckung des Unteilbaren* Spektrum Akademischer Verlag 2010

Der größte Detektor ist mit einer Länge von 46 Metern und einer Höhe von 25 Metern der ATLAS-Detektor (A Toroidal LHC Apparatus). Ungefähr halb so groß sind die Detektoren CMS (Compact Muon Solenoid), LHCb (das b steht für das b-Quark, auf dessen Nachweis dieser Detektor spezialisiert ist) und ALICE (A Large Ion Collider Experiment). Diese hausgroßen Detektoren befinden sich in riesigen unterirdischen Hallen an den vier Kollisionspunkten des Ringtunnels.

Eines der wichtigsten Ziele des LHC ist es, das letzte noch fehlende Teilchen des Standardmodells zu finden: das *Higgs-Teilchen*. Dieses sehr instabile Teilchen müsste sich durch ein vermehrtes Auftreten seiner Zerfallsprodukte bei derjenigen Energie verraten, die der Masse des Higgs-Teilchens entspricht. Im Dezember 2011 deutete sich erstmals genau dieses Signal bei einer Energie (Higgs-Masse) von rund 125 GeV an, und zwar in den Daten sowohl von CMS als auch von ATLAS. Im Sommer 2012 bestätigten Wissenschaftler dann, dass sie tatsächlich ein Teilchen bei der für das Higgs erwarteten Energie nachgewiesen hätten, und die Auswertung weiterer Datenmengen hat seitdem erhärtet, dass es sich wirklich um das erwartete Higgs handelt.

Darüber hinaus verfolgt der LHC eine Reihe weiterer wichtiger Ziele: Man versucht, den winzigen Unterschied zwischen Materie und Antimaterie (↓) genau zu vermessen, man sucht nach sogenannten *supersymmetrischen* (↓) Teilchen, die möglicherweise die dunkle Materie des Universums erklären könnten, und man fahndet nach instabilen schwarzen Mikrolöchern, die verborgene Zusatzdimensionen (↓) des Raumes enthüllen könnten.

Blick ins Innere des ATLAS-Detektors beim Aufbau im Juli 2007

Der CMS-Detektor bei seinem Aufbau im November 2006

Lage der vier großen Detektoren am LHC

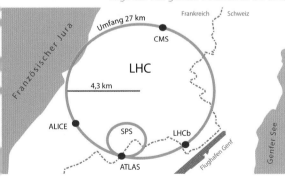

Antimaterie → S. 248
Supersymmetrie → S. 302
Verborgene Dimensionen → S. 306

Die Entdeckung des Higgs-Teilchens
Ein Meilenstein der Teilchenphysik

Am 4. Juli 2012 wurde am Large Hadron Collider LHC die Entdeckung eines neuen Teilchens mit einer Masse von rund 125 GeV bekannt gegeben, bei dem es sich um das seit Langem gesuchte *Higgs-Boson* handelt. Damit wurde nach vielen Jahren endlich der letzte noch fehlende Schlussstein im Standardmodell (↓) nachgewiesen. Wie gelang es, dieses neue Teilchen nachzuweisen, das in den vielen Milliarden Proton-Proton-Kollisionen des LHCs, die dort pro Minute stattfinden, nur ungefähr einmal erzeugt wird?

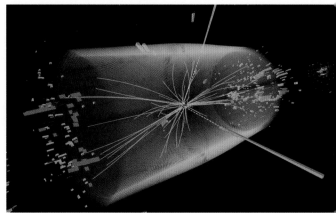

Kollisionsereignis im CMS-Detektor mit zwei erzeugten hochenergetische Photonen (grüne Linien nach oben und rechts unten)

Um dies zu verstehen, muss man wissen, dass das Higgs-Teilchen so instabil ist, dass es praktisch noch an seinem Entstehungsort wieder zerfällt. Die einzige Chance liegt also darin, es anhand seiner Zerfallsprodukte unter den Unmengen an Zerfällen anderer instabiler Teilchen zu erkennen, die ebenfalls in den Proton-Proton-Kollisionen erzeugt werden.

Eine Möglichkeit liegt im Zerfall des Higgs-Bosons in zwei sehr energiereiche Photonen. Allerdings können zwei solche Photonen auch auf andere Weise in den Kollisionen entstehen. Man braucht also ein Kriterium, mit dem man die Photonenpaare erkennen kann, die aus einem Higgs-Zerfall stammen könnten. Dazu rechnet man aus den Energien und Impulsen jedes Photonenpaars die Masse $m_{\gamma\gamma}$ aus, die ein Teilchen haben müsste, wenn es in dieses Photonenpaar zerfallen wäre. Findet man nun bei einer bestimmten Masse besonders viele Photonenpaare, so weiß man, dass dort tatsächlich ein instabiles Teilchen existieren muss, aus dessen Zerfall viele der Photonen stammen. Ganz analog geht man auch bei anderen Zerfallskanälen vor.

Das Higgs-Seminar am 4. Juli 2012 im CERN, bei dem die Entdeckung des Higgs-Teilchens bekannt gegeben wurde

Das Standardmodell der Teilchenphysik → S. 238
CERN Press Conference *Update on the search for the Higgs boson at CERN on 4 July 2012* http://cdsweb.cern.ch/record/1459604
CERN Press Release *CERN experiments observe particle consistent with long-sought Higgs boson*
https://home.cern/news/press-release/cern/cern-experiments-observe-particle-consistent-long-sought-higgs-boson

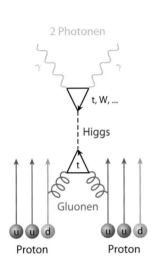

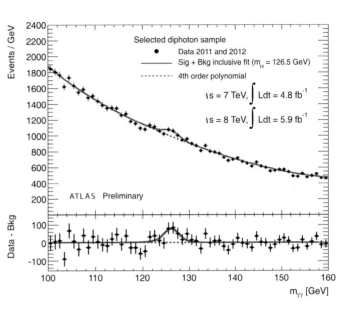

Feynman-Diagramm für die Erzeugung eines Higgs-Bosons in einer Proton-Proton-Kollision und seinem Zerfall in ein Photonenpaar

Ergebnis des ATLAS-Experiments aus dem Juli 2012 für die Häufigkeit von Photonenpaaren mit verschiedenen 2-Photon-Massen $m_{\gamma\gamma}$.

Im Juli 2012 hatte man endlich genügend viele hochenergetische Photonenpaare am LHC erzeugt, um sicher zu sein, dass man einen solchen Photonenpaar-Überschuss bei 125 GeV gefunden hatte und nicht einer zufälligen Schwankung auf den Leim gegangen war.

Auch in anderen Zerfallskanälen fand man an den beiden Detektoren ATLAS und CMS ähnliche Signale, beispielsweise im sogenannten goldenen Zerfallskanal, bei dem das Higgs-Teilchen über zwei Z-Bosonen in zwei Elektron-Positron- oder Myon-Antimyon-Paare zerfällt. Der Durchbruch war geschafft: Man hatte tatsächlich bei 125 GeV ein neues Teilchen gefunden, bei dem wir mittlerweile sicher sind, dass es sich um das lang gesuchte Higgs-Teilchen handelt.

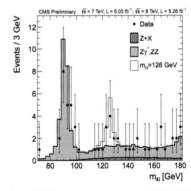

Ergebnis des CMS-Experiments aus dem Juli 2012 für die Häufigkeit von zwei geladenen Lepton-Antilepton-Paaren mit verschiedenen 4-Lepton-Massen m_{4l} (dies ist die Masse, die ein Teilchen haben müsste, wenn es in diese Leptonen zerfallen wäre)

Der Large Hadron Collider (LHC) → S. 256
J. Resag *Die Entdeckung des Unteilbaren; Quanten, Quarks und die Entdeckung des Higgs-Teilchens* Springer Spektrum, 2. Auflage 2013

8 Kristalle und andere feste Stoffe

Was haben die Kirchenfenster von Chagall mit Nanoteilchen zu tun? Welche Kristallgitter gibt es, und was sind Quasikristalle? Und wie funktionieren Leuchtdioden?

Festkörper sind ein spannendes Forschungsgebiet der Physik. Während in einem einzelnen Atom das Verhältnis zwischen Atomkern und Elektronen klar geregelt ist – ein Kern in der Mitte, die Elektronen bewegen sich um ihn herum – sieht es in größeren Verbänden von vielen Atomen schon anders aus. In solchen Festkörpern können Elektronen von Kern zu Kern gereicht werden, sich mit anderen Elektronen zusammenschließen oder sich gar – ganz den Gesetzen der Quantenmechanik folgend – über einen großen Bereich ausdehnen, sodass ihr exakter Aufenthaltsort fast völlig unbestimmt ist.

Es ist dieses vielfältige Verhalten, das Kristallen und anderen Festkörpern ihre mannigfaltigen Eigenschaften verleiht. Ob es nun die besondere Festigkeit von Diamant oder die elektrische Leitfähigkeit von Eisen ist oder die Tatsache, dass Strom in bestimmten Materialien nur in eine Richtung fließen kann oder dass die brillante Leuchtkraft der Kirchenfenster von Chagall durch Plasmonenanregungen zustande kommt – all dies ist auf die Vielseitigkeit der Elektronen in diesen Stoffen zurückzuführen. In diesem Kapitel werden wir einige der spannendsten Festkörperthemen kurz vorstellen.

© Springer-Verlag GmbH Deutschland, ein Teil von Springer Nature 2019
B. Bahr et al., *Faszinierende Physik*, https://doi.org/10.1007/978-3-662-58413-2_8

Plasmonen
Brilliantes Quantenleuchten

Aufgrund ihrer Quantennatur verhalten sich Elektronen sehr unterschiedlich, je nachdem wo man sie antrifft. Während sie einzeln und in freier Wildbahn kleinen Partikeln ähneln, verhalten sie sich in großen Mengen eher wie Flüssigkeiten. Das ist insbesondere in Festkörpern, wie z. B. Metallen, der Fall. Dort sind die Elektronen nicht an einem Ort lokalisiert, sondern über den gesamten Festkörper verschmiert.

In dieser „Elektronenflüssigkeit" breiten sich Dichteschwankungen wie Wellen aus. Deren elementare Anregungen verhalten sich aufgrund der Quantenphysik selbst wieder wie Teilchen, die *Plasmonen* genannt werden. Sie fallen, genau wie zum Beispiel auch Phononen (Gitterschwingungen in Kristallen), in die Familie der *Quasiteilchen*. Man unterscheidet grob drei Arten von Plasmonen:

Die *Volumenplasmonen* sind Dichteschwankungen im Inneren eines Metalls oder Halbleiters. *Oberflächenplasmonen* sind periodische Schwankungen der Elektronendichte an der Grenzfläche zweier Materialien, z. B. eines Metalls und eines Halbleiters.

Eine der interessantesten Sorten ist jedoch die der *Partikelplasmonen*. Sie treten ebenfalls an Oberflächen auf, breiten sich jedoch nicht aus, sondern sind an einem Ort konzentriert. Dies erreicht man, indem man die Form und Struktur der Oberfläche gezielt manipuliert, zum Beispiel durch Aufbringung sogenannter *Nanopartikel* (↓). Dies sind bis zu wenige hundert Nanometer (etwa ein hundertstel so dick wie ein menschliches Haar) große Metallpartikel, häufig aus Gold oder Silber, die man auf die Oberfläche eines Festkörpers aufträgt. Durch Bestrahlung mit Licht der entsprechenden Frequenz kann man die Elektronen innerhalb eines Nanopartikels dann zum Schwingen anregen. Da aber das elektrische Feld der Elektronen dabei über die Grenzen des eigenen Nanopartikels hinaus in die benachbarten Partikel hineinragt, können Plasmonenanregungen sich von Partikel zu Partikel fortpflanzen.

U-förmiges Nanopartikel, mit verschiedenen stehenden Elektronenwellen (Partikelplasmonen). Schwingungsbäuche sind rot, Schwingungsknoten blau dargestellt.

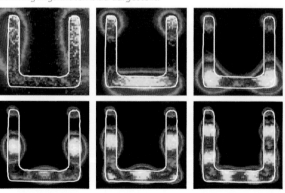

Regelmäßig angeordnete runde Nanopartikel, mit einem Durchmesser von 700 Nanometern

Bild links mit freundlicher Genehmigung von Timothy Andrew Kelf, Light-Matter Interactions on Nano-Structured Metallic Films, University of Southampton, February 2006
Bild rechts mit freundlicher Genehmigung von Stefan Linden, Universität Bonn aus: F. von Cube, S. Irsen, J. Niegemann, C. Matyssek, W. Hergert, K. Busch, S. Linden, Optical Material Express 1, 1009 (2011)
Nanowelten → S. 228

Beispiele hierfür finden sich schon in der Antike: Der Becher des Lycurgus ist aus einem Glas, das allerfeinsten Gold- und Silberstaub (also Nanopartikel) enthält. Wird Licht vom Glas reflektiert, so zeigt er sich in einem matten Grün, dringt Licht allerdings durch das Glas hindurch, so werden die Partikelplasmonen in den Gold- und Silbernanopartikeln angeregt, und senden ein kräftiges rotes Licht aus. Beispiele aus neuerer Zeit sind die Kirchenfenster von Marc Chagall, der mit Nanopartikeln aus Gold eine unvergleichliche Farbbrillanz erreicht hat.

Der Kelch des Lycurgus, von außen und von innen beleuchtet. Die brillanten Farben sind ein Resultat der Anregung von Partikelplasmonen innerhalb der Gold- und Silberteilchen, die im Glas eingearbeitet sind. Bilder von Trustees of the British Museum.

Aber die Plasmonen sind nicht nur ein ästhetisches Phänomen, das Gebiet der „Plasmonics" ist fester Bestandteil der Nanophysik und Gegenstand aktueller Forschung. Da die Lichteigenschaften der Plasmonen stark von ihrer Umgebung anhängen, kann man sie benutzen, um hochsensitive Sensoren für bestimmte Moleküle zu konstruieren, um so zum Beispiel feinste Schadstoffe zu detektieren.

Ein weiterer Aspekt ist die hohe Frequenz, mit der Plasmonen schwingen können. Diese übersteigt die von gewöhnlichen Oszillationen von Elektronen in Metallen oder Halbleitern, sodass man – basierend auf Plasmonen – deutlich höher getaktete Schaltkreise konstruieren kann als mit normalen Leiterbahnen.

Buntglasfenster in der Kathedrale zu Notre-Dame de Paris. Auch in diesem Glas sind Nanopartikel aus Gold eingearbeitet, deren Leuchten den Fenstern eine besondere Farbqualität verleiht.

K. Lewotsky *The promise of plasmonics* http://spie.org/x14802.xml, Artikel zur technischen Anwendung plasmonenbasierter Systeme

Ferromagnetismus

Elementarmagnete: gemeinsam sind sie stark

Atomkerne und Elektronen in Festkörpern verhalten sich aufgrund ihres Spins ($\downarrow$) wie kleine Stabmagnete, die in eine gewisse Richtung zeigen und einen Nord- und einen Südpol besitzen. Solche atomaren Magnete werden auch *Elementarmagnete* genannt. So klein sie auch sind, können sie doch die globalen Eigenschaften eines Materials bestimmen. In einigen Stoffen beispielsweise ist es aufgrund der speziellen Anordnung der Atome energetisch am günstigsten, wenn benachbarte Elementarmagnete in dieselbe Richtung zeigen. Diese Stoffe werden *ferromagnetisch* genannt. Wie der Name (lat. *ferrum* = Eisen) vermuten lässt, ist Eisen bei Raumtemperatur in der Tat ferromagnetisch (Phasenübergänge $\downarrow$).

Magnetisierter Draht mit zwei angrenzenden Domänen

In einem ferromagnetischen Stoff existieren dabei meist sogenannte *Weiss-Bezirke*, auch *Domänen* genannt. Innerhalb dieser nano- bis mikrometergroßen Bereiche sind die Elementarmagnete auch ohne äußere Einflüsse parallel zueinander ausgerichtet. Bei einem global unmagnetisierten Material kann diese Ausrichtung sich von Domäne zu Domäne allerdings unterscheiden, sodass es sich nach außen hin nicht wie ein Magnet verhält.

Natürlich sind die Elementarmagnete aber so frei beweglich, dass sie von einem von außen angelegten starken Magnetfeld alle in eine gemeinsame Richtung gezwungen werden können. Deswegen ist ferromagnetisches Material daran

Die einzelnen Elementarmagnete richten sich an ihren Nachbarn aus.

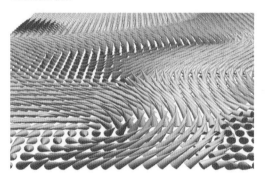

Verschiedene Domänen mit unterschiedlicher Magnetisierungsrichtung

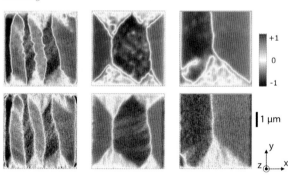

Bild oben und links unten von der Arbeitsgruppe von Prof. R. Wiesendanger, Universität Hamburg
Bild unten rechts von J. Kurde et al. 2011 New J. Phys. 13 033015
Der Spin eines Teilchens → S. 196
Phasenübergänge → S. 210

zu erkennen, dass ein Magnet an ihm haften bleibt. Denn wenn man zum Beispiel einen starken Magneten an ein unmagnetisiertes Stück Eisen hält, so richtet das Feld des Magneten alle Elementarmagnete im Eisen in eine Richtung aus – nämlich so, dass alle Südpole zum Nordpol des externen Magneten weisen oder umgekehrt; es gibt dann nur noch eine große Domäne. Das Stück Eisen wird so selbst zum Magneten und zieht den ursprünglichen Magneten an.

Nach diesem Ummagnetisierungsprozess durch ein externes Magnetfeld verhalten sich die ferromagnetischen Materialien sehr träge: Zeigten alle Elementarmagnete nach der Magnetisierung parallel in eine Richtung (A), dann tun sie das auch weiterhin, wenn man das externe Magnetfeld abschaltet (B) – die Magnetisierung des Stoffes verbleibt bei der sogenannten *Remanenz*. Tatsächlich muss man sogar ein gewisses entgegengesetzt gepoltes Magnetfeld anlegen (die *Koerzitivkraft*), einfach nur um die Magnetisierung wieder aufzuheben (C). Will man die Elementarmagnete sogar noch in die entgegengesetzte Richtung zeigen lassen, muss man das entgegengesetzt gepolte Magnetfeld noch zusätzlich verstärken (D).

Die Stärke des äußeren Magnetfeldes und die Magnetisierung eines ferromagnetischen Materials sind also nicht einfach proportional zueinander – ihr Zusammenhang wird durch eine sogenannte

Einige Münzen können durch ein äußeres Magnetfeld selbst magnetisch werden

Hysteresekurve beschrieben. Die Fläche, die von der Kurve umschlossen wird, entspricht dabei der Energie, die man aufwenden muss, um einen Ferromagneten zweimal umzupolen. Weil sich das Material nach einem solchen Prozess wieder in seinem Ausgangszustand befindet, hat es diese Energie nicht gespeichert, sondern musste sie in Form von Wärme abgeben.

Diese Tatsache wird zum Beispiel in Induktionsherden verwendet: Induktionskochplatten erzeugen ein oszillierendes Magnetfeld, dem ein Metallkochtopf ausgesetzt ist. Diese Magnete polen die Magnetisierung der Töpfe ständig um, und etwa ein Drittel der Heizleistung entsteht durch die Wärme, die durch das Durchlaufen der Hysteresekurve vom Magnetfeld an den Topf übertragen wird. Die anderen zwei Drittel stammen von den induzierten Wechselströmen. Unter anderem deswegen wird ein Kochtopf aus Eisen auf einem Induktionskochfeld schneller heiß als z. B. ein Topf aus Aluminium, denn Letzteres ist kein ferromagnetischer Stoff.

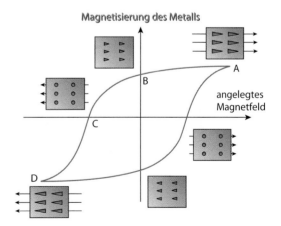

Hysteresekurve: magnetisiertes Metall (A), Remanenz (B), Koerzitivkraft (C) und ummagnetisiertes Metall (D)

Bild links unten von Magic Penny Trust und Ciencias y Artes Patagonia www.magicpenny.org, www.capat.org, www.MagneticCoins.info
Karl-Heinz Hellwege *Einführung in die Festkörperphysik* Springer Verlag, 3. Auflage 1988

Kristallgitter

Die vierzehn verschiedene Arten, den Raum periodisch zu füllen

Das Wort *Kristall* stammt vom griechischen χρύσταλλος (zu χρύος „Eiseskälte, Frost, Eis") ab. Anders als bei amorphen Stoffen (wie z. B. Glas) weisen die Atome oder Moleküle in einem Kristall eine besondere Regelmäßigkeit auf. Meist ist damit eine Verschiebungssymmetrie gemeint, d. h., dass sich gewisse Anordnungen der Bausteine im Kristall in eine Richtung immer wiederholen. Die entsprechenden Kristalle werden *periodisch* genannt. Ende des letzten Jahrhunderts wurden jedoch auch sogenannte Quasikristalle (↓) entdeckt, die zwar nicht periodisch sind, aber trotzdem eine Symmetriegruppe besitzen, zum Beispiel eine fünfzählige Rotationssymmetrie.

Die Kristallstruktur eines periodischen Kristalls beschreibt man mit dem *Gitter* und der *Basis*. Das Gitter besteht aus periodisch angeordneten Punkten, die die Verschiebesymmetrie des Kristalls beschreiben.

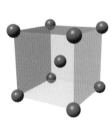

Kubisch raumzentriertes Gitter

Die *Gittervektoren* zeigen hierbei in die Richtung, in die das Kristallgitter symmetrisch ist – entlang der sogenannten *Kristallachsen*. Die Basis besteht dann nicht zuletzt aus genau den Atomen und Molekülen, die sich im Kristall entlang der Gitterpunkte wiederholen.

Kubisch flächenzentriertes Gitter

Die einfachsten Gitter sind die *kubischen*, mit drei genau senkrecht aufeinander stehenden Gittervektoren, die alle dieselbe Länge haben. Sie unterteilen sich in die einfach kubischen (sc, engl. *simple cubic*), kubisch raumzentrierten (bcc, *body centered cubic*) und

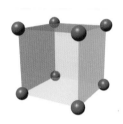

Einfach kubisches Gitter

kubisch flächenzentrierten (fcc, *face centered cubic*) Gitter.

Sie treten in der Natur sehr häufig auf: Ca. 60% aller auf der Erde vorkommenden Kristalle besitzen ein bcc- oder fcc-Gitter. So weisen zum Beispiel Salzkristalle (Natriumchlorid) ein fcc-Gitter auf, und besitzen eine Basis mit einem Natrium- und einem Chlor-Atom. Diamant besitzt erstaunlicherweise auch ein fcc-Gitter, die Basis besteht hier allerdings aus zwei zueinander versetzten Kohlenstoffatomen.

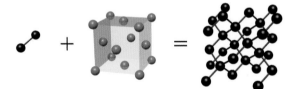

Eine Basis aus zwei Kohlenstoffatomen, im fcc-Gitter angeordnet, ergibt das extrem stabile Diamantgitter.

H. Föll *Die wichtigsten Gitter der Elementkristalle*
http://www.tf.uni-kiel.de/matwis/amat/mw1_ge/kap_3/backbone/r3_3_1.html

Die *tetragonalen* und *rhombischen* Gitter besitzen schon weniger Symmetrie als die kubischen: Die drei Kristallachsen stehen zwar immer noch senkrecht aufeinander, aber von den Gittervektoren haben nur noch zwei dieselbe Länge (tetragonal), oder sie sind sogar alle unterschiedlich lang (rhombisches Gitter). Insgesamt gibt es sechs verschiedene tetragonale und rhombische Gitter: tetragonal-primitiv und -raumzentriert, sowie rhombisch-primitiv, -basiszentriert, -raumzentriert und -flächenzentriert.

Rhombisch flächenzentriertes Gitter

Tetragonal raumzentriertes Gitter

Der Phosgenit besitzt ein tetragonales Kristallgitter

Die *trigonalen* Gitter besitzen drei gleichlange Gittervektoren, die jedoch alle keinen rechten Winkel zueinander aufweisen. Für gewöhnlich tauchen sie in der Form des *rhomboedrisch-trigonalen* Gitters auf, es gibt jedoch auch den besonderen Fall des *hexagonalen* Gitters: Dieses besitzt eine besonders hohe Symmetrie, denn neben den Verschiebesymmetrien des trigonalen Gitters besitzt es zusätzlich eine sechszählige Rotationssymmetrie. Eiskristalle sind ein wundervolles Beispiel für in der Natur vorkommende hexagonale Gitter.

Trigonales Gitter

Die *monoklinen* Gitter besitzen drei unterschiedlich lange Gittervektoren, von denen nur zwei nicht aufeinander senkrecht stehen. Ein häufig vorkommender monokliner Kristall ist zum Beispiel Gips.

Schlussendlich bleiben nur noch die *triklinen* Gitter. Hier haben alle drei Gittervektoren unterschiedliche Längen, und es gibt keine rechten Winkel zwischen ihnen. Dieses sind die einzigen Gitter, die keinerlei Spiegelsymmetrie besitzen, und man findet sie nur selten in der Natur.

Der Inesit, ein Kristall mit trikliner Gitterstruktur

Fotos unten mit freundlicher Genehmigung von Robert Lavinsky www.irocks.com
W. Borchardt-Ott *Kristallographie: eine Einführung für Naturwissenschaftler* Springer Verlag, 7. Auflage 2008

Kristallisation
Vom Keim zum ausgewachsenen Kristall

Obwohl Kristalle zu den härtesten Materialien der Erde gehören, entstehen sie auf eine sehr organisch anmutende Art und Weise: Sie wachsen. Kristallgitter sind äußerst regelmäßige Strukturen, in denen die Atome oder Moleküle für gewöhnlich stark aneinander gebunden sind. Die Entstehung eines Kristalls aus einer Schmelze, Lösung oder einem Gasgemisch nennt man *Kristallisation.*

Aragonit kristallisiert in Wasser (Wasserhärte)

Wird zum Beispiel ein geschmolzenes Metall abgekühlt, so werden die sich sehr schnell bewegenden Metallatome immer langsamer, bis die gegenseitige Anziehungskraft zwischen ihnen irgendwann so groß ist, dass sie sich nicht mehr weit von ihren Nachbarn entfernen können. Das Metall erstarrt. Wenn die Abkühlung langsam genug stattfindet, haben die Atome Zeit, sich in einem regelmäßigen Gitter anzuordnen und so einen Kristall zu bilden.

Eisblume

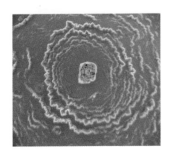

Kristallisationskeim des Salzkristalls, mit der Beugungskontrastmethode aufgenommen

Ein Kristall kann allerdings auch bei normaler Zimmertemperatur entstehen: Ist ein Stoff zum Beispiel in einer Flüssigkeit gelöst, so kann man ihn zum Auskristallisieren bringen, indem man seine chemischen Umstände verändert. Durch Unterkühlung oder Erhöhung des Druckes in der Lösung kann man die Löslichkeit so verändern, dass der zu kristallisierende Stoff übersättigt ist: Er beginnt fest zu werden.

Alle Kristallisationsprozesse sind ein Wetteifern zweier entgegengesetzt wirkender Effekte: Zum einen „möchte" der noch flüssige Stoff seine Energie verringern, indem er einen Festkörper bildet. Zum anderen bedeutet ein entstehender Kristall eine neue Grenzfläche zu anderen Stoffen (z. B. dem noch flüssigen Teil des Metalls oder dem Lösungsmittel) und damit eine erhöhte Oberflächenenergie, was wiederum energetisch ungünstig ist. Zur Kristallisation kommt es, wenn der erste Effekt den zweiten überwiegt.

Bild Mitte mit freundlicher Genehmigung von Jost Jahn, Amrum
Bilder oben und unten mit freundlicher Genehmigung von Erhard Mathias http://www.polymermicroscopy.com/afmgalerie.htm, aufgenommen mit Beugungskontrastmethode

Weil eine große Grenzfläche zwischen dem Kristall und seiner Umgebung energetisch so ungünstig ist, lagern sich neu auskristallisierende Atome am liebsten an bereits bestehendem Kristall an, statt in der Flüssigkeit vereinzelt zu bleiben: So wird das Volumen des Kristalls größer, ohne dass die Oberfläche relevant zunimmt. Deswegen *wachsen* Kristalle: Anstatt gleichmäßig zu erstarren oder auszukristallisieren, bilden sich einzelne Kristallisationskeime, die dann langsam aber sicher größer werden.

Im Winter kann man das direkt beobachten: Auf Fenstern formt sich Eis zuerst in winzigen Kratzern und Kanten, denn dort kann es sich anlagern, ohne eine große Grenzfläche haben zu müssen. Zusätzliches Eis lagert sich an bereits bestehendem an, wodurch die wunderschönen Eisblumen entstehen.

Bei der industriellen Herstellung von Kristallen (auch *Züchtung* genannt) macht man sich dieses Prinzip zunutze: So wird in eine Lösung oder Schmelze ein sogenannter *Impfkristall* eingeführt – ein bereits bestehender Einkristall, der als Kristallisationskeim dient – und der langsam zu einem großen Kristall heranwächst.

In welchem Gittertyp (kubisch, hexagonal, triklin, siehe Kristallgitter ↓) ein Stoff kristallisiert, hängt nicht nur vom Stoff selbst, sondern auch von äußeren Umständen ab: Durch Druck und Temperatur kann man das Resultat der Kristallisation stark beeinflussen. Deshalb entstehen in tiefen Gesteinsschichten, wo deutlich höhere Drücke und Temperaturen herrschen, teilweise ganz andere Varianten von Gesteinsmineralien als an der Erdoberfläche.

Sogar nachträglich kann man z. B. durch äußeren Druck noch Graphit in Diamant umwandeln, also Kohlenstoff von einem hexagonalen in ein kubisch flächenzentriertes Gitter überführen. Man spricht hierbei von *Umkristallisation*. An der Erdoberfläche ist Diamant übrigens metastabil: Sich selbst überlassen verwandelt er sich langsam wieder in Graphit zurück. Dieser Vorgang geht allerdings so extrem langsam vonstatten, dass man ihn praktisch nicht beobachten kann.

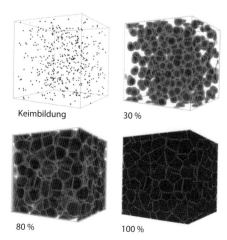

Keimbildung   30 %

80 %   100 %

Simulation des Auskristallisationsprozesses in hochreinem Eisen

Schneekristalle in verschiedensten Formen

Bild rechts oben von B. Zhu und M. Militzer Modelling Simul. Mater. Sci. Eng. 20 085011, 2012
Kristallgitter → S. 266
K.-T. Wilke, J. Bohm (Hrsg.) *Kristallzüchtung* Verlag Deutsch, 2. Auflage 1988

Quasikristalle
Nicht periodisch und doch symmetrisch

Es ist ein klassisches mathematisches Resultat, dass es im dreidimensionalen Raum nur vierzehn Kristallgitter geben kann, die den periodischen Kristallen zugrunde liegen (↓). Bis Ende des letzten Jahrhunderts ließen sich alle bekannten in der Natur vorkommenden oder künstlichen Kristalle einem dieser sogenannten *Bravais-Gitter* zuordnen. All diese Gitter sind nicht nur symmetrisch unter Verschiebungen, sondern weisen eine 2-, 3-, 4- oder 6-zählige Rotationssymmetrie auf, d. h. sie sind symmetrisch unter Drehung um 180°, 120°, 90° oder 60° um eine ihrer Achsen.

Im Jahre 1984 jedoch machte der Ingenieur Daniel Shechtman eine überraschende Entdeckung: Er stellte fest, dass Röntgenbeugungsstrukturen an einer Aluminium-Mangan-Legierung eine fünfzählige Rotationssymmetrie besitzen, d. h., dass der „Kristall" symmetrisch ist unter Drehungen um 72°. Der Physiker Paul Steinhardt prägte daraufhin den Begriff des *Quasikristalls*.

Streuungsbild an einem Zink-Mangan-Holmium-Kristall, mit dreidimensionaler Projektion eines Penteraktes

Da eine solche Symmetrie nach Lehrmeinung unmöglich war, wurde Shechtmans Entdeckung lange Zeit nicht Ernst genommen. Der zweifache Chemienobelpreisträger Linus Pauling soll gesagt haben: „Es gibt keine Quasikristalle, nur Quasi-Wissenschaftler".

Heute jedoch wissen wir, dass Shechtman mit seinen Arbeiten das Verständnis von molekularen Strukturen revolutioniert hat. Im Jahre 1992 wurde die Definition des Begriffes „Kristall" so abgeändert, dass auch die Quasikristalle darunterfallen. Inzwischen sind hunderte von Quasikristallen bekannt, und Shechtman erhielt 2011 für seine Arbeiten den Chemienobelpreis.

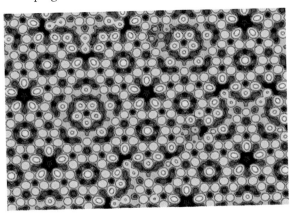

Atommodell einer Quasikristalloberfläche aus einer Aluminium-Palladium-Mangan-Legierung

Kristallgitter → S. 266
J. Osterkamp *Chemie-Nobelpreis: Quasikristalle*
http://www.spektrum.de/alias/nobelpreise-2011/chemie-nobelpreis-quasikristalle/1124795

In der Tat sind die Quasikristalle nicht periodisch, d. h.: eine Verschiebung in eine bestimmte Richtung bildet den Kristall nicht auf sich selbst ab, wie das bei periodischen Kristallen der Fall ist. Trotzdem weisen die Quasikristalle ein hohes Maß an Symmetrie auf, zum Beispiel eben eine dodekaedrische oder ikosaedrische.

Ein Aluminium-Palladium-Rhenium-Kristall

Es gibt Quasikristalle nicht nur in unserer dreidimensionalen Welt, sondern auch z. B. in der Ebene: Seit den 1970ern sind die sogenannten *Penrose-Parkettierungen* bekannt. Mit ihnen kann man z. B. einen Fußboden vollständig so mit Kacheln belegen, dass das entstehende Muster symmetrisch unter Drehung um 72° ist. Ähnliche Muster finden sich tatsächlich schon im 15. Jahrhundert, z. B. im Darb-i-Imam-Schrein im iranischen Isfahan.

In der Natur sind dreidimensionale Quasikristalle äußerst selten, der einzige natürlich vorkommende Quasikristall ist der Icosahedrit, eine Aluminium-Kupfer-Eisen-Legierung mit der Zusammensetzung Al63Cu24Fe13. Quasikristalle können aber auch künstlich hergestellt werden, zum Beispiel indem gewisse Legierungen schnell abgekühlt werden (↓).

Faszinierenderweise kann man die mathematischen Strukturen der Quasikristalle im dreidimensionalen Raum konstruieren, indem man sich ein periodisches Gitter in einer *höheren* Dimension denkt, und dessen Bild unter einem irrationalen Winkel, z. B. einem ganzzahligen Vielfachen vom goldenen Schnitt, auf eine dreidimensionale „Ebene" herunter projiziert.

Die Penrose-Parkettierung

So konstruiert man zum Beispiel das Muster des ikosahedralen Holmium-Mangan-Zink Quasikristalls durch Projektion eines fünfdimensionalen Hyperwürfels (oder *Penterakt*) in unseren dreidimensionalen Raum.

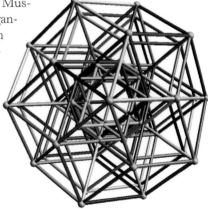

Dreidimensionale Projektion eines Hexeraktes (sechsdimensionaler Hyperwürfel)

Kristallisation → S. 268
B. Ernst *Der Zauberspiegel des M. C. Escher, 7. Die Kunst der Alhambra* Taschen 1978 und 1992
J. Baez *This Week's Finds in Mathematical Physics (Week 247)* http://math.ucr.edu/home/baez/week247.html; Mathematische Überlegungen zu aperiodischen Parkettierungen (englisch)

Flüssigkristalle
Ordentlich nass

Ein Flüssigkristall in nematischer Phase

Ein Flüssigkristall in smektischer Phase

Im flüssigen Zustand sind die Moleküle eines Stoffes so schwach aneinander gebunden, dass sie zueinander ständig ihre Position verändern können. Aus diesem Grund ist eine Flüssigkeit eben nicht „fest", und da die Moleküle eine so große Freiheit besitzen, sind sie meist sehr ungeordnet.

Es gibt jedoch auch Stoffe, die zwar flüssig sind, deren Moleküle aber trotzdem versuchen, sich an ihrer Umgebung auszurichten. Solche Stoffe nennt man *Flüssigkristalle*, denn ähnlich wie die Kristalle (↓) weisen sie lokal ein hohes Maß an Ordnung auf.

Es gibt Flüssigkristalle in sehr verschiedenen Ausprägungen und Formen, die sich in ihren Eigenschaften teils stark voneinander unterscheiden. Am einfachsten ist die sogenannte *nematische Phase*: Diese Flüssigkristalle besitzen dünne, stäbchenförmige Moleküle, die zwar zufällig verteilt sind, aber die sich trotzdem

parallel zu ihren Nachbarn ausrichten. So entsteht eine lokale Richtungsabhängigkeit und damit Ordnung in der flüssigen Phase.

Im Gegensatz dazu tritt in der *smektischen Phase* zusätzlich eine gewisse Fernordnung auf: Stäbchenförmige Moleküle ordnen sich zum Beispiel in dünnen Schichten an. Innerhalb dieser Schichten sind die Moleküle ungeordnet (man spricht auch von zweidimensionalen Flüssigkeiten), aber die Schichten selbst – sowie die Ausrichtung der Moleküle in jeder Schicht – ist sehr geordnet. In zwei Richtungen verhält sich der Flüssigkristall also eher wie eine Flüssigkeit, in die dritte, dazu senkrechte Richtung aber wie ein Kristall.

Die sogenannte *kolumnare Phase* tritt auf, wenn die Moleküle sich in säulenartigen Strukturen anordnen. Dies geschieht zum Beispiel, wenn sie eher scheibenförmig statt stäbchenförmig sind.

Bilder von Oleg D. Lavrentovich, Kent State University, http://dept.kent.edu/spie/liquidcrystals/
Kristallgitter → S. 266

Lange und dünne Moleküle wirken in einem Flüssigkristall wie kleine Dipolantennen: Elektrische Ladungen können meist nur entlang ihrer Achse, aber nicht senkrecht dazu bewegt werden. Deswegen beeinflusst ihre Lage auf ganz entscheidende Art und Weise, wie der Flüssigkristall mit Licht wechselwirkt. Wenn zum Beispiel die Polarisationsrichtung von Licht und die Ausrichtung der Moleküle übereinstimmen, werden diese zum Schwingen angeregt und absorbieren so die Energie des Lichts. Der Flüssigkristall ist also undurchsichtig.

Liegen die Moleküle hingegen senkrecht zur Polarisationsrichtung, so kann das Licht sie nicht anregen, und breitet sich ungehindert aus – der Flüssigkristall ist also durchsichtig. Bei geschickter Anordnung der Moleküle kann man die Polaristationsrichtung des Lichts sogar ändern oder den Flüssigkristall gar doppelbrechend machen.

Dieses Prinzip macht man sich zum Beispiel in LCDs (*liquid crystal displays*) zunutze: Man überzieht eine ständig leuchtende Fläche (die *Hintergrundbeleuchtung*), die polarisiertes Licht aussendet, mit einer dünnen Schicht aus einem nematischen Flüssigkristall. Mithilfe von elektrischen Feldern kann man die Orientierung der Moleküle darin mikrometergenau beeinflussen. Dadurch bestimmt man, welche Teile des Flüssigkristalls lichtdurchlässig sind und welche nicht, also an welchen Stellen man einen leuchtenden Punkt sieht, und an welchen der Bildschirm dunkel bleibt. So entsteht ein scharfes Bild, ohne dass man auf eine unhandliche Elektronenröhre oder dergleichen zurückgreifen muss.

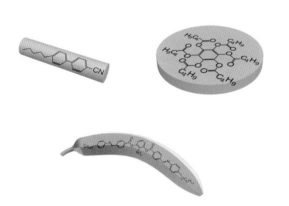

Besondere Molekülformen bestimmen die Eigenschaften der Flüssigkristalle.

Im LCD entsteht ein Bild, indem die Polarisationsebene des Lichts je nach Bedarf gedreht wird.

Bild links von Bohdan Senyuk und Oleg D. Lavrentovich, Kent State University http://dept.kent.edu/spie/liquidcrystals/
G. Strobl *Physik kondensierter Materie: Kristalle, Flüssigkeiten, Flüssigkristalle und Polymere* Springer Verlag 2002
D. Demus *Faszinierende Flüssigkristalle: Fascinating Liquid Crystals* Verlag Books on Demand 2007

Elektronen in Halbleiterkristallen
Vom Isolator zum Leiter mit einer Prise Arsen

Nicht alle Elektronen, die einen Atomkern umkreisen, sind gleich: Diejenigen, die die inneren Elektronenschalen auffüllen, sitzen sehr dicht am Atomkern und beteiligen sich meist nicht an der Wechselwirkung mit anderen Atomen. Weiter außen hingegen sitzen die sogenannten *Valenzelektronen*. Diese bilden keine vollständige Schale und sind deutlich weniger stark an den Kern gebunden. In den meisten Fällen sind sie es, die für die Bindungen zu anderen Atomen verantwortlich sind.

Silizium (Si) zum Beispiel besitzt, genau wie auch Kohlenstoff, vier Valenzelektronen, weshalb man es auch *vierwertig* nennt. In einem

Vierwertiges Silizium, dreiwertiges Indium, fünfwertiges Arsen

Siliziumkristall gehen genau diese vier Elektronen Bindungen ein, d. h. jedes Atom hat genau vier Nachbarn. Zwischen je zwei Siliziumatomen bilden die beiden Valenzelektronen eine Elektronenbrücke. Diese Bindungen sind sehr stabil und sind ein Grund für die hohe Festigkeit des Siliziumkristalls. Und es ist auch nicht

überraschend, dass reines Silizium ein Isolator ist: Weil alle Elektronen fest im Kristall eingespannt und deswegen sehr unbeweglich sind, kann durch Silizium so gut wie kein elektrischer Strom geleitet werden.

Interessant wird es jedoch, wenn man einzelne Siliziumatome in einem reinen Siliziumkristall durch Atome einer anderen Sorte ersetzt: Das Element Arsen (As) zum Beispiel besitzt fünf Valenzelektronen. Wenn man es in ein Siliziumkristallgitter einbaut, werden jedoch nur vier davon als Bindungselektronen benötigt. Das fünfte Valenzelektron ist daher so schwach gebunden, dass es sich fast frei im Kristall bewegen kann. Einen solchen Siliziumkristall nennt man *n-dotiert* (von *dotare*, lat.: „ausstatten". Das „n" steht dafür, dass negative Ladungsträger übrig bleiben), und im Gegensatz zu reinem Silizium ist er in der Lage, elektrischen Strom zu leiten, weil dort Elektronen leicht wandern können.

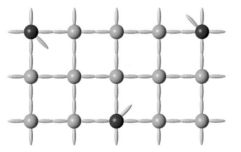

Im n-dotierten Kristall gibt es einen Überschuss an Elektronen im Gitter.

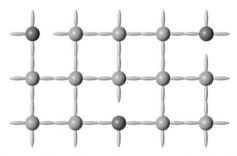

Im p-dotierten Kristall fehlen Elektronen – es gibt daher frei bewegliche „Elektronenlöcher".

Kristallgitter → S. 266

Das Gegenstück zur n-Dotierung ist die sogenannte *p-Dotierung*: Statt mit fünfwertigen, ersetzt man einzelne Siliziumatome mit dreiwertigen Fremdatomen, zum Beispiel Indium (In). Da Indium nur drei Valenzelektronen besitzt, aber wie jedes andere Atom im Kristall vier Nachbarn hat, fehlt ein Elektron, um die Bindungen zu komplettieren. Man spricht hier auch von einem *Defektelektron* oder *Loch*, und man kann es sich wie ein positiv geladenes Gegenstück zu einem Elektron vorstellen (daher *p-dotiert*, mit p = positiv). Genau wie das überschüssige Elektron im n-dotierten Halbleiter, ist das Defektelektron im p-dotierten Halbleiter nicht an den Indiumkern gebunden, sondern relativ frei beweglich.

Mit der Vorstellung, dass das Defektelektron sich durch den Kristall bewegt, ist natürlich gemeint, dass ein Valenzelektron eines benachbarten Siliziumatoms vom Indiumatom angezogen wird und die Elektronenbrücke komplettiert. Dieses Elektron fehlt dann natürlich beim Siliziumatom – das Loch ist anschaulich also an eine neue Position gewandert.

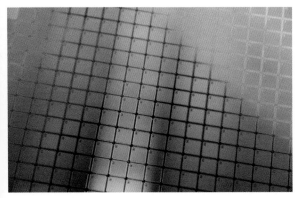

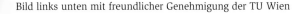
Oberfläche eines Silizium Wafers

Durch gezieltes Dotieren kann man so die Leiteigenschaften von Stoffen wie Silizium genau kontrollieren, was bei der Konstruktion elektronischer Bauteile ausgenutzt wird.

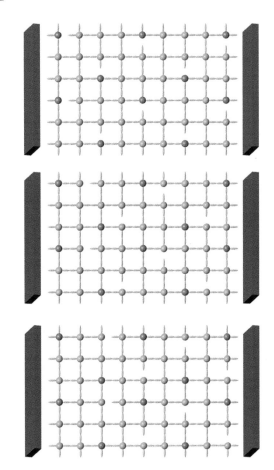

Liegt z. B. an einem p-dotierten Kristall eine Spannung an, so wandern die positiv geladenen Löcher zum Minuspol – es fließt ein Strom.

Bild links unten mit freundlicher Genehmigung der TU Wien

Halbleiterdioden
Wie man elektrische Einbahnstraßen baut

Man kann die elektrischen Eigenschaften von Halbleitern wie z. B. Silizium (Si) oder Galliumarsenid (GaAs) ganz entscheidend beeinflussen, indem man sie dotiert, also einzelne Atome im Kristallgitter durch Atome einer anderen Sorte ersetzt (↓). Besonders spannende Effekte kann man erzeugen, wenn man dann auch noch unterschiedlich dotierte Halbleiter miteinander kombiniert. Das Paradebeispiel hierfür ist der sogenannte *np-Übergang*, den man erhält, indem man einen n-dotierten und einen p-dotierten Halbleiter miteinander in Kontakt bringt.

In einem n-dotierten Halbleiter gibt es frei bewegliche Elektronen (negative Ladungen), während sich in einem p-dotierten Leiter positiv geladene Elektronenlöcher (also Stellen, an denen eigentlich ein Elektron sitzen sollte) bewegen können. Trotzdem sind beide Halbleiter elektrisch neutral, denn es gibt zum Beispiel im n-dotierten Siliziumkristall für jedes freie negativ geladene Elektron ein in die Kristallstruktur eingebautes einfach positiv geladenes Fremdatom (von dem das Elektron ja ursprünglich stammt).

Wenn sich jedoch ein n-dotierter und ein p-dotierter Halbleiter berühren, gerät dieses Gleichgewicht durcheinander: Die frei beweglichen Elektronen im n-dotierten Halbleiter fangen an, in den p-Halbleiter hinein zu wandern. Dort setzen sie sich an die Stellen, an denen sich in der Kristallstruktur ein Elektronenloch befindet. Man sagt auch, dass Elektron und Elektronenloch *rekombinieren*.

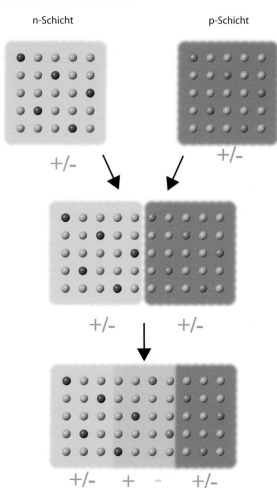

Bringt man einen n-dotierten und einen p-dotierten Halbleiter miteinander in Kontakt, bildet sich eine Raumladungszone aus.

Elektronen in Halbleiterkristallen → S. 274
Universität des Saarlandes *Saarländische Schülerakademie 2007, Kurs Mikrosystemtechnik*
http://www.sascha.uni-saarland.de/sascha2007/index.php?ch = 2.3.2

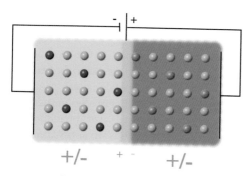

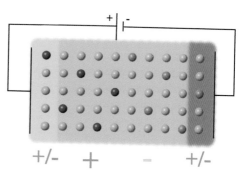

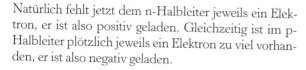

Polt man den np-Übergang in Durchlassrichtung, fließen Elektronen in die n-Schicht (und aus der p-Schicht ab). Wenn die Raumladungszone wieder vollkommen mit Elektronen und Löchern aufgefüllt ist, beginnt ein Strom zu fließen.

Andersherum gepolt jedoch vergrößert sich nur die Raumladungszone, und es fließt kein Strom. Der np-Übergang ist gesperrt.

Natürlich fehlt jetzt dem n-Halbleiter jeweils ein Elektron, er ist also positiv geladen. Gleichzeitig ist im p-Halbleiter plötzlich jeweils ein Elektron zu viel vorhanden, er ist also negativ geladen.

Es wandern so lange Elektronen von der n-Schicht in die p-Schicht und rekombinieren dort mit den Elektronenlöchern, bis die p-Schicht so sehr negativ geladen ist, dass die elektrische Abstoßung ausreicht, um die Zuwanderung weiterer Elektronen zu verhindern. Es stellt sich also wiederum ein Gleichgewichtszustand ein, in dem es in der Grenzschicht zwischen den beiden elektrisch neutralen Halbleitern einen Bereich – die *Raumladungszone* – gibt, der auf der einen Seite positiv, auf der anderen Seite negativ geladen ist. Die Spannungsdifferenz zwischen diesen beiden Bereichen nennt man die *Diffusionsspannung*, und sie ist es, die den np-Übergang zu einer sogenannten *Diode* macht, also elektrischen Strom nur noch in eine Richtung durchlässt, und zwar von der n- zur p-Seite: Man hat eine künstliche Einbahnstraße geschaffen!

Legt man nämlich an den np-Übergang derart eine Spannung an, dass Elektronen von der n- Seite zur p-Seite fließen sollten, dann müssen sie die Diffusionsspannung überwinden. Ist die angelegte Spannung größer als diese Barriere (meist reichen einige wenige Volt) dann können die Elektronen die Raumladungszone passieren, und durch die p-Seite des Übergangs abgeleitet werden. Die Diode ist dann also in *Durchlassrichtung* gepolt.

Wird der Übergang jedoch andersherum gepolt, dann fließen für einen kurzen Moment einige Elektronen der n-Schicht, sowie einige Elektronenlöcher in der p-Schicht ab. Dadurch wächst jedoch die Raumladungszone zwischen den beiden Halbleitern, ebenso vergrößert sich die Diffusionsspannung. Sobald diese genauso groß ist wie die von außen angelegte Spannung, stellt sich wiederum ein Gleichgewicht ein, in dem jedoch kein Strom fließt. Die Diode ist dann in *Sperrrichtung* gepolt.

Wikipedia *Diode*
P. Schnabel *Elektronik Kompendium* http://www.elektronik-kompendium.de/sites/grd/0112072.htm
R. Paul *Halbleiterdioden: Grundlagen und Anwendung* Hüthig Verlag 1976

Leuchtdioden
Leuchtende Kristalle und biegsame Bildschirme

Seit dem 19. Jahrhundert ist es möglich, mit Glühbirnen aus Elektrizität Licht zu erzeugen. Dabei wird ein elektrisch leitendes Material durch starken Stromfluss zum Glühen gebracht. In den sechziger Jahren des 20. Jahrhunderts wurde dann jedoch mit der Entwicklung der *Leuchtdiode* (auch *light emitting diode*, Licht emittierende Diode, LED genannt) eine deutlich elegantere – und weniger heiße – Methode gefunden, die auf den besonderen Eigenschaften von Halbleitern beruht.

Der Hauptteil einer Leuchtdiode ist, wie schon der Name suggeriert, ein np-Übergang zwischen zwei Halbleitern (↓). Als Diode ist dieser Übergang nur in eine Richtung für elektrischen Strom durchlässig – wird die Diode falsch herum gepolt, kann kein Strom fließen. Die meisten LEDs sind dabei sehr empfindlich: Bei falscher Polung kann sie schon bei einer angelegten Spannung von einigen wenigen Volt zerstört werden.

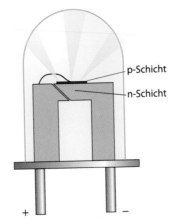

Leuchtdioden strahlen durch Rekombination von Elektronen und Löchern in der p-Schicht.

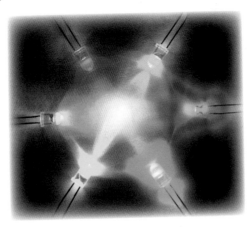

LEDs liefern kristallklare Farben.

Meist baut man LEDs übrigens nicht aus dotiertem Silizium, das wir in einem der vorherigen Beiträge genauer betrachtet hatten, sondern aus sogenannten *III-V-Halbleitern*, wie zum Beispiel Galliumarsenid (GaAs). Der Grund dafür ist, dass sich bei diesen Stoffen die elektrischen Eigenschaften sehr genau durch das exakte Verhältnis der beiden Anteile, in diesem Fall Gallium (Ga) und Arsen (As), beeinflussen lassen.

In einer Leuchtdiode ist die p-Schicht, also der Teil in dem die Elektronenlöcher frei beweglich sind, sehr dünn und besitzt eine große Löcherdichte. Sie liegt auf einer vergleichsweise dicken n-Schicht. Wenn man die Diode nun in Durchlassrichtung anschließt, fließt ein Strom: An der n-Schicht kommen Elektronen an, und an der p-Schicht werden Elektronen abgesaugt (man könnte auch sagen, dass Elektronenlöcher ankommen).

Bild unten mit freundlicher Genehmigung von E. Fred Schubert
Halbleiterdioden → S. 276
Fördergemeinschaft Gutes Licht *LED – Licht aus der Leuchtdiode* https://norka.de/de/download/file/fid/535379
C. Aust, S. Worlitzer *Funktionsweise und Eigenschaften von OLEDs* http://www.elektronikpraxis.vogel.de/displays/articles/44614/
P. Lay *Selbstbauprojekte mit Leuchtdioden: 50 praktische Anwendungen für Haus, Garten und Hobby* Franzis Verlag 2009

Wie bei jedem np-Übergang füllen die Elektronen die Löcher an der Grenzschicht zwischen beiden Halbleitern wieder auf (sie *rekombinieren*). Wann immer sich ein Elektron und ein Loch vereinigen, wird Energie frei. Diese Energie kann als Licht durch die sehr dünne p-Schicht nach außen abgegeben werden, und ist dann für das menschliche Auge sichtbar. So ist bereits bei sehr kleinen Strömen ein Aufleuchten der LED erkennbar, das proportional mit der Stromstärke heller wird.

LEDs sind sehr viel farbkräftiger als zum Beispiel Flüssigkristallbildschirme (LCDs ↓), und im Gegensatz zu ihnen ist das Bild auf einem LED-Bildschirm auch noch gut zu erkennen, wenn man es von der Seite betrachtet. Da man beim An- und Ausschalten der LEDs im Gegensatz zu den Flüssigkristallen keine schwerfälligen Moleküle bewegen muss, sondern nur Elektronen, sind sie auch sehr viel reaktionsschneller und für schnell wechselnde Bilder geeignet. Der größte Vorteil jedoch ist die Tatsache, dass es nicht nur kristalline, sondern auch organische Halbleiter gibt. Aus diesen lassen sich organische Leuchtdioden (sogenannte

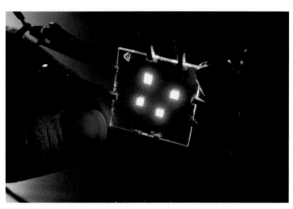

Mit organischen Halbleitern lassen sich biegsame Lichtquellen herstellen.

OLEDs) herstellen. Diese besitzen nicht nur die Vorteile von normalen Leuchtdioden, sondern sind darüber hinaus auch noch biegsam: Seit einigen Jahren wird intensiv an der Entwicklung von Bildschirmen gearbeitet, die ihre Bilder mithilfe von OLEDs darstellen. Diese könnte man dann zum Beispiel als flexible Monitore oder sogar elektronisches Papier einsetzen.

Ein biegsamer Bildschirm, entwickelt von SONY. Er verwendet OLEDs, die dünner als ein menschliches Haar sind.

Bild oben mit freundlicher Genehmigung des U.S. Department of Energy's Pacific Northwest National Laboratory
Bilder unten mit freundlicher Genehmigung von SONY Entertainment
Flüssigkristalle → S. 272
A. Kammoun *Organische Leuchtdioden aus Polymeren und niedermolekularen Verbindungen für großflächige OLED-Anzeigen*
Cuvillier Verlag 2008

9 Geophysik

Wie entstehen Polarlichter? Wie kommt es, dass alle Ozeanböden jünger als 200 Millionen Jahre sind, während die Gesteine der Kontinente ein Alter von bis zu 4 Milliarden Jahren aufweisen können? Und wie kann es sein, dass unsere Erde in manchen Zeitaltern vollkommen eisfrei war?

Erst seit wir die innere Struktur der Erde entschlüsselt haben, ist in den letzten Jahrzehnten eine umfassende Antwort auf solche und weitere Fragen gelungen. Forscher haben dabei entdeckt, dass das Innere unserer Erdkugel dreigeteilt ist, ganz ähnlich wie bei einem Hühnerei: Das Eigelb entspricht dem Erdkern, in dessen glutflüssiger Eisenschmelze das Erdmagnetfeld entsteht. Das Eiweiß entspricht dem Erdmantel, der weitgehend fest und zugleich zähplastisch ist, sodass sich in ihm wie bei einem Gletscher sehr langsame Strömungen entwickeln können, die sich bis zur Erdkruste – die der Eierschale entspricht – auswirken und diese in Bewegung versetzen.

Unsere Erde ist daher – anders als beispielsweise der Mond – ein sehr dynamischer Planet: Ständig entsteht an den Mittelozeanischen Rücken neuer Meeresboden, während an den Tiefseegräben älterer Meeresboden wieder in den Erdmantel absinkt. Die Kontinente werden von dieser Bewegung mitgenommen, reißen auseinander und kollidieren wieder miteinander. Und manchmal kommt es dabei vor, dass die Zufuhr warmer Meeresströmungen zu den Polen behindert wird – eine Grundvoraussetzung für die Entstehung von Eiszeiten, die seit einigen Jahrmillionen wieder einmal erfüllt ist.

© Springer-Verlag GmbH Deutschland, ein Teil von Springer Nature 2019
B. Bahr et al., *Faszinierende Physik*, https://doi.org/10.1007/978-3-662-58413-2_9

Der innere Aufbau der Erde
Eine Reise in die Unterwelt

Betrachtet man das Material typischer Meteoriten (sogenannte *Chondrite*), so bestehen diese zu rund 20 bis 40 Prozent aus Eisen und anderen Metallen. Auch unsere Erde sollte einen entsprechenden Eisenanteil enthalten, da sie sich zeitgleich mit diesen Meteoriten vor rund 4,6 Milliarden Jahren aus derselben Gas- und Staubscheibe gebildet hat. Die Erdkruste besitzt jedoch nur einen Eisenanteil von knapp fünf Prozent. Zugleich weist die Schwerkraft der Erde darauf hin, dass ihre mittlere Dichte mit rund 5,5 g/cm³ fast doppelt so groß sein muss wie die Dichte der Erdkruste, die bei 2,7 bis 3,0 g/cm³ liegt. Wo also ist das schwere Eisen geblieben, das in den Meteoriten noch so reichhaltig vorhanden ist?

Es muss bei der Bildung der Erde nach unten in Richtung Erdmittelpunkt abgesunken sein, als diese sich noch in einem glutflüssigen Zustand befand. Tatsächlich zeigen Erdbebenwellen, die unsere Erdkugel durchlaufen, dass es in knapp 2900 km Tiefe eine Grenzschicht gibt, an der die Dichte sich sprunghaft von rund 5 auf 10 g/cm³ erhöht.

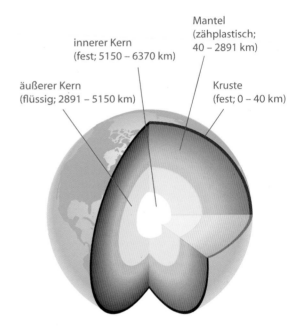

innerer Kern
(fest; 5150 – 6370 km)

Mantel
(zähplastisch;
40 – 2891 km)

äußerer Kern
(flüssig; 2891 – 5150 km)

Kruste
(fest; 0 – 40 km)

Der innere Aufbau der Erde

Ein fünf Zentimeter hoher Chondrit. Die hell glänzenden Stellen auf der Schnittfläche sind Metallkörner aus einer Eisen-Nickel-Legierung.

Hier beginnt der sogenannte *Erdkern*, in dem sich das abgesunkene Eisen zusammen mit anderen Metallen (insbesondere Nickel) gesammelt hat. Da seismische Scherwellen nicht in den Erdkern vordringen können, muss das Eisen sich zumindest im äußeren Erdkern in flüssigem Zustand befinden. Man weiß heute, dass im inneren Erdkern in einer Tiefe von 5150 bis 6370 km der extrem hohe Druck bewirkt, dass die Eisenlegierung dort in fester Form vorliegt.

ZEIT WISSEN Edition (Schuber): Planet Erde Spektrum Akademischer Verlag (2008)
Geodynamik an der Universität Münster https://www.uni-muenster.de/Physik.GP/Geodynamics/geodynamics.html

Während die Erde im Lauf der Jahrmilliarden langsam abkühlt, wächst dieser feste innere Erdkern zunehmend an, da immer mehr flüssiges Eisen gleichsam ausfriert.

Oberhalb des Erdkerns liegt in einer Tiefe zwischen einigen 10 und knapp 2900 km der *Erdmantel*, der aus Silikatgestein besteht. Darüber befindet sich die *Erdkruste*, die im Bereich der Ozeane rund 5 bis 10 km und im Bereich der Kontinentalschollen 30 bis 50 km dick ist (siehe auch Isostasie ↓).

Anders als oft angenommen ist der Erdmantel nicht flüssig, sondern ab einer Tiefe von rund 100 km (also unterhalb der recht starren sogenannten *Lithosphäre*) zähplastisch, ähnlich wie Gletschereis, das zwar fest ist, aber dennoch langsam zu Tal fließen kann (↓). Daher kann der Erdmantel beispielsweise seismische Scherwellen weiterleiten, was der flüssige äußere Erdkern nicht kann, und sich dennoch im Laufe von Jahrmillionen langsam verformen.

Noch heute ist im Erdinneren ein Teil jener Wärme gespeichert, die bei der Entstehung der Erde dort bereits vorhanden war. Zusätzlich entsteht neue Wärme durch den Zerfall langlebiger radioaktiver Elemente wie Uran und Thorium. Daher nimmt die Temperatur in der Erdkruste alle hundert Tiefenmeter um rund drei Grad zu, sodass es im Inneren tiefer Bergwerke unangenehm warm wird (in einem Kilometer Tiefe herrschen bereits rund 40 °C). An der Kern-Mantel-Grenze erreicht die

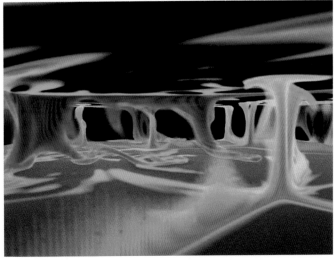

Simulation der Konvektion im Erdmantel. Heißes aufsteigendes Mantelmaterial ist orange, kühles absinkendes Material ist blau dargestellt.

Temperatur etwa 3500 °C und im inneren Erdkern rund 5500 °C, so dass sie dort schon vergleichbar mit der Temperatur der Sonnenoberfläche ist. Diese Temperaturdifferenz zur Erdoberfläche treibt im zähplastischen Erdmantel riesige sehr langsame Konvektionsströme an, bei denen heißes Mantelmaterial mit Geschwindigkeiten von einigen Zentimetern pro Jahr von unten zur Erdoberfläche aufsteigt, dort abkühlt und an anderer Stelle wieder nach unten sinkt. Diese Konvektionsströme sind der Motor der *Kontinentaldrift* (↓). Die Konvektionsströme im flüssigen äußeren Erdkern sind dagegen mit Geschwindigkeiten von einigen Kilometern pro Jahr wesentlich schneller – sie sind die Ursache des Erdmagnetfeldes (↓).

Bild mit freundlicher Genehmigung von Ulrich Hansen, Institut für Geophysik der Universität Münster
Isostasie → S. 286
Gletscherbewegungen → S. 296
Die Drift der Kontinente → S. 284
Der Erdkern als Quelle des Erdmagnetfelds → S. 290

Die Drift der Kontinente
Konvektionsströme und Plattentektonik

Anders als beispielsweise der Mond oder der Mars ist unsere Erde ein sehr dynamisches System, dessen Oberfläche sich ständig verändert (↓). Die Konvektionsströme des Erdmantels sind stark genug, um die oberste recht starre Schicht (die rund 100 km dicke *Lithosphäre* mitsamt der Erdkruste) in plattenartige Bewegung zu versetzen – man spricht auch von *Kontinentaldrift* oder *Plattentektonik* (↓). Neuere geophysikalische Simulationsrechnungen deuten darauf hin, dass sich eine Plattentektonik nur unter sehr speziellen Gleichgewichtsverhältnissen zwischen der äußeren Kruste und dem darunterliegenden Mantel einstellt. Möglicherweise ist sie deshalb bisher nur bei der Erde und nicht bei anderen Planeten gefunden worden.

Bei der Plattentektonik dringt an den mittelozeanischen Rücken ständig heißes Material aus dem zähplastischen Erdmantel nach oben und bildet dort neuen Meeresboden, während an den sogenannten *Subduktionszonen* (meist Tiefseegräben) dieser Meeresboden wieder in den Erdmantel abtaucht. Daher gibt es nirgends auf der Erde Meeresboden, der älter als rund 200 Millionen Jahre ist.

Die Kontinente sind, anders als die Böden der Ozeane, zu großen Teilen mit bis zu vier Milliarden Jahren zum Teil fast so alt wie die Erde selbst, die sich vor rund 4,6 Milliarden Jahren gebildet hat. Die Schollen der Kontinente bestehen aus silikatreichen Gesteinen (z. B. Graniten), die mit einer Dichte von rund 2,8 g/cm^3 deutlich leichter sind als die Basalte des Meeresbodens, deren Dichte bei rund 3,0 g/cm^3 liegt. Daher können die Kontinentalschollen nicht in den Erdmantel abtauchen, sondern sie schwimmen wie Eisschollen und werden von dem sie umgebenden Material wie auf einem Förderband mit Geschwindigkeiten von wenigen Zentimetern pro Jahr mitgenommen.

Plattentektonische Zusammenhänge

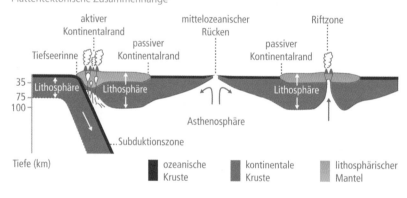

Umsetzung der konvektiven Mantelbewegung in die plattenartige Bewegung der Oberfläche (Simulation, U. Hansen)

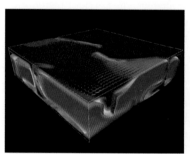

Bild rechts mit freundlicher Genehmigung von Ulrich Hansen, Institut für Geophysik der Universität Münster
Isostasie → S. 286
Der innere Aufbau der Erde → S. 282
Vulkane im Sonnensystem → S. 8
J. Grotzinger, T. H. Jordan, F. Press, R. Siever *Press/Siever - Allgemeine Geologie* Spektrum Akademischer Verlag, 5. Auflage 2008

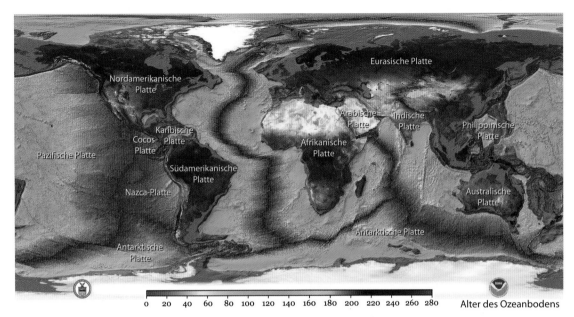

0 20 40 60 80 100 120 140 160 180 200 220 240 260 280   Alter des Ozeanbodens

Diese Kontinentaldrift formt die Oberfläche unserer Erde. Etwa alle 500 Millionen Jahre werden die Kontinentalschollen zu großen Superkontinenten zusammengeschoben, um anschließend wieder auseinanderzubrechen. In den Kollisionszonen entstehen dabei gewaltige Hochgebirge ähnlich dem heutigen Himalaja, das durch die Kollision der nach Norden driftenden Indischen Platte mit der Eurasischen Platte entstand und das selbst heute noch um mehr als einen Zentimeter pro Jahr emporgehoben wird.

Das letzte Mal existierte ein solcher Superkontinent (*Pangäa* genannt) vor rund 300 bis 200 Millionen Jahren. Die bei seiner Entstehung aufgefalteten variszischen Gebirgszüge bilden heute die Sockel vieler Mittelgebirge in Europa so-

wie im Osten Nordamerikas. Von ihrer einstigen Größe ist nicht viel übrig geblieben, denn die Erosion hat sie im Lauf der Jahrmillionen weitgehend abgetragen und ihr Gesteinsmaterial in Form von mächtigen Sedimentschichten abgelagert.

Die kontinentale Kruste schwimmt aufgrund ihrer geringeren Dichte auf dem Erdmantel und ragt über die ozeanische Kruste hinaus.

km (horizontale Entfernung nicht maßstabsgerecht)

ZEIT WISSEN Edition (Schuber) *Planet Erde* Spektrum Akademischer Verlag 2008
Universität Münster *Geodynamik* http://www.uni-muenster.de/Physik.GP/Geodynamik/Artwork.html
NOAA *Images of Crustal Age of the Ocean Floor* http://www.ngdc.noaa.gov/mgg/image/crustalimages.html

Isostasie
Was Kontinente und Eisberge gemeinsam haben

Die Erde unter unseren Füßen macht auf uns normalerweise einen stabilen Eindruck. Wenn aber ganze Gebirge oder gar Kontinente auf ihr lasten, gibt auch sie nach. Die Kontinente sinken in den zähplastischen Erdmantel (↓) ein, bis die Auftriebskräfte des dichteren Mantelgesteins das leichtere kontinentale Gestein tragen können. Es ist ganz ähnlich wie bei einem Eisberg, der vom dichteren Meerwasser getragen wird. Man spricht auch vom *isostatischen Gleichgewicht.*

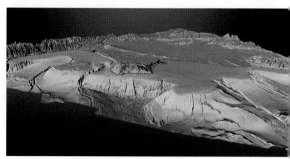
Kontinentalschelf bei Los Angeles

Könnte man das Wasser der Ozeane ablassen, so wären die Blöcke der Kontinente gut zu erkennen. Wie Eisberge im Packeis erheben sie sich über den Boden der Tiefsee und bilden an ihren Rändern flache Schelfmeere wie die Nordsee aus.

Manchmal haben die Kontinente große Zusatzlasten zu tragen: dicke Eisschilde wie in Grönland oder der Antarktis. Die Eispanzer drücken dann das kontinentale Gestein nach unten, ähnlich wie bei einem schwer beladenen Schiff.

Ähnlich wie dieser Eisberg schwimmen die Kontinente auf dem zähplastischen Erdmantel.

Während der Eiszeit waren auch große Teile Kanadas und Skandinaviens von solchen Eispanzern bedeckt und hinabgedrückt worden. Seitdem diese Eisschilde vor rund 10 000 Jahren verschwunden sind, heben sich diese Landmassen allmählich wieder an – ein Vorgang, den man bis heute beobachten kann. So hat sich das Zentrum Skandinaviens seit der Eiszeit um rund 300 m angehoben und steigt auch heute noch mit bis zu 1 cm pro Jahr empor.

Der innere Aufbau der Erde → S. 282

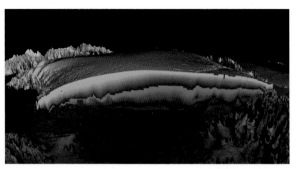

Darstellung des Grönländischen Eisschilds auf der Basis von NASA-Daten. Die Farben zeigen das Alter der Eisschichten.

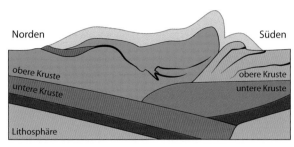

Schematischer Querschnitt durch die Alpen

In Gebirgsregionen wie den Alpen oder dem Himalaya hat die Erde eine besonders große Last zu tragen. Dort kollidieren ganze Kontinente miteinander, sodass sich das kontinentale Gestein auffaltet und ineinanderschiebt. Die Erdkruste ist an diesen Stellen oft doppelt so dick wie sonst und entwickelt entsprechende Auftriebskräfte, die die Gebirge anheben. Zugleich entsteht eine Gebirgswurzel aus kontinentalem Gestein, die etwa 5- bis 6-mal tiefer in den Erdmantel hineinragt, als das Gebirge hoch ist.

Wenn nun die Erosion an den aufragenden Gebirgen nagt und immer mehr Material abträgt, so verringert sich die zu tragende Last. Der Untergrund reagiert und hebt das Gebirge weiter an, um das Gleichgewicht zwischen Auftrieb und Gebirgslast wieder herzustellen. Der Verlust durch die Erosion wird so teilweise wieder ausgeglichen, und es entsteht ein komplexes Wechselspiel zwischen weiterer Auffaltung, Erosion und isostatischen Ausgleichsbewegungen. So steigen die Alpen auch heute noch mit rund 1 bis 3 mm pro Jahr empor.

Bathurst Inlet im Norden Kanadas. Die terassenartige Struktur zeigt, wie sich das Land immer weiter anhebt und die Wasserlinie entsprechend zurückweicht.

Erst wenn die Gebirgsbildung zum Erliegen kommt und die kontinentale Kruste durch fortwährende Erosion ihre normale Dicke erreicht hat, ist ein Gebirge endgültig wieder verschwunden. Die Erdgeschichte kennt dafür mehrere Beispiele – eines von ihnen ist das variszische Gebirge, das vor rund 370–320 Millionen Jahren bei der Bildung des Superkontinents Pangäa entstand. An vielen Stellen Mitteleuropas findet man noch Gesteinsrelikte dieses einstigen Hochgebirges, das durch die Erosion komplett abgetragen wurde.

G. Hale *NASA Data Peers into Greenland's Ice Sheet* https://www.nasa.gov/content/goddard/nasa-data-peers-into-greenlands-ice-sheet

Erdbeben und seismische Wellen
Wenn Kontinentalplatten sich verhaken

Die langsamen Konvektionsströme des Erdmantels verschieben die Platten der Erdkruste mit Geschwindigkeiten von ein bis zehn Zentimetern pro Jahr (Kontinentaldrift ↓). Dieser Prozess läuft nicht immer reibungslos ab, da die Platten sich häufig an den Plattengrenzen verkanten und miteinander verhaken, sodass sich enorme Spannungen im Gestein aufbauen können. Irgendwann bricht das Gestein, die Spannung löst sich, und es kommt zu einem Erdbeben.

Der Erdbebenherd (das sogenannte *Hypozentrum*) liegt meist in nur wenigen Kilometern Tiefe, da die Gesteine dort – anders als in tieferen Schichten – noch spröde genug sind, sodass sich Spannungen aufbauen können. Die Stelle an der Erdoberfläche direkt über dem Erdbebenherd bezeichnet man als *Epizentrum*.

An der San-Andreas-Verwerfung in Kalifornien verschiebt sich die Pazifische Platte jährlich um etwa 6 cm gegenüber der Nordamerikanischen Platte.

Auf der Weltkarte (rechts) sind 358 214 Epizentren aus den Jahren 1963 bis 1998 eingezeichnet. Man sieht, wie sich die Erdbeben an den Plattengrenzen konzentrieren.

Die ruckartigen Bewegungen der Gesteine im Erdbebenherd pflanzen sich als seismische Wellen in das umgebende Gestein fort. Am schnellsten breiten sich dabei mit 5 bis 8 km/s die sogenannten *P-Wellen* (Primärwellen) aus, bei denen es sich analog zu Schallwellen um Druckwellen (Kompressionswellen, Longitudinalwellen) handelt. Deutlich langsamer sind mit 3 bis 4,5 km/s die *S-Wellen* (Sekundärwellen), bei denen die Gesteine senkrecht zur Ausbreitungsrichtung

Zerstörungen in San Francisco durch das Erdbeben von 1906

Der innere Aufbau der Erde → S. 282
Die Drift der Kontinente → S. 284

schwingen – es handelt sich bei ihnen also um Scherwellen (Transversalwellen). Am langsamsten sind mit 2 bis 4 km/s *seismische Oberflächenwellen* (beispielsweise die ähnlich wie Meereswellen rollenden *Rayleigh-Wellen*), die besonders energiereich sind und mit ihren heftigen Bodenbewegungen große Zerstörungen verursachen können.

Seismische Wellen breiten sich quer durch die Erdkugel aus, und ihre Messung verrät viel über das Innenleben unserer Erde. So findet man beispielsweise, dass die transversalen S-Wellen nicht in den Erdkern eindringen können. Da sich Scherwellen nur in festen elastischen Materialien ausbreiten können, schließt man daraus, dass der äußere Erdkern flüssig sein muss. Der Erdmantel ist dagegen im üblichen Sinne weitgehend fest, da S-Wellen ihn durchqueren können. Erst über sehr lange Zeiträume macht sich seine zähplastische Verformbarkeit bemerkbar, die sich besonders in der langsamen Drift der Kontinente zeigt.

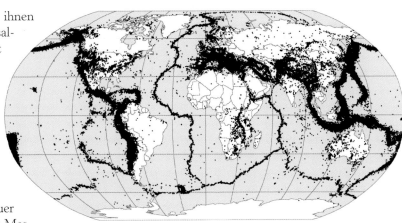

Vorläufige Bestimmung der Epizentren, 358 214 Ereignisse, 1963 – 1998

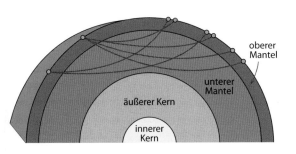

Laufwege seismischer Wellen

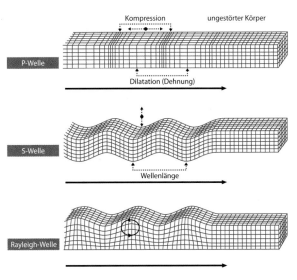

Verschiedene Arten seismischer Wellen

ZEIT WISSEN Edition (Schuber) *Planet Erde* Spektrum Akademischer Verlag 2008
J. Grotzinger, T. H. Jordan, F. Press, R. Siever *Press/Siever - Allgemeine Geologie* Spektrum Akademischer Verlag, 5. Auflage 2008

Der Erdkern als Quelle des Erdmagnetfelds
Der innere Geodynamo unserer Erde

Unsere Erde besitzt ein Magnetfeld, das bis in den Weltraum hinausreicht und das man nahe der Erdoberfläche recht genau durch ein sogenanntes *Dipolfeld* beschreiben kann, wie es beispielsweise auch einen Stabmagneten umgibt. Dabei weicht die magnetische Achse um rund elf Grad von der Rotationsachse der Erde ab, sodass sich der geomagnetische Nordpol aktuell im Nordpolarmeer, nahe den Kanadischen Inseln befindet. Er verändert jedoch allmählich seine Position und wandert seit einigen Jahrzehnten um rund 30 bis 40 km jährlich in nordwestliche Richtung.

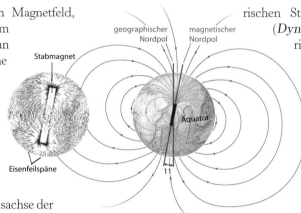

Magnetfeld eines Stabmagneten (links) im Vergleich zum Erdmagnetfeld

Das deutet darauf hin, dass der Magnetismus der Erde nicht von einem statischen Magneten erzeugt wird, sondern dynamischen Ursprungs ist. Tatsächlich verliert beispielsweise Eisen oberhalb der *Curie-Temperatur* von 768 °C (1041 Kelvin) seine ferromagnetischen (↓) Eigenschaften, sodass es im heißen Inneren der Erde keine Dauermagnete aus Eisen geben kann. Das Erdmagnetfeld wird vielmehr dynamisch von Konvektionsströmen der flüssigen Eisenlegierung im äußeren Erdkern in rund 3 000 km Tiefe erzeugt, die durch den Temperaturunterschied zum Erdmantel entstehen. Dabei kommt es zu einem Aufschaukeln von elekt-

rischen Strömen und Magnetfeldern (*Dynamoeffekt*): Wenn ein elektrischer Leiter – hier das flüssige Eisen im Erdkern – sich in einem noch schwachen Magnetfeld bewegt, so entstehen darin elektrische Ströme, die wiederum Magnetfelder hervorrufen und unter bestimmten Bedingungen damit das anfängliche schwache Magnetfeld verstärken können – man spricht vom *Geodynamo*. In einem komplizierten Wechselspiel zwischen Konvektionsströmen, Corioliskraft, elektrischen Strömen und Magnetfeldern entsteht so im Erdkern das großräumige Magnetfeld, das wir an der Erdoberfläche messen.

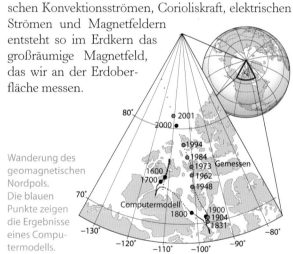

Wanderung des geomagnetischen Nordpols. Die blauen Punkte zeigen die Ergebnisse eines Computermodells.

Der innere Aufbau der Erde → S. 282
Ferromagnetismus → S. 264
U.S. Geological Survey *The Geomagnetism Program website* http://geomag.usgs.gov/

Mittlerweile gelingt es, diese komplexe Dynamik in Computermodellen immer genauer zu simulieren. Dabei zeigt sich, dass das Magnetfeld im Erdkern vermutlich deutlich komplexer ist als im Außenbereich. Außerdem kann es in chaotischen Zwischenphasen von einigen tausend Jahren zu Umpolungen des Magnetfeldes kommen. Die seit dem Jahr 1830 gemessene Abschwächung des Erdmagnetfeldes von rund zehn Prozent könnte ein Hinweis darauf sein, dass die nächste Umpolung womöglich kurz bevorsteht. Während dieser Umpolung wäre das Magnetfeld der Erde stark geschwächt und der Teilchenstrom der Sonne (*Sonnenwind*) könnte die Erde weitgehend ungehindert erreichen. Vermutlich würde die Atmosphäre uns selbst recht gut schützen, doch unsere hochempfindliche Technik (insbesondere Satelliten) wäre wohl stark betroffen.

In der Vergangenheit hat sich das Erdmagnetfeld in unregelmäßigen Abständen im Mittel ungefähr alle 250000 Jahre umgepolt – zuletzt vor etwa 780000 Jahren, sodass die nächste Umpolung eigentlich schon überfällig ist. Dies kann man anhand von Vulkangesteinen nachweisen, die sich zu der jeweiligen Zeit gebildet haben, denn im heißen noch flüssigen Gestein richten sich darin enthaltene magnetische Bestandteile nach dem Erdmagnetfeld aus und dokumentieren damit nach dem Erstarren dessen damalige Ausrichtung. Im Meeresboden des Atlantischen Ozeans konnte man ein entsprechendes Streifenmuster aus abwechselnd magnetisierten Gesteinen nachweisen, die durch die ständige Neubildung von Meeresboden am mittelatlantischen Rücken entstanden sind.

Bilder einer Computersimulation des Geodynamos im Erdkern während einer Normalphase (links) und inmitten einer Umpolungsphase (rechts)

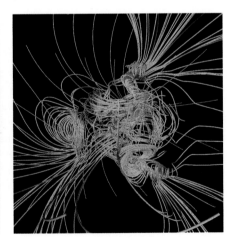

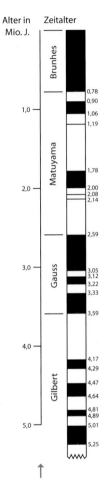

Polarität des Erdmagnetfeldes in den letzten 5 Millionen Jahren. Die schwarz dargestellten Zeiträume entsprechen der heutigen Polarität, die weiß dargestellten der entgegengesetzten Polarität.

Simulationsbilder mit freundlicher Genehmigung von Gary A. Glatzmaier (University of California Santa Cruz) und Paul H. Roberts (University of California Los Angeles)
G. A. Glatzmaier *When North goes South* http://www.psc.edu/science/glatzmaier.html

Erdmagnetfeld und Polarlichter
Wenn der Sonnenwind den Himmel zum Leuchten bringt

Das Erdmagnetfeld, das im Erdkern in rund 3000 km Tiefe entsteht, reicht bis weit in den Weltraum hinaus. Dabei wird es oberhalb der Erdatmosphäre durch die Wechselwirkung mit dem Plasma des Sonnenwindes deformiert, sodass es zur Sonne hin auf nur etwa zehn Erdradien zusammengestaucht wird, während es auf der sonnenabgewandten Seite zu einem langen Schweif auseinandergezogen wird, der bis zu hundert Erdradien lang sein kann.

Das äußere Magnetfeld der Erde (Magnetosphäre, künstlerische Darstellung)

Der Sonnenwind besteht im Wesentlichen aus Elektronen und Protonen, die unsere Sonne beispielsweise bei Sonneneruptionen in den Weltraum hinausschleudert und die nach zwei bis vier Tagen mit Geschwindigkeiten von einigen hundert Kilometern pro Sekunde bei der Erde ankommen. Die Teilchen des Sonnenwindes sind damit wesentlich energieärmer als die hochenergetische kosmische Strahlung aus den Tiefen des Weltalls, aber immer noch energiereich genug, um uns bei starker Sonnenaktivität gefährlich werden zu können. Glücklicherweise wird der Sonnenwind durch das Erdmagnetfeld abgelenkt und um die Erde herumgeleitet, denn seine geladenen Teilchen bewegen sich aufgrund der Lorentzkraft ($\downarrow$) in engen Spiralbahnen um die magnetischen Feldlinien herum und werden dadurch gleichsam vom Magnetfeld geführt. In der Nähe der Pole können sie dabei entlang der sich zur Erdoberfläche krümmenden Feldlinien bis in die obere Erdatmosphäre vordringen, wo sie in 100 bis 200 kn Höhe von Gasmolekülen gestoppt werden, die wiederum durch die absorbierte Energie zum Leuchten angeregt werden (*Fluoreszenz*). Dabei können sehr eindrucksvolle Leuchterscheinungen am Himmel entstehen, die als *Polarlichter* bekannt sind.

Auch bei anderen Planeten hat man Polarlichter beobachtet. Das Bild rechts zeigt Polarlicht-Ringe auf dem Planeten Saturn, aufgenommen vom Hubble Space Telescope.

Die Sonne und ihr Magnetfeld → S. 2
Die elektromagnetische Wechselwirkung → S. 58
Vektorfelder und Feldlinien → S. 56

Polarlicht über dem Bear Lake bei dem US-Luftwaffenstützpunkt Eielson in Alaska ...

... über der Amundsen-Scott-Südpolstation in der Antarktis ...   ... und von der Internationalen Raumstation aus gesehen

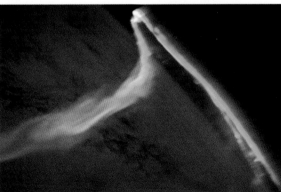

B. Schlegel, K. Schlegel *Polarlichter zwischen Wunder und Wirklichkeit: Kulturgeschichte und Physik einer Himmelserscheinung*
Spektrum Akademischer Verlag 2012

Eiszeiten und Milankovitch-Zyklen

Warum gibt es Eiszeiten?

Eiszeitalter sind viele Millionen Jahre lange Perioden, in denen mindestens einer der beiden Pole ganzjährig mit Eis bedeckt ist. Damit ist klar, dass wir uns auch aktuell in einem Eiszeitalter befinden – man nennt es das *Kanäozoische Eiszeitalter.*

Es begann vor rund dreißig Millionen Jahren im mittleren Tertiär mit der Vereisung der Antarktis, nachdem sich die Drake-Straße zwischen Südamerika und der Antarktis so weit geöffnet hatte, dass sich eine kreisförmige Meeresströmung um die Antarktis herum bilden konnte, die sie dadurch von warmen Meeresströmungen abschnitt. Erst mit dem Beginn des Quartärs vor rund 2,6 Millionen Jahren fror dann auch die Arktis ganzjährig zu.

Eiszeitalter sind dennoch die Ausnahme in der Erdgeschichte. Normalerweise sind die Pole eisfrei und der Meeresspiegel liegt ein- bis zweihundert Meter höher als heute, sodass flache, warme Meere große Teile der Kontinente bedecken. Kein Wunder also, dass man in vielen Teilen der Welt auch jenseits der heutigen Ozeane Meeresfossilien finden kann.

Eines der härtesten Eiszeitalter ereignete sich vor rund 750 bis 580 Millionen Jahren. Man vermutet, dass die Erde damals mehrfach komplett oder zumindest zu großen Teilen zufror, und spricht deshalb auch vom *Schneeball Erde.* Die Erde könnte damals zeitweise durchaus gewisse Ähnlichkeiten mit dem Jupitermond Europa aufgewiesen haben, der von einem zugefrorenen Ozean bedeckt ist.

Mittlere Temperaturkurve für die Tiefsee in der Erdneuzeit, wobei formale Temperaturwerte unter null Grad den Vereisungsgrad der Pole repräsentieren und der hellblaue Bereich die kurzfristige Schwankungsbreite der Temperatur angibt.

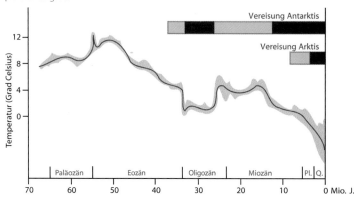

Die Antarktis ist heute von einem Eispanzer bedeckt. Die Pfeile zeigen den antarktischen Zirkumpolarstrom. Die Drake-Straße sieht man links unten im Bild.

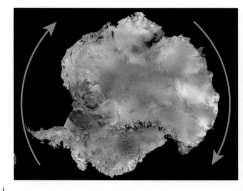

Temperaturkurve links unten erstellt in Anlehnung an J. Zachos, M. Pagani, L. Sloan, E. Thomas, K. Billups: *Trends, Rhythms and Aberrations in Global Climate 65 Ma to Present* Science, 27. April 2001, Vol. 292, S. 686
J. Baez *This Week's Finds (Week 317 und Week 318)* http://math.ucr.edu/home/baez/week317.html und
http://math.ucr.edu/home/baez/week318.html

Ein nicht ganz so extremes Eiszeitalter ereignete sich im späten Ordovizium und frühen Silur vor rund 460 bis 430 Millionen Jahren. Damals lag die Sahara als Teil des Südkontinents Gondwana in der Nähe des Südpols und war von einem Eispanzer bedeckt. Vor rund 330 bis 270 Millionen Jahren kam es vom mittleren Karbon bis zum mittleren Perm zu einem weiteren Eiszeitalter, bei dem sich im Rhythmus von einigen zehntausend Jahren ständig kältere und wärmere Zeitabschnitte abwechselten (Kalt- und Warmzeiten). In den Kaltzeiten bildeten sich bei niedrigem Meeresspiegel in den Tropen große Sumpfwälder, die in wärmeren Zeiten vom Meer überspült und mit Sedimenten bedeckt wurden. Jedes unserer mitteleuropäischen Steinkohleflöze ist ein solcher verschütteter Tropenwald – Mitteleuropa lag damals am Äquator.

Auch unser aktuelles Eiszeitalter ist von solchen Schwankungen geprägt, bei denen etwa alle einhunderttausend Jahre eine Warmzeit für gut zehntausend Jahre die Kaltzeiten unterbricht. Seit rund 11 000 Jahren leben wir in einer solchen Warmzeit.

Die Erde während einer Kaltzeit im Kanäozoischen Eiszeitalter

Die Schwankungen im Eisvolumen der letzten 450 000 Jahre zeigen den ständigen Wechsel zwischen Kalt- und Warmzeiten.

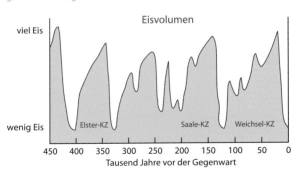

Eiszeitalter habe ihren Ursprung in einem Zusammenspiel mehrerer Faktoren. Eine wichtige Rolle spielt die Lage der Kontinente und die dadurch möglichen Meeresströmungen, sowie die Menge an Treibhausgasen in der Atmosphäre. Der Wechsel zwischen Kalt- und Warmzeiten innerhalb eines Eiszeitalters wird dagegen vermutlich durch die Kombination mehrerer astronomischer Faktoren beeinflusst: Die Exzentrizität der Erdbahn schwankt, und mit ihr die maximale und minimale Entfernung der Erde von der Sonne, die Neigung der Erdachse pendelt zwischen 22,1 und 24,5 Grad und beeinflusst damit die Stärke der Jahreszeiten, und die Präzession der Erdachse (↓) lässt diese rotieren und ändert somit die Kopplung zwischen den beiden zuvor genannten Faktoren. Der Einfluss dieser sogenannten *Milankovitch-Zyklen* wird durch Rückkopplungseffekte auf komplizierte Weise verstärkt, sodass sie die Wechsel zwischen Kalt- und Warmzeiten während eines Eiszeitalters anstoßen.

Kreisel mit äußerem Drehmoment → S. 90
J. Resag *Zeitpfad, die Geschichte des Universums und unseres Planeten* Springer Spektrum 2012

Gletscherbewegungen
Wandernde Riesen

Der Aletschgletscher in der Schweiz

Gletscher bilden sich dort, wo es aufgrund der klimatischen Verhältnisse mehr schneit als verdunsten oder schmelzen kann, also überall dort, wo es mehr und mehr Schnee gibt, der sich unter seinem eigenen Gewicht zusammenpresst und kompakte Eisplatten bildet.

Während der letzten Eiszeiten bedeckten Gletscher unter anderem weite Teile Mitteleuropas. Heutzutage findet man sie nur noch in hohen Gebirgslagen, wie z. B. in den Alpen, sowie in den Polarregionen, wo es kalt genug ist. Allerdings werden auch dort die Gletscher immer weniger: Seit über hundert Jahren geht die Gletschermasse stetig zurück, die alpinen Gletscher haben seit dieser Zeit etwa die Hälfte ihres Volumens eingebüßt (Milankovich-Zyklen ↓). Die globale Erderwärmung (↓) spielte dabei gerade in den letzten Jahrzehnten eine tragende Rolle.

Obwohl gerade die riesigen Eismassen der Alpen träge und statisch wirken, sind Gletscher alles andere als starr: Sie bewegen sich ständig, wenn auch sehr langsam. Alpengletscher zum Beispiel wandern etwa 10 bis 30 m im Jahr. Grund dafür ist ihr großes Eigengewicht, unter dessen Einfluss die Eismassen kontinuierlich in Richtung Tal wandern. Dabei hängt es von der Temperatur ab, wie diese Bewegung genau abläuft.

Bei *warmen Gletschern* sind Gewicht, Druck und Temperatur ausreichend, sodass sich unter ihnen zwischen Eis und Fels, eine dünne Wasserschicht bildet. Auf dieser können sie langsam ins Tal rutschen. Dies nennt man auch *basales Gleiten*. Dabei schabt ein Gletscher viel Gestein und Geröll ab und formt so die Landschaft. Besonders während der Eiszeiten sind da-

Modellierung des Aletschgletschers. Die farbigen Pfeile geben die Flussrichtung und -geschwindigkeit an. Rot markiert besonders schnelle Stellen, die bis zu 200 m pro Jahr erreichen können.

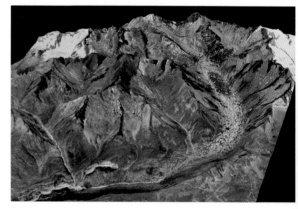

Eiszeiten und Milankovitch-Zyklen → S. 294
Globale Erwärmung → S. 298

durch riesige Mengen an Boden und Gestein transportiert worden. Die auf diese Weise geformten Hügel bestimmen immer noch maßgeblich die Landschaft z. B. in Norddeutschland.

Im Gegensatz dazu schmelzen *kalte Gletscher* an ihrer Unterseite so gut wie nicht. Trotzdem verändern sie ständig ihre Form, da sie ihrem eigenen Druck ausgesetzt sind und von Schneefall sowie Verdunstung beeinflusst werden. Ihre Bewegung wird *plastisches Fließen* genannt. Dabei kann man sich das Eis in der Tat wie eine – sehr zähe – Flüssigkeit vorstellen, die sich unter dem Einfluss ihres eigenen Gewichts bewegt.

Heutzutage ist ein großer Teil der Gletscherforschung mit der Modellierung und dem Fließverhalten der riesigen Eismassen beschäftigt. Gerade bei längeren Gletschern ist das Verhalten durchaus sehr kompliziert, da weiter oben am Berg Schnee fallen kann, sodass die Eismenge dort zunimmt, während es weiter im Tal bereits wieder tauen kann. Gerade bei solchen größeren Gletschern tritt, je nach Ausdehnung über verschiedene Höhenlagen, basales Gleiten und plastisches Fließen gleichzeitig auf.

Für Vermessungen an Gletschern setzen Forscher oft mit Kameras ausgestattete Drohnen ein.

Der Bowdoingletscher in Grönland. Berechnungen der Flussgeschwindigkeiten ermöglichen vorherzusagen, wann und wo Teile des Gletschers abbrechen und ins Meer stürzen („calving").

Ein Beispiel für die Anwendung mathematischer Modelle für den Gletscherfluss ist der sogenannte Aletschgletscher in den Alpen: Die sterblichen Überreste einer 1926 auf diesem Gletscher verschollenen Gruppe Wanderer wurden 2012 gefunden – mehr als 10 km entfernt im Tal! Das Eis hatte sie mit einer Geschwindigkeit von bis zu 200 m pro Jahr und bis zu 250 m unter der Eisoberfläche langsam talwärts befördert. Dort wurden sie durch das schmelzende Eis allmählich freigelegt. Durch präzise Simulation der Fließeigenschaften des Eises sowie genauer Klimadaten der letzten knapp 90 Jahre konnte genau rekonstruiert werden, wo sie verloren gegangen sein mussten.

Doch nicht nur in die Vergangenheit, auch in die Zukunft kann man versuchen, mit diesen Modellen zu blicken: So kann man vorhersagen, wie sehr sich die Gletscher in den nächsten Jahrzehnten, abhängig von der erwarteten Klimaveränderung, zurückbilden werden. Das Resultat ist eindeutig: Hält der jetzige Trend an, werden viele Gletscher im Jahr 2100 fast ganz verschwunden sein.

Globale Erwärmung
Wie Treibhausgase unsere Erde aufheizen

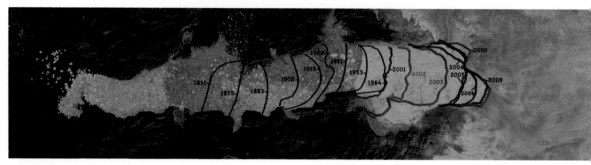

Unsere Erde wurde in den letzten 150 Jahren immer wärmer. Messungen zeigen, dass die mittlere Erdtemperatur in dieser Zeit um rund 1,2 °C angestiegen ist. Wir beobachten, wie die Gletscher zusehends schrumpfen und wie die eisbedeckte Fläche im Nordpolarmeer immer kleiner wird.

Da die Ozeane das Wasser der abschmelzenden Gletscher (↓) aufnehmen müssen und sich ihr wärmer werdendes Wasser zusätzlich ausdehnt, steigt der Meeresspiegel immer schneller an – mittlerweile jedes Jahr

Luftbild des Jakobshavn-Gletschers in Grönland. Die eingezeichneten Linien zeigen, wie die Kalbungsfront immer weiter zurückgewichen ist.

Anstieg der globalen mittleren Erdtemperatur seit dem Jahr 1880

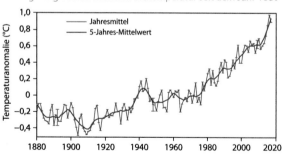

um mehr als 3 mm. Seit dem Jahr 1870 ist er bereits um 25 cm angestiegen und bedroht zunehmend Küstenstädte wie New Orleans und flache Inseln wie die Malediven. Übrigens lässt abschmelzendes Meereis den Wasserspiegel nicht ansteigen, denn es verdrängt schwimmend genauso viel Wasser, wie es auch im geschmolzenen Zustand einnimmt – sie können das mit einem Glas Wasser und einem darin schwimmenden Eiswürfel, den Sie schmelzen lassen, leicht selber nachprüfen! Schmelzen dagegen die auf dem Festland liegenden Gletscher wie in Grönland und der Antarktis, so steigt der Meeresspiegel ganz beträchtlich.

Woran liegt es, dass unsere Erde immer wärmer wird? Trotz mancher Kontroverse ist man sich in der Wissenschaft mittlerweile einig: Es liegt an den großen Mengen an Treibhausgasen wie Kohlendioxid und Methan, die wir Menschen mit zunehmender Geschwindigkeit in unsere Atmosphäre entlassen. Seit dem Beginn der

Gletscherbewegungen → S. 296
NOAA *Early Eocene Period – 54 to 48 Million Years Ago* https://www.ncdc.noaa.gov/global-warming/early-eocene-period

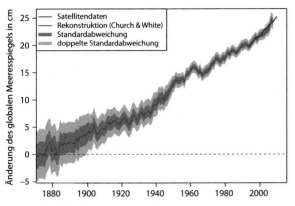

Anstieg des globalen Meeresspiegels seit 1870

war das Klima fast überall tropisch warm. Die Erdtemperatur lag rund 9 bis 14 °C über ihrem heutigen Wert. Nord- und Südpol waren komplett eisfrei und der Meeresspiegel war rund 70 m höher als heute – Köln läge also unter Wasser!

Noch sind wir von solchen Verhältnissen weit entfernt. Allerdings nähern wir uns ihnen immer schneller. Die von uns ausgestoßenen Treibhausgase

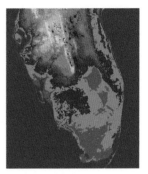

Würde der Meeresspiegel um 5 bzw. 10 m ansteigen, lägen die dunkelblau bzw. hellblau dargestellten Gebiete Floridas unter Wasser.

Industriellen Revolution stieg beispielsweise der Gehalt an Kohlendioxid von unter 300 auf über 400 ppm (Teilchen pro Millionen Luftteilchen) an, und jedes Jahr kommen weitere 2 ppm hinzu.

Treibhausgase wirken wie das Glasdach eines Treibhauses – daher ihr Name. Sie lassen Sonnenlicht hindurch, sodass sich der Erdboden aufwärmen kann. Die Wärmestrahlung, die der Erdboden dann abgibt, wird aber nicht in den Weltraum durchgelassen, sondern wieder zurück zur Erde reflektiert und dort wieder vom Erdboden aufgenommen, sodass er sich nicht effektiv abkühlen kann.

Wie sehr Treibhausgase die Erdtemperatur ansteigen lassen, zeigt ein Blick in die geologische Vergangenheit unserer Erde. So lag der Gehalt an Kohlendioxid im frühen Eozän vor rund 50 Millionen Jahren – also etwa 15 Millionen Jahre nach dem Ende der Dinosaurier – aufgrund intensiver vulkanischer Aktivität bei rund 1000 bis 2000 ppm und war damit mindestens 2- bis 3-mal so hoch wie heute. In dieser Treibhauswelt

werden vermutlich schon im Jahr 2100 zu einer Temperaturerhöhung von 2 bis 6 °C führen, verglichen mit dem vorindustriellen Niveau, und der Meeresspiegel könnte um 1 bis 2 m ansteigen. Im Jahr 2015 haben sich daher die Völker der Welt im Übereinkommen von Paris darauf verständigt, alles dafür zu tun, um die Temperaturerhöhung bis zum Jahr 2100 auf 2 °C zu begrenzen (2-Grad-Ziel). Hoffentlich gelingt es uns!

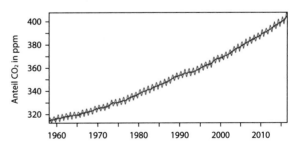

Kohlendioxidanteil der Luft, gemessen am Mauna Loa. Neben der jährlichen Schwankung aufgrund der jahreszeitlichen Änderung der Vegetationsdichte erkennt man einen langfristigen kontinuierlichen Anstieg.

Climate Central *Mapping Choices: Carbon, Climate, and Rising Seas, Our Global Legacy* Climate Central, November 2015, http://sealevel.climatecentral.org/uploads/research/Global-Mapping-Choices-Report.pdf
Bildungsserver Wiki *Kohlendioxid in der Erdgeschichte* http://wiki.bildungsserver.de/klimawandel/index.php/Kohlendioxid_in_der_Erdgeschichte

10 Grenzen des Wissens

Was ist die Stringtheorie, was das holografische Prinzip – und leben wir in einem Multiversum? Wie genau kennen wir heute die Gesetze der Physik? Wissen wir bereits, was die Welt im Innersten zusammenhält?

Die Physik hat in den vergangenen Jahrzehnten und Jahrhunderten große Fortschritte gemacht und viel erreicht. Aber noch immer gibt es keine physikalische Theorie, die alle vier Grundkräfte umfasst und zugleich sowohl die Quantenmechanik als auch die Relativitätstheorie berücksichtigt.

Außerdem wissen wir aus der Kosmologie, dass unser Universum große Mengen dunkler Materie enthalten muss und dass der scheinbare leere Raum eine geheimnisvolle dunkle Energie zu besitzen scheint, die unser Universum beschleunigt expandieren lässt. Woraus beide bestehen, bleibt jedoch ein Rätsel: Weder dunkle Materie noch dunkle Energie können aus Quarks oder Leptonen bestehen, sodass das Standardmodell hier nichts beitragen kann.

Das Kapitel „Grenzen des Wissens" stellt die aussichtsreichsten Ansätze vor, um diese Probleme zu lösen und einen Schritt in Richtung einer allumfassenden physikalischen Theorie – oft „Weltformel" genannt – voranzukommen. Dabei zeigt sich, dass alle diese Ansätze auf eine Welt hinauslaufen, die deutlich umfassender ist als das dreidimensionale Universum, das wir heute kennen. Raum und Zeit erhalten eine körnige, blasenartige Struktur, verborgene Raumdimensionen treten auf und das holografische Prinzip legt nahe, dass unsere Welt eine hologrammartige Struktur aufweisen könnte.

© Springer-Verlag GmbH Deutschland, ein Teil von Springer Nature 2019
B. Bahr et al., *Faszinierende Physik*, https://doi.org/10.1007/978-3-662-58413-2_10

Supersymmetrie
Auf der Jagd nach den Superpartnern

Obwohl das Standardmodell der Teilchenphysik einen Großteil der beobachtbaren Natur erklärt, hat es einige Lücken: Zum Beispiel ermöglicht es eine unrealistisch hohe Masse für das Higgs-Teilchen (↓) (das sogenannte *Hierarchieproblem*), und hat keine gute Erklärung für die Zusammensetzung der reichhaltig im Universum vorkommenden dunklen Materie (↓).

Um diese Probleme zu überwinden, haben theoretische Physiker eine Symmetrie zwischen den beiden fundamentalen Teilchensorten des Standardmodells, Bosonen und Fermionen, postuliert. Diese sogenannte *Supersymmetrie*, kurz SUSY, verdoppelt die Anzahl der Elementarteilchen: Zu jedem Fermion (d. h. Elementarteilchen mit halbzahligem Spin von 1/2, 3/2, 5/2,...) gibt es ein neues Boson mit einem ganzzahligen Spin (0, 1, 2, ...) als *Superpartner*. Außerdem existiert

zu jedem Boson des Standardmodells ein dazugehöriges Fermion. Die neu dazukommenden Bosonen werden mit einem vorangestellten „S-" gekennzeichnet, der Superpartner des Elektrons ist also das „Selektron". Die supersymmetrischen fermionischen Partner der Bosonen erhalten ein nachgestelltes „-ino", so gibt es zum Beispiel das „Photino" oder das „Higgsino".

Mithilfe der SUSY lösen sich viele der Probleme des Standardmodells automatisch: Die Masse des Higgs-Bosons kann nicht mehr über alle Grenzen wachsen, denn Beiträge höherer Ordnung aus Wechselwirkungen mit Teilchen des Standardmodells heben sich mit den Beiträgen ihrer Superpartner gerade weg.

Die Elementarteilchen des Standardmodells (links) und ihre Superpartner (rechts): Die Rolle der Bosonen und Fermionen ist vertauscht, alle anderen Eigenschaften (außer der Masse) bleiben gleich.

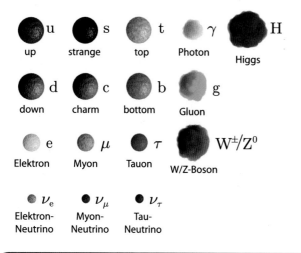

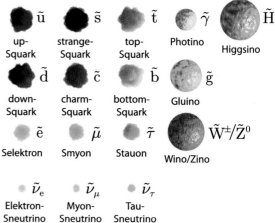

Die Entdeckung des Higgs-Teilchens → S. 258
Dunkle Materie → S. 158
Das Standardmodell der Teilchenphysik → S. 238
Wikipedia *Supersymmetrie*
LHC *Seite deutscher Teilchenphysiker am LHC* http://www.weltmaschine.de/physik/supersymmetrie/

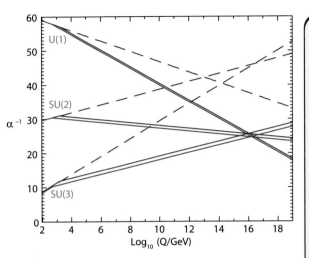

Stärke der elektromagnetischen, schwachen und starken Wechselwirkungen in Abhängigkeit von der Energie. Während sie sich in einer Welt ohne SUSY nicht in einem Punkt treffen (gestrichelte Linien), vereinheitlichen sich die drei Kräfte in einer supersymmetrischen Welt bei ca. 10^{16} GeV (rote/blaue Linien). So erscheinen sie sehr viel natürlicher als verschiedene Aspekte einer einzigen Kraft.

Die Masse des Higgs-Teilchens

Die Masse des Higgs-Teilchens berechnet sich aus den Wechselwirkungen mit den anderen Teilchen. Der Hauptbeitrag kommt dabei durch Feynman-Diagramme (↓), die das top-Quark (das bei Weitem schwerste der Quarks) enthalten (links).

Dessen SUSY Partner, das „top-Squark", trägt einen ähnlichen Betrag bei, jedoch mit dem entgegengesetzten Vorzeichen (rechts). Damit heben sich die Beiträge (beinahe) auf: In einer Welt mit SUSY darf also das Higgs-Boson eine weitaus geringere (und damit realistischere) Masse haben als in einer Welt ohne.

Außerdem vereinheitlichen sich die elektromagnetische, die schwache und die starke Wechselwirkung sehr viel natürlicher bei hohen Energien. Weiterhin gäbe es in einer supersymmetrischen Welt gewisse supersymmetrische neutrale Teilchen, sogenannte *Neutralinos*. Die hätten zwar eine hohe Masse, wären aber stabil und würden sonst kaum wechselwirken. Damit wären sie ideale Kandidaten für dunkle Materie.

Schlussendlich ist SUSY unverzichtbar für die Stringtheorie. Es gibt also viele Gründe, aus denen SUSY ein äußerst attraktives theoretisches Konzept ist. Viele Physiker sind daher fest davon überzeugt, dass die Welt in Wirklichkeit supersymmetrisch ist.

Leider hat man bis zum Zeitpunkt des Druckes dieses Buches noch nie ein supersymmetrisches Teilchen gesehen. Experimente am Teilchenbeschleuniger LHC suchen explizit nach Zeichen von SUSY, jedoch konnte bis dato nur etabliert werden, dass, wenn es Superpartner gibt, sie eine enorm hohe Masse haben müssten. Außerdem erfordert das „Minimally Coupled Supersymmetric Standard Model" (kurz MSSM) die Einführung von über 100 neuen Naturkonstanten, was es sehr unnatürlich erscheinen lässt. Einige Physiker beginnen daher bereits an der SUSY zu zweifeln, es wird jedoch noch eine Weile dauern, bis man sie sicher bestätigen oder widerlegen kann.

Bild oben links mit freundlicher Genehmigung von Stephen Martin, *A Supersymmetry Primer*, https://www.niu.edu/spmartin/primer/ angepasst von KR
Feynman-Diagramme → S. 240
G. Brumfiel *Experimentelle Zweifel an der SUSY*
http://www.spektrum.de/alias/cern/susy-kollidiert-mit-daten-aus-teilchenbeschleuniger/1065420

Stringtheorie und M-Theorie
Auf der Suche nach der Weltformel

Im Standardmodell der Teilchenphysik ($\downarrow$) gelingt es, auf Basis der Speziellen Relativitätstheorie und der Quantenmechanik drei der vier bekannten fundamentalen Wechselwirkungen zu beschreiben, nämlich die elektromagnetische, die schwache und die starke Wechselwirkung. Die Gravitation will sich bisher aber noch nicht integrieren lassen: Ihre Verbindung mit der Quantenmechanik führt zu Unendlichkeiten, die ihre Ursache darin haben, dass aufgrund der Unschärferelation für sehr kurze Abstände ständig virtuelle Teilchen entstehen können. Da die Teilchen als punktförmig angenommen werden, entstehen umso mehr virtuelle Teilchen, je kürzer die Abstände sind, sodass bei kleinsten Abständen viele mathematische Ausdrücke divergieren, also unendlich groß werden.

Von Materie (1) über Moleküle (2) und Atome (3) mit Elektronen (4) zu Quarks (5) und Strings (6)

Bei den drei Wechselwirkungen des Standardmodells lässt sich diese Divergenz abfangen und renormieren, nicht aber bei der Gravitation, sodass sich diese nicht in das Standardmodell integrieren lässt. Punktförmige Teilchen passen offenbar nicht zu einer Quantentheorie der Gravitation.

Nun müssen Teilchen wie beispielsweise das Elektron oder Photon aber keineswegs punktförmig sein, sondern sie könnten eine sehr kleine Ausdehnung besitzen. Der einfachste Ansatz ist, sie als winzige Fäden (*Strings*) zu modellieren, die offen sein oder geschlossene Schleifen bilden können.

Während es in Feynman-Diagrammen ($\downarrow$) mit punktförmigen Teilchen auch punktförmige Vertices gibt, die zu den problematischen Unendlichkeiten führen, gibt es bei Strings solche Vertices nicht mehr, wodurch die Unendlichkeiten gezähmt und handhabbar werden.

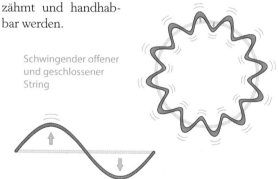

Schwingender offener und geschlossener String

Das Standardmodell der Teilchenphysik → S. 238
Feynman-Diagramme → S. 240
D. Lüst *Quantenfische* C.H. Beck Verlag 2011
E. Witten *Magic, Mystery, and Matrix* Notices of the American Mathematical Society, October 1998, S.1125;
http://www.sns.ias.edu/sites/default/files/mmm(3).pdf

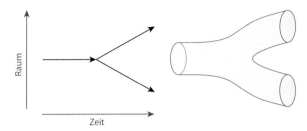

Feynman-Diagramm für Teilchen (links) und String (rechts)

Als man in den 1970er-Jahren diese sogenannten *Stringtheorien* näher untersuchte, fand man heraus, dass sie bestimmte geschlossene Strings mit sich bringen, die masselosen Spin-2-Teilchen entsprechen. Für eine Quantentheorie der Gravitation braucht man genau solche Teilchen (die *Gravitonen*), sodass die Stringtheorie automatisch eine konsistente *Quantengravitationstheorie* enthält. Seitdem ist sie immer weiter untersucht und ausgebaut worden und gilt als ein möglicher Kandidat für eine allumfassende Theorie der Physik (Weltformel).

Die Stringtheorie ist jedoch auch oft kritisiert worden: Sie sei noch nicht einmal falsch, da sie keine überprüfbaren Vorhersagen mache. Andererseits kann sie auch eine Reihe wichtiger Erfolge anführen. So ist sie die einzige bekannte konsistente Verallgemeinerung des Standardmodells der Teilchenphysik, die automatisch eine Quantentheorie der Gravitation enthält. Außerdem enthält sie nur einen einzigen physikalischen Parameter: die *Stringspannung*, die sich aus der Gravitationskonstanten ableitet. Im Rahmen der Stringtheorie ist es ferner gelungen, die Entropie schwarzer Löcher korrekt zu berechnen und Verbindungen zum holografischen Prinzip (↓) herzustellen – nicht schlecht für eine Theorie, die noch nicht einmal falsch sein soll!

Edward Witten im Jahr 2008 in Göteborg (Schweden)

Die Bedingungen, die die Relativitätstheorie und die Quantentheorie der Stringtheorie auferlegen, sind sehr restriktiv. Im Jahr 1995 fand Edward Witten heraus, dass es sehr wahrscheinlich tatsächlich nur eine einzige konsistente Stringtheorie gibt, die alle Bedingungen erfüllt und die er geheimnisvoll *M-Theorie* nannte.

Bei der M-Theorie handelt es sich noch nicht um eine ausformulierte Theorie, sondern um eine noch weitgehend unerforschte tiefgründige mathematische Struktur, die sich als universelle Verbindung zwischen den bis dahin bekannten verschiedenen Formulierungen (Typ I, Typ IIA und IIB sowie zwei heterotische Varianten) der Stringtheorie abzeichnet. Auch jetzt noch liegt der größte Teil dieser komplexen Struktur wie in einem Nebelmeer verborgen, und nur einige Details konnten bisher sichtbar gemacht werden.

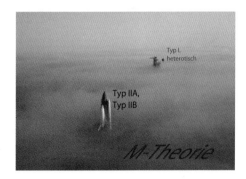

Verborgene Dimensionen → S. 306
Das holografische Prinzip → S. 314
E. Witten *Reflections on the fate of spacetime* Physics Today, April 1996, S. 24;
https://physicstoday.scitation.org/doi/10.1063/1.881493

Verborgene Dimensionen
Wie viele Dimensionen hat der Raum?

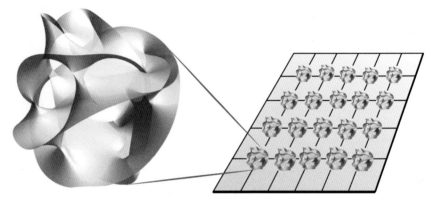

Überzählige Dimensionen sind zu kleinen Raumknäueln aufgewickelt (Calabi-Yau-Räume)

Warum besitzt unsere Welt drei räumliche Dimensionen und nicht zwei oder vier oder noch mehr? Die etablierten physikalischen Theorien, wie beispielsweise das Standardmodell, geben darauf keine definitive Antwort. Sie würden meist auch in einer anderen Anzahl an Raumdimensionen funktionieren. Die einzige Theorie, die zu der Zahl der Raumdimensionen eine klare Aussage macht, ist die *String*- bzw. *M-Theorie* (↓). Sie funktioniert nämlich nur in einer bestimmten Anzahl von Raumdimensionen.

Das Problem ist nur: Diese von der M-Theorie geforderte Anzahl an Raumdimensionen ist nicht drei, oder vier – sondern zehn! Wenn man annimmt, dass die String- bzw. M-Theorie unser Universum beschreibt, in dem wir nur drei Raumdimensionen und eine Zeitdimension beobachten, so müssen die überzähligen Dimensionen irgendwie verborgen sein.

Eine naheliegende Möglichkeit besteht darin, diese Dimensionen sehr eng einzurollen – und so klein zu machen, dass wir sie nicht spüren. Die Oberfläche eines dünnen Strohhalms vermittelt eine gute Vorstellung davon, wie das geht: Von weitem wirkt der Strohhalm wie eine eindimensionale Linie. Erst aus der Nähe sieht man die zweite Dimension seiner Oberfläche, die eng aufgewickelt ist. Man kann sich den Strohhalm daher wie eine gerade Linie vorstellen, bei der an jedem Punkt eine zweite Dimension als Kreis angeheftet ist.

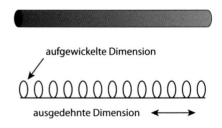

aufgewickelte Dimension

ausgedehnte Dimension ◀——▶

Stringtheorie und M-Theorie → S. 304
B. Greene *Das elegante Universum: Superstrings, verborgene Dimensionen und die Suche nach der Weltformel* Goldmann Verlag 2005

Analog kann man auch an jedem Punkt des dreidimensionalen Raumes die überzähligen Dimensionen zu einem sehr kleinen Raumknäuel aufwickeln – mathematisch werden diese durch sogenannte *Mannigfaltigkeiten* beschrieben, und oft insbesondere durch sogenannte *Calabi-Yau-Mannigfaltigkeiten*, die für die Physiker besser berechenbar sind.

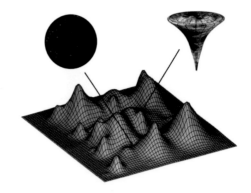

Die aus reiner Energie bestehenden Strings sind klein genug, dass sie auch innerhalb dieses Raumknäuels auf verschiedene Arten schwingen können. Von Weitem sehen diese Stringschwingungen für uns dann aus wie unterschiedliche Elementarteilchen. Die aufgewickelten verborgenen Raumdimensionen sind nun also durchaus willkommen, denn mit ihrer Hilfe kann man im Prinzip die Physik in den nicht aufgewickelten drei Raumdimensionen modellieren und die Eigenschaften der verschiedenen Elementarteilchen erklären. Dabei hängt diese Physik davon ab, wie die verborgenen Dimensionen im Detail aufgewickelt und ineinander verschlungen sind, wobei es sehr viele (vermutlich rund 10^{500}) verschiedene Möglichkeiten gibt. Man spricht angesichts dieser gigantischen Vielfalt an Möglichkeiten von der *Landschaft der Stringtheorie*.

Meist geht man davon aus, dass die Ausdehnung des Raumknäuels ungefähr bei einer Plancklänge ($1{,}6 \cdot 10^{-35}$ m) liegt. Mit der heute bekannten Physik wäre es jedoch auch verträglich, wenn einige dieser Dimensionen einen Einrollradius bis zu einigen Mikrometern besäßen, wobei nur die Gravitation in der Lage wäre, sich in diese Zusatzdimensionen hinein auszubreiten. In diesem Fall würde die Gravitationskraft zu kleineren Abständen hin stärker als nur quadratisch zunehmen, sodass die Energien am Large Hadron Collider LHC (↓) ausreichen könnten, kurzlebige schwarze Mikrolöcher zu erzeugen und so die Existenz dieser verborgenen Zusatzdimensionen nachzuweisen.

Simuliertes Zerfallsereignis eines schwarzen Mikrolochs, eingefügt in ein Foto des ATLAS-Detektors am LHC

Der Large Hadron Collider (LHC) → S. 256
B. Greene *Die verborgene Wirklichkeit: Paralleluniversen und die Gesetze des Kosmos* Siedler Verlag 2012

Multiversum und anthropisches Prinzip

Hinter dem Horizont geht's weiter

Stringlandschaft verschiedener Universen

Wenn man sich mit der modernen Physik und Kosmologie beschäftigt, so drängt sich an vielen Stellen der Gedanke auf, dass das für uns sichtbare Universum nur ein kleiner Teil eines viel größeren Gebildes ist, das oft als *Multiversum* bezeichnet wird.

Im einfachsten Fall könnten die einzelnen Universen einfach verschiedene Raumbereiche des Multiversums sein, die so weit voneinander entfernt sind und so schnell expandieren, dass sie seit ihrer Entstehung noch keinen kausalen Kontakt zueinander herstellen konnten. Die anderen Universen lägen also jenseits unseres Horizonts (↓). Denkbar wäre auch, dass verschiedene Universen in unterschiedlichen Zeitaltern

existieren, wobei beispielsweise der Kollaps eines alten Universums in einen Urknall übergeht und damit zur Geburt eines neuen Universums führt (siehe Loop-Quantengravitation ↓).

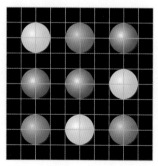

Es wäre sogar vorstellbar, dass sowohl räumlich als auch zeitlich verschiedene Universen existieren. Die Idee der inflationären Expansion (↓) legt beispielsweise nahe, dass das ursprüngliche

Kosmische Horizonte → S. 166
Loop-Quantengravitation → S. 316
Urknall und inflationäre Expansion → S. 162

Inflatonfeld nicht nur an einer einzigen Stelle des Multiversums eine riesige expandierende Raumblase wie die unsere geschaffen hat. Es könnten an vielen Stellen in einem *Hyperraum* ständig neue voneinander getrennte Raumblasen (Universen) entstehen und expandieren. Dieses Multiversum wäre wie ein gigantischer löchriger Schweizer Käse, der sich mit enormer Geschwindigkeit ständig weiter ausdehnt, wobei jedes expandierende Loch darin einem eigenen Universum entspricht. Zugleich entstehen in diesem Käseblock an vielen Stellen immer neue Löcher und damit neue Universen.

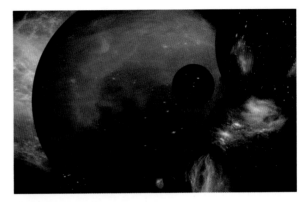

Nach der Stringtheorie könnten sich nun die physikalischen Gesetze in den verschiedenen Universen in ganz unterschiedlicher Weise manifestieren, was überraschenderweise davon abhängt, in welcher Weise sich die überzähligen Raumdimensionen (↓) der Stringtheorie zu winzigen Knäuels einrollen. Berechnungen legen nahe, dass es in dieser Stringlandschaft verschiedener Universen rund 10^{500} verschiedene Einrollmöglichkeiten gibt.

In welchem dieser unzähligen Universen leben nun wir? Offenbar in einem, in dem eine Einrollmöglichkeit und damit eine Physik realisiert ist, die das Entstehen intelligenten Lebens ermöglicht. Wir müssen uns also nicht wundern, dass unser Planet und unsere Welt so perfekt auf Leben abgestimmt ist: Denn wir können natürlich nur in einer der Welten existieren, die unser Leben möglich macht. Diese Sichtweise nennt man *anthropisches Prinzip*.

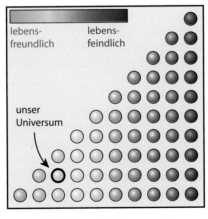

lebens-
freundlich
lebens-
feindlich

unser
Universum

dunkle Energiedichte ⟶

Das anthropische Prinzip ist beispielsweise in der Lage, den geringen Wert der dunklen Energiedichte in unserem Universum plausibel zu machen. Modellrechnungen legen nahe, dass es sehr viel mehr Universen gibt, in denen die dunkle Energiedichte viel größere Werte aufweist, aber die dadurch hervorgerufene abstoßende Gravitation lässt diese Universen viel zu schnell expandieren, als dass darin Sternsysteme und somit Leben entstehen könnte. Also ist es am wahrscheinlichsten, dass in einem bewohnten Universum die dunkle Energiedichte zwar nicht Null ist, aber doch so klein, dass sich die beschleunigte Expansion in Grenzen hält. Tatsächlich stellte im Jahr 1987 der Physik-Nobelpreisträger Steven Weinberg auf diese Weise erste Vermutungen über die Existenz und Stärke der dunklen Energie an, die sich zur Überraschung der meisten Physiker rund zehn Jahre später weitgehend bestätigten.

Verborgene Dimensionen → S. 306
B. Greene *Die verborgene Wirklichkeit: Paralleluniversen und die Gesetze des Kosmos* Siedler Verlag 2012
S. Weinberg *Living in the Multiverse* arXiv:hep-th/0511037v1, http://arxiv.org/abs/hep-th/0511037

Branenwelten
Die Stringtheorie enthält mehr als Strings

Branenwelten

Während im Standardmodell (↓) alle Teilchen (Quarks, Leptonen und Wechselwirkungsteilchen) punktförmige Objekte sind, basiert die Stringtheorie (↓) auf der Annahme, dass die kleinsten Objekte der Welt winzige eindimensionale Objekten sind – Fäden oder *Strings*. Mit dieser Annahme gelingt es ihr, die Probleme bei der quantenmechanischen Beschreibung der Gravitation bis zu einem gewissen Grad in den Griff zu bekommen.

Doch was macht Strings so besonders? Da die Stringtheorie neun Raumdimensionen erfordert, könnte man doch meinen, dass auch mehrdimensionale Objekte darin existieren dürften: zweidimensionale Flächen, dreidimensionale Objekte und so weiter. Es schien Physikern jedoch zunächst so, als ob sich nur mit eindi-

mensionalen Strings eine konsistente Quantentheorie aufbauen ließ, sodass man mehrdimensionale Objekte verwarf.

Im Lauf der 1990er-Jahre lernte man, über die bis dahin ausschließlich verwendeten Näherungsverfahren (die sogenannte *Störungstheorie*) hinauszugehen und neue Aspekte der Stringtheorie zu erfassen, die sich mit gewöhnlichen Näherungsverfahren nicht analysieren lassen. Dabei erkannte man, dass die einst festgestellten Inkonsistenzen bei mehrdimensionalen Objekten ein Artefakt der Näherungsmethoden waren, und dass mehrdimensionale Objekte nicht unmöglich – sondern sogar unverzichtbare Bestandteile der Stringtheorie sind. In Analogie zu dem Wort „Membran" bezeichnete man diese als *Branen*.

Das Standardmodell der Teilchenphysik → S. 238
Stringtheorie und M-Theorie → S. 304

Die neuen mathematischen Methoden enthüllten zudem eine Vielzahl von Zusammenhängen (*Dualitäten*) zwischen den bis dahin bekannten unterschiedlichen Stringtheorien, die sich nun als verschiedene Grenzfälle einer einzigen umfassenden Stringtheorie verstehen ließen: der M-Theorie (wobei das *M* für das Wort „Membran" stehen könnte). Die M-Theorie enthält eine zehnte Raumdimension, die genau demjenigen Parameter (der Stringkopplung) entspricht, der bei den Näherungsmethoden sehr kleine Werte annehmen muss, sodass die darauf basierenden Stringtheorien diese Raumdimension nicht erfassen können.

Parallele Branen mit Strings

In diesem zehndimensionalen Raum der M-Theorie können nun viele große dreidimensionale Branen enthalten sein, von denen eine unser dreidimensionales Universum bilden könnte. Der Raum der M-Theorie wäre dann eine Art *Branen-Multiversum*.

Wenn es jedoch neben unserer eigenen Brane noch weitere Branen gibt, warum sehen wir diese dann nicht? Der Grund dafür liegt darin, dass alle Teilchen des Standardmodells offenen Strings entsprechen, deren Enden fest mit einer Brane verbunden sein müssen. Diese Strings können ihre angestammte Brane nicht verlassen.

Zwei sich schneidende Branen mit Strings

Wenn unser Universum eine dreidimensionale Brane ist, so sind alle Atome und jeder Lichtstrahl darin eingesperrt, so als ob es die anderen Raumdimensionen nicht gäbe (dies ist neben dem engen Einrollen eine weitere Möglichkeit, die Unsichtbarkeit dieser zusätzlichen Raumdimensionen zu erklären; siehe auch Verborgene Dimensionen ↓).

Eine Ausnahme gibt es allerdings: die Gravitation! Da Gravitonen geschlossenen Stringschleifen entsprechen, können sie die Branen verlassen und sich in die anderen Raumdimensionen ausbreiten. Diese „Verdünnung" der Gravitation könnte erklären, warum sie so viel schwächer als die anderen Wechselwirkungen ist. Am Large Hadron Collider (LHC) sucht man intensiv nach solchen aus unserem Universum verschwindenden Gravitonen, die die Existenz der für uns verborgenen Raumdimensionen enthüllen könnten.

Branen könnten sogar eine Erklärung für den Urknall selbst liefern: Wenn zwei Branen im höherdimensionalen Hyperraum kurzzeitig miteinander kollidieren, so wirkt sich diese Kollisionen auf die Branen nämlich nach Modellrechnungen wie der Urknall aus – ein wirklich faszinierender Gedanke.

Verborgene Dimensionen → S. 306
L. Randall *Verborgene Universen: Eine Reise in den extradimensionalen Raum* Fischer Taschenbuch Verlag 2010
D. Lüst *Quantenfische* C.H. Beck Verlag 2011

Entropie und Temperatur schwarzer Löcher
Schwarze Löcher sind nicht vollkommen schwarz

Stephen Hawking

Eigentlich sollten schwarze Löcher absolut schwarz sein, da nichts ihrem starken Gravitationsfeld entkommen kann – auch Licht oder Wärmestrahlung nicht. Dennoch ist man sich heute sicher, dass schwarze Löcher eine (meist sehr geringe) Eigentemperatur haben müssen, also eine schwache Wärmestrahlung aussenden, die nach ihrem theoretischen Entdecker Stephen Hawking auch *Hawking-Strahlung* genannt wird. Experimentell nachweisen konnte man diese sehr schwache Strahlung allerdings noch nicht.

Wenn die Temperatur eines schwarzen Lochs größer als die Temperatur seiner Umgebung ist, so zerstrahlt es sehr langsam. Ein schwarzes Loch mit einer Sonnenmasse hat beispielsweise eine Temperatur von etwa $6 \cdot 10^{-8}$ Kelvin, ist also sehr viel kälter als die kosmische Hintergrundstrahlung (2,7 Kelvin) und kann demnach im heutigen Universum noch nicht zerstrahlen. Da das Universum jedoch aufgrund seiner Expansion ständig abkühlt, wird irgendwann die Temperatur des schwarzen Lochs unterschritten. Dann liegt die Lebensdauer eines schwarzen Lochs von einer Sonnenmasse bei rund 10^{66} Jahren – eine unvorstellbar lange Zeit!

Kleine schwarze Löcher sind allgemein heißer als große, denn ihre Temperatur wächst umgekehrt proportional zu ihrer Masse. Sollte es am Large Hadron Collider LHC (↓) tatsächlich gelingen, schwarze Mikrolöcher zu erzeugen, so wären diese so heiß, dass sie ähnlich wie sehr instabile Teilchen bereits Sekundenbruchteile nach ihrer Entstehung wieder zerstrahlen.

Simulierter Zerfall eines schwarzen Mikrolochs, wie er sich im ATLAS-Detektor am Large Hadron Collider LHC (CERN) darstellen könnte

Der Large Hadron Collider (LHC) → S. 256
S. Hawking *Eine kurze Geschichte der Zeit* Rowohlt Taschenbuch Verlag 1991

Man kann sich die Entstehung der Wärmestrahlung schwarzer Löcher so vorstellen: Im leeren Raum entstehen aufgrund der quantenmechanischen Unschärferelation ständig sogenannte virtuelle Teilchen-Antiteilchen-Paare, die sich nach sehr kurzer Zeit wieder gegenseitig vernichten. Am Schwarzschild-Radius (Horizont) eines schwarzen Lochs kann jedoch ein Partner eines dort entstehenden virtuellen Teilchenpaars in das schwarze Loch fallen und den anderen Partner somit freisetzen. Solche freien Partner verlassen als Strahlung den Horizont.

Wenn schwarze Löcher eine Temperatur haben, so müssen sie auch eine Entropie (↓) besitzen. Die Entropie gibt dabei logarithmisch die Zahl der Quantenzustände an, die ein schwarzes Loch in seinem Inneren besitzen kann, ohne dass wir sie von außen unterscheiden können. Bei einem schwarzen Loch ist die Entropie S proportional zur Zahl der Planckflächen l_p^2, die auf die Kugeloberfläche A beim Schwarzschild-Radius um das schwarze Loch herum Platz finden:

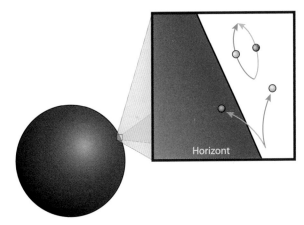

Entstehung realer Teilchen aus virtuellen Teilchen am Rande eines schwarzen Lochs

$$S = k_B/4 \cdot A/l_p^2$$

Dabei ist k_B die Boltzmannkonstante und $l_p = 1{,}6 \cdot 10^{-35}$ m ist die winzige Plancklänge.

Diese Formel ist die beste Verbindung zwischen Gravitation und Quantenmechanik, die wir heute haben. Sie ist sehr ungewöhnlich, da normalerweise die Entropie eines Objektes proportional zu seinem Volumen und nicht zu seiner Oberfläche A anwächst. Da die Planckfläche absolut winzig ist, ist die Entropie eines schwarzen Lochs riesig. Sie ist die Obergrenze für die Entropie und damit für die Zahl der Quantenzustände, die ein Raumvolumen mit der Oberfläche A überhaupt aufnehmen kann – mehr geht nicht!

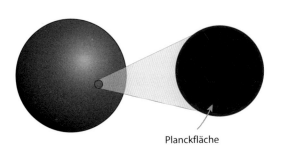

Planckfläche

Die Anzahl der Planckflächen auf der Kugeloberfläche am Schwarzschild-Radius ist ein Maß für die Entropie.

Entropie und der zweite Hauptsatz der Thermodynamik → S. 122
Quantenvakuum → S. 222
A. Müller *Schwarze Löcher, Die dunklen Fallen der Raumzeit* Spektrum Akademischer Verlag 2010, siehe auch http://www.wissenschaft-online.de/astrowissen/astro_sl_hawk.html

Das holografische Prinzip
Ist unsere Welt ein Hologramm?

Ein *Hologramm* kann auf einem zweidimensionalen fotografischen Film die Information über ein dreidimensionales Objekt speichern, indem es die Wellennatur des Lichts ausnutzt. Auf dem Film befindet sich dabei kein einfaches Abbild des Objektes, sondern ein kompliziertes Interferenzmuster feiner Linien und Flecken, die in ihrer Gesamtheit die Information über jeden lichtaussendenden Punkt des Objektes speichern.

Lässt man Laserlicht durch diesen Film leuchten, so bildet sich durch Beugung dasselbe Lichtwellenfeld, wie es auch das Objekt aussendet. Der Film sieht dann aus wie ein Fenster, hinter dem sich das dreidimensionale Objekt befindet, wobei man sogar den Blickwinkel auf das Objekt verändern kann.

Nahaufnahme eines Hologramms

Ein Hologramm aus verschiedenen Blickwinkeln betrachtet

Ein Hologramm zeigt, dass etwas Dreidimensionales (das Objekt) auf etwas Zweidimensionalem (dem Film) repräsentiert werden kann. Es gibt viele Hinweise darauf, dass ein ähnliches *holografisches Prinzip* eine zentrale Säule bei der Suche nach einer fundamentalen physikalischen Theorie aller Naturkräfte ist, die insbesondere eine Quantentheorie der Gravitation umfasst.

Ein solcher Hinweis ist die Entropie schwarzer Löcher (↓). Dabei zählt die Entropie S logarithmisch die Zahl Ω der Quantenzustände, die ein schwarzes Loch umfasst und die man von außen makroskopisch nicht unterscheiden kann, dabei gilt: $S \sim \ln \Omega$. Die Zahl der Quantenzustände wächst wiederum ungefähr exponentiell mit der Zahl F der Freiheitsgrade (beispielsweise Teilchen), die ein physikalisches System besitzt: $\Omega \sim e^{F}$. Da sich der natürliche Logarithmus und die Exponentialfunktion gerade kompensieren, wächst die Entropie S ungefähr proportional mit der Zahl der Freiheitsgrade eines Systems an: $S \sim F$.

Entropie und Temperatur schwarzer Löcher → S. 312
Entropie und der zweite Hauptsatz der Thermodynamik → S. 122

Normalerweise ist die Zahl der Freiheitsgrade und damit die Entropie proportional zum Volumen eines Systems. Zwei Liter Wasser haben doppelt so viel Entropie wie ein Liter Wasser derselben Temperatur. Bei schwarzen Löchern ist das jedoch anders, denn bei ihnen wächst die Entropie proportional zur Kugeloberfläche A des Ereignishorizonts an, also nicht proportional zum Kugelvolumen V darin ($\downarrow$). Zugleich bilden schwarze Löcher die Materieform mit der größten Entropie und damit mit den meisten Freiheitsgraden, die sich im Kugelvolumen V unterbringen lassen.

Im Jahr 1997 fand der Physiker Juan Maldacena mit der sogenannten *AdS/CFT-Korrespondenz* erstmals ein konkretes Beispiel, bei dem eine Stringtheorie, die ja automatisch die Quantengravitation enthält, in einem bestimmten beranden Raum eins-zu-eins einer Quantenfeldtheorie ohne Gravitation auf dem Rand dieses Raumes entspricht, wie man sie in ähnlicher Form von der Quantenchromodynamik (QCD), also der Theorie der starken Wechselwirkung, her kennt.

Die Entropie schwarzer Löcher legt nahe, dass man sämtliche Quantenfreiheitsgrade aus dem Kugelinneren des schwarzen Lochs durch gleichwertige Quantenfreiheitsgrade auf der Kugeloberfläche des Ereignishorizonts darstellen kann, sodass wie bei einem Hologramm sich die Physik des Kugelinneren auf dessen Oberfläche abbilden lässt. Doch gilt dieses holografische Prinzip nur bei schwarzen Löchern?

Die beiden mathematischen Beschreibungen sind dabei physikalisch vollkommen gleichwertig, wobei die Übersetzung zwischen ihnen so kompliziert ist, dass man auf den ersten Blick kaum Gemeinsamkeiten erkennt, ähnlich wie bei einem echten Hologramm. Beispielsweise entspricht ein schwarzes Loch im Rauminneren einem heißen Teilchengemisch auf dessen Rand, wobei beide genau dieselbe Entropie besitzen.

B. Greene *Die verborgene Wirklichkeit: Paralleluniversen und die Gesetze des Kosmos* Siedler Verlag 2012
J. Maldacena *Schwerkraft – eine Illusion?* Spektrum der Wissenschaft, März 2006, S. 36
J. D. Bekenstein *Das holografische Universum* Spektrum der Wissenschaft, November 2003, S. 32

Loop-Quantengravitation
Quanten der Raumzeit

Die Schwerkraft, oder Gravitation, ist in vielerlei Hinsicht die komplizierteste und merkwürdigste der vier fundamentalen Wechselwirkungen. Die drei anderen Fundamentalkräfte – die elektromagnetische Kraft, die schwache und die starke Kernkraft – beschreiben die gegenseitige Beeinflussung von Teilchen, die sich durch die Raumzeit bewegen. Hingegen entsteht, laut der Allgemeinen Relativitätstheorie, Schwerkraft dadurch, dass Teilchen mit der Raumzeit selbst wechselwirken, indem sie ihre Geometrie verzerren. Anschaulich gesprochen ist Gravitation nicht nur ein Resultat des Wechselspiels der Schauspieler untereinander, sondern wird vor allem durch die Interaktion der Schauspieler mit der Bühne selbst verursacht, die sich ständig verändert.

Dieser Sachverhalt hat es ungleich schwerer gemacht, die Theorie der Schwerkraft mit den Prinzipien der Quantentheorie zu vereinen, als dies für die anderen drei fundamentalen Wechselwirkungen der Fall war.

Erst Ende des 20. Jahrhunderts wurde ein Ansatz für eine Quantentheorie der Geometrie der Raumzeit gefunden, der nicht auf Hilfsmittel wie aufgerollte Extradimensionen wie in der Stringtheorie (↓) oder Supersymmetrie (↓) zurückgreifen muss.

Dieser Ansatz, mit dem umständlichen Namen *Loop Quantum Gravity* (LQG, auf Deutsch *Schleifenquantengravitation*), obwohl noch nicht bis zum Ende ausgearbeitet, hat bereits zu erstaunlichen und ermutigenden Resultaten geführt.

Sind die Vorhersagen der LQG korrekt, dann gibt es einen kleinsten nicht verschwindenden Abstand zwischen zwei Punkten im Raum. Näher als diesen (ungefähr eine *Plancklänge*, also 10^{-35} m) können sich zwei Teilchen nicht kommen, ohne sich am selben Ort zu

Künstlerische Darstellung einer Quantenraumzeit auf mikroskopischer Skala. Die Tetraeder sind Quanten des Raumes selbst, die Farben kodieren geometrische Eigenschaften, wie den Flächeninhalt.

Verborgene Dimensionen → S. 306
Supersymmetrie → S. 302

befinden. So wie Materie uns auf makroskopischen Abständen als Kontinuum erscheint, wenn man genauer hinschaut aber in Wahrheit aus einzelnen Atomen besteht, so wäre der Raum selbst nicht kontinuierlich, sondern *gequantelt*.

Dieser Gedanke hat weitreichende Konsequenzen für unser Verständnis von Raum und Zeit. Vor allem aber löst er konzeptionelle Probleme auf, die sowohl die Quantentheorie als auch die Allgemeine Relativitätstheorie plagen. Das prominenteste Beispiel für eine solche Problemlösung ist die Idee des *Urknalls* (↓): Die Allgemeine Relativitätstheorie sagt vorher, dass das gesamte beobachtbare Universum vor rund 14 Milliarden Jahren in einem Punkt unendlich hoher Dichte konzen-

triert war. Sie ist aber prinzipiell nicht in der Lage eine Aussage darüber zu treffen, was davor gewesen sein mag. Gibt es jedoch, wie von der LQG vorhergesagt, einen kleinstmöglichen Abstand, dann kann Materie nicht unendlich dicht zusammengepresst werden. Die mathematischen Unendlichkeiten verschwinden also aus den Gleichungen, und man kann tatsächlich versuchen zu berechnen, was sich vor dem Urknall befand.

In der Tat zeigen erste Simulationen (die unter vereinfachten Annahmen gemacht wurden), dass ein unter dem Einfluss der eigenen Schwerkraft in sich zusammenfallendes Universum *nicht* auf einen unendlich kleinen Punkt schrumpft. Stattdessen geht es kurz vor dem finalen Kollaps durch eine Phase extrem hoher (aber nicht unendlicher) Dichte, nur um sich dann wieder explosionsartig auszudehnen, so wie es unser Universum heute tut. Anstatt eines Urknalls könnte es also einen *Urprall* gegeben haben, der ein kollabierendes und ein expandierendes Universum miteinander verbindet.

Forscher hoffen, dass die Mission des Planck-Satelliten experimentelle Beweise für die theoretischen Vorhersagen der LQG finden wird. Dies könnte unter anderem gelingen, indem man winzige Laufzeitunterschiede in kosmischer Strahlung unterschiedlicher Wellenlänge nachweist, die uns von Gamma Ray Bursts erreicht, und die von der LQG vorhergesagt werden.

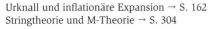

Vergangenheit: Das Universum fällt aufgrund der eigenen Schwerkraft in sich zusammen

Wieder expandierendes Universum, wie man es heute beobachtet

Quanteneffekte überwiegen gegenüber der Schwerkraft: „Big Bounce"

Laut der LQG ist der Urknall das Resultat eines sich aufgrund der Schwerkraft zusammenziehenden Universums, dessen Kollaps durch Quanteneffekte in eine Expansion umgekehrt wird.

Urknall und inflationäre Expansion → S. 162
Stringtheorie und M-Theorie → S. 304

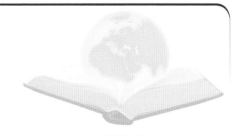

Bildnachweis

Im Bildnachweis werden folgende Abkürzungen verwendet:

BB   Benjamin Bahr
JR   Jörg Resag
KR   Kristin Riebe

Einleitung
S. V: rechts oben: Gürtelsterne des Orion: De Martin & ESA/ESO/NASA Photoshop FITS Liberator
S. V: Mitte: Helium-Atom: KR
S. V: links unten: Plasmastrom auf Tablette: Rösner, HAWK Göttingen
S. VI: oben: Wurmloch: BB
S. VI: links unten: Wellenfunktion: Bernd Thaller, Universität von Graz, Institut für Mathematik und Wissenschaftliches Rechnen, http://vqm.uni-graz.at/index.html
S. VI: rechts: Proton mit Quarks: KR
S. VII: links oben: Orion-Nebel: NASA, ESA, M. Robberto (Space Telescope Science Institute/ESA) und Hubble Space Telescope Orion Treasury Project Team
S. VII: rechts unten: Leuchtdioden: E. Fred Schubert
S. VIII: rechts oben: Gravitationswellen: LIGO/T. Pyle
S. VIII: Autoren-Fotos: BB, JR, KR
S. IX: oben: Extrasolare Planeten: NASA/Tim Pyle
S. IX: unten: Krebsnebel: NASA
S. X: Gewitterblitze: U.S. Air Force, Foto von Edward Aspera Jr.
S. XI: oben: Foucault'sches Pendel: Daniel Sancho, CC BY 2.0
S. XI: unten: schwarzes Loch mit Akkretionsscheibe: NASA/JPL-Caltech

S. XII: Hubble Ultra Deep Field: NASA und die European Space Agency (ESA)
S. XIII: oben: Spitze eines Rastertunnelmikroskops: Sebastian Loth, Max Planck Gesellschaft
S. XIII: unten: Teilchenbahnen in einem Tokamak-Fusionsreaktor: Martin Jucker, EFDA
S. XIV: Teilchenkollision: CERN, CMS-Experiment
S. XV: Multiversum: KR

1 Astronomie und Astrophysik
Kapiteleingangsseite
S. 1: NASA/JPL-Caltech; ESA & Garrelt Mellema (Leiden Universität, Niederlande); KR; NASA, ESA, Hubble Heritage Team (STScI/AURA); Collage von KR

Die Sonne und ihr Magnetfeld
S. 2: unten links: KR, nach einem Bild von SOHO (ESA & NASA)
S. 2: unten rechts: ESO (Philippe Duhoux), CC BY 3.0
S. 3: oben: SOHO-EIT Consortium, ESA, NASA
S. 3: unten links: TRACE Project, NASA
S. 3: unten rechts: SOHO (ESA & NASA)

Die Entstehung des Sonnensystems
S. 4: BB
S. 5: links unten: NASA, ESA, M. Livio, Hubble 20th Anniversary Team (STScI)
S. 5: rechts oben: NASA/JPL-Caltech

Die Entstehung des Mondes
S. 6: oben: NASA/JPL-Caltech
S. 6: links unten: NASA

S. 7: oben: KR
S. 7: unten: JR, nach einer Computersimulation von Robin M. Canup

Vulkane im Sonnensystem
S. 8: oben: Julius_Silver/pixabay.com
S. 8: unten: NASA
S. 9: oben: NASA/JPL-Caltech
S. 9: Mitte: NASA/JPL-Caltech/UCLA/MPS/DLR/IDA/PSI
S. 9: links unten: NASA/JPL/University of Arizona

Die Kepler'schen Gesetze
S. 10: oben links: Frederick Mackenzie (1787/88-1854)
S. 10: unten: JR, KR
S. 11: oben rechts: JR, KR
S. 11: unten: JR, auf der Grundlage einer Grafik von NASA/JPL-Caltech

Satelliten mit geosynchronen Orbits
S. 12: BB
S. 13: oben: Mamyjomarash/Wikimedia Commons
S. 13: unten: BB

Raketenmanöver
S. 14: links: BB
S. 14: rechts oben: SpaceX
S. 15: links oben: BB
S. 15: rechts unten: SpaceX

Der Rand des Sonnensystems
S. 16: rechts oben: NASA GSFC
S. 16: links unten: NASA/ESA/JPL-Caltech/Goddard/SwRI
S. 17: links: Interstellar Probe, Jet Propulsion Laboratory, NASA; deutsche Bearbeitung von BB, KR
S. 17: rechts: NASA/Goddard/Adler/U. Chicago/Wesleyan; deutsche Bearbeitung von BB, KR

Extrasolare Planeten
S. 18: NASA/Tim Pyle
S. 19: rechts oben: Trent Schindler, National Science Foundation
S. 19: links unten: NASA/Ames/JPL-Caltech

Der Sternenhimmel
S. 20: links: ESO/Iztok Bončina, CC BY 3.0
S. 20: rechts: ESO/Y. Beletsky, , CC BY 3.0; Beschriftung von JR
S. 21: oben: NASA
S. 21: unten: ESO/S. Brunier, CC BY 3.0

Die Geburt von Sternen
S. 22: links unten: NASA, The Hubble Heritage Team, STScI, AURA
S. 22: oben: NASA, ESA, AURA/Caltech
S. 23: oben links: NASA, ESA, M. Robberto (Space Telescope Science Institute/ESA) und Hubble Space Telescope Orion Treasury Project Team
S. 23: oben rechts: ESO, CC BY 3.0
S. 23: unten links: C.R. O'Dell/Rice University, NASA
S. 23: unten rechts: ESO/L. Calçada, CC BY 3.0

Spektralklassen
S. 24: rechts oben: BB
S. 24: links unten: NASA, Robert Nemiroff (MTU) & Jerry Bonnell (USRA)
S. 25: rechts oben: BB
S. 25: links unten: De Martin & ESA/ESO/NASA Photoshop FITS Liberator

Das Hertzsprung-Russell-Diagramm
S. 26: ESO, CC BY 3.0, Beschriftung angepasst von KR
S. 27: oben: JR, KR

© Springer-Verlag GmbH Deutschland, ein Teil von Springer Nature 2019
B. Bahr et al., *Faszinierende Physik*, https://doi.org/10.1007/978-3-662-58413-2

S. 27: unten: NASA, ESA, J. Anderson (STScI)

Cepheiden

S. 28: BB

S. 29: oben: NASA, ESA, The Hubble Heritage Team (STScI/AURA) und R. Gendler

S. 29: unten: ESO

Planetarische Nebel

S. 30: links: NASA, ESA, HEIC und The Hubble Heritage Team (STScI/AURA)

S. 30: rechts: ESA/Hubble (Nordic Optical Telescope and Romano Corradi (Isaac Newton Group of Telescopes, Spain)), CC BY 4.0

S. 31: oben: NASA/JPL-Caltech/University of Arizona

S. 31: unten: ESA/Hubble & Garrelt Mellema (Leiden Universität, Niederlande), CC BY 4.0

Weiße Zwerge

S. 32: links: NASA, ESA und K. Noll (STScI)

S. 32: rechts: NASA und H. Richer (University of British Columbia), NOAO/AURA/NSF

S. 33: oben: NASA, ESA, G. Bacon (STScI)

S. 33: unten: Omnidoom 999/Wikimedia Commons

Thermonukleare Supernovae

S. 34: ESO, CC BY 3.0

S. 35: oben: NASA/ESA, The Hubble Key Project Team und The High-Z Supernova Search Team

S. 35: unten links: NASA/CXC/Rutgers/J.Hughes et al.

S. 35: unten Mitte: NASA/JPL-Caltech/WISE Team

S. 35: unten rechts: NASA, ESA und das Hubble Heritage Team (STScI/AURA)

Kollaps-Supernovae

S. 36: links: Max-Planck-Institut für Astrophysik

S. 36: rechts: NASA

S. 37: oben: Max-Planck-Institut für Astrophysik

S. 37: unten links: NASA, ESA, K. France (University of Colordo, Boulder), P. Challis und R. Kirshner (Harvard-Smithsonian Center for Astrophysics)

S. 37: unten rechts: NASA/JPL-Caltech

Neutronensterne

S. 38: rechts oben: NASA/CXC/ASU/J. Hester et al. (Röntgenstrahlen) und NASA/HST/ASU/J. Hester et al. (optisch)

S. 38: links unten: NASA/Goddard Space Flight Center

S. 39: links oben: NASA

S. 39: rechts unten: Fred Walter (State University of New York at Stony Brook) und NASA

Monstersterne und Hypernovae

S. 40: links: Nathan Smith (University of California, Berkeley), NASA

S. 40: rechts: NASA/Swift/Mary Pat Hrybyk-Keith, John Jones

S. 41: Instituto de Astrofisica de Canarias, Isaac Newton Teleskop – Daniel López

Standardkerzen

S. 42: links: BB

S. 42: rechts: NASA/JPL-Caltech

S. 43: oben und links unten: BB

S. 43: rechts unten: Stefan Immler, NASA/GSFC, Swift Science Team

Supermassive schwarze Löcher

S. 44: oben: NASA/JPL-Caltech

S. 44: unten: NASA/CXC/MIT/F. Baganoff, R. Shcherbakov et al.

S. 45: oben links: ESO/MPE/Marc Schartmann, CC BY 3.0

S. 45: oben rechts: NASA, The Hubble Heritage Team (STScI/AURA)

S. 45: unten rechts: JR, KR

Aktive Galaxien

S. 46: links: NASA

S. 46: rechts: NASA, ESA, The Hubble Heritage Team (STScI/AURA)

S. 47: oben: Hubble Heritage Team (AURA/STScI/NASA/ESA)

S. 47: links unten: R.Kraft (SAO) et al., CXO, NASA

Galaxientypen

S. 48: KR, aus Einzelbildern von SDSS, HST, ESO, NASA und Adam Block, Mount Lemmon SkyCenter/University of Arizona

S. 49: links und Mitte: NASA, ESA und das Hubble Heritage (STScI/AURA)-ESA/Hubble Collaboration

S. 49: rechts: ESO, Henri Boffin, CC BY 3.0

Das Schicksal der Milchstraße

S. 50: links und gegenüberliegende Seite: NASA, ESA, Z. Levay und R. van der Marel (STScI), T. Hallas und A. Mellinger

S. 50: rechts unten: KR

S. 51: NASA, ESA, Z. Levay und R. van der Marel (STScI), T. Hallas und A. Mellinger

Verschmelzende Galaxien

S. 52: links: Röntgenbild: NASA/CXC/CfA/E.O'Sullivan, optisch: Canada-France-Hawaii-Telescope/Coelum

S. 52: rechts: NASA, ESA, Hubble Heritage Team (STScI/AURA)

S. 53: links: KR, Simulation von Arman Khalatyan (AIP)

S. 53: oben: Röntgenbild: NASA/CXC/SAO/J. De Pasquale, IR: NASA/JPL-Caltech, opt.: NASA/STScI

2 Elektromagnetismus und Licht

Kapiteleingangsseite

S. 55: U.S. Air Force, Foto von Edward Aspera Jr.; Maschen/Wikimedia Commons; Calvin Bradshaw; Helmholtz-Zentrum Berlin für Materialien und Energie (HZB); Artur Eurich/SPEKTRALE 2011/JGU; Collage von KR

Vektorfelder und Feldlinien

S. 56: BB

S. 57: oben: Helmholtz-Zentrum Berlin für Materialien und Energie (HZB)

S. 57: unten: Berndt Meyer/Wikimedia Commons, CC BY-SA 3.0

Die elektromagnetische Wechselwirkung

S. 58: links: JR, KR

S. 58: unten Mitte: Gravur von G. J. Stodart nach einem Foto von Fergus of Greenock, Wikimedia Commons

S. 59: JR, KR

Hertz'scher Dipol

S. 60: oben: Averse/Wikimedia Commons, CC BY-SA 3.0

S. 60: rechts unten: KR, BB

S. 61: oben: BB

S. 61: Mitte: Gert Wagner, http://www.wingsfilm.com

S. 61: unten: Ron Almog/flickr.com, CC BY 2.0

Gewitter

S. 62: NASA

S. 63: oben links: aus The Aerial World, G. Hartwig, London, 1886; verändert von Saibo/Wikimedia Commons

S. 63: unten links: U.S. Air Force, Foto von Edward Aspera Jr.

S. 63: unten rechts: NASA, University of Alaska, Fairbanks

Farben
S. 64: links: KR
S. 64: rechts: BenRG/Wikimedia Commons, angepasst von KR
S. 65: oben: JR, KR
S. 65: Mitte: Hati/Wikimedia Commons, angepasst von JR
S. 65: unten: Bautsch/Wikimedia Commons

Lichtbrechung
S. 66: links: Zátonyi Sándor/Wikimedia Commons, CC BY-SA 3.0
S. 66: rechts: KR
S. 67: oben: Brocken Inaglory/Wikimedia Commons, CC BY-SA 3.0
S. 67: unten links: BB
S. 67: unten rechts: Geof/Wikimedia Commons

Regenbogen
S. 68: oben: KR
S. 68: unten: Artur Eurich/SPEKTRALE 2011/JGU
S. 69: oben: Brocken Inaglory/Wikimedia Commons, CC BY-SA 3.0
S. 69: Mitte: Calvin Bradshaw, calvinbradshaw.com, CC BY-SA 3.0
S. 69: unten: Uwe Vogel, oldskoolman.de

Anisotrope Medien
S. 70: links unten: BB
S. 70: rechts oben: FIZ CHEMIE
S. 71: KR

Optische Linsen
S. 72: P. Koza, Fakultät für Physik, LMU München
S. 73: links: LP E-Learning, Georg-August-Universität Göttingen
S. 73: rechts oben: Fantagu und Smial/Wikimedia Commons
S. 73: rechts unten: BB

Adaptive Optiken
S. 74: rechts oben: Heidi Hammel, Space Science Institute, Boulder, CO/Imke de Pater, University of California, Berkeley/W. M. Keck Observatory; http://astro.berkeley.edu/~imke/
S. 74: links unten: Frank Murmann/Wikimedia Commons
S. 75: links oben: R. Cerisola
S. 75: rechts unten: ESO/G. Hüdepohl (www.atacamaphoto.com), CC BY 3.0

Luftspiegelungen
S. 76: oben: Michael Gwyther-Jones/flickr.com, CC BY 2.0
S. 76: unten: Papphase/Wikimedia Commons
S. 77: oben: Juris Sennikovs/flickr.com, CC BY 2.0
S. 77: unten: BB, KR

Tarnvorrichtungen
S. 78: links unten: Schurig et al „Metamaterial Electromagnetic Cloak at Microwave Frequencies", Science Vol. 314, Nr. 5801 S. 977–980, 2006; abgedruckt mit Erlaubnis der AAAS
S. 78: rechts oben: BB
S. 79: rechts oben: 2013 Riken Research
S. 79: unten links und rechts: 4. Physikalisches Institut, Universität Stuttgart

3 Mechanik und Thermodynamik

Kapiteleingangsseite
S. 81: Wikimol/Wikimedia Commons; BB; KR; Roger McLassus, CC BY-SA 3.0; Collage von KR

Newtons Gesetze der Mechanik
S. 82: links: Sir Isaac Newton, gemalt von Godfrey Kneller im Jahr 1689
S. 82: rechts oben: JR, KR
S. 83: links oben: Caleb Charland
S. 83: links unten: KR
S. 83: rechts: NASA

Das Prinzip der kleinsten Wirkung
S. 84: oben: Triggerhippie4/Wikimedia Commons
S. 85: oben: JR, KR
S. 85: unten: KR

Das Foucault'sche Pendel
S. 86: rechts oben: Daniel Sancho, CC BY 2.0
S. 86: links unten: ArtMechanic/Wikimedia Commons
S. 86: rechts unten: JR, KR
S. 87: JR, KR

Kräftefreie Kreisel
S. 88: JR, KR
S. 89: links oben: JR, KR
S. 89: rechts unten: NASA/JPL/USGS

Kreisel mit äußerem Drehmoment
S. 90: links: Lacen/Wikimedia Commons, verändert von JR, KR
S. 90: rechts: JR, KR
S. 91: links: JR, KR
S. 91: rechts: KR

Newtons Gravitationsgesetz
S. 92: oben: BB, KR
S. 92: unten: JR, KR
S. 93: oben: NASA
S. 93: rechts unten: NASA/JPL-Caltech/UMD/GSFC/Tony Farnham, angepasst von KR

Kosmische Geschwindigkeiten
S. 94: JR, KR
S. 95: oben links und unten: Don Davis, NASA
S. 95: oben rechts: NASA/Hubble Space Telescope Comet Team

Die Gezeiten
S. 96: oben: JR, KR
S. 96: unten: JR, KR
S. 97: oben: Fabos (Fabien)/Wikimedia Commons
S. 97: unten: JR, KR

Das archimedische Prinzip
S. 98: oben: Foto von Stefan Zachow, Internationale Mathematische Union
S. 98: unten links: JR, KR
98: unten rechts: Pete/Wikimedia Commons, CC BY-SA 3.0
S. 99: JR, KR

Die Physik der Strömungen
S. 100: links: Bob Cahalan, NASA GSFC
S. 100: rechts: NASA Langley Research Center (NASA-LaRC)
S. 101: links: NASA, ESA und M. Livio and the Hubble 20th Anniversary Team (STScI)
S. 101: rechts: NASA/JPL

Warum fliegt ein Flugzeug?
S. 102: BB
S. 103: links: NASA
S. 103: rechts: Peter Dvorszky

Gewöhnliche Wasserwellen
S. 104: links: Roger McLassus/Wikimedia Commons, CC BY-SA 3.0
S. 104: rechts: JR, KR
S. 105: oben links: NASA/GSFC/METI/Japan Space Systems und U.S./Japan ASTER Science Team
S. 105: oben rechts: Michel Griffon/Wikimedia Commons, CC BY 3.0
S. 105: unten rechts: Adrian Pingstone/Wikimedia Commons

Besondere Wasserwellen
S. 106: oben: U.S. Department of the Interior, U.S. Geological Survey
S. 106: unten: David Rydevik/Wikimedia Commons
S. 107: oben links: U.S. Navy
S. 107: oben rechts: Ulliver/Wikimedia Commons
S. 107: unten: NOAA

Der Lotuseffekt
S. 108: links: Jon Sullivan, PDPhoto.org
S. 108: Mitte: ITV Denkendorf
S. 108: unten: W. Barthlott, www.lotus-effect.de

S. 109: oben: U.S. Department of Energy, Oak Ridge National Laboratory
S. 109: unten links: William Thielicke, w.th@gmx.de
S. 109: unten rechts: W. Barthlott, www.lotus-effect.de

Chaotische Bewegungen
S. 110: links: JR, KR
S. 110: rechts: George Ioannidis/Wikimedia Commons, CC BY 3.0
S. 111: links: Wikimol/Wikimedia Commons
S. 111: rechts: Wofl/Wikimedia Commons, CC BY-SA 2.5

Schwingende Saiten und Platten
S. 112: links unten: BB
S. 112: rechts oben: Dieter Biskamp
S. 113: J. S. Schlimmer, „Vergleich von holografisch-interferometrisch und speckle-interferometrisch ermittelten Plattenschwingungsformen mit rechnerisch simulierten Interferogrammen" 1993

Resonanz
S. 114: BB
S. 115: oben: flapdragon/Wikimedia Commons
S. 115: unten: Doug Smith, „A Case Study and Analysis of the Tacoma Narrows Bridge Failure", Department of Mechanical Engineering, Carleton University, Ottawa, Canada, March 29, 1974

Scheinkräfte
S. 116: BB, KR
S. 117: oben: BB, KR
S. 117: links unten: BB
S. 117: rechts unten: Jacques Descloitres, MODIS Rapid Response Team, NASA/GSFC

Granulare Materie
S. 118: B. Koechle, WSL-Institut für Schnee- und Lawinenforschung SLF, Davos
S. 119: links oben: WSL-Institut für Schnee- und Lawinenforschung SLF, Davos
S. 119: rechts unten: Perry Bartelt, Michael Lehning, http://dx.doi.org/10.1016/S0165-232X(02)00074-5; abgedruckt mit Erlaubnis von Elsevier
S. 119: Mitte: KR

Brown'sche Bewegungen
S. 120: rechts oben: BB
S. 120: links unten: KR
S. 121: rechts oben: BInf. MPhil. (Arch) Justin James Clayden, http://justy.me
S. 121: links unten: BB

Entropie und der zweite Hauptsatz der Thermodynamik
S. 122: oben: JR
S. 122: unten: JR, KR
S. 123: links: JR, KR
S. 123: rechts oben: KR, nach einer Vorlage von Dims/Wikimedia Commons
S. 123: rechts unten: KR

Dampfmaschine & Co
S. 124: links unten: Figuer, Louis "Merveilles de la science" Furne Jouvet et Cie, Paris 1868
S. 124: rechts oben: Materialscientist/Wikimedia Commons
S. 125: oben: JR, KR, Feuer: pixabay.com, Eiswürfel: vecteezy.com
S. 125: unten: Die Gartenlaube, 1885

Negative absolute Temperaturen
S. 126: MPQ/LMU München
S. 127: rechts oben: MPQ/LMU München
S. 127: links unten: BB

4 Relativitätstheorie

Kapiteleingangsseite
S. 129: Ute Kraus, Institut für Physik, Universität Hildesheim, Tempolimit Lichtgeschwindigkeit; ESO/M.

Kornmesser; Ferdinand Schmutzer; BB; NASA; Collage von KR

Was ist Zeit?
S. 130: iStock.com/peterscode
S. 131: oben links: Museum Boerhaave
S. 131: oben rechts: ETH-Bibliothek Zürich, Bildarchiv/Fotograf: Unbekannt/Portr_05937/Public Domain Mark
S. 131: unten: N. Phillips/NIST

Lichtgeschwindigkeit und Spezielle Relativitätstheorie
S. 132: JR, KR
S. 133: oben: JR
S. 133: unten: JR, Hintergrundbild von Richard P. Hoblitt, USGS

Terrellrotation
S. 134: links unten: Ute Kraus, Institut für Physik, Universität Hildesheim, Tempolimit Lichtgeschwindigkeit, CC BY-SA 2.0
S. 134: rechts: BB
S. 135: oben und Mitte: BB
S. 135: unten: Ute Kraus, Institut für Physik, Universität Hildesheim, Tempolimit Lichtgeschwindigkeit, CC BY-SA 2.0

E = mc²
S. 136: JR, KR
S. 137: oben: KR
S. 137: unten links: Federal government of the United States
S. 137: unten rechts: ESO/M. Kornmesser, CC BY 3.0

Gravitation und Allgemeine Relativitätstheorie
S. 138: oben: Ferdinand Schmutzer (1870 – 1928)
S. 138: unten: JR, KR
S. 139: NASA

Die Raumzeit nicht-rotierender schwarzer Löcher
S. 140: JR
S. 141: oben: NASA/JPL-Caltech
S. 141: unten: KR

Die Raumzeit rotierender schwarzer Löcher
S. 142: oben: JR
S. 142: unten: KR
S. 143: oben: JR
S. 143: unten: Gravity Probe B Team, Stanford, NASA; bearbeitet von KR

Der Warp-Antrieb
S. 144: links: NASA, Les Bossinas (Cortez III Service Corp.)
S. 144: rechts: Trekky0623/Wikimedia Commons, angepasst durch KR
S. 144: unten: Allen McCloud, CC BY-SA 3.0
S. 145: Thomas Müller, Daniel Weiskopf, Visualisierungsinstitut der Universität Stuttgart (VISUS); Texturen: NASA

Wurmlöcher
S. 146: BB
S. 147: rechts oben: Corvin Zahn, Institut für Physik, Universität Hildesheim, Tempolimit Lichtgeschwindigkeit, www.tempolimit-lichtgeschwindigkeit.de
S. 147: links unten: BB

GPS
S. 148: BB
S. 149: NASA

5 Kosmologie

Kapiteleingangsseite
S. 151: KR, JR; Ralf Kähler; Chris Henze, NASA; M. Koppitz (AEI/ZIB), C. Reisswig (AEI), L. Rezzolla (AEI); NASA, ESA, L. Bradley (JHU), R. Bouwens (UCSC), H. Ford (JHU), and G. Illingworth (UCSC); Collage von KR

Ein tiefer Blick ins Universum
S. 152: NASA and the European Space Agency
S. 153: oben links: NASA and A. Feild (STScI), bearbeitet von KR
S. 153: oben rechts: NASA

S. 153: unten: NASA, ESA, Garth Illingworth (University of California, Santa Cruz) und Rychard Bouwens (University of California, Santa Cruz und Leiden University) und das HUDF09 Team

Das expandierende Universum
S. 154: JR, KR
S. 155: oben: NASA/WMAP Science Team
S. 155: unten: JR, KR

Die kosmische Hintergrundstrahlung
S. 156: rechts oben: National Park Service
S. 156: links unten: JR, KR
S. 157: ESA/Planck Collaboration

Dunkle Materie
S. 158: links: European Southern Observatory/L. Calçada
S. 158: rechtss: NASA/JPL-Caltech
S. 159: oben links: Volker Springel, Universität Heidelberg
S. 159: oben rechts: NASA/ESA/Richard Massey (California Institute of Technology)
S. 159: unten: NASA/CXC/CfA/ M. Markevitch et al.

Beschleunigte Expansion und dunkle Energie
S. 160: oben: NASA/WMAP Science Team
S. 160: unten: KR
S. 161: links: JR, in Anlehnung an Perlmutter, Physics Today (2003), angepasst von KR
S. 161: rechts: ESA und die Planck Kollaboration, bearbeitet von KR

Urknall und inflationäre Expansion
S. 162: oben: JR
S. 162: unten: KR, JR
S. 163: oben: JR
S. 163: unten: JR

Die Entstehung der Materie
S. 164: oben: JR
S. 165: oben: JR
S. 165: unten: JR, KR

Kosmische Horizonte
S. 166: JR
S. 167: JR, mit Bildern von NASA, WMAP, ESO

Strukturen im Kosmos
S. 168: oben: NASA/Goddard Space Flight Center/Scientific Visualization Studio/Dr. T. H. Jarrett/IPAC/Caltech, CC BY 2.0
S. 168: unten: NASA, ESA, L. Bradley (JHU), R. Bouwens (UCSC), H. Ford (JHU), and G. Illingworth (UCSC)
S. 169: oben: KR, mit Daten vom 2dF
S. 169: unten: Dale Kocevski, University of Kentucky

Entstehung kosmischer Strukturen
S. 170: oben: Ralf Kähler, Tom Abel
S. 170: unten: KR
S. 171: unten links: KR
S. 171: rechts: Stefan Gottlöber, Leibniz-Institut für Astrophysik Potsdam

Gravitationslinsen
S. 172: oben rechts: ESA/Hubble & NASA
S. 172: unten links: NASA, ESA & L. Calçada
S. 173: oben rechts: NASA, ESA und STScI
S. 173: unten links: BB

Gravitationswellen
S. 174: links: SXS collaboration, http://www.black-holes.org/
S. 174: rechts: M. Koppitz (AEI/ZIB), C. Reisswig (AEI), L. Rezzolla (AEI)
S. 175: links: Chris Henze, NASA
S. 175: rechts: Bernd Brügmann, Marcus Thierfelder

Indirekter Nachweis von Gravitationswellen
S. 176: LIGO/T. Pyle

S. 177: links: Daten aus: J. M. Weisberg and J. H. Taylor, Relativistic Binary Pulsar B1913+16: Thirty Years of Observations and Analysis
S. 177: rechts: Optical: NASA/HST/ASU/J. Hester et al. X-Ray: NASA/CXC/ASU/J. Hester et al.

Direkter Nachweis von Gravitationswellen
S. 178: The SXS (Simulating eXtreme Spacetimes) Project
S. 179: links unten: Max-Planck-Institut für Gravitationsphysik (Albert-Einstein-Institut)/Milde Wissenschaftskommunikation
S. 179: rechts oben: LIGO

6 Atome und Quantenmechanik
Kapiteleingangsseite
S. 181: Sienna Morris; Bernd Thaller; KR; Martin Jucker, EFDA; Luc Viatour; Collage von KR

Das Bohr'sche Atommodell
S. 182: oben rechts: http://www.phil-fak.uni-duesseldorf.de/philo/galerie/antike/demokrit.html; gemeinfrei
S. 182: links Mitte und unten: BB
S. 183: oben: BB
S. 183: unten links: Internationale Atomenergiebehörde, IAEA
S. 183: unten rechts: Briefmarke von Viggo Bang und Czesław Słania, Bilddatei von http://jayabarathan.files.wordpress.com/2011/02/fig-5-niels-bohr-stamp.jpg?w=540

Atomkerne
S. 184: BB
S. 185: BB

Radioaktiver Zerfall
S. 186: KR

S. 187: BenRG/Wikimedia Commons

Welle-Teilchen-Dualismus
S. 188: links: JR, KR
S. 188: rechts: JR
S. 189: oben links: KR
S. 189: oben Mitte: Fffred/Wikimedia Commons
S. 189: rechts: A. Tanamura, CC BY-SA 3.0
S. 189: unten links: Ben Mills/Wikimedia Commons, KR

Wellenfunktion
S. 190: rechts oben und links: Bernd Thaller, Universität von Graz, Institut für Mathematik und Wissenschaftliches Rechnen, http://vqm.uni-graz.at/index.html
S. 190: unten: BB
S. 191: BB

Der Tunneleffekt
S. 192: BB
S. 193: Concord Consortium (http://concord.org), Molecular Workbench (http://mw.concord.org)

Der Franck-Hertz-Versuch
S. 194: BB
S. 195: links: BB
S. 195: rechts: Ed Lochocki

Der Spin eines Teilchens
S. 196: JR
S. 197: oben: JR, KR
S. 197: unten: JR

Das Pauli-Prinzip
S. 198: JR, KR
S. 199: oben: Andrew Truscott, Kevin Strecker, Randall Hulet, Rice University
S. 199: unten: Flexxxv/Wikimedia Commons, Dhatfield/Wikimedia Commons, JR, KR

EPR-Experiment und Bell'sche Ungleichung
S. 200: JR, KR
S. 201: JR, KR

Quantenteleportation
S. 202: BB
S. 203: IQOQI Wien & MPQ

Die Interpretation der Quantenmechanik
S. 204: rechts oben: Sienna Morris, www.fleetingstates.com
S. 204: links unten: Benjamin Couprie/Wikimedia Commons
S. 205: JR, KR

Plasma
S. 206: links unten: KR, auf Grundlage eines Bildes von der NASA
S. 206: rechts oben: KR
S. 207: oben rechts: Michael Kong et al., J. Phys. D: Appl. Phys. 44 (2011) 174018; abgedruckt mit Erlaubnis der IOP publishing ltd.
S. 207: unten links: NASA/Solar Dynamics Observatory (SDO)
S. 207: unten rechts: Simon Rösner, HAWK Göttingen

Fusionsreaktoren
S. 208: Martin Jucker, EFDA
S. 209: oben: Max-Planck-Institut für Plasmaphysik
S. 209: unten links: Culham Centre for Fusion Energy
S. 209: unten Mitte und rechts: U.S. Department of Energy, Oak Ridge National Laboratory

Phasenübergänge
S. 210: links: BB
S. 210: rechts: www.pixnio.com
S. 211: oben: Jay Ruzesky, https://www.goodfreephotos.com/
S. 211: unten links: BB, unten rechts: BB

Bose-Einstein-Kondensate
S. 212: oben: NIST/JILA/CU-Boulder
S. 212: rechts unten: U.S. Department of Energy's Pacific Northwest National Laboratory
S. 213: oben rechts: T. Pfau, 5. Physikalisches Institut Universität Stuttgart

S. 213: unten links: BB, KR, auf der Grundlage eines Bildes von Department of Physics, University of Otago, NZ
S. 213: unten rechts: Wolfgang Ketterle, MIT

Topologische Zustände der Materie
S. 214: BB
S. 215: BB

Laserkühlung
S. 216: BB
S. 217: links: H. M. Helfer/NIST
S. 217: Mitte und rechts: BB

Supraleitung
S. 218: Martin Wagner, http://www.martin-wagner.org/supraleitung.htm
S. 219: links: BB
S. 219: rechts: Haj33/Wikimedia Commons

Supraflüssigkeiten
S. 220: links: Alfred Leitner/Wikimedia Commons
S. 220: rechts: BB
S. 221: links unten: BB
S. 221: rechts oben: Wolfgang Ketterle, MIT; aus: M.W. Zwierlein, J.R. Abo-Shaeer, A. Schirotzek, C.H. Schunck, and W. Ketterle: „Vortices and Superfluidity in a Strongly Interacting Fermi Gas", Nature 435 , 1047-1051 (2005)
S. 221: rechts unten: Wolfgang Ketterle, MIT; aus: : „Superfluid Expansion of a Strongly Interacting Rotating Fermi Gas", Physical Review Letters (2007) 98(5) 050404

Quantenvakuum
S. 222: BB
S. 223: BB

Elektronenmikroskopie
S. 224: BB
S. 225: oben rechts: Stefan Diller – Wissenschaftliche Photographie – Würzburg 2008

S. 225: unten links: Janice Carr, CDC
S. 225: unten Mitte: Foto von Jürgen Berger/Max-Planck-Institut für Entwicklungsbiologie, Tübingen
S. 225: unten rechts: National Center for Electron Microscopy, Lawrence Berkeley National Laboratory (C. Song)

Rastertunnelmikroskopie
S. 226: KR
S. 227: rechts oben: Sebastian Loth, CFEL Science Hamburg
S. 227: links oben: Kliewer, Rathlev, Berndt, CAU Kiel
S. 227: unten: Dr. Marco Pratzer, II. Phys. Institut B, RWTH Aachen

Nanowelten
S. 228: oben: Sebastian Loth, Max Planck Gesellschaft
S. 228: unten links: Arnero/Wikimedia Commons
S. 228: unten rechts: JR, KR
S. 229: oben: National Human Genome Research Institute
S. 229: Mitte: Benjah-bmm27/Wikimedia Commons
S. 229: unten: Mariana Ruiz Villarreal (LadyofHats/Wikimedia Commons)

Laser
S. 230: BB
S. 231: rechts oben: BB
S. 231: links unten: Professor Mark Csele, Niagara College
S. 231: rechts unten: United States Air Force

Quantencomputer
S. 232: BB
S. 233: links: BB
S. 233: rechts: D-Wave Systems Inc., CC BY 3.0

SI-Einheiten
S. 234: links unten: NASA/JPL
S. 234: rechts oben: KR
S. 234: unten rechts: NIST
S. 235: J. L. Lee/NIST

7 Welt der Elementarteilchen
Kapiteleingangsseite
S. 237: JR, KR, ALICE Team, Henning Weber, CERN; Collage von KR

Das Standardmodell der Teilchenphysik
S. 238: KR
S. 239: oben: KR
S. 239: unten: JR, KR

Feynman-Diagramme
S. 240: oben: NASA, The Hubble Heritage Team, STScI, AURA
S. 240: unten: JR, KR
S. 241: JR, KR

Die starke Wechselwirkung
S. 242: JR, KR
S. 243: JR, KR

Die schwache Wechselwirkung
S. 244: rechts oben und links unten: JR, KR
S. 244: rechts unten: JR, KR, Hintergrund von SOHO
S. 245: CERN

Neutrinos
S. 246: Strait/Wikimedia Commons, KR
S. 247: links oben: JR, KR
S. 247: rechts oben: SNO
S. 247: rechts unten: JR, nach Vorlage von Danielle Vevea/NSF & Jamie Yang/NSF

Antimaterie
S. 248: oben und unten rechts: JR, KR
S. 248: unten links: Nobel Foundation
S. 249: links: JR, KR
S. 249: rechts: NASA/Goddard Space Flight Center/J. Dwyer/Florida Inst. of Technology

Verletzung der Spiegelsymmetrie
S. 250: links: Hans/pixabay.com
S. 250: rechts oben: JR, KR
S. 251: rechts oben: JR, KR
S. 251: unten: CERN

Quark-Gluon-Plasma
S. 252: CERN, Henning Weber
S. 253: oben: ALICE Team, CERN
S. 253: unten: The ATLAS Experiment, CERN

Die kosmische Höhenstrahlung
S. 254: rechts oben: Maximo Ave, Dinoj Surendran, Tokonatsu Yamamoto, Randy Landsberg, Mark SubbaRao unter Verwendung von Sergio Sciutto's AIRES package
S. 254: links: JR, nach einer Vorlage des Pierre-Auger-Observatoriums
S. 255: oben: X-ray: NASA/CXC/CfA/D.Evans et al.; Optical/UV: NASA/STScI; Radio: NSF/VLA/CfA/D. Evans et al., STFC/JBO/MERLIN
S. 255: unten: KR, auf Grundlage einer Grafik vom CERN

Der Large Hadron Collider (LHC)
S. 256: CERN
S. 257: links unten: JR, KR
S. 257: rechts Mitte und unten: CERN

Die Entdeckung des Higgs-Teilchens
S. 258: links unten: CERN
S. 258: rechts oben: CERN, CMS-Experiment
S. 259: links: JR, KR
S. 259: rechts oben: CERN, ATLAS-Experiment
S. 259: rechts unten: CERN, CMS-Experiment

8 Kristalle und andere feste Stoffe

Kapiteleingangsseite
S. 261: Erhard Mathias; Oleg D. Lavrentovich, Kent State University; BB; J. Gregory Moxness, http://TheoryOfEverything.org; Collage von KR

Plasmonen
S. 262: links: „Light-Matter Interactions on Nano-Structured Metallic Films" von Timothy Andrew Kelf University of Southampton, February 2006
S. 262: rechts: Stefan Linden, Universität Bonn; aus: F. von Cube, S. Irsen, J. Niegemann, C. Matyssek, W. Hergert, K. Busch, S. Linden, Optical Material Express 1, 1009 (2011)
S. 263: oben: Trustees of the British Museum
S. 263: unten: Krzysztof Mizera/Wikimedia Commons, CC BY-SA 3.0

Ferromagnetismus
S. 264: oben und unten links: Arbeitsgruppe von Prof. R. Wiesendanger, Universität Hamburg
S. 264: unten rechts: J. Kurde et al. 2011 New J. Phys. 13 033015; doi:10.1088/1367-2630/13/3/033015
S. 265: links: Magic Penny Trust und Ciencias y Artes Patagonia
S. 265: rechts: BB, KR

Kristallgitter
S. 266: BB
S. 267: oben: BB
S. 267: unten links und rechts: www.irocks.com

Kristallisation
S. 268: rechts oben: Erhard Mathias
S. 268: Mitte: Jost Jahn, Amrum
S. 268: links unten: Erhard Mathias
S. 269: oben: B. Zhu und M. Militzer, 2012 Modelling Simul. Mater. Sci. Eng. 20 085011; abgedruckt mit Erlaubnis der IOP publishing ltd.
S. 269: unten: Plate XIX von „Studies among the Snow Crystals ... " von Wilson

Bentley, „The Snowflake Man." Aus Annual Summary of the „Monthly Weather Review" for 1902

Quasikristalle
S. 270: links: J. W. Ewans, US Department of Energy
S. 270: rechts: J Gregory Moxness, http://TheoryOfEverything.org
S. 271: oben: Ian Fisher, Stanford University, US Department of Energy
S. 271: links unten: Inductiveload/Wikimedia Commons
S. 271: rechts unten: J. Gregory Moxness, http://TheoryOfEverything.org

Flüssigkristalle
S. 272: Oleg D. Lavrentovich, Kent State University, http://dept.kent.edu/spie/liquidcrystals/
S. 273: links: Bohdan Senyuk und Oleg D. Lavrentovich, Kent State University, http://dept.kent.edu/spie/liquidcrystals/
S. 273: rechts: BB

Elektronen in Halbleiterkristallen
S. 274: BB
S. 275: links unten: TU Wien
S. 275: rechts: BB

Halbleiterdioden
S. 276: BB
S. 277: BB

Leuchtdioden
S. 278: oben: BB
S. 278: unten: E. Fred Schubert
S. 279: oben: Foto vom U.S. Department of Energy's Pacific Northwest National Laboratory
S. 279: unten: SONY Entertainment

9 Geophysik

Kapiteleingangsseite
S. 281: Ulrich Hansen, Institut für Geophysik der Universität

Münster; Planet Erde, ZEIT Wissen Edition/Spektrum Akademischer Verlag, 2008; Joshua Strang, United States Air Force; Collage von KR

Der innere Aufbau der Erde
S. 282: oben: Planet Erde, ZEIT Wissen Edition/Spektrum Akademischer Verlag, 2008
S. 282: links unten: Fratz/Wikimedia Commons, CC BY-SA 3.0
S. 283: Ulrich Hansen, Institut für Geophysik der Universität Münster

Die Drift der Kontinente
S. 284: links: Planet Erde, ZEIT Wissen Edition/Spektrum Akademischer Verlag, 2008
S. 284: rechts: Ulrich Hansen, Institut für Geophysik der Universität Münster
S. 285: oben: Elliot Lim, CIRES & NOAA/NGDC, angepasst von KR
S. 285: unten: Planet Erde, ZEIT Wissen Edition/Spektrum Akademischer Verlag, 2008

Isostasie
S. 286: oben: USGS Pacific Sea-Floor Mapping Project
S. 286: unten: Uwe Kils (Eisberg), Wiska Bodo (Himmel), Wikimedia Commons, CC BY-SA 3.0
S. 287: oben: NASA's Scientific Visualization Studio
S. 287: oben rechts: JR, KR
S. 287: unten rechts: Mike Beauregard aus Nunavut, Kanada

Erdbeben und seismische Wellen
S. 288: oben: NOAA/NGDC
S. 288: unten: National Archives and Records Administration
S. 289: oben: NASA, DTAM Team
S. 289: links und rechts unten: Planet Erde, ZEIT Wissen

Edition/Spektrum Akademischer Verlag, 2008; Bild links bearbeitet von KR

Der Erdkern als Quelle des Erdmagnetfelds
S. 290: oben: Planet Erde, ZEIT Wissen Edition/Spektrum Akademischer Verlag, 2008
S. 290: unten: Tentotwo/Wikimedia Commons, CC BY-SA 3.0; angepasst von JR
S. 291: links unten: Gary A. Glatzmaier (University of California Santa Cruz) und Paul H. Roberts (University of California Los Angeles)
S. 291: rechts: U.S. Geological Survey

Erdmagnetfeld und Polarlichter
S. 292: oben: NASA
S. 292: unten: J. T. Trauger (Jet Propulsion Laboratory) und NASA
S. 293: oben: United States Air Force, Foto von Senior Airman Joshua Strang
S. 293: unten links: Chris Danals, National Science Foundation
S. 293: unten rechts: ISS Expedition 23 crew, NASA

Eiszeiten und Milankovitch-Zyklen
S. 294: unten links:JR
S. 294: unten rechts: NASA; verändert von JR
S. 295: oben: Ittiz/Wikimedia Commons, CC BY-SA 3.0
S. 295: unten: JR, KR

Gletscherbewegungen
S. 296: diese und folgende Seite: Guillaume Jouvet, ETH Zürich

Globale Erwärmung
S. 298: oben: NASA's Goddard Space Flight Center Scientific Visualization Studio
S. 298: unten: NASA/Goddard Institute for Space Studies, angepasst von KR

S. 299: oben links:El Grafo/ Wikimedia Commons, angepasst von KR
S. 299: oben rechts: SRTM Team NASA/JPL/NIMA
S. 299: unten: StefanPohl/Wikimedia Commons, angepasst von KR

10 Grenzen des Wissens

Kapiteleingangsseite
S. 301: ATLAS Experiment, CERN; Thomas Thiemann, FAU Erlangen-Nürnberg, Milde Science Communication Potsdam, Exozet Potsdam; JR; KR; Collage von KR

Supersymmetrie
S. 302: BB
S. 303: links: Stephen Martin, „A Supersymmetry Primer", Onlineskript: https://www.niu.edu/spmartin/primer/; angepasst von KR
S. 303: rechts: BB, KR

Stringtheorie und M-Theorie
S. 304: links: MissMJ/Wikimedia Commons, CC BY 3.0
S. 304: rechts: KR
S. 305: oben links: KR
S. 305: oben rechts: Ojan/Wikimedia Commons
S. 305: unten: JR, Hintergrundbild von NASA

Verborgene Dimensionen
S. 306: oben: JR, unter Verwendung einer Grafik von Jbourjai/Wikimedia Commons
S. 306: unten: JR, KR
S. 307: oben: KR
S. 307: unten: ATLAS Experiment, CERN

Multiversum und anthropisches Prinzip
S. 308: oben: KR
S. 308: unten: JR, KR
S. 309: oben: Silver Spoon/Wikimedia Commons
S. 309: unten: JR, KR

Branenwelten
S. 310: Rogilbert/Wikimedia Commons
S. 311: KR

Entropie und Temperatur schwarzer Löcher
S. 312: oben links: NASA
S. 312: unten: ATLAS Experiment, CERN
S. 313: JR, KR

Das holografische Prinzip
S. 314: oben: Epzcaw/Wikimedia Commons
S. 314: links: Georg-Johann Lay/Wikimedia Commons
S. 315: JR

Loop-Quantengravitation
S. 316: Thomas Thiemann, FAU Erlangen-Nürnberg, Milde Wissenschaftskommunikation Potsdam, Exozet Potsdam
S. 317: BB

Index

© Springer-Verlag GmbH Deutschland, ein Teil von Springer Nature 2019
B. Bahr et al., *Faszinierende Physik*, https://doi.org/10.1007/978-3-662-58413-2